T0375456

Systemtechnik des Schienenverkehrs

Jörn Pachl

Systemtechnik des Schienenverkehrs

Bahnbetrieb planen, steuern und sichern

12. Auflage

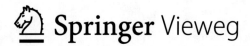 Springer Vieweg

Jörn Pachl
Institut für Eisenbahnwesen und
Verkehrssicherung, TU Braunschweig
Braunschweig, Niedersachsen, Deutschland

ISBN 978-3-658-45731-0   ISBN 978-3-658-45732-7   (eBook)
https://doi.org/10.1007/978-3-658-45732-7

Die Deutsche Nationalbibliothek verzeichnet diese Publikation in der Deutschen Nationalbibliografie; detaillierte bibliografische Daten sind im Internet über https://portal.dnb.de abrufbar.

© Der/die Herausgeber bzw. der/die Autor(en), exklusiv lizenziert an Springer Fachmedien Wiesbaden GmbH, ein Teil von Springer Nature 1999, 2000, 2002, 2004, 2008, 2011, 2013, 2016, 2018, 2021, 2022, 2025

Das Werk einschließlich aller seiner Teile ist urheberrechtlich geschützt. Jede Verwertung, die nicht ausdrücklich vom Urheberrechtsgesetz zugelassen ist, bedarf der vorherigen Zustimmung des Verlags. Das gilt insbesondere für Vervielfältigungen, Bearbeitungen, Übersetzungen, Mikroverfilmungen und die Einspeicherung und Verarbeitung in elektronischen Systemen.
Die Wiedergabe von allgemein beschreibenden Bezeichnungen, Marken, Unternehmensnamen etc. in diesem Werk bedeutet nicht, dass diese frei durch jede Person benutzt werden dürfen. Die Berechtigung zur Benutzung unterliegt, auch ohne gesonderten Hinweis hierzu, den Regeln des Markenrechts. Die Rechte des/der jeweiligen Zeicheninhaber*in sind zu beachten.
Der Verlag, die Autor*innen und die Herausgeber*innen gehen davon aus, dass die Angaben und Informationen in diesem Werk zum Zeitpunkt der Veröffentlichung vollständig und korrekt sind. Weder der Verlag noch die Autor*innen oder die Herausgeber*innen übernehmen, ausdrücklich oder implizit, Gewähr für den Inhalt des Werkes, etwaige Fehler oder Äußerungen. Der Verlag bleibt im Hinblick auf geografische Zuordnungen und Gebietsbezeichnungen in veröffentlichten Karten und Institutionsadressen neutral.

Planung/Lektorat: Eric Blaschke
Springer Vieweg ist ein Imprint der eingetragenen Gesellschaft Springer Fachmedien Wiesbaden GmbH und ist ein Teil von Springer Nature.
Die Anschrift der Gesellschaft ist: Abraham-Lincoln-Str. 46, 65189 Wiesbaden, Germany

Wenn Sie dieses Produkt entsorgen, geben Sie das Papier bitte zum Recycling.

Vorwort

Die Verkehrssystemtechnik ist eine Teildisziplin der Verkehrswissenschaften, die sich mit den Prozessabläufen in Verkehrssystemen und dem dafür erforderlichen Zusammenwirken der Systemkomponenten befasst. Im Schienenverkehr gehören dazu die Planung, Steuerung und Sicherung der Fahrten mit Schienenfahrzeugen. Das vorliegende Lehrbuch widmet sich dieser Thematik im Sinne einer prozessorientierten Betrachtung des Systems Bahn. Das Buch wendet sich in erster Linie an Studierende technischer Studiengänge an Hoch- und Fachhochschulen, insbesondere des Verkehrswesens, des Bauingenieurwesens, der Elektrotechnik, der Automatisierungstechnik und der Informatik, die sich ein Grundwissen über die Systemtechnik der Eisenbahn aneignen möchten. Es wendet sich aber ebenfalls an Teilnehmer von Trainee- und Weiterbildungsprogrammen der Eisenbahnunternehmen und der Bahnindustrie und ermöglicht auch fachlichen Quereinsteigern, sich mit dem System Bahn vertraut zu machen.

Den inhaltlichen Schwerpunkt bildet die betriebliche Systemtechnik der Eisenbahn, wobei viele der behandelten Grundsätze in analoger Weise auch für eisenbahnähnlich betriebene Nahverkehrssysteme gelten. Nach einer Einführung in die Begriffswelt des Schienenverkehrs folgt zunächst eine kurze Abhandlung der für die Systemtechnik relevanten fahrdynamischen Grundlagen. Den Hauptteil des Buches bilden die Abschnitte zur Regelung und Sicherung der Zugfolge und zur Steuerung und Sicherung der Fahrwegelemente. In diesen Abschnitten werden die maßgebenden Systemeigenschaften des Schienenverkehrs einer eingehenden Betrachtung unterzogen. Darauf unmittelbar aufbauend folgt ein Kapitel zur Leistungsuntersuchung von Eisenbahnbetriebsanlagen, in dem der Versuch unternommen wird, traditionelle Betrachtungsweisen mit neueren Erkenntnissen der Eisenbahnbetriebswissenschaft zu verbinden. Weitere Kapitel behandeln Aspekte der Betriebsplanung und -steuerung. Ab der fünften Auflage besteht ein eigenständiges Kapitel zur Betriebstechnik der Rangierbahnhöfe, sodass seitdem auch die von der Durchführung der Zugfahrten abweichenden Besonderheiten der Steuerung des Rangierbetriebs in den Zugbildungsanlagen behandelt werden.

Im Eisenbahnwesen existiert eine umfangreiche, historisch gewachsene Begriffswelt, die sich in dieser Form in anderen Sparten der Technik und des Verkehrs nicht findet. Dem mit dieser Begriffswelt nicht vertrauten fachlichen Neueinsteiger ist das Verständnis systemtechnischer Zusammenhänge mitunter erheblich erschwert. Aus diesem Grunde wurde in den Anhang des Buches ein Glossar mit Kurzdefinitionen von mehr als 200 Grundbegriffen des Eisenbahnwesens aufgenommen.

In Inhalt und Gestaltung dieses Werkes flossen in maßgebender Weise die Erfahrungen aus der Lehrtätigkeit am Institut für Eisenbahnwesen und Verkehrssicherung der TU Braunschweig, am Fachgebiet Bahnbetrieb und Infrastruktur der TU Berlin, an der Siemens Rail Automation Academy sowie aus weiteren Lehrveranstaltungen für die Aus- und Weiterbildung von Fachkräften aus Eisenbahnunternehmen und der Bahnindustrie ein. Überarbeitet wurden in der vorliegenden Auflage insbesondere die Abschnitte zum European Train Control System und zur analytischen Leistungsuntersuchung.

Dem großen Interesse der Leser ist es zu danken, dass dieses Buch bereits in der zwölften Auflage vorliegt. Vorschläge für weitere Verbesserungen und Hinweise auf Fehler sind jederzeit willkommen. Mein Dank gebührt dem Verlag und seinen Mitarbeitern für die konstruktive Zusammenarbeit, die sorgfältige Herstellung und die gute Ausstattung dieses Buches.

Braunschweig   Jörn Pachl
Juli 2024

Inhaltsverzeichnis

Grundbegriffe des Schienenverkehrs

1

Der Schienenverkehr verfügt über besondere Systemeigenschaften, aufgrund derer sich die Gestaltung der Betriebsprozesse deutlich von anderen Verkehrsträgern unterscheidet. Dies spiegelt sich in der gesetzlichen Einordnung der Schienenbahnen wider und führte zur Entwicklung einer sehr speziellen Begriffswelt zur Klassifizierung der Betriebsstellen und der Fahrten mit Eisenbahnfahrzeugen. Bedingt durch die historische Entwicklung bestehen dabei im internationalen Vergleich teilweise deutliche Unterschiede.

1.1 Maßgebende Systemeigenschaften

Der Erfolg des schienengebundenen Verkehrs ist auf den systemimmanenten Vorteil zurückzuführen, dass sich ein spurgeführtes System besonders gut zum Transport großer Massen mit hohen Geschwindigkeiten eignet. Dieser Vorteil ist jedoch mit zwei wesentlichen Systemeigenschaften verbunden, die die Systemgestaltung maßgebend beeinflussen und in denen sich der Schienenverkehr insbesondere vom Straßenverkehr unterscheidet (Tab. 1.1).

Die Spurführung erfordert in einem vernetzten System bewegliche Fahrwegelemente (Weichen) an den Fahrtverzweigungen. Zur Steuerung dieser Elemente sowie zur Sicherung gegen unbeabsichtigtes Umstellen ist eine besondere Steuerungs- und Sicherungstechnik erforderlich. Besondere Sicherungsmaßnahmen müssen auch an höhengleichen Kreuzungen von Schienenbahnen sowie an höhengleichen Kreuzungen einer Schienenbahn mit einem anderen Verkehrsweg getroffen werden. Die Bremskraft eines Landfahrzeugs muss durch die Haftreibung vom Fahrzeug auf den Fahrweg übertragen werden. Der Haftreibungsbeiwert zwischen Rad und Schiene (System „Stahl auf Stahl") ist ca. achtmal kleiner als im Straßenverkehr (System „Gummi auf Asphalt/Beton"). Die dadurch bedingten langen Bremswege übersteigen die Sichtweite oft um ein Vielfaches.

© Der/die Autor(en), exklusiv lizenziert an Springer Fachmedien Wiesbaden GmbH, ein Teil von Springer Nature 2025
J. Pachl, *Systemtechnik des Schienenverkehrs*,
https://doi.org/10.1007/978-3-658-45732-7_1

Tab. 1.1 Systemeigenschaften des Schienenverkehrs

Systemeigenschaft	Folgen für die Systemgestaltung
Spurführung	Besondere Techniken zur Steuerung und Sicherung der Fahrwegelemente
Lange Bremswege durch geringe Haftreibung	Besondere Techniken zur Regelung und Sicherung der Zugfolge

Der sichere Verkehr der Eisenbahn setzt daher besondere Techniken zur Regelung und Sicherung der Zugfolge voraus.

Beispiel 1.1

Ein Zug soll aus einer Geschwindigkeit von $v = 160\,\text{km/h}$ bis zum Halt abgebremst werden. Der Haftreibungsbeiwert, der im System „Stahl auf Stahl" sicher garantiert werden kann, beträgt $\mu = 0{,}1$. Wenn man die beim Abbremsen des Zuges wirkende Trägheitskraft mit der maximal zwischen Rad und Schiene übertragbaren Bremskraft (Produkt aus Gewicht und Haftreibungsbeiwert) gleichsetzt, ergibt sich:

$$m \cdot a_b = m \cdot g \cdot \mu$$

Unter der Voraussetzung, dass das gesamte Zuggewicht zur Übertragung der Bremskraft zwischen Rad und Schiene ausgenutzt wird, lässt sich die Masse aus der Gleichung herauskürzen. Damit erhält man eine masseunabhängige Bremsverzögerung zu:

$$a_b = g \cdot \mu = 9{,}81\,\frac{\text{m}}{\text{s}^2} \cdot 0{,}1 = 0{,}981\,\frac{\text{m}}{\text{s}^2}$$

Daraus ergibt sich unmittelbar der Bremsweg:

$$s = \frac{v^2}{2a_b} = \frac{\left(\frac{160}{3{,}6}\right)^2 \text{m}^2 \cdot \text{s}^2}{2 \cdot 0{,}981\,\text{m} \cdot \text{s}^2} = 1006{,}8\,\text{m} \approx 1000\,\text{m} \qquad \blacktriangleleft$$

Der sich im Beispiel ergebende Bremsweg von 1000 m ist bei der Deutschen Bahn AG der maßgebende Regelbremsweg, auf den die Sicherungsanlagen bei Geschwindigkeiten bis zu 160 km/h ausgelegt sind. In der Rechnung wurde pauschal unterstellt, dass das gesamte Zuggewicht sofort ab Beginn der Bremsung zur Übertragung der Bremskraft zwischen Rad und Schiene voll in Anspruch genommen wird. Wenn diese Bedingung nicht erfüllt ist, verlängert sich der Bremsweg in Abhängigkeit vom Anteil der für den Bremsvorgang ausnutzbaren Zugmasse. In der Praxis des Bahnbetriebes wird das Bremsvermögen eines Zuges durch so genannte „Bremshundertstel" angegeben, die den prozentualen Anteil des Bremsgewichtes an der Gesamtmasse des Zuges darstellen. Das in der Literatur auch als Bremsmasse bezeichnete und in der Einheit t angegebene Bremsgewicht ist physikalisch weder eine Masse noch ein Gewicht, sondern ein durch genormte Bremsversuche ermittelter Vergleichswert, in den neben der aufgebrachten Bremskraft noch weitere Parameter des Bremssystems, insbesondere die durch die Trägheit der Bremsauslösung bedingte verzögerte Inanspruchnahme des Zuggewichts für die Bremsung, eingehen [1]. Die mindestens erforderlichen Bremshundertstel, damit ein Zug mit der im Fahrplan vorgesehenen Höchstgeschwindigkeit verkehren kann („Mindestbremshundertstel"), werden dem Zugpersonal in den Fahrplanunterlagen bekannt gegeben. Beim Bilden eines Zuges ist durch eine Bremsberechnung zu prüfen, ob die Mindestbremshundertstel erreicht werden. Durch zusätzliche Anwendung von Magnetschienenbremsen, die direkt auf die Schiene wirken und damit von der Haftreibung zwischen Rad und Schiene unabhängig sind, lässt sich bei Schnellbremsungen die Bremsverzögerung auf bis ca. $1,5 \text{ m/s}^2$ erhöhen (bei leichten Nahverkehrsfahrzeugen auch noch darüber). Die Wirkung der Magnetschienenbremse wird bei der Bremsberechnung in Form eines zusätzlichen (fiktiven) Bremsgewichts berücksichtigt. Die Nutzung der Magnetschienenbremse ist nur für Schnellbremsungen im Gefahrenfall, jedoch nicht für reguläre Betriebsbremsungen vorgesehen.

Da vor jedem Zug zur sicheren Abstandshaltung mindestens der erforderliche Bremsweg freizuhalten ist, ist unter Leistungsgesichtspunkten anzustreben, die Zugverbände möglichst lang zu machen, damit viele zu einem Zug vereinigte Wagen nur einen, gemeinsamen Bremsweg benötigen. Eine Aufteilung der gleichen Wagenzahl auf mehrere kürzere Züge führt zu einem Mehrverbrauch an Fahrwegkapazität und senkt den möglichen Durchsatz einer Strecke. Aufgrund der langen Bremswege ist daher die Zugbildung ein wesentliches Charakteristikum des Eisenbahnverkehrs.

1.2   Gesetzliche Grundlagen für Bau und Betrieb von Schienenbahnen

Schienenbahnen werden in Deutschland in Eisenbahnen und sonstige Schienenbahnen eingeteilt (Abb. 1.1).

Nach [2] ist eine Eisenbahn ein auf zwei eisernen Schienen und meistens eigenem Verkehrsweg laufendes, maschinengetriebenes Verkehrsmittel zur Beförderung von Personen und/oder Gütern. Für eine Eisenbahn ist die Zusammenfassung einer größeren Anzahl von Wagen und in der Regel eines Triebfahrzeuges zu einem Eisenbahnzug charakteristisch.

Hoch- und Untergrundbahnen werden in Deutschland rechtlich nicht zu den Eisenbahnen gezählt, obwohl sie grundsätzlich ebenfalls dieser Definition genügen. Diese Bahnen sind ähnlich wie die Straßenbahnen städtische Nahverkehrssysteme ohne Fahrzeugübergang zwischen verschiedenen Netzen. Damit bestehen im Unterschied zu den das landesweite Bahnnetz bildenden Eisenbahnen weit geringere Anforderungen an die Standardisierung technischer und betrieblicher Parameter. Für Hoch- und Untergrundbahnen gelten daher nicht die gesetzlichen Vorgaben der Eisenbahnen, sondern jene der Straßenbahnen.

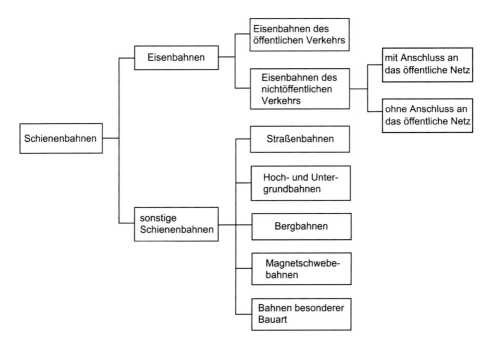

Abb. 1.1 Einteilung der Schienenbahnen

Eisenbahnen des öffentlichen Verkehrs sind diejenigen Eisenbahnen, die jedermann zur Benutzung offen stehen. Die Eisenbahnen des nichtöffentlichen Verkehrs sind Teil des innerbetrieblichen Transports von Unternehmen. Sie können jedoch ihr Netz oder Teile ihres Netzes für die Benutzung durch Dritte öffnen. Nichtöffentliche Eisenbahnen mit Fahrzeugübergang in das Netz einer Eisenbahn des öffentlichen Verkehrs werden als Anschlussbahnen bezeichnet. Sie müssen bis zu einem gewissen Grad den bei Eisenbahnen des öffentlichen Verkehrs geltenden technischen Normen genügen. Nichtöffentliche Eisenbahnen ohne Anschluss an das öffentliche Netz sind vor allem im Bergbau verbreitet. Hier können die technischen Normen von den Eisenbahnen des öffentlichen Verkehrs stärker abweichen.

Neben der Unterscheidung zwischen Eisenbahnen des öffentlichen und des nichtöffentlichen Verkehrs werden Eisenbahnen nach ihrem Unternehmenszweck in Eisenbahninfrastrukturunternehmen und Eisenbahnverkehrsunternehmen eingeteilt. Ein Eisenbahninfrastrukturunternehmen betreibt eine Eisenbahninfrastruktur. Dazu gehören das Vorhalten der Schienenwege, die Fahrplankonstruktion und die Führung der Betriebsleit- und Sicherungssysteme. Ein Eisenbahnverkehrsunternehmen erbringt Eisenbahnverkehrsleistungen auf einer Eisenbahninfrastruktur. Neben reinen Eisenbahninfrastruktur- und Eisenbahnverkehrsunternehmen gibt es auch integrierte Eisenbahnunternehmen, die beide Funktionen im Verbund ausüben.

Da es sich bei der Eisenbahn um ein fahrwegseitig gesteuertes System handelt, ist die Betriebsführung des Eisenbahnnetzes eine systemimmanente Aufgabe des

Eisenbahninfrastrukturunternehmens. Zur Durchführung einer Zugfahrt bestellt das Eisenbahnverkehrsunternehmen beim Eisenbahninfrastrukturunternehmen eine Fahrplantrasse, die die zeitliche und räumliche Inanspruchnahme der Infrastruktur durch eine Zugfahrt beschreibt. Das Eisenbahninfrastrukturunternehmen stellt im Rahmen der Fahrplankonstruktion sicher, dass zwischen Fahrplantrassen keine Konflikte bestehen. Für die Nutzung der Fahrplantrasse ist durch das Eisenbahnverkehrsunternehmen ein Entgelt zu entrichten.

Für den Bau und Betrieb von Schienenbahnen werden von den zuständigen Stellen Rechtsverordnungen erlassen. Diese enthalten:

• verbindliche Definitionen,
• Grundsätze der Betriebsführung,
• technische Normen,
• Anforderungen an die Mitarbeiter.

Die Bau- und Betriebsordnungen sind keine unmittelbaren Betriebsvorschriften, sondern geben nur den gesetzlichen Rahmen vor, in dem die Bahnen ihr eigenes betriebliches Regelwerk zu gestalten haben. Sie gelten unabhängig von der Rechtsform des jeweiligen Verkehrsunternehmens. Bahnen des nichtöffentlichen Verkehrs, die keine Anschlussbahnen sind, unterliegen der Aufsicht der zuständigen Aufsichtsbehörde des jeweiligen Industriezweiges. Für Bahnen besonderer Bauart sind wegen des Unikatcharakters keine allgemein gültigen Grundsätze formulierbar. Solche Bahnen werden von den zuständigen Landesverkehrsbehörden im Einzelfall geprüft und zugelassen. Tab. 1.2 enthält eine Übersicht über die bestehenden Bau- und Betriebsordnungen für Schienenbahnen (ohne Magnetschwebebahnen).

Tab. 1.2 Bau- und Betriebsordnungen für Schienenbahnen

Rechtsverordnung	Abkürzung	Gültig für	Zuständige Behörde
Eisenbahn-Bau- und Betriebsordnung	EBO	Regelspurige Eisenbahnen des öffentlichen Verkehrs	Bundesminister für Verkehr
Bau- und Betriebsordnung für Schmalspurbahnen	ESBO	Schmalspurige Eisenbahnen des öffentlichen Verkehrs	Bundesminister für Verkehr
Verordnung über den Bau und Betrieb der Straßenbahnen	BOStrab	Straßenbahnen und straßenbahnähnliche Bahnen, Hoch- und Untergrundbahnen	Bundesminister für Verkehr
Eisenbahn-Bau- und Betriebsordnung für Anschlussbahnen[a]	EBOA/BOA[a]	Anschlussbahnen	Landesverkehrsbehörde

[a] Zum Teil abweichender Titel in einzelnen Bundesländern

1.3   Grundlegende Begriffe und Definitionen

Die folgenden Definitionen sind der Begriffswelt der Eisenbahn-Bau- und Betriebsordnung [3] sowie dem betrieblichen Regelwerk der Deutschen Bahn AG [4] entlehnt und
teilweise mit ergänzenden Erläuterungen versehen. Für weiter gehende Ausführungen
wird auf das Fachlexikon „Leit- und Sicherungstechnik im Bahnbetrieb" [5] verwiesen.
Viele Begriffe werden in analoger Form auch bei anderen Schienenbahnen benutzt. Bei
ausländischen Bahnen – auch innerhalb des deutschsprachigen Raumes – werden z. T. abweichende Definitionen verwendet. Zu den in den Zeichnungen dieses und aller folgenden Abschnitte verwendeten Symbolen ist im Anhang eine Zusammenstellung enthalten.

1.3.1   Bahnanlagen

Bahnanlagen
Bahnanlagen sind alle Grundstücke, Bauwerke und sonstigen Einrichtungen einer Eisenbahn, die unter Berücksichtigung der örtlichen Verhältnisse zur Abwicklung oder Sicherung des Reise- oder Güterverkehrs auf der Schiene erforderlich sind. Dazu gehören auch
die Nebenbetriebsanlagen sowie sonstige Anlagen einer Eisenbahn, die das Be- und Ent-
laden sowie den Zu- und Abgang ermöglichen oder fördern. Fahrzeuge gehören nicht zu
den Bahnanlagen. Vereinfacht ausgedrückt sind Bahnanlagen somit alle zum unmittelbaren
Betrieb einer Bahn erforderlichen ortsfesten Anlagen. Bahnanlagen werden eingeteilt in:

- Bahnanlagen der Bahnhöfe,
- Bahnanlagen der freien Strecke,
- sonstige Bahnanlagen.

Betriebsstellen
Betriebsstellen sind alle Stellen in Bahnhöfen und auf der freien Strecke, die der unmittelbaren Regelung und Sicherung der Zug- und Rangierfahrten dienen.

Bahnhöfe
Bahnhöfe sind Bahnanlagen mit mindestens einer Weiche, wo Züge beginnen, enden,
ausweichen oder wenden dürfen. Als Grenze zwischen den Bahnhöfen und der freien
Strecke gelten im Allgemeinen die Einfahrsignale oder Trapeztafeln (Signaltafeln, die
bei fehlendem Einfahrsignal die Stelle markieren, an der bestimmte Züge vor dem Bahnhof zu halten haben), sonst die Einfahrweichen (Abb. 1.2). Bahnhöfe können in mehrere
Bahnhofsteile unterteilt sein.

Blockstrecken
Blockstrecken (auch als Blockabschnitte und in betrieblichen Regelwerken als Zugfolgeabschnitte bezeichnet) sind Gleisabschnitte, in die ein Zug nur einfahren darf, wenn sie frei
von Fahrzeugen sind. Blockstrecken sind in der Regel Gleisabschnitte der freien Strecke

([6]; Abb. 1.2). Der Begriff der Blockstrecke ist nicht an das Vorhandensein einer Sperrein-richtung gebunden, die das Einfahren eines Zuges in eine besetzte Blockstrecke verhindert (Streckenblock, Abschn. 3.3.2.1). Innerhalb von Bahnhöfen spricht man hingegen nur dann von Blockstrecken, wenn auf Bahnhofshauptgleisen Streckenblock oder eine in der Wirkung dem Streckenblock vergleichbare Sicherungseinrichtung vorhanden ist.

Blockstellen
Blockstellen sind Bahnanlagen, die eine Blockstrecke begrenzen. Eine Blockstelle kann zugleich als Bahnhof, Abzweigstelle, Überleitstelle, Anschlussstelle, Haltepunkt, Haltestelle oder Deckungsstelle eingerichtet sein. Auf Strecken mit ortsfester Signalisierung sind Blockstellen mit Hauptsignalen ausgerüstet, die die Einfahrt in die Blockstrecken decken. Die Hauptsignale an Blockstellen der freien Strecke heißen Blocksignale. Auf Strecken, auf denen die Züge durch Führerraumanzeigen geführt werden, sind, sofern auf ortsfeste Signale verzichtet wird, die Blockstellen durch Tafeln gekennzeichnet (so genannte Blockkennzeichen).

Abzweigstellen
Abzweigstellen sind Blockstellen der freien Strecke, wo Züge von einer Strecke auf eine andere Strecke übergehen können (Abb. 1.3). Eine Abzweigstelle begrenzt als Blockstelle nicht nur die beiderseitigen Blockstrecken der durchgehenden Strecke sondern auch die hier abzweigenden Blockstrecken.

Überleitstellen
Überleitstellen sind Blockstellen der freien Strecke, wo Züge auf ein anderes Gleis derselben Strecke übergehen können (Abb. 1.3).

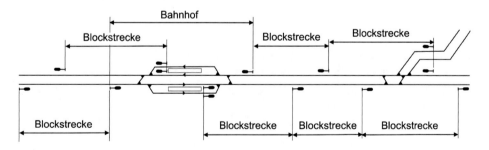

Abb. 1.2 Bahnhof und Blockstrecken der freien Strecke

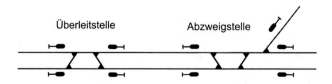

Abb. 1.3 Abzweigstelle und Überleitstelle

Eine Strecke ist dabei eine ein- oder mehrgleisige Verbindung zwischen zwei Punkten (End- oder Knotenbahnhöfen) mit eigener Kilometrierung, auf der planmäßig Zugverkehr durchgeführt wird. Ob bei Parallelführung mehrerer Streckengleise, die in der gleichen Richtung befahren werden können, diese als Gleise derselben oder unterschiedlicher Strecken anzusprechen sind, hängt unter anderem davon ab, ob sie innerhalb der Laufwege der Züge freizügig alternativ benutzbar sind. Eine Gleisverbindung zwischen zwei Streckengleisen, an der eine maßgebende Entscheidung für den Laufweg eines Zuges getroffen wird, indem der Zug in ein bestimmtes Streckengleis geleitet werden muss, um seine im Fahrplan vorgesehenen Verkehrshalte bedienen zu können, wird daher als Abzweigstelle bezeichnet. Das gilt auch, wenn beide Streckengleise über eine größere Entfernung parallel verlaufen. Die betrieblichen Regeln der Deutschen Bahn AG kennen zudem nur ein- und zweigleisige Strecken. Bei Parallelführung von mehr als zwei Streckengleisen werden diese daher auch bei alternativer Benutzbarkeit in mehrere Strecken aufgeteilt.

Anschlussstellen
Anschlussstellen sind Bahnanlagen der freien Strecke, wo Züge ein angeschlossenes Gleis als Rangierfahrt befahren können (Abb. 1.4). Anschlussstellen sind selbst keine Blockstellen, die Bedienung erfolgt unter Deckung der Hauptsignale benachbarter Betriebsstellen. Dabei sind zu unterscheiden:

- Anschlussstellen, bei denen die Blockstrecke bis zur Rückkehr der Bedienungsfahrt nicht für einen anderen Zug freigegeben werden kann,
- Anschlussstellen, bei denen die Blockstrecke nach Einfahrt der Bedienungsfahrt in die Anschlussstelle für einen anderen Zug freigegeben werden kann (Ausweichanschlussstellen).

Die Weichen an der Anschlussstelle sind meist ortsgestellt und werden durch Weichenschlösser gesichert, über die in der Regel eine Abhängigkeit zu den Hauptsignalen benachbarter Betriebsstellen hergestellt wird. Anschlussstellen werden vorzugsweise eingerichtet, wenn Ladegleise oder Anschlussbahnen außerhalb von Bahnhöfen an eine Strecke einer Eisenbahn des öffentlichen Verkehrs angeschlossen werden sollen. Da solche Anlagen meist nur relativ selten bedient werden, ist die Einrichtung einer Abzweigstelle wegen des hohen sicherungstechnischen Aufwandes in der Regel wirtschaftlich nicht vertretbar. Bei Anschlussbahnen mit häufigen Bedienungsfahrten kann es zur

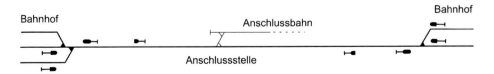

Abb. 1.4 Anschlussstelle

Gewährleistung einer ausreichenden betrieblichen Leistungsfähigkeit jedoch erforderlich sein, eine Abzweigstelle einzurichten.

Haltepunkte
Haltepunkte sind Bahnanlagen ohne Weichen, wo Züge planmäßig halten, beginnen oder enden dürfen. Ein Haltepunkt kann zugleich als Blockstelle eingerichtet sein (Abb. 1.5).

Haltestellen
Haltestellen sind Abzweigstellen, Überleitstellen oder Anschlussstellen, die mit einem Haltepunkt örtlich verbunden sind (Abb. 1.5). In der heutigen Praxis des Bahnbetriebes ist die Verwendung dieses Begriffs eher unüblich. Der Haltepunkt wird stattdessen meist getrennt von der mit ihm verbundenen Betriebsstelle bezeichnet.

Deckungsstellen
Deckungsstellen sind Bahnanlagen der freien Strecke, die den Bahnbetrieb insbesondere an beweglichen Brücken, Kreuzungen von Bahnen, Gleisverschlingungen (Bahnanlagen, bei denen sich zwei Gleise bei beengten räumlichen Verhältnissen so nahe kommen oder gar gegenseitig überschneiden, dass keine Zugbegegnungen möglich sind) und Baustellen sichern (Abb. 1.6). Die Hauptsignale einer Deckungsstelle heißen Deckungssignale. Eine Deckungsstelle kann zugleich als Blockstelle eingerichtet sein. Bei beweglichen Brücken ist die Einrichtung einer Deckungsstelle mit örtlichen Deckungssignalen auch dann erforderlich, wenn die bewegliche Brücke von Hauptsignalen benachbarter Betriebsstellen abhängig ist.

Einteilung der Gleise
Hauptgleise sind Gleise, die planmäßig von Zügen befahren werden dürfen. Hauptgleise müssen dazu mit den für Zugfahrten vorgeschriebenen Sicherungsanlagen ausgerüstet sein. Die Hauptgleise außerhalb von Bahnhöfen werden als „freie Strecke" bezeichnet. Durchgehende Hauptgleise sind Hauptgleise der freien Strecke und ihre Fortsetzung in den Bahnhöfen. Alle anderen Gleise sind Nebengleise (Abb. 1.7).

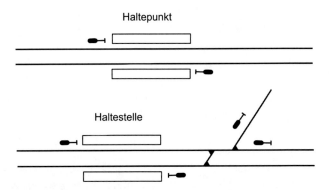

Abb. 1.5 Haltepunkt und Haltestelle

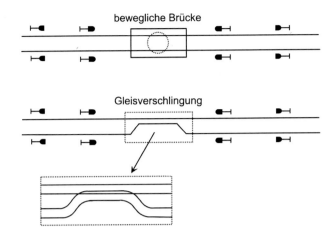

Abb. 1.6 Beispiele für Deckungsstellen

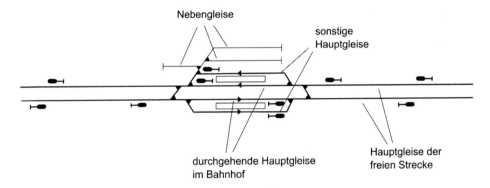

Abb. 1.7 Einteilung der Gleise

Stellwerke

Stellwerke sind Anlagen zum zentralisierten Einstellen und Sichern der Fahrwege für Zug- und Rangierfahrten. Die Stellwerksanlage enthält eine Sicherungslogik zur Herstellung von Abhängigkeiten zwischen den zu steuernden Fahrwegelementen zum Ausschluss von Gefährdungen. Die Bedienung des Stellwerks kann aus einem örtlichen Bedienraum oder ferngesteuert aus einer Zentrale erfolgen. Die gegenwärtige Entwicklung ist durch den forcierten Übergang von der traditionellen Betriebsweise mit örtlich besetzten Stellwerken zu einer zentralisierten Betriebssteuerung gekennzeichnet.

Fahrordnung auf der freien Strecke

Auf zweigleisigen Strecken ist auf der freien Strecke in der Regel rechts zu fahren (gewöhnliche Fahrtrichtung). Auf Streckengleisen, die sicherungstechnisch nur für Einrichtungsbetrieb ausgerüstet sind, dürfen Fahrten gegen die gewöhnliche Fahrtrichtung nur ausnahmsweise durchgeführt werden. Auf Streckengleisen, die sicherungstechnisch für Zweirichtungsbetrieb ausgerüstet sind, darf ein Gleis gegen die gewöhnliche Fahrtrichtung befahren werden, wenn es der Beschleunigung der Betriebsabwicklung dient. Bei der Einrichtung des Zweirichtungsbetriebes wird im Gegengleis (gegen die gewöhnliche Fahrtrichtung befahrenes Gleis) häufig auf eine Blockteilung verzichtet. Wenn ein Gleis vorübergehend nicht zur Verfügung steht, z. B. aufgrund von Bauarbeiten oder Störungen, sodass der Betrieb auf dem verbleibenden Gleis im Zweirichtungsbetrieb abgewickelt werden muss, ließe sich eine dichte Blockteilung durch die häufigen Richtungswechsel kaum ausnutzen. Lediglich auf Strecken, auf denen planmäßig Parallelfahrten auf beiden Streckengleisen stattfinden, z. B. im Zulaufbereich großer Knoten, kann es sinnvoll sein, Regel – und Gegengleis mit gleicher Blockteilung auszurüsten. Abb. 1.8 zeigt charakteristische Ausrüstungsvarianten einer zweigleisigen Strecke.

Auf der freien Strecke erlaubt der auf zweigleisigen Strecken übliche Gleisabstand in der Regel nicht die Aufstellung von Signalen zwischen den Streckengleisen. Daher werden die für das Gegengleis gültigen Signale regulär links vom zugehörigen Gleis aufgestellt. Das betrifft auch die Einfahrsignale der Bahnhöfe. Bei mehr als zwei parallel verlaufenden Streckengleisen können von diesem Grundsatz abweichende Signalanordnungen vorgesehen werden, um für den Triebfahrzeugführer eine eindeutige Zuordnung der Signale zu den Streckengleisen zu gewährleisten. Bei einigen ausländischen Bahnen ist auf zweigleisigen Strecken die Benutzung des linken Streckengleises als gewöhnliche Fahrtrichtung bestimmt.

1.3.2 Fahrzeuge

Eisenbahnfahrzeuge werden in Regel- und Nebenfahrzeuge eingeteilt (Abb. 1.9). Regelfahrzeuge sind Fahrzeuge, die den Bauvorschriften der Eisenbahn-Bau- und Betriebsordnung entsprechen. Nebenfahrzeuge brauchen diesen Vorschriften nur insoweit

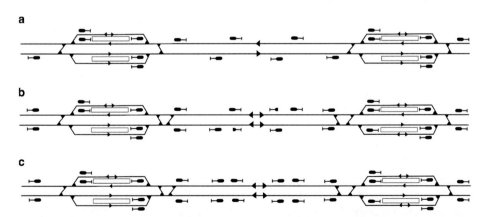

Abb. 1.8 Charakteristische Ausrüstungsvarianten einer zweigleisigen Strecke. **a** Zweigleisige Strecke mit Einrichtungsbetrieb, **b** zweigleisige Strecke mit Zweirichtungsbetrieb ohne Blockteilung im Gegengleis, **c** zweigleisige Strecke mit Zweirichtungsbetrieb und Blockteilung im Gegengleis

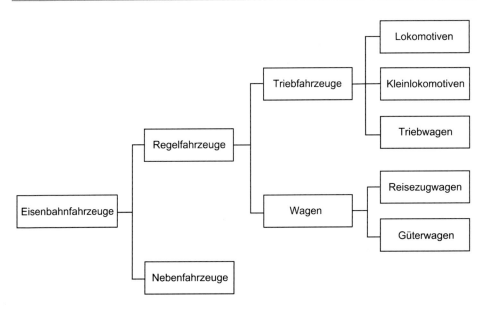

Abb. 1.9 Einteilung der Fahrzeuge

entsprechen, als es für den Sonderzweck, dem sie dienen sollen, erforderlich ist. Triebfahrzeuge sind Regelfahrzeuge mit eigenem Fahrzeugantrieb. Sie werden in Lokomotiven, Kleinlokomotiven und Triebwagen eingeteilt. Kleinlokomotiven sind Lokomotiven kleiner Leistung, die innerhalb von Bahnhöfen zur Durchführung von Rangierfahrten von dazu besonders berechtigten Mitarbeitern des Rangierpersonals (Kleinlokomotivbediener) bedient werden dürfen.

1.3.3 Fahrten mit Eisenbahnfahrzeugen

Bei Fahrten mit Eisenbahnfahrzeugen wird zwischen Zugfahrten und Rangierfahrten unterschieden. Es gibt allerdings kein einzelnes Merkmal für die eindeutige betriebliche Abgrenzung zwischen einer Zug- und einer Rangierfahrt, und selbst die betrieblichen Regelwerke tun sich mit Definitionen, die eine saubere Unterscheidung ermöglichen, mitunter etwas schwer. Schon in den 1920er-Jahren beklagt *Heinrich* in [7], dass die Begriffsbestimmung in den Fahrdienstvorschriften der Deutschen Reichsbahn in diesem Punkt „sprachlich nicht einwandfrei" sei. Zudem unterlagen die Definitionen der Begriffe Zugfahrt und Rangierfahrt wiederholt Veränderungen zur Anpassung an die Weiterentwicklung der Sicherungstechnik und der Betriebsverfahren. Bei der Deutschen Bahn AG wurde die Definition der Zugfahrt letztmalig im Jahre 1998 im Rahmen einer Überarbeitung des betrieblichen Regelwerks geändert [8]. Aus diesem Grunde und wegen der sehr grundsätzlichen Bedeutung soll der Erläuterung dieser Begriffe hier ein etwas breiterer Raum zugestanden werden.

Zugfahrten

Züge sind auf die freie Strecke übergehende oder innerhalb von Bahnhöfen nach einem Fahrplan verkehrende, aus Regelfahrzeugen bestehende, durch Maschinenkraft bewegte Einheiten und einzeln fahrende Triebfahrzeuge. Geeignete Nebenfahrzeuge dürfen wie Züge behandelt oder in Züge eingestellt werden.

Das Verkehren der Züge wird allen Beteiligten im Fahrplan bekannt gegeben. Kein Zug darf ohne gültigen Fahrplan verkehren. Weiterhin benötigt ein Zug zum Befahren eines jeden Gleisabschnitts innerhalb seines Laufweges eine Zustimmung des für die Regelung der Zugfolge zuständigen Mitarbeiters, der bei deutschen Eisenbahnen als Fahrdienstleiter bezeichnet wird. Diese Bezeichnung ist sprachlich nicht sehr glücklich gewählt. So schlägt auch *Heinrich* bereits in [7] als Alternative die wesentlich treffendere Bezeichnung „Zugfolgeleiter" vor, was sich aber nicht durchsetzte. Das gesamte Netz ist in Fahrdienstleiterbezirke eingeteilt, wobei jede Zugfolgestelle (Betriebsstelle, die die Zugfolge auf der freien Strecke regelt, Abschn. 1.3.4) genau einem Fahrdienstleiter zugeteilt ist. Ein Zug befindet sich auf den einzelnen Abschnitten seines Laufweges daher ständig unter der Überwachung eines Fahrdienstleiters, der für die sichere Regelung der Zugfolge verantwortlich ist.

Die Zustimmung des Fahrdienstleiters (im Regelwerk der Deutschen Bahn AG als Zulassung der Zugfahrt bezeichnet) hat unabhängig von der im Einzelfall vorhandenen Leit- und Sicherungstechnik immer folgenden grundsätzlichen Inhalt:

- die Erlaubnis, bis zu einem definierten Zielpunkt zu fahren,
- die bei der Fahrt einzuhaltenden Restriktionen (z. B. Geschwindigkeitsbeschränkungen).

In Abhängigkeit von der technischen Ausrüstung der Strecke kann eine Zugfahrt auf folgende Art und Weise zugelassen werden:

- durch Fahrtstellung eines Hauptsignals,
- durch Führerraumanzeigen,
- durch schriftliche Befehle (in Störungsfällen und bei Abweichungen vom Regelbetrieb),
- durch Zusatzsignale, die schriftliche Befehle zur Vorbeifahrt an Halt zeigenden oder gestörten Hauptsignalen ersetzen,
- mündlich oder fernmündlich (auf Nebenbahnen mit vereinfachter Betriebsweise).

Bei der Deutschen Bahn AG wird eine Betriebsweise, bei der die Zugfahrten im Regelbetrieb durch Fahrtstellung eines Hauptsignals zugelassen werden, als signalgeführter Betrieb, und eine Betriebsweise, bei der die Zugfahrten im Regelbetrieb durch Führerraumanzeigen zugelassen werden, als anzeigegeführter Betrieb bezeichnet.

Züge dürfen im Regelbetrieb nur in freie Gleisabschnitte eingelassen werden und verkehren in Weichenbereichen auf technisch gesicherten Fahrstraßen. Sofern es die

Bauart und das Bremsvermögen der Fahrzeuge zulässt, dürfen Züge mit der zulässigen Geschwindigkeit der Strecke verkehren. Die für einen konkreten Zug zulässige Geschwindigkeit wird dem Zugpersonal in den Fahrplanunterlagen bekannt gegeben. Heute sind Züge grundsätzlich mit einer durchgehenden selbsttätigen Bremse ausgerüstet. Das Bremsvermögen eines Zuges muss ausreichend sein, um den Zug aus der zulässigen Geschwindigkeit innerhalb des für die zu befahrenden Strecken festgelegten Regelbremsweges sicher zum Halten zu bringen. Spitze und Schluss eines Zuges werden durch besondere Signale gekennzeichnet. Von besonderer Bedeutung ist dabei das Schlusssignal, durch dessen Vorhandensein jederzeit festgestellt werden kann, ob der Zug einen Gleisabschnitt vollständig geräumt hat.

Rangierfahrten
Rangierfahrten sind Fahrten von mit einem Triebfahrzeug gekuppelten Fahrzeugeinheiten oder einzeln fahrenden Triebfahrzeugen unter vereinfachten Bedingungen innerhalb von Bahnhöfen und Anschlussstellen zum Bilden und Zerlegen der Züge, Umsetzen von Fahrzeugen, Bedienen von Ladestellen usw. Zum Obergriff des Rangierens wird auch das Bewegen von nicht mit einem Triebfahrzeug gekuppelten Fahrzeugen gezählt (Abstoßen und Ablaufen, Kap. 9).

Rangierfahrten werden ohne Fahrplan durchgeführt. Vor Durchführung einer Rangierfahrt sind die Beteiligten zu verständigen. In Gleisbereichen, die von einem Stellwerk überwacht werden, ist zur Durchführung einer Rangierfahrt eine Zustimmung des zuständigen Stellwerks erforderlich. Diese Zustimmung wird erteilt durch:

- Signalisierung der Aufhebung des Fahrverbots für Rangierfahrten an einem Hauptsignal oder einem anderen für Rangierfahrten geltenden Haltsignal,
- Handzeichen,
- mündlich oder fernmündlich.

Wenn der Triebfahrzeugführer den Fahrweg und die Signale nicht hinreichend beobachten kann, weil er sich nicht an der Spitze der als Rangierfahrt bewegten Fahrzeugeinheit befindet, ist die Rangierfahrt zur Unterstützung des Triebfahrzeugführers durch einen Mitarbeiter des Rangierpersonals (Rangierbegleiter) zu begleiten. Rangierfahrten verkehren auf Sicht mit stark reduzierter Geschwindigkeit (bei der Deutschen Bahn AG mit 25 km/h). Sie dürfen in besetzte Gleise eingelassen werden. Rangierfahrten führen keine Spitzen- und Schlusssignale und dürfen nicht auf die freie Strecke übergehen.

Auf ein Streckengleis einer zweigleisigen Strecke, das von Zügen gemäß der gewöhnlichen Fahrtrichtung in Ausfahrrichtung befahren wird, darf beim Rangieren jedoch im erforderlichen Maß ausgezogen werden, sofern auf diesem Gleis keine Zugfahrt gegen die gewöhnliche Fahrtrichtung stattfindet. Auf eingleisigen Strecken sowie auf Streckengleisen zweigleisiger Strecken, die von Zügen gemäß der gewöhnlichen Fahrtrichtung in Einfahrrichtung befahren werden, wird die Grenze, bis zu der in Richtung freier Strecke rangiert werden darf, in der Regel durch eine Rangierhalttafel markiert (Abb. 1.10). Wenn nicht regelmäßig über die Einfahrweiche rangiert wird, kann auf die Aufstellung

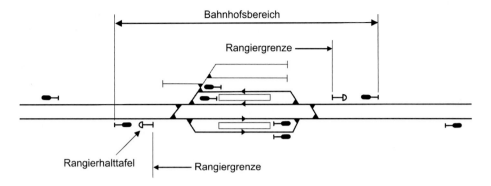

Abb. 1.10 Begrenzung von Rangierfahrten in Richtung freie Strecke

der Rangierhalttafel verzichtet werden. In diesen Fällen gilt die Einfahrweiche als
Rangiergrenze. Muss ausnahmsweise über diese Rangiergrenze rangiert werden, ist ein
schriftlicher Befehl des Fahrdienstleiters erforderlich. Der Fahrdienstleiter stellt dazu
vorab sicher, dass die benachbarte Zugfolgestelle keine Züge ablässt. Bei einigen Eisenbahnen außerhalb des Netzes der Deutschen Bahn AG dürfen Rangierfahrten unter bestimmten Bedingungen auch auf die freie Strecke übergehen.

1.3.4 Regelung der Zugfolge

Zugfolgestellen und Zugmeldestellen
Zugfolgestellen sind alle Betriebsstellen, die die Folge der Züge auf der freien Strecke
regeln. Züge dürfen nur im Abstand der Zugfolgestellen verkehren. Jede Zugfolgestelle
ist einem zuständigen Fahrdienstleiter zugeordnet. Der betrieblichen Funktion einer Zugfolgestelle entspricht anlagenseitig die Einrichtung einer Blockstelle. Die begriffliche
Unterscheidung zwischen Zugfolgestelle und Blockstelle hat historische Gründe, da in
der Vergangenheit der Begriff der Blockstelle anders definiert war, indem nur die Zugfolgestellen der freien Strecke als Blockstellen galten [7, 9, 10].
   Zugmeldestellen sind diejenigen Zugfolgestellen, die die Reihenfolge der Züge auf
der freien Strecke regeln. Bahnhöfe, Abzweigstellen und Überleitstellen sind stets Zugmeldestellen. Auf Strecken mit einer dezentral strukturierten Fahrdienstleitung sind die
Zugmeldestellen mit einem örtlichen Fahrdienstleiter besetzt. Auf ferngesteuerten Strecken kann der Steuerbereich eines Fahrdienstleiters hingegen eine größere Anzahl Zugmeldestellen umfassen.

Zugfolgeregelung im Zugleitbetrieb
Bei vereinfachten Bedingungen ist in Deutschland der so genannte Zugleitbetrieb zugelassen [11, 12]. Der Zugleitbetrieb ermöglicht eine kostengünstige Zentralisierung der
Fahrdienstleitung von Nebenstrecken ohne aufwendige Fernsteuertechnik. Die Zugfolge
einer Strecke wird von einem Zugleiter durch Austausch von Zuglaufmeldungen mit den

Zugpersonalen geregelt. Dabei wird auch die Zustimmung zur Zugfahrt in Form einer auf fernmündlichem Wege übermittelten Fahrerlaubnis erteilt. Zur Zulassung höherer Geschwindigkeiten oder dichterer Zugfolgen lässt sich der Zugleitbetrieb durch Einrichtung einer vereinfachten Signalisierung zum Signalisierten Zugleitbetrieb aufrüsten [13]. Je nach sicherungstechnischer Ausrüstung kann dabei auf Zuglaufmeldungen im Regelbetrieb teilweise oder vollständig verzichtet werden. Die für die Regelung der Zugfolge maßgebenden Betriebsstellen heißen im Zugleitbetrieb Zuglaufmeldestellen. Die einem Zugleiter zugeordnete Strecke wird als Zugleitstrecke bezeichnet.

Kreuzung, Begegnung und Überholung
Eine Kreuzung ist das Ausweichen zweier in entgegengesetzter Fahrtrichtung fahrender Züge auf eingleisiger Strecke. Der Begriff „Kreuzung" rührt von der grafischen Darstellung der sich kreuzenden Linien im Zeit-Weg-Linienbild her. Wird die Kreuzung bei entsprechend langem Ausweichgleis ohne Halt beider Züge durchgeführt, spricht man auch von einer „fliegenden" Kreuzung. Auf zweigleisigen Strecken wird die Vorbeifahrt an einem Zug der Gegenrichtung als Begegnung bezeichnet. Eine Überholung ist das Ausweichen eines Zuges, um einem schnelleren Zug der gleichen Fahrtrichtung die Vorbeifahrt zu ermöglichen. Analog zur „fliegenden Kreuzung" nennt man eine Überholung ohne Halt des zu überholenden Zuges „fliegende Überholung".

1.3.5 Abweichende Begriffswelten im Ausland

Die bisher vorgestellten Definitionen bezogen sich auf die in Deutschland übliche Begriffswelt. Das Eisenbahnwesen gehört zu denjenigen technischen Fachgebieten, in denen die internationale Vereinheitlichung noch nicht sehr weit fortgeschritten ist. Die z. T. gravierenden Unterschiede betreffen nicht nur die betrieblichen Regelwerke und technischen Ausrüstungsstandards, sondern beginnen schon bei den grundlegenden Definitionen des Systems Bahn. Die auf deutschen Grundsätzen basierenden Definitionen sind in erster Linie in Teilen Mitteleuropas (insbesondere in den deutschsprachigen Ländern) sowie in großen Teilen Osteuropas und des Balkans anzutreffen. Auch in Skandinavien und Russland basiert der Bahnbetrieb auf ähnlichen Grundsätzen. Weltweit besitzt daneben aber insbesondere die englischsprachige Begriffswelt eine große Verbreitung, wobei es noch einmal erhebliche Unterschiede zwischen den nordamerikanischen und den britischen Grundsätzen gibt.

Einteilung der Fahrten mit Eisenbahnfahrzeugen
Die Abgrenzung zwischen Zug- und Rangierfahrten ist bei ausländischen Bahnen teilweise anders geregelt. So werden bei einigen Bahnen Fahrten mit Zügen, bei denen die Sicherungseinrichtungen für Zugfahrten nicht ordnungsgemäß wirken oder nicht bedient werden dürfen, im betrieblichen Modus einer Rangierfahrt durchgeführt. Teilweise dürfen Rangierfahrten unter gewissen Randbedingungen auch auf die freie Strecke

übergehen und werden auch als Rückfallebene für Zugfahrten verwendet, z. B. wenn das Freisein eines Gleises nicht festgestellt werden kann.

Bei nordamerikanischen Bahnen unterscheiden sich Rangierbewegungen auf Hauptgleisen hinsichtlich der Erteilung der Zustimmung zum Befahren eines Gleisabschnitts nicht von Zügen. Es gibt daher auch keine eigenständigen Signalbegriffe für Rangierfahrten. In Europa wurde dieses Prinzip von den niederländischen Bahnen übernommen. Auch bei einigen anderen westeuropäischen Bahnen gelten die Fahrtbegriffe der Hauptsignale teilweise auch für Rangierfahrten.

Einteilung der Betriebsstellen

Die bei deutschen Eisenbahnen übliche Unterscheidung zwischen Bahnhof und freier Strecke existiert in der britischen und nordamerikanischen Betriebsweise in dieser Form nicht. Es gibt nicht einmal einen englischen Terminus, der dem deutschen „Bahnhof" entspricht. Der englische Begriff „station" bezeichnet im Unterschied zum deutschen „Bahnhof" jede Betriebsstelle, an der Züge planmäßig halten, und sagt nichts über die betriebliche Funktionalität oder anlagenseitige Ausstattung dieser Betriebsstelle aus. Auch in der deutschen Begriffswelt, die sich in der Frühzeit der Eisenbahn vielfach an den englischen Begriffen orientierte, gab es noch in den 1920er-Jahren den Begriff der Station als Oberbegriff für Bahnhöfe und Haltepunkte [7]. Bei nordamerikanischen Bahnen ist „station" ein Oberbegriff für alle im Fahrplan aufgeführten Betriebsstellen.

Im nordamerikanischen Bahnbetrieb fungieren in von Stellwerken gesteuerten Bereichen (dabei jedoch meist aus Zentralen ferngesteuert) die einzelnen, von Hauptsignalen unmittelbar begrenzten Fahrstraßenknoten als Betriebsstellen. Im Vergleich zu einem deutschen Bahnhof ist somit jeder Bahnhofskopf eine eigenständige Betriebsstelle, während für die Gesamtanlage des Bahnhofs keine Bezeichnung existiert. Jeder Fahrstraßenknoten bildet ein so genanntes „interlocking", dessen Bereich durch die „interlocking limits" bestimmt wird (Abb. 1.11). Dafür gilt gemäß [14] folgende Definition:

▶ „interlocking limits: The tracks between outer opposing absolute signals of an interlocking." (Übers.: Die Gleise zwischen den äußersten entgegengesetzten Absoluthaltsignalen eines Fahrstraßenknotens).

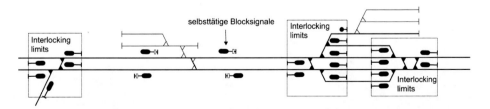

Abb. 1.11 „Interlocking limits" nach nordamerikanischen Grundsätzen (zur besseren Veranschaulichung in Anlehnung an die deutsche Signalsymbolik dargestellt)

Als Absoluthaltsignale gelten dabei alle Hauptsignale, an denen ein Zug bei Anzeige des Haltbegriffs nur dann ausnahmsweise vorbeifahren darf, wenn er dazu vom zuständigen Dispatcher (entspricht der Funktion eines deutschen Fahrdienstleiters) besonders autorisiert worden ist (z. B. durch einen schriftlichen Befehl). An jedem Gleis, das in den Bereich der „interlocking limits" hineinführt, wird ein Hauptsignal aufgestellt wird (auch an Nebengleisen, dann jedoch als Zwergsignal). In der Regel gibt es innerhalb von „interlocking limits" keine aufeinander folgenden Hauptsignale. Sperr- und Rangierhaltsignale im europäischen Sinne sind bei nordamerikanischen Bahnen wegen der vollkommen andersartig gestalteten Regeln für Rangierbewegungen unbekannt.

Durch die „interlocking limits" werden Bereiche, in denen die Signale Weichen decken, von den Bereichen abgegrenzt, in denen die Signale ausschließlich der Zugfolgeregelung dienen. Auf Strecken, auf denen die Fahrten nicht unmittelbar durch Signale, sondern durch Fahrerlaubnis des Dispatchers zugelassen werden (ähnlich dem deutschen Zugleitbetrieb), können zur Erleichterung des Rangierens so genannte „yard limits" eingerichtet werden. Das betrifft neben nichtsignalisierten Strecken auch Strecken mit einem vereinfachten selbsttätigen Blocksystem, bei dem die Blocksignale nur als Sicherheitsoverlay zur fernmündlich übermittelten Fahrerlaubnis dienen. In diesen Bereichen dürfen Rangiereinheiten Hauptgleise ohne besondere Autorisierung durch den die Zugfolge regelnden Dispatcher befahren. Innerhalb von „yard limits" schließen Nebengleise häufig über ortsgestellte Weichen (Handweichen) an Hauptgleise an, wobei diese Weichen vom Rangierpersonal ohne Freigabe des Dispatchers bedient werden können (Abb. 1.12). Beginn und Ende der „yard limits" werden den Zügen durch Signaltafeln („yard limit signs") angezeigt, da für Züge beim Durchfahren von „yard limits" besondere betriebliche Regeln gelten [14–16]. Für einen tiefer gehenden Vergleich zwischen nordamerikanischen und europäischen Betriebsgrundsätzen wird auf [17, 18] verwiesen.

In den britischen Grundsätzen gibt es keine „interlocking limits". Stattdessen ist auf Strecken mit örtlich besetzten Stellwerken älterer Bauformen die Einrichtung von so genannten „station limits" üblich. Das aktuell geltende Regelwerk führt dazu folgende Definition an [19]:

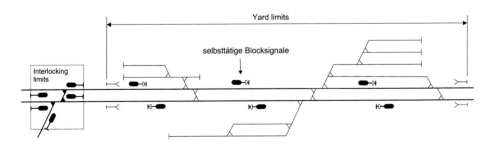

Abb. 1.12 Beispiel für „yard limits"

▶ „station limits: The portion of line between the home signal and the section signal for the same line, worked from the same signal box. This term does not apply on a track circuit block line." (Übers.: Der Hauptgleisbereich zwischen dem Einfahrsignal und dem letzten Hauptsignal der gleichen Fahrtrichtung, das vom gleichen Stellwerk gestellt wird. Das gilt nicht für Gleise, auf denen die Zugfolge durchgehend mit Gleisfreimeldeanlagen gesichert wird.)

Da die „station limits" durch Signale der gleichen Fahrtrichtung begrenzt werden, ergeben sich unterschiedliche „station limits" für beide Fahrtrichtungen (Abb. 1.13). Die „station limits" beziehen sich im Gegensatz zum deutschen Bahnhofsbegriff nicht auf eine Betriebsstelle sondern immer auf ein einzelnes Stellwerk. Deshalb hat in großen Bahnhofsanlagen mit mehreren Stellwerken (bei britischen Bahnen außerhalb der großen Knoten relativ selten) jedes Stellwerk seine eigenen „station limits". Auch auf von örtlichen Stellwerken gesteuerten Betriebsstellen, die aus deutscher Sicht zur der freien Strecke gehören würden, werden häufig „station limits" eingerichtet. Somit haben auf Strecken mit älteren Sicherungsanlagen auch Abzweigstellen oft eine Art „Ausfahrsignal". Es kann davon ausgegangen werden, dass die „station limits" historisch aus dem gleichen Grund entstanden sind, der in Deutschland zur Unterscheidung zwischen Bahnhof und freier Strecke führte. Vor der Einführung selbsttätiger Gleisfreimeldeanlagen war das Freisein eines Gleises nur durch Mitwirkung des örtlichen Betriebspersonals festzustellen. Ein Bahnhofsgleis ist im Gegensatz zur freien Strecke vom örtlichen Betriebspersonal vollständig zu übersehen. Das gleiche gilt nach britischen Grundsätzen für ein Gleis innerhalb von „station limits". Im Gegensatz dazu kann das Freisein eines Gleisabschnitts der freien Strecke (oder aus britischer Sicht eines Gleisabschnitts außerhalb von „station limits") wegen der fehlenden durchgehenden Einsehbarkeit nur durch Kommunikation zwischen den diesen Gleisabschnitt begrenzenden Zugfolgestellen festgestellt werden. Daher werden bei britischen Bahnen auch nur die Gleisabschnitte außerhalb der „station limits" als Blockstrecken bezeichnet, was eine Analogie zur deutschen Sichtweise darstellt (Abschn. 1.3.1).

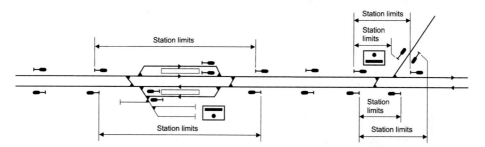

Abb. 1.13 „Station limits" nach britischen Grundsätzen (zur besseren Veranschaulichung in deutscher Signalsymbolik aber mit dem bei britischen Bahnen üblichen Linksbetrieb dargestellt)

Mit der Einführung selbsttätiger Gleisfreimeldeanlagen, die das Freisein eines Glei-ses von Fahrzeugen ohne Mitwirkung des Menschen feststellen, war die grundsätzliche Notwendigkeit dieser Unterscheidung entfallen. Daher werden nach britischen Grund-sätzen auf Strecken, auf denen die Zugfolge durchgehend mit Gleisfreimeldeanlagen ge-sichert wird (im britischen Regelwerk als Track Circuit Block bezeichnet), keine „station limits" mehr eingerichtet. Es gibt keine Abgrenzung zwischen Stations- und Strecken-bereichen und demzufolge auch keine Signale, die den Charakter von Ein- und Ausfahr-signalen haben. Bei deutschen Eisenbahnen wird die Abgrenzung zwischen Bahnhof und freier Strecke auch in der modernen Sicherungstechnik beibehalten. In Knotenbereichen mit zentraler Betriebssteuerung werden jedoch gelegentlich, wenn dies aufgrund der örtlichen Verhältnisse betrieblich vorteilhaft ist, ehemals getrennte Bahnhöfe zu größe-ren, zusammenhängenden Bahnhofsbereichen ohne zwischenliegende freie Strecke zu-sammengefasst.

Literatur

1. Gralla, D.: Eisenbahnbremstechnik. Werner, Düsseldorf (1999)
2. Lexikon Eisenbahn, 6. Aufl. transpress, Berlin (1981)
3. Eisenbahn-Bau- und Betriebsordnung (EBO) vom 8. Mai 1967. zuletzt geändert durch Artikel 1 der Verordnung vom 10. Oktober 2016 (BGBl. I S. 2242)
4. Deutsche Bahn AG: Fahrdienstvorschrift; Richtlinie 408.01–06. gültig ab 13.12.2015
5. Naumann, P., Pachl, J.: Leit- und Sicherungstechnik im Bahnbetrieb – Fachlexikon, 2. Aufl. Tetzlaff, Hamburg (2004)
6. Thoma, A., Pätzold, F., Wittenberg, K.-D.: Kommentar zur Eisenbahn-Bau- und Betriebs-ordnung (EBO), 3. Aufl. Hestra-Verlag, Darmstadt (1996)
7. Heinrich: Eisenbahnbetriebslehre, 3. Aufl. Verlag der Verkehrswissenschaftlichen Lehrmittel-gesellschaft m.b.H. bei der Deutschen Reichsbahn, Berlin (1928)
8. Deutsche Bahn AG: Züge fahren und Rangieren – Fahrdienstvorschrift (FV) – DS 408, gültig ab 03.06.1984. in der Fassung der Bekanntgabe 19 vom 01.03.1998
9. Arnold, H.-J., Naumann, P.: Stellwerksdienst A–Z, 3. Aufl. transpress, Berlin (1986)
10. Deutsche Reichsbahn: Fahrdienstvorschriften (FV) – DV 408, gültig ab 1. September 1990
11. Deutsche Bahn AG: Zug- und Rangierfahrten im Zugleitbetrieb durchführen (ZLB) – Richt-linie 436, gültig ab 24.05.1998
12. Scheppan, M.: Zugleitbetrieb für einfache betriebliche Verhältnisse. Eurailpress, Hamburg (2006)
13. Deutsche Bahn AG: Zug- und Rangierfahrten im Signalisierten Zugleitbetrieb durchführen (SZB) – Richtlinie 437, gültig ab 01.03.1998
14. General Code of Operating Rules (GCOR). Seventh Edition. Effective April 1, 2015 (2015)
15. Northeast Operating Rules Advisory Commitee (NORAC): Operating Rules. 11th Edition. Ef-fective February 1, 2018 (2018)
16. Pachl, J.: Railway Operation and Control, 4. Aufl. VTD Rail Publishing, Mountlake Terrace (2018)

17. Pachl, J.: Übertragbarkeit US-amerikanischer Betriebsverfahren auf europäische Verhältnisse. Eisenbahntechnische Rundschau **50**(7/8), 452–462 (2001)
18. Pachl, J.: Besonderheiten ausländischer Eisenbahnbetriebsverfahren. Grundbegriffe – Stellwerksfunktionen – Signalsysteme. Springer essentials, Springer Vieweg, Wiesbaden (2016)
19. Glossary of Signalling Terms: Railway Group Guidance Note GK/GN0802. Issue One. Rail Safety and Standard Board, London (2004)

Fahrdynamische Grundlagen

2

Die Fahrdynamik ist ein Teilgebiet der Fahrzeugmechanik, das sich mit den zur Orts-veränderung von Landfahrzeugen notwendigen Bewegungsvorgängen, den diese Be-wegungsvorgänge verursachenden Kräften und den dabei auftretenden Naturgesetzen befasst. Bezüge zur Fahrdynamik tauchen in vielen Bereichen der Verkehrstechnik und Verkehrsplanung auf und berühren nahezu alle Bereiche der Eisenbahntechnik. Im Fol-genden werden mit dem Schwerpunkt der Fahrzeitermittlung nur die für die System-gestaltung und die Planung der Betriebsführung von Eisenbahnen wichtigen Aspekte der Fahrdynamik angesprochen. Eine ausführlichere Behandlung der Fahrdynamik findet sich in [1] und vor allem in [2].

2.1 Grundgleichungen

Eines der grundlegenden Gesetze der Fahrdynamik ist das Grundgesetz vom Gleich-gewicht der Kräfte:

$$\sum F = 0$$

Das bedeutet, dass die Summe der in Fahrtrichtung wirkenden Kräfte gleich der Summe der entgegen der Fahrtrichtung wirkenden Widerstandskräfte ist. Die in Horizontal-richtung wirkenden Kräfte unterteilen sich dabei wie folgt:

- Kräfte zur Aufrechterhaltung und beabsichtigten Änderung des Bewegungszustandes. Das sind die Antriebskraft F und die Bremskraft F_B.
- Kräfte, die sich der Aufrechterhaltung des Bewegungszustandes widersetzen. Das ist die Summe der Widerstandskräfte $\sum F_W$.

© Der/die Autor(en), exklusiv lizenziert an Springer Fachmedien Wiesbaden GmbH, ein Teil von Springer Nature 2025
J. Pachl, *Systemtechnik des Schienenverkehrs*,
https://doi.org/10.1007/978-3-658-45732-7_2

- Kraft, die sich der beabsichtigten Änderung des Bewegungszustandes widersetzt. Das ist die Massenträgheits- bzw. Beschleunigungswiderstandskraft F_a.

Die folgenden Gleichungen beschreiben das Kräftegleichgewicht in den einzelnen Bewegungsphasen:

Anfahren	$F_a = F - \sum F_w$
Beharrungsfahrt	$F = \sum F_w$
Auslauf	$F_a = \sum F_w$
Bremsen	$F_a = F_B + \sum F_w$

2.2   Zugkraft

Die Zugkraft eines Triebfahrzeugs wird durch zwei Grenzkräfte charakterisiert. Die erste Grenzkraft ist die durch Rad und Schiene übertragbare Kraft.

$$F = m \cdot g \cdot \mu$$

μ	Haftreibungsbeiwert

Die zweite Grenzkraft ist die durch die Antriebsleistung begrenzte, maximale Zugkraft des Triebfahrzeugs. Als Funktion der Geschwindigkeit folgt diese Kraft unter der vereinfachenden Annahme einer konstanten Grenzleistung des Triebfahrzeugs einer Hyperbel.

$$F = \frac{P}{v}$$

Wenn man beide Grenzlinien in ein F-v-Diagramm einträgt, erhält man die sogenannte Triebfahrzeugcharakteristik (Abb. 2.1). Die Stelle, an der sich beide Kurven schneiden, nennt man Übergangsgeschwindigkeit $v_{ü}$. Diese Übergangsgeschwindigkeit teilt das F-v-Diagramm in zwei Bereiche. Im Bereich unterhalb der Übergangsgeschwindigkeit fährt das Triebfahrzeug an der Kraftschlussgrenze. Die installierte Antriebsleistung kann nicht vollständig ausgenutzt werden. In der Praxis zeigt der Haftreibungsbeiwert in Abhängigkeit von der Geschwindigkeit einen leicht fallenden Verlauf. Bei Triebfahrzeugen mit Drehstromantriebstechnik ist dieser Effekt stärker ausgeprägt, im Moment des Anfahrens steht bei dieser Antriebsform ein besonders hoher Haftreibungsbeiwert zur Verfügung. Oberhalb der Übergangsgeschwindigkeit wird die Zugkraft nur durch die Leistung des Triebfahrzeugs begrenzt.

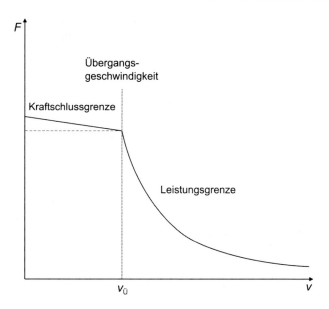

Abb. 2.1 Triebfahrzeugcharakteristik

2.3 Widerstandskräfte

2.3.1 Streckenwiderstand

Der Streckenwiderstand setzt sich zusammen aus dem Neigungswiderstand und dem Bogenwiderstand. Der Neigungswiderstand entspricht der Neigungskraft und ergibt sich zu:

$$F_N = m \cdot g \cdot \sin \alpha$$

$\sin \alpha$	Neigungswinkel

Zur fahrzeugunabhängigen Charakterisierung einer Strecke ist es üblich, die Widerstandskräfte durch Division durch die Gewichtskraft als dimensionslose spezifische Widerstände (auch als Widerstandszahlen oder Widerstandskoeffizienten bezeichnet) anzugeben. Der spezifische Neigungswiderstand ergibt sich durch Division des Neigungswiderstandes durch die Gewichtskraft zu:

$$f_N = \sin \alpha$$

Für die im Schienenverkehr üblichen Längsneigungen mit $i < 0{,}1$ haben Sinus und Tangens des Neigungswinkels nahezu den gleichen Wert. Somit gilt in guter Näherung:

$$f_N \approx i$$

i	Neigungsverhältnis $(i = \tan \alpha)$

Der Neigungswiderstand kann sowohl positiv (Steigung) als auch negativ (Gefälle) sein. Ein negativer Neigungswiderstand tritt als beschleunigende Kraft in Erscheinung.

Die beiden Radscheiben eines Radsatzes sind starr mit der Radsatzwelle verbunden. Beide Räder haben damit immer die gleiche Drehzahl, ein Differenzialausgleich wie bei Straßenfahrzeugen existiert nicht (Abb. 2.2). Der Grund für diese Besonderheit liegt im Prinzip der Spurführung begründet. Die an den Innenseiten der Radscheiben angebrachten Spurkränze erlauben ein gewisses Spurspiel. Die Laufflächen der Räder sind konisch geformt, dadurch lässt sich das Verhalten eines Radsatzes im Gleis mit dem vereinfachten Modell eines Doppelkegels erklären (Abb. 2.3).

Wenn der Radsatz durch das Wirken einer Kraft eine außermittige Lage einnimmt, ergeben sich durch die Kegelform an beiden Rädern unterschiedliche Aufstandsradien. Durch die erzwungene Drehzahlgleichheit legen die Räder nun unterschiedlich lange Wege zurück, was zu einem „Einlenken" des Radsatzes in Richtung Gleismitte führt. Nach dem Überschreiten der Gleismitte wiederholt sich der gleiche Vorgang auf der anderen Seite. Als Folge beschreibt der Radsatz beim Lauf durch ein gerades Gleis eine sinusförmige Kurve, den sogenannten Sinuslauf. Der Sinuslauf führt im geraden Gleis zu einer Selbstzentrierung des Radsatzes ohne Benutzung der Spurkränze. Diesem Vorteil

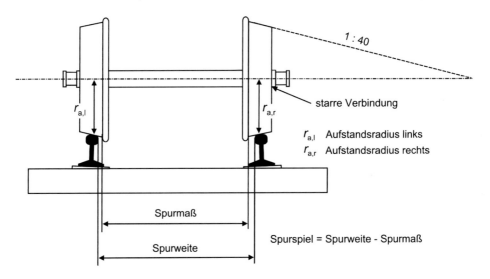

Abb. 2.2 Zusammenwirken von Radsatz und Gleis

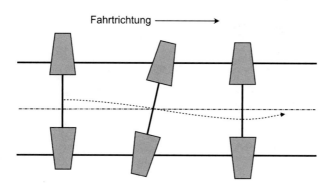

Abb. 2.3 Prinzip des Sinuslaufs

steht jedoch der Nachteil des fehlenden Differenzialausgleichs bei Bogenfahrten gegenüber. Die Längendifferenzen bei Bogenfahrt können nur durch Längsgleiten auf der Schiene ausgeglichen werden. Bei heutigen Eisenbahnrädern werden Verschleißprofile verwendet, die nicht mehr exakt konisch sind, das Grundprinzip des Sinuslaufs bleibt jedoch erhalten.

Ein Eisenbahnfahrzeug lenkt nicht selbst, sondern wird durch die Spurführung zur Bogenfahrt gezwungen. Bedingt durch die parallele Lagerung der Radsätze im Fahrzeug ist die Radsatzwelle in einer gedachten Verlängerung nicht sauber auf den Bogenmittelpunkt gerichtet. Diese Winkeldifferenz (Winkel α in Abb. 2.4) führt bei Bogenfahrt zu einem Quergleiten der Räder auf der Schiene. Längs- und Quergleiten bilden zusammen mit der Spurkranzreibung die Ursache für einen erhöhten Laufwiderstand im Gleisbogen.

Dieser Bogenwiderstand hat nur bei engen Bögen einen nennenswerten Einfluss auf den Streckenwiderstand. Für Fahrzeitermittlungen reicht eine näherungsweise Bestimmung nach folgender Formel aus [3]:

$$f_{WB} = \frac{700}{R}$$

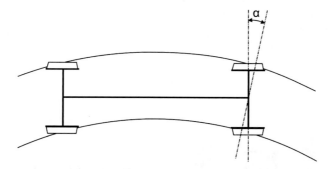

Abb. 2.4 Quergleiten eines Radsatzes im Gleisbogen

f_{WB}	spezifischer Bogenwiderstand in ‰
R	Bogenradius in m

Das Regelwerk der Deutschen Bahn AG enthält für den spezifischen Bogenwiderstand noch die so genannten *Röckl*-Formeln [1]. In modernen IT-Lösungen wird allerdings die hier angegebene Formel bevorzugt. Die Differenz der Ergebnisse ist für fahrdynamische Berechnungen vernachlässigbar klein.

Aus dem spezifischen Neigungs und Bogenwiderstand ergibt sich der spezifische Streckenwiderstand zu:

$$f_{WS} = i + f_{WB}$$

Der spezifische Streckenwiderstand (in der Praxis meist nur als Streckenwiderstand bezeichnet) wird in der Einheit ‰ = N/kN angegeben. Für jede Strecke werden die spezifischen Streckenwiderstände in so genannten Streckenbändern dargestellt. Diese Streckenbänder sind eine wichtige Unterlage für die Fahrzeitermittlung.

2.3.2 Zugwiderstand

Der Zugwiderstand setzt sich aus folgenden Komponenten zusammen:

- Rollwiderstand,
- Lagerreibungswiderstand,
- dynamischer Widerstand,
- Triebwerkswiderstand,
- Luftwiderstand.

An der Berührungsfläche zwischen Rad und Schiene kommt es durch elastische Verformung zur Ausbildung einer Kontaktfläche, deren Fläche in etwa der Größe einer Euro-Centmünze entspricht. Mit der Bewegung des Rades wandert diese Verformungsstelle an der Schiene entlang. Die dabei verrichtete Walkarbeit ist die Ursache des Rollwiderstandes. Der Lagerreibungswiderstand ist unmittelbar von der Bauform der Achslager abhängig. Mit dem Übergang von Gleit- zu Rollenlagern wurden die Lagerreibungswiderstände erheblich reduziert. Der dynamische Widerstand hat seine Ursache im Energieverlust durch Schwingungen im Zugverband. Der Triebwerkswiderstand ist der Reibungswiderstand der rotierenden Teile in Antriebsmaschinen und Einrichtungen zur Kraftübertragung und Drehmomentwandlung. Der Luftwiderstand schließlich setzt sich aus einer Reihe von Komponenten zusammen, die maßgebend von den Formparametern des Fahrzeugs abhängig sind.

Die einzelnen Teilwiderstände des Zugwiderstandes sind mathematisch nur sehr schwierig zu beschreiben. In der Praxis hat sich daher als ein pragmatischer Weg bewährt, empirische Zugwiderstandsgleichungen in Auswertung von Schlepp- bzw. Auslaufversuchen aufzustellen. Der Zugwiderstand ist geschwindigkeitsabhängig und wird in Form von Widerstandskennlinien angegeben. Zur Abbildung werden in der Regel quadratische Gleichungen mit empirisch ermittelten Indizes verwendet:

$$f_{WZ} = \alpha + \beta \cdot v + \gamma \cdot v^2$$

f_{WZ}	spezifischer Zugwiderstand
α, β, γ	empirisch ermittelte Indizes

Solche Gleichungen existieren in vielen Variationen. Als Beispiele seien hier die bei deutschen Bahnen verwendeten Widerstandsgleichungen nach *Strahl* und *Sauthoff* angeführt. Diese Gleichungen gelten für den Wagenzug ohne Triebfahrzeug. Die Widerstandsgleichung nach *Strahl* hat folgende Form:

$$f_{WW} = c_1 + (0{,}007 + c_2) \cdot \left(\frac{v}{10}\right)^2$$

f_{WW}	spezifischer Wagenzugwiderstand in ‰
v	Geschwindigkeit in km/h
c_1	Beiwert für Lagerreibung
c_2	Luftwiderstandsbeiwert

Der Beiwert c_1 wird heute für Gleitlager mit 2,00, für Rollenlager mit 1,4 und für Ganzzüge aus voll beladenen Selbstentlade- und Kesselwagen mit 1,2 angesetzt. Die Werte für c_2 enthält Tab. 2.1.

Die Gleichung nach *Strahl* wurde ursprünglich für Reise- und Güterzüge entwickelt. In [2] sind noch Beiwerte für Reisezüge angegeben. Heute wird sie bei deutschen Bahnen nur noch für Güterzüge benutzt. Bei Reisezügen kommt die Formel nach *Sauthoff* zur Anwendung:

$$f_{WW} = 1{,}9 + c_b \cdot v + 0{,}0048 \cdot (n + 2{,}7) \cdot A_f \cdot \frac{(v + 15)^2}{m}$$

Tab. 2.1 Widerstandsbeiwert c_2 für die Gleichung nach *Strahl*

Art des Zuges	c_2
Voll beladene Ganzzüge aus Selbstentlade- und Kesselwagen	0,013
Ganzzüge aus beladenen Kohlen- und Erzwagen	0,032
Ganzzüge aus geschlossenen Wagen	0,040
Gemischte Güterzüge	0,050
Leerzüge aus offenen Wagen	0,100

f_{WW}	spezifischer Wagenzugwiderstand in ‰
v	Geschwindigkeit in km/h
c_b	Laufwiderstandbeiwert
n	Anzahl der Wagen
m	Zugmasse in t
A_f	Äquivalenzquerschnittsfläche in m2 (1,45 m^2 bei modernen Reisezugwagen)

Der Beiwert c_b beträgt bei modernen, vierachsigen Reisezugwagen 0,0025, für die heute nur noch selten eingesetzten zwei- und dreiachsigen Reisezugwagen gelten höhere Werte.

Die Gleichungen nach *Strahl* und *Sauthoff* werden bei deutschen Bahnen sowohl zur Fahrzeitermittlung in der rechnergestützten Fahrplankonstruktion (Kap. 6), als auch in Softwaresystemen zur Leistungsuntersuchung von Eisenbahn-Betriebsanlagen verwendet (Kap. 5). Die Anwendung dieser Gleichungen kann bei allen Bahnen empfohlen werden, deren Züge eine ähnliche fahrdynamische Charakteristik wie in Deutschland aufweisen. Bei stärker abweichenden Charakteristika sind andere, an die jeweiligen Randbedingungen angepasste Gleichungen zu verwenden. Ein Beispiel ist die in Nordamerika benutzte Formel nach *Davis*, die ebenfalls auf einer quadratischen Gleichung beruht [4]. Da Lokomotiven vor verschiedenen Zügen verkehren können, werden Lokomotiv- und Wagenzugwiderstand getrennt angegeben, wobei man für Lokomotiven die Darstellung in absoluten Größen bevorzugt. Der Zugwiderstand wird als gewogenes Mittel aus Lokomotiv- und Wagenzugwiderstand gebildet.

2.3.3 Anfahrwiderstand

Der Anfahrwiderstand ist der Fahrzeugwiderstand im Moment des Bewegungsbeginns. Die Ursache liegt in physikalischen Vorgängen im Achslager sowie im Massenband des Zuges bei Bewegungsbeginn. Im Moment des Bewegungsbeginns muss der am Lagerring haftende Wälzkörper des Achslagers losgebrochen werden („Losbrechwiderstand"), und mit der einsetzenden Drehbewegung muss Schmiermittel in die Kontaktfläche gefördert werden. Bedingt durch die Toleranzen der Zugvorrichtung besteht in der Ebene die Möglichkeit, die Wagen nacheinander anzuziehen und damit den Anfahrwiderstand der Wagen nacheinander zu überwinden. Der spezifische Anfahrwiderstand des Zuges ist daher kleiner als der spezifische Anfahrwiderstand des Einzelwagens. Beim Anfahren in der Steigung geht dieser Effekt verloren. Der Anfahrwiderstand des Zuges ist daher unmittelbar von der Neigung abhängig. Abb. 2.5 zeigt den Verlauf des spezifischen Anfahrwiderstandes in Abhängigkeit von der Neigung bei einem Zug mit 100 % Wälzlagern.

Die wichtigste Anwendung des Anfahrwiderstandes ist die Berechnung der Anfahrgrenzmasse. Die Anfahrgrenzmasse ist die Zugmasse, die in einer gegebenen Steigung noch sicher angefahren werden kann. Sie ergibt sich nach folgender Beziehung:

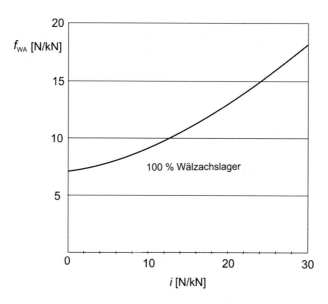

Abb. 2.5 Verlauf des spezifischen Anfahrwiderstandes in Abhängigkeit von der Neigung. (Nach [1])

$$m_A = \frac{F - m_L \cdot g \cdot i}{g(i + f_{WA})}$$

m_A	Anfahrgrenzmasse
F	Anfahrzugkraft
m_L	Masse der Lokomotive
i	Neigung
f_{WA}	spezifischer Anfahrwiderstand

Beispiel 2.1

Für eine vierachsige Drehstromlok soll die Anfahrgrenzmasse in einer Steigung von $i = 12{,}5\,‰$ (Grenzwert der EBO für die Trassierung von Hauptbahnen) bestimmt werden. Gegeben sind folgende Werte:

- Lokmasse $m_L = 90$ t (22,5 t/Achse)
- $\mu = 0{,}35$ (nach [1] für Drehstromantriebstechnik bei Bewegungsbeginn)
- $f_{WA} = 10\,‰$ (aus Abb. 2.5)

Damit ergibt sich die Anfahrzugkraft und die Anfahrgrenzmasse zu:

$$F = 90\,\text{t} \cdot 9{,}81\,\frac{\text{m}}{\text{s}^2} \cdot 0{,}35 = 309\,\text{kN}$$

$$m_\text{A} = \frac{309\,\text{kN} - 90\,\text{t} \cdot 9{,}81\,\frac{\text{m}}{\text{s}^2} \cdot 0{,}0125}{9{,}81\,\frac{\text{m}}{\text{s}^2} \cdot (0{,}0125 + 0{,}010)} = 1350\,\text{t}$$

◀

2.4   Steigungs Geschwindigkeits Diagramm

Eine zusammengefasste Darstellung der fahrdynamischen Charakteristik bietet das so
genannte Steigungs-Geschwindigkeits-Diagramm (Abb. 2.6). Aus diesem Diagramm ist
ablesbar, welche Steigung (bzw. welcher Streckenwiderstand) bei einer bestimmten Geschwindigkeit und Zugmasse im Beharrungszustand befahren werden kann.

Die Steigung wird nach folgender Formel berechnet:

$$i = \frac{F - F_\text{WL} - f_\text{WW} \cdot F_\text{GW}}{F_\text{GL} + F_\text{GW}}$$

i	Steigung bzw. spezifischer Streckenwiderstand
F	Zugkraft
F_WL	Lokomotivwiderstand

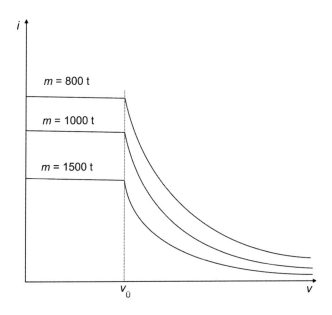

Abb. 2.6 Steigungs-Geschwindigkeits Diagramm

f_{WW}	spezifischer Wagenzugwiderstand
F_{GL}	Gewichtskraft der Lokomotive
F_{GW}	Gewichtskraft des Wagenzuges

Der aus dem Diagramm ablesbare Betrag i entspricht der spezifischen Antriebskraft, die sowohl zum Überwinden eines vorhandenen Streckenwiderstandes als auch zum Beschleunigen des Zuges dienen kann. Es gilt:

$$i_{Diagr} = i_{vorh} + f_a$$

i_{Diagr}	im Diagramm ablesbarer Betrag von i
i_{vorh}	vorhandener Streckenwiderstand
f_a	spezifische Beschleunigungskraft

Das Steigungs-Geschwindigkeits-Diagramm bringt somit auch das Beschleunigungsvermögen des Zuges zum Ausdruck.

2.5   Fahrzeitermittlung

Die Fahrzeitermittlung ist die wichtigste Anwendung der Fahrdynamik für den Verkehrsplaner. Zur exakten Fahrzeitermittlung sind folgende Schritte durchzuführen:

- Konstruktion der Fahrschaulinie (Geschwindigkeit als Funktion des Weges),
- Integration der Fahrschaulinie zur Ermittlung der Fahrzeit.

Bereits die Konstruktion der Fahrschaulinie ist ein sehr komplexes Problem. Benötigt werden folgende Unterlagen:

- Steigungs-Geschwindigkeits-Diagramm des verwendeten Triebfahrzeugs,
- Zugwiderstandskennlinie,
- Streckenband,
- Verzeichnis der örtlich zulässigen Geschwindigkeiten.

Der Vorgang einer Zugfahrt zwischen zwei Halten stellt eine beliebige Abfolge der Bewegungszustände Anfahren, Beharrungsfahrt, Auslauf und Bremsen dar (Abb. 2.7).
   Eine durchgehende analytische Berechnung dieser Bewegungsphasen ist aus folgenden Gründen nicht möglich:

- Die Parameter der Strecke (Streckenwiderstand, örtlich zulässige Geschwindigkeit) können sich in relativ kurzen Abständen ändern.
- Durch den Verlauf der Zugkraft in der Triebfahrzeugcharakteristik ergibt sich ein relativ kompliziertes Beschleunigungsverhalten.

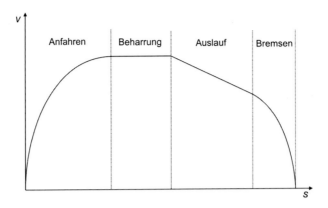

Abb. 2.7 Elemente einer Zugfahrt

Der Verlauf der Fahrschaulinie kann daher nur als Polygonzug durch Berechnung einzelner Punkte angenähert werden. Die Genauigkeit hängt dabei unmittelbar von der Schrittweite der berechneten Punkte ab. Um während eines Anfahrvorganges von einem bereits berechneten Punkt der Fahrschaulinie aus den nächsten Punkt zu ermitteln, wird zunächst die in diesem Punkt wirkende spezifische Beschleunigungskraft f_a bestimmt (Abb. 2.8). Diese ergibt sich als Differenz des Funktionswertes im i-v -Diagramm (vgl. Abb. 2.6) an der Stelle der momentanen Geschwindigkeit v und dem im Streckenband

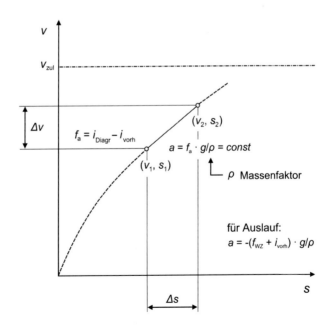

Abb. 2.8 Berechnung der Fahrschaulinie beim Anfahren

ausgewiesenen Streckenwiderstand i_{vorh}. Aus der spezifischen Beschleunigungskraft kann dann die momentan wirkende Beschleunigung bestimmt werden. In die Rechnung fließt dabei der so genannte Massenfaktor zur Berücksichtigung des Einflusses der Trägheit rotierender Massen ein. Da sich die Bewegungsenergie des fahrenden Zuges aus translatorisch und rotierend bewegten Massen zusammensetzt, geht bei Anfahrvorgängen immer etwas Energie zur Beschleunigung der rotierenden Massen verloren.

Der Massenfaktor ergibt sich nach folgender Gleichung:

$$\rho = 1 + \frac{E_{\text{rot}}}{E_{\text{trans}}}$$

E_{rot}	Rotationsenergie
E_{trans}	Translationsenergie

Tab. 2.2 enthält Beispiele für die Größenordnung von Massenfaktoren für Lokomotiven und Wagenzüge, aus denen der Massenfaktor eines Zuges als gewogenes Mittel bestimmt werden kann [2]. Für näherungsweise Rechnungen ist es oft ausreichend, den Massenfaktor eines Zuges mit $\rho = 1{,}08$ anzusetzen.

Mit der auf diese Weise ermittelten Beschleunigung wird nun gemäß der gewählten Schrittweite der nächste Punkt des Polygons bestimmt und so die Fahrschaulinie Stück für Stück konstruiert. Die Rechnung lässt sich entweder in Weg- oder Geschwindigkeitsschritten durchführen. Empfehlenswert ist eine Rechnung in Geschwindigkeitsschritten, da sich dabei in Bereichen hoher Empfindlichkeit der Kurve (Empfindlichkeit = Anstieg) eine dichtere Punktfolge ergibt.

Das in Abb. 2.8 beispielhaft für den Anfahrvorgang gezeigte Verfahren ist analog auch in den anderen Bewegungsphasen anwendbar. Im Auslauf wirkt anstelle der Beschleunigungskraft die sich aus der Zugwiderstandsgleichung ergebende Widerstandskraft und beim Bremsen zusätzlich die Bremskraft. Auch in diesen Bewegungsphasen ist der Massenfaktor zu berücksichtigen. Da es sich beim Bremsen um einen im Vergleich zu Anfahrt und Auslauf sehr kurzen Vorgang handelt, kann man hier in guter Näherung mit einer konstanten Bremsverzögerung (für Betriebsbremsung $a_{\text{b}} \approx 0{,}5 \text{ m/s}^2$) rechnen.

Tab. 2.2 Beispiele für die Größenordnungen von Massenfaktoren nach [2]

Art der Fahrzeuge		Massenfaktor
Triebfahrzeuge	Dieselelektrische Lokomotive	1,15 bis 1,25
	Dieselhydraulische Lokomotive	1,10 bis 1,15
	Elektrische Lokomotive	1,15 bis 1,25
Wagenzüge	Personenwagenzug	1,06 bis 1,09
	Güterwagenzug, leer	1,08 bis 1,10
	Güterwagenzug, beladen	1,03 bis 1,04

Aus der Fahrschaulinie lässt sich unmittelbar die Zeit-Weg-Linie ableiten. Dazu wird die Fahrschaulinie nummerisch integriert. Die Fahrzeit für eine Wegstrecke s ergibt sich dann nach folgender Beziehung:

$$t = \int \left(\frac{1}{v(s)} \right) ds$$

Bei der nummerischen Integration wird zweckmäßigerweise die gleiche Schrittweite wie bei der Berechnung der Fahrschaulinie benutzt.

Zur Fahrzeitermittlung als Grundlage des Fahrplans ist eine Genauigkeit erforderlich, bei der eine manuelle Berechnung wegen des erforderlichen Arbeitsaufwandes praktisch nicht mehr möglich ist. Daher wurden in der Vergangenheit eine Reihe von grafischen Verfahren entwickelt, mit denen die Fahrschaulinie konstruiert und anschließend zur Fahrzeitermittlung auch grafisch integriert werden konnte. Beschreibungen solcher Verfahren finden sich in [5, 6]. Zur Unterstützung der grafischen Fahrzeitermittlung wurden verschiedene Geräte benutzt (grafische Integratoren). Das bekannteste ist das so genannte Conzen-Ott-Gerät, das von der Deutschen Bundesbahn bis zum Aufkommen rechnergestützter Verfahren benutzt wurde [7]. In der rechnergestützten Fahrzeitermittlung kann die Genauigkeit durch Verringerung der Schrittweite praktisch beliebig gewählt werden. Genauigkeiten <0,001 s sind jedoch im Eisenbahnbetrieb nicht sinnvoll.

Bei Bahnen, die noch mit manueller Fahrplankonstruktion arbeiten (Abschn. 6.4), werden die Ergebnisse der Fahrzeitenrechnungen in Fahrzeitentafeln zusammengestellt. Dabei werden für jeden möglichen Verkehrshalt die Anfahr und Bremszuschlagzeiten gesondert ausgewiesen. Diese Zuschlagzeiten sind die Differenzen aus der Fahrzeit eines durchfahrenden Zuges und der Fahrzeit eines haltenden Zuges (ohne Haltezeit, Abb. 2.9). Dadurch kann sich der Fahrplanbearbeiter aus diesen Angaben einen Fahrtverlauf mit einer beliebigen Haltfolge zusammenstellen. Bei Anwendung einer rechner-

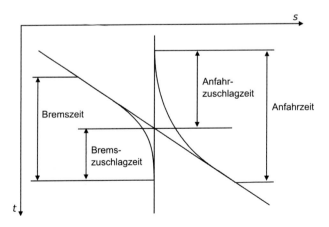

Abb. 2.9 Anfahr- und Bremszuschlagzeit

gestützten Fahrplankonstruktion ist die Fahrzeitermittlung meist in Form eines Fahrdynamikmoduls in die Software zur Fahrplanerstellung integriert, sodass die traditionellen Fahrzeitentafeln entbehrlich sind.

Neben der Fahrzeitermittlung zur Fahrplanung werden Fahrzeitermittlungen auch für betriebliche Untersuchungen benötigt, bei denen keine sehr hohe Genauigkeit erforderlich ist (z. B. zur Planung des Rangierbetriebes). Anstelle des sehr komplexen exakten Verfahrens behilft man sich bei solchen Untersuchungen oft mit einer näherungsweisen Fahrzeitermittlung unter Ansatz konstanter Anfahrbeschleunigungen, zumal in den unteren Geschwindigkeitsbereichen meist noch unterhalb der Übergangsgeschwindigkeit gefahren wird.

Literatur

1. Junker, K., Keßler, K.-H.: Grundsätze der Fahrdynamik. Eisenbahn Ingenieur Kalender '94, S. 245–264
2. Wende, D.: Fahrdynamik des Schienenverkehrs. B.G. Teubner, Stuttgart, Leipzig, Wiesbaden (2003)
3. Hansen, I.A., Pachl, J. (Hrsg.): Railway Timetabling & Operations, 2. Aufl. Eurailpress, Hamburg (2013)
4. White, T.: Elements of Train Dispatching, Bd. 1. VTD Rail Publishing, Mountlake Terrace (2003)
5. Heinrich: Eisenbahnbetriebslehre, 3. Aufl. Verlag der Verkehrswissenschaftlichen Lehrmittelgesellschaft m.b.H. bei der Deutschen Reichsbahn, Berlin (1928)
6. Wende, D.: Fahrdynamik. transpress, Berlin (1983)
7. Lehmann, H.: 60 Jahre Conzen-Ott-Gerät. Der Eisenbahningenieur **60**(4), 72–79 (2009)

Regelung und Sicherung der Zugfolge

Aufgrund der die Sichtweite des Triebfahrzeugführers erheblich überschreitenden Bremswege von Schienenfahrzeugen sind von der Sichtweite unabhängige Verfahren zur Abstandsregelung nötig. Als dominierendes Verfahren hat sich das Fahren im festen Raumabstand durchgesetzt. Während bei einfachen Verhältnissen der Raumabstand mit nichttechnischen Methoden gesichert werden kann, ist bei stärkerem Zugverkehr die Anwendung einer technischen Zugfolgesicherung in Form des Streckenblocks erforderlich. Ergänzt werden diese Systeme durch Zugbeeinflussungsanlagen, die das Überfahren von Fahrerlaubnisgrenzen verhindern und bei hohen Geschwindigkeiten die Führung der Züge übernehmen.

3.1   Theoretische Abstandshalteverfahren

Vor einer eingehenden Beschreibung der im Schienenverkehr üblichen Abstandshaltetechniken werden hier zunächst die theoretisch möglichen Verfahren zur Abstandshaltung von Schienenfahrzeugen betrachtet.

3.1.1   Zugfolge im relativen Bremswegabstand

Das Fahren im relativen Bremswegabstand beruht auf der allgemeinen Gleichung der Abstandshaltung von Fahrzeugen. Danach ist zwischen zwei aufeinander folgenden Fahrzeugen mindestens ein Abstand freizuhalten, der der Differenz der sich überlagernden Bremswege entspricht (Abb. 3.1a). Wenn bei unterschiedlichen Bremsverzögerungen der zweite Zug eine höhere Bremsverzögerung als der erste Zug hat, ist für

© Der/die Autor(en), exklusiv lizenziert an Springer Fachmedien Wiesbaden GmbH, ein Teil von Springer Nature 2025
J. Pachl, *Systemtechnik des Schienenverkehrs*,
https://doi.org/10.1007/978-3-658-45732-7_3

a Fahren im relativen Bremswegabstand

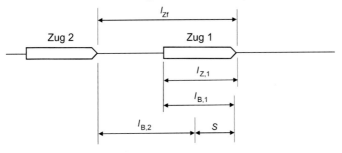

b Fahren im absoluten Bremswegabstand

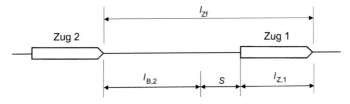

c Fahren im festen Raumabstand

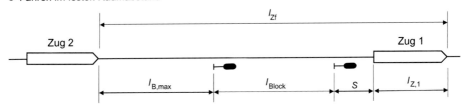

Abb. 3.1 Abstandshalteverfahren. **a** Fahren im relativen Bremswegabstand, **b** Fahren im absoluten Bremswegabstand, **c** Fahren im festen Raumabstand

den zweiten Zug rechnerisch die Bremsverzögerung des ersten Zuges zu verwenden, damit die Bremswegdifferenz nicht negativ wird.

$$l_{Zf} = l_{Z,1} + l_{B,2} - l_{B,1} + S$$

l_{Zf}	Zugfolgeabstand
$l_{Z,1}$	Länge des Zuges 1
$l_{B,1}$	Bremsweg des Zuges 1
$l_{B,2}$	Bremsweg des Zuges 2
S	Sicherheitszuschlag

Die Anwendung des Fahrens im relativen Bremswegabstand ist in spurgeführten Systemen sehr problematisch, da es zwischen zwei aufeinander folgenden Fahrzeugen möglich sein muss, bewegliche Fahrwegelemente (Weichen) umzustellen und zu sichern. Diese Fahrwegelemente bilden ortsfeste Gefahrpunkte, vor denen immer der volle Bremsweg zur Verfügung stehen muss. Ein Sicherheitsproblem besteht darin, dass bei einem Unfall des vorausfahrenden Zuges der folgende Zug keine Möglichkeit hätte, rechtzeitig vor der Unfallstelle zum Halten zu kommen. Aus diesen Gründen gibt es keine Planungen, das Fahren im relativen Bremswegabstand in absehbarer Zeit im Bahnbetrieb einzuführen. Es gibt jedoch Vorschläge, dieses Verfahren bei automatisch betriebenen Werkbahnen im Montanbereich zu nutzen, bei denen die Gefährdung von Personen ausgeschlossen werden kann. Bei völlig gleichem Fahrverhalten beider Züge geht das Fahren im relativen Bremswegabstand in das sogenannte „Fahren im Nullabstand" über. Eine praktische Anwendung dieses Prinzips gibt es bei der Steuerung von Rendezvous-Manövern, d. h. dem kontrollierten An- und Abkuppeln von Zugteilen während der Fahrt. Dies wird von einigen Bahnen im Güterverkehr zum An- und Abkuppeln von Schiebelokomotiven ohne Halt des nachzuschiebenden Zuges praktiziert. Aktuelle Forschungen untersuchen die Bildung virtuell gekuppelter Zugverbände, bei denen sich Züge ohne mechanische Kupplung unter Anwendung des relativen Bremswegabstandes zu mit gleicher Geschwindigkeit fahrenden Verbänden zusammenschließen und auch wieder trennen können.

3.1.2   Zugfolge im absoluten Bremswegabstand

Beim Fahren im absoluten Bremswegabstand wird vor jedem Zug eine Strecke freigehalten, die seinem tatsächlichen Bremsweg entspricht (Abb. 3.1b).

$$l_{Zf} = l_{Z,1} + l_{B,2} + S$$

Der Zugschluss des vorausfahrenden Zuges bildet einen wandernden Gefahrpunkt, vor dem ein folgender Zug mit Sicherheit zum Halten kommen muss. Wenn zwischen zwei aufeinander folgenden Zügen Weichen umgestellt werden, wechselt der Gefahrpunkt vom Schluss des vorausfahrenden Zuges auf den ortsfesten Gefahrpunkt der Weiche. Somit ist immer ein ausreichender Bremsweg vorhanden. Das Fahren im absoluten Bremswegabstand wird auch als Fahren im wandernden Raumabstand (engl. „moving block") bezeichnet. Technische Voraussetzung ist neben einer kontinuierlichen Ortung der Züge eine fahrzeuggestützte Überwachung der Zugvollständigkeit, um unbemerkte Zugtrennungen auszuschließen. Für Güterzüge existiert dazu bis heute keine praxistaugliche Lösung. Daher wird das Fahren im absoluten Bremswegabstand heute nur in einigen Nahverkehrssystemen, jedoch nicht im konventionellen Eisenbahnbetrieb benutzt.

3.1.3 Zugfolge im festen Raumabstand

Beim Fahren im festen Raumabstand (oft nur kurz als Fahren im Raumabstand bezeichnet) ist die Strecke in Blockabschnitte eingeteilt, deren Freisein von fahrwegseitigen Einrichtungen überwacht wird. Ein Zug gibt hinter sich den Fahrweg in diskreten Schritten entsprechend den Blockabschnitten frei (Abb. 3.1c).

$$l_{Zf} = l_{Z,1} + l_{B,max} + l_{Block} + S$$

$l_{B,max}$	maximaler Bremsweg
l_{Block}	Blockabschnittslänge

Zugtrennungen werden erkannt, indem Abschnitte, in denen sich abgerissene Zugteile befinden, besetzt bleiben und nicht für einen folgenden Zug freigegeben werden können. Im Vergleich zum Fahren im absoluten Bremswegabstand vergrößert sich der Zugfolgeabstand um die Blockabschnittslänge. Die Führung der Züge durch ortsfeste Signale erfordert immer das Fahren im festen Raumabstand, da die Zustimmung zur Zugfahrt nur an diskreten Punkten erteilt werden kann. Der für die Abstandshaltung maßgebende Bremsweg ist der maximale Bremsweg, auf den das ortsfeste Signalsystem ausgelegt ist, und in dem alle Züge sicher zum Halten kommen müssen. Das Fahren im festen Raumabstand ist aber auch bei Führung der Züge durch Führerraumanzeigen anwendbar. In diesem Fall ist nicht mehr der maximale Bremsweg, sondern wie beim Fahren im absoluten Bremswegabstand der geschwindigkeitsabhängige Bremsweg des zweiten Zuges maßgebend. Die Führung durch Führerraumanzeigen ermöglicht eine flexible Verkürzung der Blockabschnitte, sodass sich der Zugfolgeabstand dem absoluten Bremswegabstand annähern lässt. Das Fahren im festen Raumabstand ist heute das weltweit am meisten benutzte Verfahren zur Zugfolgesicherung von Eisenbahnen.

3.2   Abstandshaltetechniken im Schienenverkehr

3.2.1   Fahren im Sichtabstand

Beim Fahren im Sichtabstand wird der Abstand zu einem vorausfahrenden Fahrzeug durch den Fahrer des folgenden Fahrzeugs manuell geregelt. Es entspricht einem Fahren im absoluten Bremswegabstand, bei dem der Mensch als Regler fungiert. Das Fahren im Sichtabstand ist das übliche Verfahren im Straßenverkehr, wobei dort meist im relativen Bremswegabstand gefahren wird. Im Schienenverkehr ist das Fahren im Sichtabstand wegen der langen Bremswege, die die Sichtentfernung oft weit übersteigen, nur im Bereich sehr niedriger Geschwindigkeiten praktikabel.

Es ist das Standardverfahren bei Straßenbahnen (mit $v_{max} = 70$ km/h und besonderen Sicherheitsabständen). Bei Eisenbahnen wäre es auf Strecken mit einer zulässigen

Geschwindigkeit bis 30 km/h gemäß Eisenbahn-Bau- und Betriebsordnung formal zulässig, da diese Rechtsverordnung das Fahren im Raumabstand erst oberhalb dieser Geschwindigkeit fordert. Die Deutsche Bahn AG macht jedoch in ihrem Regelwerk von dieser Option keinen Gebrauch.

Das bei deutschen Eisenbahnen in bestimmten Störungsfällen angewandte Fahren auf Sicht ist kein Fahren im Sichtabstand, sondern wird nur angewandt, wenn das Freisein eines Gleisabschnitts nicht sicher festgestellt werden kann.

3.2.2   Fahren im Zeitabstand

Das Fahren im Zeitabstand wurde in der Frühzeit der Eisenbahn angewandt, als die Strecken noch sehr schwach belegt waren und andere Möglichkeiten zur Abstandsregelung nicht zur Verfügung standen. Beim Fahren im Zeitabstand dürfen die Züge nur in einem vorgeschriebenen Mindestzeitabstand einander folgen. Dieser Zeitabstand kann nur bei der Abfahrt der Züge überwacht werden. Er muss daher so groß gewählt werden, dass beim Liegenbleiben eines Zuges genug Zeit verbleibt, um den Zug gegen nachfolgende Züge zu schützen. Dies erfordert, dass alle Züge mit besetztem Zugschluss verkehren. Das Fahren im Zeitabstand wird bei europäischen Eisenbahnen seit dem Ende des 19. Jahrhunderts nicht mehr verwendet, im Regelwerk einiger nordamerikanischer Bahnen war es auf nichtsignalisierten Strecken noch bis zum Beginn des 21. Jahrhunderts zugelassen, wurde aber seit Mitte der 1980er-Jahre kaum noch praktiziert [1]. Bis zu dieser Zeit führten daher in Nordamerika alle Güterzüge am Schluss des Zuges einen besonderen, mit Zugbegleitpersonal besetzten Zugschlusswagen, den so genannten Caboose.

3.2.3   Fahren im festen Raumabstand

Das Fahren im festen Raumabstand wurde von vielen Bahnverwaltungen bereits in der zweiten Hälfte des 19. Jahrhunderts eingeführt und hat sich seitdem zum Standardverfahren der Zugfolgesicherung im Eisenbahnbetrieb entwickelt. Es wird heute fast ausschließlich angewendet.

Obwohl auf Strecken mit reinem Personenverkehr schon in der heutigen Technik mit anzeigegeführtem Betrieb das Fahren im absoluten Bremswegabstand möglich wäre, zeichnet sich mit Ausnahme von einigen Nahverkehrssystemen auch in neuen Technikgenerationen eher eine Beibehaltung des Fahrens im festen Raumabstand ab. Dabei soll künftig der Raumabstand allerdings nicht mehr durch ortsfeste Installationen am Gleis, sondern durch virtuelle Blockabschnitte in der Leittechnik gebildet werden. Gegenüber dem Fahren im absoluten Bremswegabstand hat das Fahren im festen Raumabstand mit virtuellen Blockabschnitten den Vorteil, dass kein quasikontinuierliches, sondern nur ein abschnittsweises Aktualisieren der Fahrerlaubnis nötig ist. Dadurch wird die zu übertragende Datenmenge deutlich reduziert. Da die Blockabschnitte nur virtuell in der Software der Leittechnik existieren, lässt sich ihre Länge ohne Eingriff in die örtliche Infrastruktur flexibel den Leistungsanforderungen der Strecke anpassen.

Das Fahren im festen Raumabstand wird daher auch künftig das bestimmende Abstandshalteverfahren bleiben und deswegen hier besonders ausführlich besprochen.

Beim Fahren im festen Raumabstand wird die Strecke in Blockabschnitte unterteilt, die bei Anwendung der ortsfesten Signalisierung durch Hauptsignale begrenzt werden. In einem Blockabschnitt darf sich immer nur ein Zug befinden. Die Mindestlänge eines Blockabschnitts ist bei ortsfester Signalisierung, sofern keine besonderen Signalisierungsverfahren angewandt werden, gleich dem maximalen Bremsweg (bei der Deutschen Bahn AG in der Regel 1000 m). Damit einem Zug durch Auf-Fahrt-Stellen des Signals die Einfahrt in einen Blockabschnitt gestattet werden kann, müssen folgende Bedingungen (so genannte „Streckenblockbedingungen") erfüllt sein:

- Der Blockabschnitt muss frei sein.
- Der Abschnitt zwischen dem Signal am Ende des Blockabschnitts und der Signalzugschlussstelle muss frei sein.
- Ein vorausgefahrener Zug muss durch ein Halt zeigendes Signal gedeckt sein.

Die Signalzuschlussstelle ist der Punkt, den ein Zug hinter einem Signal vollständig geräumt haben muss, bevor eine folgende Zugfahrt auf dieses Signal hin zugelassen werden darf (Abb. 3.2).

Durch den Abstand der Signalzugschlussstelle vom Signal steht ein Durchrutschweg als zusätzliche Schutzstrecke gegen ein Verbremsen des Zuges zur Verfügung. Dies führt dazu, dass die Überwachungslängen der Signale über die zugehörigen Blockabschnitte

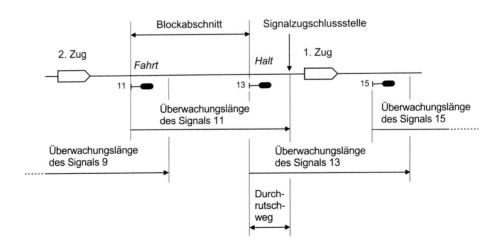

Abb. 3.2 Bedingungen für das Fahren im festen Raumabstand

bis zur Signalzugschlussstelle hinausreichen und sich um die Länge des Durchrutschweges gegenseitig überlappen. Im englischen Sprachraum wird der Durchrutschweg daher sehr treffend als „overlap" bezeichnet. Der in der deutschen Sicherungstechnik bislang nicht übliche Begriff der Überwachungslänge eines Signals wurde der nordamerikanischen Begriffswelt entlehnt („control length of a signal"), wird jedoch hier wegen der guten Anschaulichkeit auch weiter verwendet. Zu der hier in einem etwas allgemeineren Sinne verwendeten Bezeichnung Durchrutschweg sei angemerkt, dass dieser Gleisabschnitt in den Regelwerken deutscher Eisenbahnen je nach Art des Signals als Durchrutschweg oder Gefahrpunktabstand bezeichnet wird. Bei einigen ausländischen Bahnen werden keine Durchrutschwege vorgesehen. In diesem Fall ist die Überwachungslänge des Signals mit der Blockabschnittslänge identisch.

Die genannten Bedingungen für das Fahren im Raumabstand beziehen sich zunächst auf den reinen Einrichtungsbetrieb. Bei Zweirichtungsbetrieb kommt noch die Bedingung hinzu, dass keine Gegenfahrt zugelassen sein darf.

3.3 Abstandsregelung beim Fahren im festen Raumabstand

3.3.1 Prinzipien zur Führung der Züge

Für die Abstandsregelung der Züge ist die Art der Übermittlung der Führungsgrößen zur Zulassung der Zugfahrten, d. h. Fahrerlaubnis und ggf. zulässige Geschwindigkeit, von entscheidender Bedeutung. Beim Fahren im festen Raumabstand gibt es dazu folgende Möglichkeiten:

- ortsfeste Signale (signalgeführter Betrieb)
- Führerraumanzeigen (anzeigegeführter Betrieb)
- mündliche oder fernmündliche Fahrerlaubnis (Zugleitbetrieb)

Bei Führung durch ortsfeste Signale können Führungsgrößen nur in den Bereichen übermittelt werden, in denen der Triebfahrzeugführer ein voraus liegendes Signal wahrnehmen kann. Damit der Wechsel einer Signalinformation vom Triebfahrzeugführer erfasst werden kann, muss das Signalbild wechseln, bevor der Zug das Signal passiert. Da die Ankündigung eines Halt zeigenden Signals durch ein rückliegendes Signal erfolgt, muss der Abstand zu diesem Signal so gewählt werden, dass er für alle auf der Strecke verkehrenden Züge als Bremsweg auskömmlich ist. Bei deutschen Eisenbahnen wird der der ortsfesten Signalisierung zugrunde liegende Bremsweg als Vorsignalabstand bezeichnet. Für langsam fahrende Züge kann der tatsächlich erforderliche Bremsweg kürzer sein als die im Vorsignalabstand übermittelte Haltankündigung. Dadurch müssen Signale zur Vermeidung der Einleitung eines Bremsvorgangs ggf. etwas früher auf Fahrt gestellt werden, als es aus Sicht des tatsächlich erforderlichen Bremsweges nötig wäre.

Den daraus resultierenden Leistungsverlust vermeidet der anzeigegeführte Betrieb. Durch die kontinuierliche Übertragung der Führungsgrößen kann für jedem Zug ein individueller, geschwindigkeitsabhängiger Bremseinsatzpunkt bestimmt werden. Der anzeigegeführte Betrieb ist auch eine Voraussetzung für den Hochgeschwindigkeitsverkehr. In Deutschland ist die Führung durch Führerraumanzeigen in Verbindung mit einer kontinuierlichen Zugbeeinflussung bei Geschwindigkeiten über 160 km/h gesetzlich vorgeschrieben.

Der Zugleitbetrieb mit Führung der Züge durch mündliche oder fernmündliche Fahrerlaubnis wird nur auf untergeordneten Strecken angewendet, die entweder ohne oder nur mit stark vereinfachten Sicherungsanlagen betrieben werden (siehe Abschn. 3.4.1.2).

Der signalgeführte Betrieb ist heute weltweit das mit großem Abstand dominierende Verfahren zur Führung der Züge. Wenngleich der Anteil des anzeigegeführten Betriebes mit Einführung neuer, funkbasierter Technologien wächst, wird die Dominanz des signalgeführten Betriebes auf absehbare Zeit erhalten bleiben. Daher wird der ortsfesten Signalisierung ein eigener Abschnitt gewidmet. Im Netz der Deutschen Bahn AG wurden 2020 ca. 90 % der Strecken im signalgeführten Betrieb, 7 % im anzeigegeführten Betrieb und 3 % im Zugleitbetrieb betrieben.

3.3.2 Ortsfeste Signalisierung

Obwohl im Zeitalter von Mobilfunk und Satellitenortung nicht mehr ganz zeitgemäß erscheinend, dominiert im Eisenbahnbetrieb nach wie vor die ortsfeste Signalisierung. Es ist davon auszugehen, dass auch in den nächsten Jahrzehnten trotz des zunehmenden Übergangs zum anzeigegeführten Betrieb die ortsfeste Signalisierung noch eine wichtige Rolle spielen wird. Bei Anwendung der ortsfesten Signalisierung werden die Blockabschnitte durch Hauptsignale begrenzt, die dem Triebfahrzeugführer signalisieren, ob er in den Blockabschnitt einfahren darf. Bei den einzelnen Bahnen besteht bedingt durch die historische Entwicklung eine Vielzahl sehr unterschiedlicher Signalsysteme. Bei einer systematischen Betrachtung der einzelnen Systeme lassen sich diese nach unterschiedlichen Gesichtspunkten klassifizieren. Hinsichtlich der technischen Bauform lassen sich die Signale in zwei grundsätzliche Klassen einteilen:

- Formsignale,
- Lichtsignale.

Bei Formsignalen werden die Signalbegriffe durch bewegliche Flügel oder Scheiben dargestellt. Formsignale wurden bereits in der Frühzeit der Eisenbahn aus den anfangs verwendeten optischen Telegrafen entwickelt. Bei den ersten Bahnen, die zur Zugfolgesicherung noch das Fahren im Zeitabstand benutzten, wurden, da die elektrische Telegrafie noch nicht erfunden war, zum Austausch der Zugmeldungen zwischen den Bahnhöfen optische Telegrafen verwendet. Entlang der Strecke wurden im Sichtabstand optische Telegrafen aufgestellt, mit deren Hilfe die Bahnwärter die Telegramme von Telegraf zu Telegraf weitergaben. Dabei wurde ein Zeichencode benutzt, der sich durch die unterschiedliche Stellung von mehreren (meist zwei) Signalflügeln darstellen ließ. Zunächst dienten die optischen Telegrafen nur der Verständigung zwischen ortsfesten Betriebsstellen, später ging man dazu über, mit diesen Telegrafen in Notsituationen auch Haltaufträge an Züge zu erteilen. Das dabei verwendete Signalbild, ein waagerecht stehender Signalflügel, war dem symbolischen Bild eines Schlagbaumes entlehnt.

Mit der Einführung der elektrischen Telegrafie wurden die optischen Telegrafen überflüssig. Da die Bahnen in dieser Zeit zum Fahren im Raumabstand übergingen, wurden die optischen Telegrafen nun dazu benutzt, den Zügen das Freisein der Blockabschnitte zu signalisieren. Damit waren die Formsignale entstanden, wenngleich sich die aus dem Französischen stammende Bezeichnung „Signal" erst viel später im Sprachgebrauch der Bahnen durchsetzte. In Deutschland verwendeten viele Bahnen für ihre Signale noch zu Beginn des 20. Jahrhunderts die Bezeichnung „Telegraph" [2].

Bei Lichtsignalen werden die Signalbegriffe durch Lichtpunkte unterschiedlicher Farbe oder Anordnung dargestellt. Farbig abblendbare Signallaternen waren auch bereits bei Formsignalen zur Signalisierung bei Nacht üblich. Daher wurden die Lichtsignale zunächst auch als Lichttagessignale bezeichnet. Diese Bezeichnung ist heute nicht mehr üblich. Als Signalfarben werden Rot, Grün, Gelb, Weiß und bei einigen Bahnen auch Blau verwendet. Hinsichtlich der konstruktiven Ausführung gibt es sowohl Lichtsignale, bei denen die Signalbegriffe durch Anschaltung verschiedener auf einem Signalschirm angeordneter Einzeloptiken unterschiedlicher Farbe gebildet werden, als auch Lichtsignale, bei denen Lichtpunkte wechselnder Farbe durch elektromechanisches Bewegen mehrfarbiger Blenden vor einem Lichtpunkt erzeugt werden (so genannte „Blendenrelaissignale"). Der Einsparung von Lichtpunkten bei Blendenrelaissignalen stehen der höhere Wartungsaufwand und die Witterungsempfindlichkeit der Blendenrelaismechanik gegenüber. Bei europäischen Bahnen dominieren Lichtsignale mit Einzeloptiken. Die neueste Entwicklung sind Lichtsignale in LED-Technik, die sich zunehmend durchsetzen.

Hinsichtlich der Bedeutung der an den Signalen gezeigten Signalbegriffe lassen sich Signalsysteme wie folgt klassifizieren:

- reine Zugfolgesignalisierung,
- Zugfolgesignalisierung mit integrierter Fahrwegsignalisierung,
- Zugfolgesignalisierung mit integrierter Geschwindigkeitssignalisierung.

Bei reinen Zugfolgesignalen wird durch den Hauptsignalbegriff nur das Freisein der Blockabschnitte signalisiert. Geschwindigkeits- und Fahrweginformationen werden ggf. durch Zusatzsignale dargestellt. Dieses Signalisierungsverfahren bietet eine Reihe von betrieblichen und technischen Vorteilen, insbesondere:

- einfache Darstellung der Signalbegriffe (in der Regel nur ein Lichtpunkt),
- flexible Anzeigemöglichkeiten von Geschwindigkeitsinformationen.

Moderne Signalsysteme werden daher in der Regel als reine Zugfolgesignale ausgeführt. Ein Beispiel ist das in allen Neuanlagen verwendete Ks-Signalsystem der Deutschen Bahn AG (Abb. 3.3), das inzwischen in teilweise angepasster Form auch von einigen osteuropäischen Bahnen übernommen wurde. Die Verwendung des grünen Blinklichts stellt dabei keinen Bruch des Grundsatzes einer reinen Zugfolgesignalisierung dar, sondern soll den Triebfahrzeugführer nur zusätzlich auf die Beobachtung eines am gleichen Signal gezeigten Geschwindigkeitsvoranzeigers aufmerksam machen.

Bei Zugfolgesignalen mit integrierter Geschwindigkeitssignalisierung werden unmittelbar durch den Hauptsignalbegriff auch Geschwindigkeitsinformationen ausgedrückt. Solche Signalsysteme sind bis heute bei vielen Bahnen verbreitet. Der Nachteil ist, dass nur eine begrenzte Zahl von Geschwindigkeitsstufen darstellbar ist, sodass auf Zusatzsignale zur Geschwindigkeitssignalisierung oft trotzdem nicht verzichtet werden kann. Ein Beispiel für eine solche Signalisierung ist das bei der Deutschen Bahn AG im Bereich der ehemaligen Deutschen Bundesbahn in Altanlagen heute noch verbreitete HV-Signalsystem, bei dem nur zwei Geschwindigkeitsstufen („Fahrt frei" und „Langsamfahrt") darstellbar sind [3].

Ein international sehr verbreitetes Signalsystem mit integrierter Geschwindigkeitssignalisierung ist das sogenannte OSJD-Signalsystem, das mit nationalen Modifikationen bei allen Mitgliedsbahnen der OSJD (üblich sind auch noch die früheren Schreibweisen OSShD und OSŽD) eingeführt wurde. Zu den Mitgliedern der OSJD gehören die Bahnen der osteuropäischen Länder (mit Ausnahme der Nachfolgestaaten des früheren Jugoslawien), alle Bahnen mit russischer Breitspur (1520 mm), sowie die Bahnen Chinas und einer Reihe weiterer Länder in Asien. Es wurde auch von einigen Bahnen außerhalb der OSJD übernommen (Türkei, Griechenland). Diese Signalisierung wurde auch von der Deutschen Reichsbahn der DDR benutzt und ist bei der Deutschen Bahn AG in Altanlagen als sogenanntes Hl-Signalsystem auch heute noch im Einsatz [3]. Einen gewissen Sonderfall stellt China dar, wo sich zwar die Signalbilder an die OSJD-Grundsätze anlehnen, die Signalbegriffe jedoch einer Fahrwegsignalisierung entsprechen (s. u.). Auch bei nordamerikanischen Bahnen sind Lichtsignale mit einer integrierten Geschwindigkeitssignalisierung verbreitet (mit bis zu fünf Geschwindigkeitsstufen), die Darstellung der Signalbegriffe weicht jedoch erheblich von europäischen Signalsystemen ab [1, 4, 5].

Anstelle der Geschwindigkeitssignalisierung verwenden einige Bahnen zur Realisierung von Geschwindigkeitsbeschränkungen eine durch die Annäherung des Zuges ausgelöste zeitverzögerte Freigabe des Fahrtbegriffs [6]. Bei diesem auch als Timer-Signalisierung bezeichneten Verfahren muss der Zug für eine behinderungsfreie Fahrt zwischen zwei Signalen unterhalb eines festgelegten Geschwindigkeitslimits bleiben (gewisse Analogie zum Prinzip der „grünen Welle" im Straßenverkehr).

Zugfolgesignale mit integrierter Fahrwegsignalisierung wurden in der ersten Hälfte des 20. Jahrhunderts noch von vielen Bahnen benutzt. Dabei wird bei

a

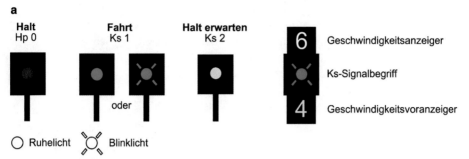

Halt	Fahrt	Halt erwarten	
Hp 0	Ks 1	Ks 2	Geschwindigkeitsanzeiger

oder

Ks-Signalbegriff

Geschwindigkeitsvoranzeiger

◯ Ruhelicht   ⊗ Blinklicht

Anwendung des grünen Bllinklichts bei Ks 1, wenn gleichzeitig ein Geschwindigkeitsvoranzeiger gezeigt wird.

b

		Geschwindigkeit am nächsten Signal					
auf von		V_{max}	120 km/h	60 km/h	40 km/h	20 km/h	0 km/h

Geschwindigkeit im folgenden Abschnitt

von \ auf	V_{max}	120 km/h	60 km/h	40 km/h	20 km/h	0 km/h
V_{max}	●	⊗ 12	⊗ 6	⊗ 4	⊗ 2	●
120 km/h	12 ●	12 ●	12 ⊗ 6	12 ⊗ 4	12 ⊗ 2	12 ●
60 km/h	6 ●	6 ●	6 ●	6 ⊗ 4	6 ⊗ 2	6 ●
40 km/h	4 ●	4 ●	4 ●	4 ●	4 ⊗ 2	4 ●
20 km/h	—	—	—	—	—	2 ●
0 km/h	■	■	■	■	■	■

Abb. 3.3 Das Ks-Signalsystem der Deutschen Bahn AG. **a** Signalbegriffe, **b** Anwendung von Geschwindigkeitsanzeigern und -voranzeigern

Fahrtverzweigungen (z. B. bei Bahnhofseinfahrten) angezeigt, welcher Fahrweg eingestellt ist. Bei einigen Bahnen werden die einzelnen Fahrwege sehr detailliert angezeigt, sodass fahrwegspezifisch unterschiedliche Geschwindigkeiten möglich sind (z. B. Großbritannien [7], Indien), andere Bahnen nehmen nur eine nominelle Fahrweganzeige durch Unterscheidung zwischen Geradeausfahrt und abzweigender Fahrt vor (z. B. China, USA). In diesem Fall gilt in der Regel für alle abzweigenden Fahrten eines Fahrstraßenknotens die gleiche Geschwindigkeit. Obwohl die Fahrweginformation für das Triebfahrzeugpersonal eigentlich nur von untergeordneter Bedeutung ist, waren derartige Signalisierungen in der Frühzeit der Eisenbahn sehr verbreitet, da die Formsignale auch die Aufgabe hatten, das örtliche Bahnhofspersonal über die Zulassung von Zugfahrten zu informieren. Mit steigenden Geschwindigkeiten der Bahnen wurde die Information des Triebfahrzeugpersonals über die zulässige Geschwindigkeit wichtiger. Daher haben die meisten Bahnen ihre Signalsysteme von Fahrweg- auf Geschwindigkeitssignalisierung umgestellt. Bei der Deutschen Reichsbahn wurden die Signalbedeutungen im Jahre 1935 geändert [2].

Eine äußerst wichtige Funktion eines Signalsystems ist die Vorsignalisierung, d. h. die durch die langen Bremswege erforderliche rechtzeitige Ankündigung Halt zeigender oder anderweitig die Fahrt einschränkender Signale. Auch hier haben sich unterschiedliche Prinzipien herausgebildet, die die Gestaltung der einzelnen Signalsysteme entscheidend beeinflussen (Abb. 3.4). Die Benennung dieser Prinzipien bezieht sich dabei auf die Anzahl der Blockabschnitte (bzw. auch Abschnitte zwischen Hauptsignalen im Bahnhof), über deren Freisein der Signalbegriff eines Hauptsignals eine Aussage liefert.

Einabschnittssignale können nur Informationen über den unmittelbar folgenden Blockabschnitt geben. Eine Vorankündigung des nächsten Signals ist nicht möglich. Daher muss in einem Einabschnittssignalsystem jedes Hauptsignal durch ein besonderes Vorsignal angekündigt werden. Ein Beispiel für ein solches Signalsystem ist das alte HV-Signalsystem der ehemaligen Deutschen Bundesbahn. Wenn bei dichtester Blockteilung das Vorsignal in Höhe des rückliegenden Hauptsignals zu stehen käme, werden bei Lichtsignalen Haupt- und Vorsignal übereinander am gleichen Signalmast angebracht. Die meisten Formsignalsysteme beruhten auf dem Prinzip der Einabschnittssignalisierung. Mit der Einführung der Lichtsignale sind jedoch die meisten Bahnen zu der effektiveren Mehrabschnittssignalisierung übergegangen.

Mehrabschnittssignalsysteme geben Informationen über mindestens zwei Blockabschnitte (Zweiabschnittssignale). Dazu ist die Vorsignalfunktion in den Hauptsignalbegriff integriert. Einige Bahnen verwenden auch Dreiabschnittssignale, bei denen der Signalbegriff eines Hauptsignals die Vorsignalinformation zur Ankündigung des übernächsten Signals liefert. Die Dreiabschnittssignalisierung ermöglicht das Verkehren von Zügen, deren Bremsweg wegen höherer Geschwindigkeit oder besonders großer Zugmasse den regulären Vorsignalabstand übersteigt. Einige Bahnen nutzen dieses Prinzip auch zur Signalisierung verkürzter Blockabschnitte, die den Regelbremsweg unterschreiten (Abschn. 3.3.4).

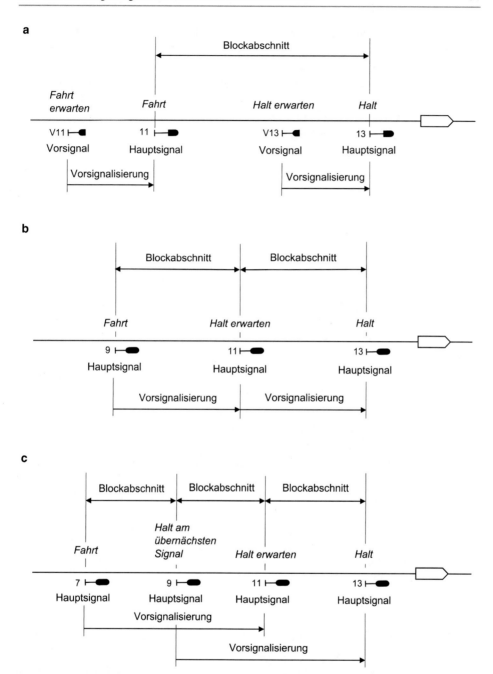

Abb. 3.4 Prinzipien der Vorsignalisierung. **a** Einabschnittssignalisierung, **b** Zweiabschnitts-signalisierung, **c** Dreiabschnittssignalisierung

Einige Mehrabschnittssignalsysteme sind so konzipiert, dass bei großen Signalabständen wieder zur Einabschnittssignalisierung übergegangen werden kann, indem separate Vorsignale aufgestellt werden. Dadurch wird eine leistungsmindernde Erhöhung
der Mindestzugfolgezeiten durch eine zu zeitige Vorsignalisierung (Verlängerung der
Annäherungsfahrzeit als Teil der Sperrzeit, s. u.) verhindert. Für den Triebfahrzeugführer
ist der Wechsel zwischen Ein- und Mehrabschnittssignalisierung wegen Verwendung
gleicher Signalfahrtbegriffe an Haupt- und Vorsignalen nicht störend. Beispiele für eine
derartige Signalisierung sind das Ks-Signalsystem der Deutschen Bahn AG und das Hl-
Signalsystem der ehemaligen Deutschen Reichsbahn.

3.3.3 Abbildung im Sperrzeitmodell

Die Sperrzeit ist einer der grundlegendsten Begriffe der Eisenbahnbetriebswissenschaft
und soll hier mit Definition am Beispiel der Blockabschnittssperrzeit eingeführt werden.
   Die Sperrzeit eines Fahrwegabschnitts (z. B. Blockabschnitt, Fahrstraße) ist diejenige
Zeit, in der dieser Fahrwegabschnitt durch eine Fahrt betrieblich beansprucht und somit
für die Nutzung durch andere Fahrten gesperrt ist. Der Begriff der Sperrzeit wurde in den
1950er-Jahren von *Happel* begründet [8]. In älterer Fachliteratur wird die Sperrzeit mitunter auch als „Belegungszeit" bezeichnet [9]. Eine wesentlich treffendere, wenn auch
nicht allgemein eingeführte Bezeichnung wäre „betriebliche Beanspruchungszeit".
   Die Sperrzeit eines Blockabschnitts wird durch zwei Zeitpunkte begrenzt. Sie beginnt
zu dem Zeitpunkt, zu dem spätestens der Stellauftrag für das Hauptsignal am Anfang
des Blockabschnitts erteilt werden muss, damit dieses Signal so rechtzeitig einen Fahrtbegriff zeigt, dass ein sich nähernder Zug keinen Bremsvorgang einleitet und somit auf
der geplanten Zeit-Weg-Linie verkehren kann. Der Zug befindet sich zu diesem Zeitpunkt noch so weit vor dem zugehörigen Vorsignal (bzw. bei Mehrabschnittssignalen
dem vorsignalisierenden Hauptsignal), dass dem Triebfahrzeugführer noch eine ausreichende Sichtzeit zur Verfügung steht, um das Freiwerden des Vorsignals sicher auf-
zunehmen. Die Sperrzeit endet zu dem Zeitpunkt, zu dem der Zug den Blockabschnitt
wieder für einen nachfolgenden Zug freigibt und die Anlage wieder die Grundstellung
einnimmt.
   Die Sperrzeit eines Blockabschnitts besteht im signalgeführten Betrieb für einen
durchfahrenden Zug aus folgenden Teilzeiten (Abb. 3.5):

- der Fahrstraßenbildezeit, das sind Bedienungs- bzw. technische Reaktionszeiten bis
  zur Fahrtstellung des Signals,
- der Signalsichtzeit, das ist die Zeit, um die das Vorsignal zur Vermeidung einer
  Bremseinleitung vor dem Zug freiwerden muss (Erfahrungswert: ca. 0,2 min)
- der Annäherungsfahrzeit, das ist die Fahrzeit zwischen Vor- und Hauptsignal,
- der Fahrzeit im Blockabschnitt, das ist die Fahrzeit zwischen den Hauptsignalen,

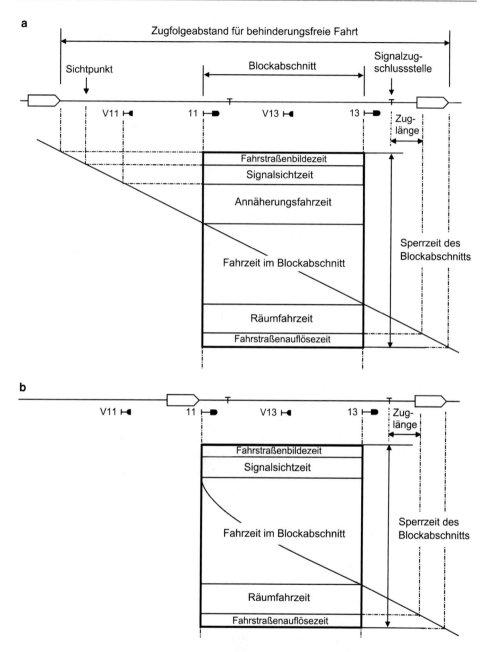

Abb. 3.5 Sperrzeit eines Blockabschnitts. **a** durchfahrender Zug, **b** anfahrender Zug

- der Räumfahrzeit, das ist die Zeit vom Erreichen des Signals am Ende des Block-abschnitts bis zum Freifahren der Signalzugschlussstelle mit der gesamten Zuglänge,
- der Fahrstraßenauflösezeit, das sind Bedienungs- bzw. technische Reaktionszeiten bis zum Erreichen der Grundstellung.

Im anzeigegeführten Betrieb entfällt die Signalsichtzeit, da durch die Führerraum-anzeige ein Zeitfenster zum Aufnehmen eines ortsfesten Signals nicht erforderlich ist. Weiterhin ist im anzeigegeführten Betrieb die Annäherungsfahrzeit gleich der Fahrzeit innerhalb des über die Führerraumanzeige signalisierten, geschwindigkeitsabhängigen Bremsweges. Gleiches gilt für automatischen Fahrbetrieb ohne Triebfahrzeugführer. Die Begriffe Fahrstraßenbilde- und Fahrstraßenauflösezeit werden hier unabhängig von der technischen Realisierung der Zugfolgesicherung verwendet (siehe dazu auch die erweiterten Definitionen dieser Begriffe im Glossar). Die sich ergebende Sperrzeit ist gleichzeitig die in diesem Blockabschnitt technisch mögliche Mindestzugfolgezeit für zwei trassenparallel (d. h. mit gleicher Neigung der Zeit-Weg-Linie) fahrende Züge. Bei einem vor dem Signal am Anfang des Blockabschnitts anfahrenden Zug (z. B. nach einem Verkehrshalt) entfällt die Annäherungsfahrzeit. Die Signalsichtzeit ist in die-sem Fall die Reaktionszeit des Triebfahrzeugführers von der Zulassung der Fahrt durch Hauptsignal oder Führerraumanzeige bis zum Ingangsetzen des Zuges. Diese Zeit ist auch im anzeigegeführten Betrieb relevant, sie entfällt jedoch im automatischen Betrieb. Bildliche Darstellungen von Sperrzeiten sind ein wesentliches Hilfsmittel zur Unter-suchung betrieblicher Zusammenhänge bei der Dimensionierung von Bahnanlagen. Das Auftragen der Blockabschnittssperrzeiten einer Zugfahrt über der durchfahrenen Strecke ergibt die sogenannte Sperrzeitentreppe (Abb. 3.6). Die Sperrzeitentreppe visualisiert in idealer Weise die betriebliche Inanspruchnahme einer Strecke durch eine Zugfahrt.

Obwohl zunächst nur für das Fahren im festen Raumabstand entwickelt, können Sperrzeitendarstellungen auch für alle anderen Formen der Abstandshaltung aufgestellt

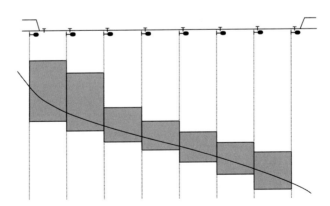

Abb. 3.6 Sperrzeitentreppe

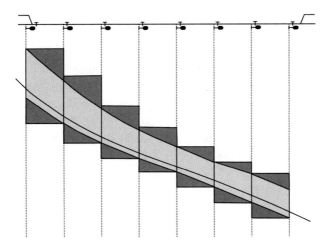

Abb. 3.7 Mögliche Reduktion der Sperrzeiten durch Übergang zum Fahren im absoluten Bremswegabstand

werden und ermöglichen einen sehr anschaulichen Vergleich der einzelnen Verfahren. Beim Fahren im absoluten oder relativen Bremswegabstand geht die treppenförmige Darstellung in ein kontinuierliches Sperrzeitenband über. Abb. 3.7 zeigt das Sperrzeitenband beim Fahren im absoluten Bremswegabstand im Vergleich zur Sperrzeitentreppe des Fahrens im festen Raumabstand. Die gegenüber dem Fahren im festen Raumabstand wegfallenden Teile der Blockabschnittssperrzeiten sind in der Abbildung dunkel dargestellt. Beim Fahren im absoluten Bremswegabstand entfällt die Fahrzeit im Blockabschnitt. Der wesentliche Effekt des Übergangs vom Fahren im festen Raumabstand zum Fahren im absoluten Bremswegabstand besteht daher in einem Abschneiden der „Stufen" der Sperrzeitentreppe. Im Vergleich zum festen Raumabstand mit signalgeführtem Betrieb ist eine zusätzliche Verkürzung der Sperrzeiten durch folgende Effekte möglich:

- Wegfall der Signalsichtzeit,
- Kürzere Annäherungsfahrzeit, falls im Bereich niedriger Geschwindigkeit der absolute Bremsweg den Vorsignalabstand des ortsfesten Signalsystems unterschreitet.

Da diese zusätzliche Verkürzung nicht aus dem Übergang vom festen Raumabstand zum absoluten Bremswegabstand, sondern aus dem Übergang vom signalgeführten zum anzeigegeführten Betrieb resultiert, tritt sie nicht auf, wenn vom festen Raumabstand mit anzeigegeführtem Betrieb zum absoluten Bremswegabstand übergangen wird.

3.3.4 Das Modell der „geschützten Zone" als Alternative zum Sperrzeitmodell

In einigen Programmen zur rechnergestützten Fahrplankonstruktion und zur Leistungsuntersuchung wird ein Modell verwendet, das dem Sperrzeitmodell ähnelt, sich aber von diesem in einem wesentlichen Punkt unterscheidet. Es wird hier als das Modell der „geschützten Zone" (von engl. „protected zone model") bezeichnet [10]. Der Grundgedanke ist, dass hinter jedem Zug durch das Signalsystem eine geschützte Zone erzeugt wird, durch die sich der Zug gegen Folgefahrten schützt. Diese Zone besteht aus zwei Bereichen (Abb. 3.8a).

Zunächst folgt unmittelbar auf den Zugschluss der in der Abbildung rot dargestellte Bereich, der durch ein Halt zeigendes Signal geschützt wird. Davor liegt der gelb dargestellte Bereich, in den ein folgender Zug zwar einfahren darf, in diesem Fall aber durch einen restriktiven Signalbegriff zum Einleiten eines Bremsvorganges veranlasst wird, um das Halt zeigende Signal nicht zu überfahren. Für behinderungsfreie Fahrt muss sich ein folgender durchfahrender Zug außerhalb der geschützten Zone halten. Die geschützte Zone erreicht ihre größte Ausdehnung, kurz bevor der Zug die für die Freigabe eines Blockabschnitts maßgebende Signalzugschlussstelle räumt (Abb. 3.8b). Nach Freigabe des Blockabschnitts hat die geschützte Zone ihre kürzeste Länge und dehnt sich anschließend wieder auf die volle Länge aus. Den Schritt von Abb. 3.8b nach 3.8c kann man als eine Stufe in der Sperrzeitentreppe interpretieren. Der entscheidende Unterschied zum Sperrzeitmodell besteht darin, dass die Fahrzeit innerhalb des Bremsweges dem Zug nicht in Form einer Annäherungsfahrzeit vorausläuft, sondern in Form einer

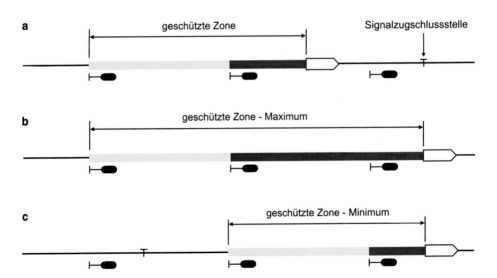

Abb. 3.8 a–c Das Modell der „geschützten Zone"

Schleppe folgt. Die Schwäche dieses Verfahrens liegt nun darin, dass es sich bei dieser Zeit um die Annäherungsfahrzeit eines potenziell folgenden Zuges handelt, dessen Geschwindigkeit noch gar nicht bekannt ist. Damit funktioniert das Verfahren nur in ortsfesten Signalsystemen, bei denen für alle Züge der gleiche Vorsignalabstand gilt. Systeme mit anzeigegeführtem Betrieb, bei denen der Bremsweg geschwindigkeitsabhängig ist, sind nicht abbildbar. Das Gleiche gilt für Systeme mit ortsfesten Signalen, bei denen bei kurzen Signalabständen der Bremsweg in Abhängigkeit von der Geschwindigkeit auf eine wechselnde Anzahl von Blockabschnitten verteilt wird (s. u.). Schwierig ist auch die Unterscheidung zwischen durchfahrenden und haltenden Zügen. Hier muss man haltenden Zügen erlauben, in den ersten, noch nicht durch ein Halt zeigendes Signal geschützten Bereich der geschützten Zone einzufahren. Insgesamt bietet das Sperrzeitmodell bei vergleichbarem Aufwand eine klarere Darstellung und sollte bei neuen Entwicklungen bevorzugt werden.

3.3.5 Leistungssteigerung durch Signalisierung verkürzter Blockabschnitte

Durch das Erfordernis, ein Halt zeigendes Signal innerhalb des Regelbremsweges vorzusignalisieren, stellt der Regelbremsweg bei klassischer Signalisierung eine untere Grenze für die Länge eines Blockabschnitts dar. Auf Strecken mit besonders dichter Zugfolge (z. B. auf Stadtschnellbahnen, stark befahrenen Vorortstrecken und innerstädtischen Verbindungsbahnen) kann es zur Erzielung einer ausreichenden Leistungsfähigkeit erforderlich sein, Blockabschnittslängen vorzusehen, die den Regelbremsweg unterschreiten. Bei Stadtschnellbahnen werden zudem häufig, auch auf Strecken mit ansonsten regulären Blockabschnittslängen, verkürzte Signalabstände vor Bahnsteiggleisen vorgesehen, um bei der Ausfahrt eines Zuges ein zügigeres Nachrücken eines folgenden Zuges zu ermöglichen (Nachrücksignalisierung).

Bei verkürzten Blockabschnitten kann der Bremsweg durch besondere Signalisierungsverfahren auf mehrere Blockabschnitte verteilt werden:

- Signalisierung im Halbregelabstand,
- abgestufte Geschwindigkeitssignalisierung,
- Dreiabschnittssignalisierung (nur im Ausland).

Bei der Signalisierung im Halbregelabstand entspricht die Blockabschnittslänge dem halben Vorsignalabstand. Vorsignalisiert wird über zwei Abschnitte, wobei das zwischenliegende Hauptsignal entweder betrieblich abgeschaltet wird oder eine Wiederholung des Vorsignalbegriffs zeigt (Abb. 3.9).

Im Unterschied dazu werden bei abgestufter Geschwindigkeitssignalisierung zwar ebenfalls Blockabschnittslängen benutzt, die kleiner sind als der Regelbremsweg, trotzdem wird ein Halt zeigendes Signal nur über einen Abschnitt vorsignalisiert. Zur

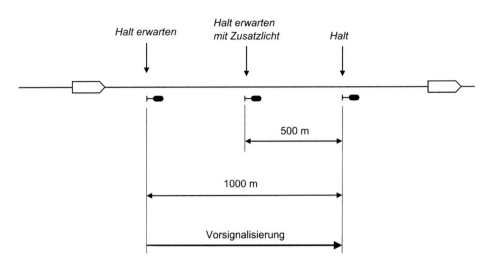

Abb. 3.9 Signalisierung im Halbregelabstand

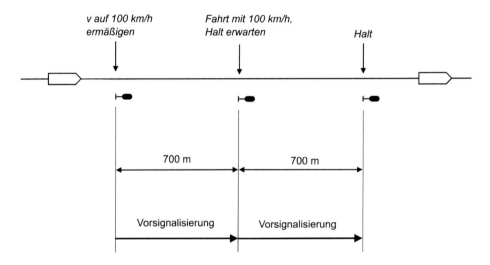

Abb. 3.10 Abgestufte Geschwindigkeitssignalisierung

Gewährleistung ausreichender Bremswege wird der Bremsweg durch Geschwindigkeitssignalisierung auf mehrere Blockabschnitte verteilt (Abb. 3.10). Mit dem Freiwerden der Blockabschnitte werden die signalisierten Geschwindigkeitseinschränkungen wieder aufgewertet (Hochsignalisierung).

Bei einigen ausländischen Bahnen wird die Dreiabschnittssignalisierung (Abschn. 3.3.2) zur Realisierung verkürzter Blockabschnitte verwendet. In diesem Fall ist die Bedeutung des Signalbegriffs, der den Halt am übernächsten Signal ankündet, so festzulegen, dass dieser Signalbegriff gleichzeitig bedeutet, dass ab dem nächsten Signal nicht mehr der volle Regelbremsweg zur Verfügung steht.

Die durch Anwendung verkürzter Blockabschnitte mögliche Leistungssteigerung wird mitunter überschätzt. Abb. 3.11 zeigt die durch Einführung des Halbregelabstandes mögliche Verkürzung der Blockabschnittssperrzeit, bei anderen Verfahren ergäbe sich ein ähnliches Bild. Einem erheblichen Mehraufwand an Signalen und Gleisfreimeldeeinrichtungen steht nur eine moderate Verkürzung der Mindestzugfolgezeit gegenüber, die sich auch nur bei trassenparallelem Fahren voll ausnutzen lässt. Diese Signalisierungsverfahren sollten daher nur angewandt werden, wenn andere Möglichkeiten zur Verbesserung des Leistungsverhaltens bereits ausgeschöpft sind.

Bei abgestufter Geschwindigkeitssignalisierung sowie bei Anwendung der Dreiabschnittssignalisierung kann durch die Randbedingung, dass der Bremsweg auf eine ganzzahlige Anzahl von Blockabschnitten aufgeteilt werden muss, die Situation eintreten, dass der signalisierte Bremsweg den tatsächlich erforderlichen Bremsweg übersteigt. Die durch die Verkürzung der Blockabschnittslänge gewonnene Reduzierung der Fahrzeit im Blockabschnitt wird in solchen Fällen durch eine Verlängerung der Annäherungsfahrzeit teilweise wieder kompensiert. Unter ungünstigen Verhältnissen kann die Verkürzung der Blockabschnittslänge durch überproportionales Anwachsen der Annäherungsfahrzeit sogar zu einer Verschlechterung des Leistungsverhaltens führen. Die Anwendung verkürzter Blockabschnittslängen ist daher in jedem Einzelfall sehr sorgfältig zu planen und hinsichtlich der möglichen Verbesserung des Leistungsverhaltens durch Leistungsuntersuchungen (Kap. 5) zu bewerten.

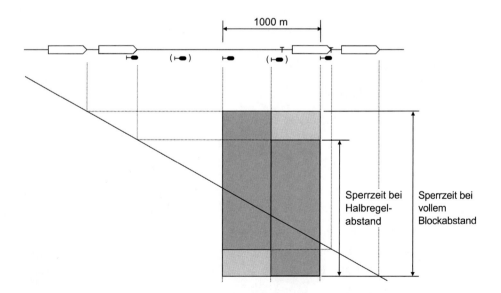

Abb. 3.11 Verkürzung der Blockabschnittssperrzeit bei Signalisierung im Halbregelabstand

Die Anordnung sogenannter Nachrücksignale ist eine Spezialität von Stadtschnellbahnen mit dichter Zugfolge. Auf solchen Bahnen wird die Leistungsfähigkeit nicht
durch die Abstandshaltung auf der freien Strecke, sondern durch den Zeitverbrauch der
Verkehrshalte an den Bahnsteigen maßgebend begrenzt. Abb. 3.12 verdeutlicht diesen
Umstand in einer Sperrzeitendarstellung. Die Mindestzugfolgezeit am Bahnsteig setzt
sich aus der Verkehrshaltezeit und der auch als Bahnsteigwechselzeit bezeichneten Zugwechselzeit am Bahnsteig (Zeit von der Abfahrt eines Zuges bis zur Ankunft des folgenden Zuges) zusammen.

Um die Zugwechselzeit am Bahnsteig zu verkürzen, wurde das Prinzip der Nachrücksignalisierung entwickelt. Dabei wird hinter dem Einfahrsignal ein weiteres Signal, das
sogenannte Nachrücksignal, etwa in Höhe des Bahnsteiganfangs angeordnet (Abb. 3.13).
Zwischen dem Einfahrsignal und dem Nachrücksignal besteht nur ein sehr kurzer (oft

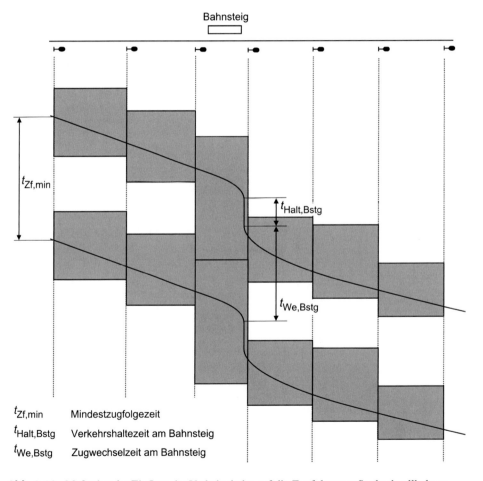

Abb. 3.12 Maßgebender Einfluss der Verkehrshalte auf die Zugfolge von Stadtschnellbahnen

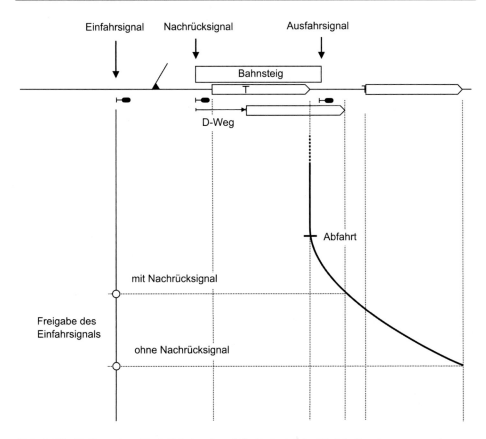

Abb. 3.13 Einfluss eines Nachrücksignals auf die Freigabe des Einfahrsignals

unterzuglanger) Blockabschnitt. Der Durchrutschweg hinter dem Nachrücksignal reicht in der Regel bis in den Bereich des Bahnsteiges hinein. Bei einem am Bahnsteig haltenden Zug zeigen somit sowohl das Nachrücksignal als auch das Einfahrsignal einen Haltbegriff. Der leistungssteigernde Effekt des Nachrücksignals kommt bei der Ausfahrt des Zuges zum Tragen. Zu dem Zeitpunkt, zu dem der ausfahrende Zug den Durchrutschweg des Nachrücksignals freigefahren hat, ist die Überwachungslänge des Einfahrsignals frei, das daraufhin bereits wieder auf Fahrt gestellt wird. Da ein ausfahrender Zug normalerweise nicht stehen bleibt, wird das Nachrücksignal so zeitig freigegeben, dass ein folgender einfahrender Zug am Nachrücksignal rechtzeitig einen Fahrtbegriff erhält. Ein Halt vor dem Nachrücksignal tritt nur ein, falls ein vorausgefahrener Zug während der Ausfahrt plötzlich bremst (z. B. beim Ziehen der Notbremse). Mitunter werden auch mehrere Nachrücksignale (jedoch nur selten mehr als zwei) angeordnet. Durch die quasikontinuierliche Freigabe des Einfahrweges in mehreren kurzen Abschnitten nähert sich die Abstandsregelung in diesem Bereich dem Fahren im absoluten Bremswegabstand an.

3.4   Sicherung des Fahrens im festen Raumabstand

Die bereits beschriebenen Bedingungen für das Fahren im festen Raumabstand stellen zunächst nur ein betriebliches Verfahren in Form von Regeln dar, wobei die erreichbare Sicherheit maßgeblich davon abhängt, mit welchen Verfahren und Techniken die Einhaltung dieser Regeln gewährleistet wird. Die dabei benutzten Verfahren lassen sich in einfache Verfahren mit betrieblichen Meldungen ohne technische Sicherung und in technische Sicherungsverfahren mittels Streckenblockeinrichtungen einteilen.

Die hier beschriebenen Verfahren beziehen sich zunächst nur auf die Sicherung der Zugfolge auf der freien Strecke. Das Fahren im Raumabstand gilt analog auch auf Gleisabschnitten zwischen Hauptsignalen im Bahnhof. Auf Bahnhofsgleisen sind jedoch keine Streckenblockeinrichtungen vorhanden, sondern die Bedingungen für das Fahren im Raumabstand werden beim Einstellen und Auflösen der Fahrstraßen geprüft. Dies wird im Kap. 4 behandelt.

3.4.1   Verfahren ohne technische Sicherung

Verfahren ohne technische Sicherung sind dadurch gekennzeichnet, dass die Sicherheit allein vom Beachten von Vorschriften durch den Menschen abhängt. Die mit der Regelung der Zugfolge betrauten Mitarbeiter kommunizieren untereinander mittels Fernsprecheinrichtungen, Funk oder speziellen Telegrafen. Die aktuelle Betriebslage wird in schriftlichen Unterlagen festgehalten. Die einzelnen Bahnen haben sehr unterschiedliche Verfahren zur Regelung der Zugfolge entwickelt, mitunter werden selbst innerhalb eines Eisenbahnunternehmens verschiedene Verfahren eingesetzt.

Trotz der vielen Unterschiede im Detail lassen sich die Verfahren ohne technische Sicherung der Zugfolge in zwei grundsätzliche Gruppen einteilen:

- Verfahren mit örtlicher Fahrdienstleitung,
- Verfahren mit zentraler Fahrdienstleitung.

3.4.1.1 Verfahren ohne technische Sicherung mit örtlicher Fahrdienstleitung

Bei diesem Verfahren sind die Betriebsstellen mit einem örtlichen Fahrdienstleiter besetzt, der den Betriebsablauf in seiner Betriebsstelle eigenverantwortlich regelt. Die Zugfolge in einem Streckenabschnitt wird durch Absprache zwischen den Fahrdienstleitern der Betriebsstellen, die diesen Streckenabschnitt begrenzen, geregelt. In Deutschland wurden zu diesem Zweck fernmündliche Zugmeldungen entwickelt.

Auf Strecken mit Einrichtungsbetrieb gibt der Fahrdienstleiter, der einen Zug in einen Blockabschnitt einlässt, eine Abmeldung an den Fahrdienstleiter der nächsten Zugfolgestelle und alle zwischenliegenden Zugfolgestellen (je nach örtlich festgelegten Regeln kurz vor oder unmittelbar nach Abfahrt des Zuges). Wenn der Zug bei der nächsten Zugfolgestelle ein- oder durchgefahren ist, stellt der für diese Blockstelle zuständige Fahrdienstleiter nach Beobachtung des Schlusssignals an der Signalzugschlussstelle das Signal auf Halt und gibt zur Freigabe des geräumten Blockabschnitts eine Rückmeldung an den rückgelegenen Fahrdienstleiter. Diese Rückmeldung ist die maßgebende Information für die Sicherung der Zugfolge. Vor dem Einlassen eines Zuges in einen Blockabschnitt ist stets an Hand des von jedem Fahrdienstleiter zur schriftlichen Aufzeichnung aller Zugmeldungen zu führenden Zugmeldebuchs zu prüfen, ob für den letzten vorausgefahrenen Zug eine Rückmeldung vorliegt.

Auf Strecken mit Zweirichtungsbetrieb (meist eingleisige Strecken) ist durch zusätzliche Zugmeldungen zwischen den Fahrdienstleitern der Zugmeldestellen, die einen solchen Streckenabschnitt begrenzen, ein Ausschluss von Gegenfahrten sicherzustellen. Dieser Streckenabschnitt kann sich über mehrere Blockabschnitte erstrecken. Vor dem Einlassen eines Zuges in einen Streckenabschnitt mit Zweirichtungsbetrieb hat der Fahrdienstleiter diesen Zug dem Fahrdienstleiter der korrespondierenden Zugmeldestelle anzubieten. Dieser hat die Möglichkeit, den Zug anzunehmen, also der Fahrt zuzustimmen, oder den Zug zu weigern, wenn er selbst einen Zug in den Streckenabschnitt einlassen möchte (Abb. 3.14).

Auch die Meldungen zum Anbieten und Annehmen der Züge werden im Zugmeldebuch festgehalten. Damit sind vor der Einfahrt eines Zuges in einen Streckenabschnitt zwei Bedingungen zu prüfen:

- Rückmeldung des letzten vorausgefahrenen Zuges liegt vor,
- kein Zug der Gegenrichtung angenommen.

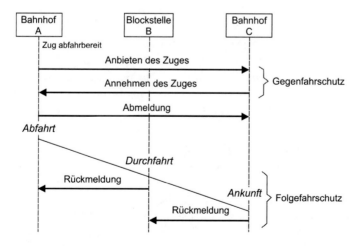

Abb. 3.14 Zugmeldungen

Die Fehlerwahrscheinlichkeit bei diesem Verfahren ist relativ hoch. So können z. B. durch Verwechseln von Zugnummern oder fehlerhafte Einträge im Zugmeldebuch irrtümlich Züge in ein vermeintlich freies Streckengleis eingelassen werden. Eine Reihe von schweren Unfällen hat in Deutschland frühzeitig zur Einführung einer technischen Zugfolgesicherung (Streckenblock, Abschn. 3.4.2) geführt. Aus dispositiven Gründen werden auch auf Strecken mit Streckenblock Zugmeldungen gegeben, es entfällt lediglich die Rückmeldung.

Bei britischen Bahnen hat man hingegen den Weg beschritten, die Zugmeldungen nicht auf fernmündlichem Wege, sondern mit speziellen Blocktelegrafen abzuwickeln, bei denen viele Fehler des fernmündlichen Verfahrens ausgeschlossen sind. Die dabei verwendeten Blockanzeiger zeigen dem Fahrdienstleiter mit Farbscheiben oder Zeigern die jeweilige Belegung der Strecke an („line blocked", „line clear", „train on line"). Obwohl eine technische Abhängigkeit zu den Signalen oft nicht besteht, wird mit diesem Verfahren ein deutlicher Sicherheitsgewinn gegenüber dem fernmündlichen Verfahren erreicht. Solche Blockanzeiger haben sich daher auf Strecken mit alter Technik bis in die jüngste Vergangenheit gehalten [11, 12].

3.4.1.2 Verfahren ohne technische Sicherung mit zentraler Fahrdienstleitung

Bei diesen Verfahren wird die Zugfolge einer Strecke nicht durch das örtliche Personal der Betriebsstellen, sondern durch einen zentralen Fahrdienstleiter geregelt, der bei der Deutschen Bahn AG als Zugleiter (im Ausland auch als Dispatcher) bezeichnet wird. Das Betriebspersonal der örtlichen Betriebsstellen oder auch die Zugpersonale selbst geben an den Zugleiter auf fernmündlichem Wege (heute meist per Funk) Zuglaufmeldungen, die von diesem in ein tabellarisches oder grafisches Belegblatt eingetragen werden. Der Zugleiter hat an Hand dieses Belegblattes immer eine aktuelle Übersicht über den Belegungszustand aller Streckenabschnitte. Jeder Zug benötigt vor Einfahrt in einen Streckenabschnitt eine Fahrerlaubnis des Zugleiters, die auf fernmündlichem Wege entweder direkt oder durch das örtliche Betriebspersonal an das Zugpersonal übermittelt wird. Auf Signale wird auf solchen Strecken oft völlig verzichtet. Die Deutsche Bahn AG bezeichnet dieses Betriebsverfahren als Zugleitbetrieb (Abb. 3.15, Abschn. 1.3.4).

Der Vorteil dieses Verfahrens liegt in einer sehr rationellen Betriebsführung mit geringem Personalbedarf und minimaler Ausrüstung der Infrastruktur. Allerdings eignet es sich wegen der starken Belastung des Zugleiters nur für Strecken mit sehr geringer Zugdichte. Die zentrale Fahrdienstleitung ohne technische Sicherung der Zugfolge ist die traditionelle Betriebsweise der nordamerikanischen Bahnen und wird dort noch heute auf ca. 40 % des Streckennetzes benutzt. Ein typisches Verfahren ist auf vielen amerikanischen Bahnen unter der Bezeichnung TWC (Track Warrant Control [1, 5, 13]) in Gebrauch. Dabei wird allerdings häufig ein rechnerunterstützter Arbeitsplatz für den Dispatcher vorgesehen. Die gleichzeitige Ausgabe sich gefährdender Fahrgenehmigungen

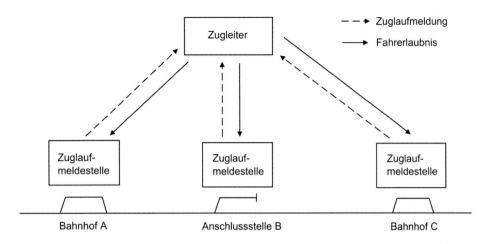

Abb. 3.15 Zugleitbetrieb

(Track Warrants) durch den Dispatcher wird durch solche Systeme zurückgewiesen, sodass am Arbeitsplatz des Dispatchers bereits teilweise eine technische Sicherung realisiert ist [14]. Bei europäischen Bahnen haben sich wegen der höheren Zugdichte ähnliche Betriebsweisen nur auf schwach befahrenen Nebenstrecken durchsetzen können.

In Deutschland ist auf Zugleitstrecken, auf denen gleichzeitig mehrere Reisezüge verkehren, eine technische Unterstützung vorgeschrieben. Dabei werden die Zuglaufmeldungen durch Überwachungsfunktionen überlagert, die das Überfahren von Fahrerlaubnisgrenzen durch Auslösen einer Zwangsbremsung verhindern. Die Lösungen zur technischen Unterstützung erhöhen die Sicherheit, sie erreichen aber noch nicht die Qualität eines signalgeführten Betriebes.

3.4.2 Technische Sicherungsverfahren

3.4.2.1 Begriff des Streckenblocks

Zur technischen Sicherung des Fahrens im Raumabstand müssen zwangsläufig wirkende Abhängigkeiten zwischen den Betriebsstellen hergestellt werden. Dazu dienen sogenannte Streckenblockanlagen. Als Blockanlagen (Bezeichnung „Block" von engl. „to block"=„sperren") werden im Eisenbahnbetrieb allgemein Sicherungseinrichtungen bezeichnet, bei denen an einer Stelle Verschlüsse eintreten, die nur von einer anderen Stelle oder durch Mitwirkung des Zuges wieder aufgehoben werden können.

Eine Streckenblockanlage erzwingt das Fahren im Raumabstand durch Herstellung einer Blockabhängigkeit zwischen:

- den Signalen am Anfang und Ende eines Blockabschnitts (Folgefahrschutz),
- den auf dasselbe Streckengleis weisenden Signalen benachbarter Zugmeldestellen (Gegenfahrschutz).

3.4.2.2 Gestaltung der Blocklogik

Folgefahrschutz
Für die Realisierung des Folgefahrschutzes gibt es zwei mögliche Verfahren:

- Der Blockabschnitt ist in Grundstellung gesperrt (geblockt) und wird vor jeder Zugfahrt besonders freigegeben („geschlossener Block").
- Der Blockabschnitt ist in Grundstellung frei und wird nur während der Belegung durch einen Zug für andere Züge gesperrt („offener Block").

Beim Verfahren nach a) werden die Kriterien für das Fahren im Raumabstand erst unmittelbar vor Zulassung einer Zugfahrt geprüft. Dieses Verfahren liegt den älteren britischen Blocksystemen zugrunde, deren Logik unmittelbar von den alten Blockanzeigern abgeleitet wurde. Beim Verfahren nach b) werden die Kriterien für das Fahren im Raumabstand unmittelbar nach der Räumung des Blockabschnitts geprüft und der Blockabschnitt abschließend sofort wieder für einen Folgezug freigegeben. Dieses Verfahren liegt traditionell den deutschen Blocksystemen zugrunde, deren Logik sich an die Zugmeldungen anlehnt. Bei modernen Blocksystemen überwiegt die Blocklogik nach b), bestimmte Bauformen stellen jedoch auch eine Symbiose zwischen beiden Verfahren dar.

Die Bezeichnungen offener und geschlossener Block werden manchmal auch in einer davon abweichenden Bedeutung in der Weise verwendet, dass bei einem offenen Block selbsttätige Signale in Grundstellung auf Fahrt stehen, während sie bei einem geschlossenen Block erst bei Annäherung eines Zuges auf Fahrt gestellt werden.

Abb. 3.16 zeigt das Prinzip der Realisierung des Folgefahrschutzes bei den in Deutschland verwendeten Streckenblocksystemen. Nach Einfahrt des Zuges in einen Blockabschnitt wird das Signal auf Halt gestellt und durch eine zwangsläufig wirkende Verschlusseinrichtung in der Haltstellung verschlossen. Wenn am Anfang des Blockabschnitts von unterschiedlichen Signalen aus in den Blockabschnitt eingefahren werden kann, z. B. bei Ausfahrten aus einem Bahnhof oder bei einmündenden Streckengleisen an einer Abzweigstelle, dann tritt der Signalverschluss für alle in diesen Blockabschnitt weisenden Signale ein. Nach Eintreten des Signalverschlusses ist der Blockabschnitt blocktechnisch belegt. Dieser Vorgang der blocktechnischen Belegung eines Blockabschnitts wird in traditionellen deutschen Streckenblocksystemen als Vorblockung bezeichnet.

Nach Prüfung, dass der Zug die Signalzugschlussstelle hinter dem Signal am Ende des Blockabschnitts vollständig geräumt hat und durch ein Halt zeigendes Signal gedeckt wird, erfolgt die Blockfreigabe, die zum Aufheben des Signalverschlusses am Anfang des Blockabschnitts führt. Dieser Vorgang wird in traditionellen deutschen Streckenblocksystemen als Rückblockung bezeichnet. Die Begriffe Vorblockung und

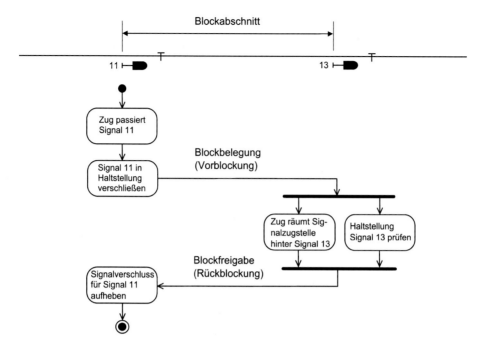

Abb. 3.16 Belegung und Freigabe eines Blockabschnitts beim Streckenblock deutscher Bauart

Rückblockung werden heute zwar nur noch bei älteren Blocksystemen verwendet, das grundlegende Prinzip, dass sich das Signal zur Fahrt in einen Blockabschnitt unter Verschluss der nächsten Blockstelle befindet, gilt aber auch für moderne Anlagen. Diese Form der Verschlusslogik hat folgende Konsequenzen:

- Die Streckenblockabhängigkeit ist nicht auf Gleisen anwendbar, auf denen Züge beginnen und enden.
- Auf Bahnhofsgleisen, muss das Signal am Ende des Gleisabschnitts zugbewirkt auf Halt gestellt werden, um das Nachfahren eines folgenden Zuges zu verhindern.

Auf Gleisen, in denen Züge beginnen und enden, würde ein beginnender Zug, der in dem betreffenden Gleis zunächst als Rangierfahrt bereitgestellt wird, das Gleis belegen, ohne einen Streckenblockverschluss zu bewirken, da er nicht durch Fahrtstellung eines Hauptsignals in diesen Gleisabschnitt eingelassen wurde. Und bei einem Zug, der in einem Gleisabschnitt endet und diesen als Rangierfahrt verlässt, bliebe der bei der Einfahrt erzeugte Streckenblockverschluss auch nach dem Räumen des Gleisabschnitts bestehen. Aus diesem Grunde werden bei Bahnen, die eine solche Form der Streckenblocklogik verwenden (das sind im Wesentlichen alle Bahnen, die sich an den deutschen Betriebsgrundsätzen orientieren) Bahnhofsgleise in der Regel nicht mit Streckenblock ausgerüstet. Der Folgefahrschutz auf Bahnhofsgleisen wird stattdessen in die im Kap. 4 beschriebene Fahrstraßensicherung integriert. In diesem Fall müssen zur Verhinderung unzulässiger Folgefahrten Ausfahrsignale immer zugbewirkt auf Halt gestellt werden, da einerseits zum rückliegenden Signal keine Streckenblockabhängigkeit besteht und andererseits in einem Bahnhofsgleis auch mehrere, nacheinander in die gleiche Richtung ausfahrende Züge bereitgestellt werden können.

Gegenfahrschutz

Grundlage aller Formen des Gegenfahrschutzes ist, dass nur eine von zwei korrespondierenden Zugmeldestellen, die ein im Zweirichtungsbetrieb befahrenes Streckengleis begrenzen, die Erlaubnis haben darf, einen Zug in dieses Streckengleis einzulassen. Diese Erlaubnis kann nach zwei unterschiedlichen logischen Prinzipien zugeteilt werden:

- Einzelerlaubnis,
- Richtungserlaubnis.

Bei Anwendung der Einzelerlaubnis wird die Berechtigung, ein Streckengleis in einer bestimmten Richtung zu befahren, jedem Zug individuell zugeteilt. Dazu muss die ablassende Zugmeldestelle von der korrespondierenden Zugmeldestelle die Erlaubnis für jeden Zug besonders einholen. Diese Form der Erlaubnislogik orientiert sich stark an den Zugmeldungen zum Anbieten und Annehmen der Züge. Dieses Verfahren wird heute bei deutschen Bahnen nicht mehr angewandt, ist aber international bei einigen Bahnen noch in älteren Systemen anzutreffen. Die Unterteilung des eingleisigen Streckenabschnitts in mehrere Blockabschnitte führt bei Anwendung der Einzelerlaubnis zu einer komplizierten Blocklogik und wird daher meist vermieden.

Bei Anwendung der Richtungserlaubnis ist auf der Strecke eine erlaubte Fahrtrichtung eingestellt (Erlaubnisrichtung). In dieser Richtung können beliebig viele Züge verkehren. Nach vollständigen Räumen des Streckengleises bleibt bei einigen Systemen die eingestellte Erlaubnisrichtung erhalten, kann aber bei Bedarf umgeschaltet werden (Erlaubniswechsel). Dieses, auch als „platzierte Erlaubnis" bzw. „Streckenblock mit asymmetrischer Grundstellung" bezeichnete Prinzip ist charakteristisch für deutsche Streckenblocksysteme. Der Erlaubniswechsel kann entweder durch die den Zug ablassende Zugmeldestelle (Holen der Erlaubnis) oder die den Zug empfangende Zugmeldestelle (Abgeben der Erlaubnis) eingeleitet werden. Bei deutschen Bahnen wird überwiegend das Prinzip des Abgebens der Erlaubnis verwendet. Bei Anwendung des Holens der Erlaubnis muss die Betriebsstelle, die den Erlaubniswechsel einleitet, erkennen können, ob die Gegenstelle eine Zugfahrt in den eingleisigen Abschnitt zugelassen hat, weil dann kein Erlaubniswechsel möglich ist. Aus diesem Grund findet bei Blocksystemen, die das Holen der Erlaubnis anwenden, beim Auf-Fahrt-Stellen eines Signals in den eingleisigen Abschnitt eine blocktechnische Reservierung des Abschnitts statt, die der Gegenstelle angezeigt, dass der Erlaubniswechsel gesperrt ist.

Im Ausland ist auch das Prinzip der „neutralen Erlaubnis", auch bekannt als „Streckenblock mit symmetrischer Grundstellung", verbreitet, bei dem nach dem vollständigen Räumen des Streckengleises die Erlaubnisrichtung gelöscht wird. Für die nächste Zugfahrt wird die Erlaubnis in der erforderlichen Richtung neu gesetzt. Der Prozess des Erlaubniswechsels entfällt dabei.

Ältere britische Blocksysteme realisieren den Gegenfahrschutz durch Token, d. h. physische Zeichen (z. B. Zugstab, Schlüssel) als Träger der Erlaubnisinformation. Bei einfachen Systemen existiert für jeden Streckenabschnitt ein Token, das sich auf der Betriebsstelle befindet, die Züge in diesen Abschnitt ablassen darf. Zum Richtungswechsel wird das Token dem Zug mitgegeben und der Gegenstelle ausgehändigt.

Auf einigen deutschen Zugleitstrecken wird nach diesem Prinzip eine einfache Tokensicherung unter Verwendung eines Schlüssels als Token angewandt. Der Schlüssel wird vom Zugpersonal mitgeführt. Vor Einfahrt in einen Streckenabschnitt muss das Zugpersonal zur Vermeidung einer Zwangsbremsung den diesen Abschnitt deckenden Gleismagneten der punktförmigen Zugbeeinflussung mit dem Schlüssel unwirksam schalten. Nach kurzer Zeit wird der Gleismagnet selbsttätig wieder wirksam. Auf Kreuzungsbahnhöfen tauschen die Zugpersonale untereinander die Schlüssel aus. Für Folgefahrten verbleibt der Schlüssel auf der rückliegenden Betriebsstelle.

Bei weiterentwickelten Systemen erhält jeder Zug ein Token als Erlaubnis zum Befahren des eingleisigen Abschnitts. Für einen Streckenabschnitt existieren mehrere Token, die auf den beiden Betriebsstellen in elektrisch miteinander verbundenen Blockgeräten eingeschlossen sind. Durch Austausch von Blockinformationen wird die gleichzeitige Ausgabe mehrerer Token verhindert [15]. Die Idee des Tokenblocks wurde später auch für funkbasierte Blocksysteme genutzt (so genannter „Radio Electronic Token Block" [16]). Dabei wird anstelle eines physischen Tokens ein elektronisches Token benutzt, das zur Erteilung der Zustimmung zur Einfahrt in einen Streckenabschnitt per Funk zum Zug übermittelt und nach Räumung des Streckenabschnitts wieder per Funk zurückgegeben wird. Eine größere Verbreitung erlangten tokenbasierte Funkblocksysteme allerdings nicht. Eine neue Entwicklung ist der „Digital Token Block". Dabei werden traditionelle Blockgeräte mit physischen Token verwendet. Die Blockgeräte kommunizieren jedoch untereinander über Internet- oder Funkschnittstellen. Dies ermöglicht durch den Verzicht auf das Verlegen einer Blockleitung einen kostengünstigen Einsatz auf Nebenstrecken. Für die Eisenbahnverkehrsunternehmen ergibt sich der Vorteil, dass im Gegensatz zum tokenbasierten Funkblock keine Bordgeräte erforderlich sind.

Abgesehen von der oben beschriebenen einfachen Tokensicherung als technische Unterstützung des Zugleitbetriebes, die in Deutschland nicht als vollwertiger Streckenblock gilt, arbeiten deutsche Blocksysteme ohne Token. Abb. 3.17 zeigt die Realisierung des Gegenfahrschutzes bei den in Deutschland verwendeten Blocksystemen (platzierte Richtungserlaubnis ohne Token). Von den beiden Zugmeldestellen, die einen im Zweirichtungsbetrieb befahrenen Streckenabschnitt begrenzen, befinden sich in der Zugmeldestelle, die nicht im Besitz der Erlaubnis für diesen Streckenabschnitt ist, alle auf diese Strecke weisenden Signale in Haltstellung unter Verschluss. Bei freiem Streckengleis ist ein Wechsel der Erlaubnis möglich. Dabei wechselt der Signalverschluss zur

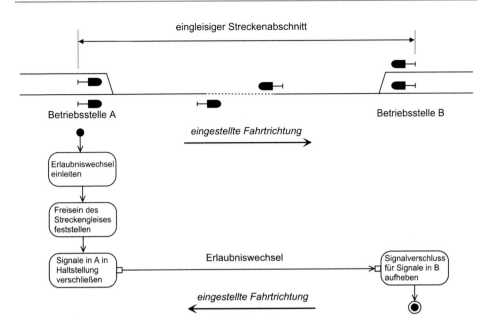

Abb. 3.17 Erlaubniswechsel beim Streckenblock deutscher Bauart

korrespondierenden Zugmeldestelle. Die Prüfung des Freiseins des Streckengleises umfasst neben der Räumung durch den letzten Zug auch die Feststellung, dass sich der Streckenblock in allen zwischenliegenden Blockabschnitten in der Grundstellung befindet, d. h. die Strecke muss auch blocktechnisch frei sein, und keine Fahrt in das Streckengleis zugelassen ist.

3.4.2.3 Technische Realisierung des Streckenblocks
Wegen der Vielfalt der möglichen Blocktechniken werden im Folgenden nur die bei der Deutschen Bahn AG üblichen Arten des Streckenblocks beschrieben. Bei neueren Entwicklungen werden die historisch bedingten Unterschiede zwischen den einzelnen Bahnen ohnehin zunehmend überwunden. Für einen Überblick über die international eingesetzten Streckenblocksysteme siehe [15]. Die deutschen Streckenblockanlagen lassen sich nach ihrer technischen Bauform entsprechend Abb. 3.18 einteilen.

Nichtselbsttätiger Streckenblock
Der nichtselbsttätige Streckenblock ist eine veraltete Technik, die aber bei der Deutschen Bahn AG auf Strecken mit alten Sicherungsanlagen noch immer genutzt wird. Beim nichtselbsttätigen Streckenblock sind die Blockabschnitte nicht mit Gleisfreimeldeanlagen ausgerüstet. Beim Räumen eines Blockabschnitts ist die Zugvollständigkeit durch Beobachtung des Schlusssignals an der Signalzugschlussstelle festzustellen. Dies erfordert die örtliche Besetzung aller Zugfolgestellen. Beim Felderblock werden

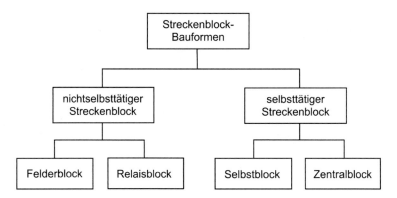

Abb. 3.18 Einteilung der Streckenblockanlagen bei deutschen Eisenbahnen

die Abhängigkeiten über sogenannte Blockfelder hergestellt. Blockfelder sind elektromechanische Verschlusseinrichtungen nach dem Prinzip von Schrittschaltwerken, die mit niederfrequentem Wechselstrom betrieben werden (Bedienung über Kurbelinduktoren). Bei den meisten Blockschaltungen arbeiten zwei korrespondierende Blockfelder zusammen, von denen eines „geblockt" und das andere „entblockt" ist. Ein entblocktes Blockfeld kann durch eine Bedienungshandlung geblockt werden, wobei gleichzeitig das korrespondierende Blockfeld entblockt wird [12]. Umgekehrt ist es jedoch nicht möglich, ein geblocktes Blockfeld durch eine Bedienungshandlung an diesem Blockfeld selbst zu entblocken.

Zur Realisierung des Folgefahrschutzes befindet sich am Anfang des Blockabschnitts ein „Anfangsfeld" und am Ende des Blockabschnitts ein „Endfeld". Bei freiem Blockabschnitt ist das Anfangsfeld entblockt und das Endfeld geblockt. Beim Vorblocken nach Einfahrt eines Zuges in den Blockabschnitt wird das Anfangsfeld geblockt, wodurch das Signal am Anfang des Blockabschnitts in der Haltstellung verschlossen wird. Gleichzeitig wird das Endfeld entblockt. Zur Abgabe der Rückblockung wird das Endfeld geblockt, sodass der Signalverschluss am Anfang des Blockabschnitts durch Entblocken des Anfangsfeldes wieder aufgehoben wird. Das Endfeld wird nur zur Abgabe der Rückblockung benötigt, durch das in Grundstellung geblockte Endfeld wird kein Verschluss hergestellt. Die Grundstellung der Blocksignale ist Halt, die Signale sind in Grundstellung jedoch nicht verschlossen, können also frei bedient werden. Auch zur Realisierung des Gegenfahrschutzes bedient man sich des Prinzips der korrespondierenden Blockfelder. Auf beiden Zugmeldestellen befindet sich ein „Erlaubnisfeld", das auf der Zugmeldestelle, die im Besitz der Erlaubnis ist, entblockt und auf der korrespondierenden Zugmeldestelle geblockt ist. Das geblockte Erlaubnisfeld verschließt alle auf die betreffende Strecke weisenden Signale.

Beim Relaisblock werden die Blockabhängigkeiten durch Relaisschaltungen realisiert, die Blocklogik ist jedoch mit dem Felderblock identisch. Anstelle der Blockfelder werden Blockrelais verwendet, die in Analogie zu einem Blockfeld ebenfalls eine ge-

blockte und eine entblockte Stellung einnehmen können. In Anlehnung an den Felderblock werden die Blockrelais hinsichtlich ihrer blocktechnischen Funktion auch als An-
fangs-, End- und Erlaubnisfeld bezeichnet. Die Bedienungshandlungen sind im Unterschied zum Felderblock allerdings weitgehend automatisiert, in der Regel ist lediglich
zur Abgabe der Rückblockung noch eine Bedienungshandlung erforderlich. Solche
Bauformen des Relaisblocks werden daher auch als halbautomatischer Streckenblock
bezeichnet. Es gibt auch Bauformen in elektronischer Technik, bei denen die Blockinformationen als Frequenzcode übermittelt werden (Trägerfrequenzblock).

Durch das Fehlen einer Gleisfreimeldeanlage tritt beim Besetzen des Blockabschnitts
keine zwangsläufige Blockbelegung ein. Die dadurch möglichen Gefährdungen werden
durch die in Tab. 3.1 aufgeführten Sicherheitsfunktionen kompensiert, die beim selbsttätigen Streckenblock in dieser Form nicht erforderlich sind.

Zur Zugmitwirkung beim Räumen eines Blockabschnitts wird bei deutschen Bahnen eine sogenannte „isolierte Schiene" verwendet. Dabei bildet ein kurzes, isoliertes
Schienenstück einen Gleisstromkreis, der mit einem Schienenkontakt und einer Auswerteschaltung kombiniert wird (Abb. 3.19). Die Länge des Gleisstromkreises ist mit
25 … 30 m so bemessen, dass er vom größten inneren Achsabstand eines Eisenbahnfahr-
zeugs nicht überbrückt werden kann. Die Funktionsweise eines Gleisstromkreises wird
weiter hinten im Abschnitt zum selbsttätigen Streckenblock erläutert. In der Anwendung
als Teil der isolierten Schiene dient der Gleisstromkreis jedoch nicht zur Gleisfreimeldung, sondern nur zur punktförmigen Detektion der Vorbeifahrt eines Zuges mit der
letzten Achse.

Die Freigabe der Rückblockabgabe wird ausgelöst, wenn der Gleisstromkreis befahren und wieder freigefahren und der Schienenkontakt betätigt wurde. Durch das Befahren und Freifahren des Gleisstromkreises wird ein Letzte-Achse-Kriterium erzeugt.
Das zusätzliche Befahren des Schienenkontaktes verhindert eine Rückblockentsperrung
beim Vortäuschen einer Zugfahrt durch einen kurzen Stromausfall (Abfall und Wieder-
anzug des Gleisrelais). Anstelle der Kombination aus Gleisstromkreis und Schienenkontakt werden bei einigen ausländischen Bahnen auch zwei kurze, aufeinander folgende Gleisstromkreise verwendet. Das Vortäuschen einer Zugmitwirkung durch einen
Stromausfall wird dabei entweder durch ein Reihenfolgekriterium beim Befahren der
Gleisstromkreise oder durch die Kombination von Arbeits- und Ruhestromprinzip verhindert.

Da beim Erlaubniswechsel die entblockte Stellung der Anfangsfelder aller zwischenliegenden Blockstellen (so genannte Blockzwischenstellen) als Kriterium des Freiseins
der Strecke benutzt wird, wäre dort ein Vergessen der Vorblockung gefährlich. Deshalb
muss auf diesen Blockstellen bei Abgabe einer Rückblockung zwangsläufig auch die
Vorblockung für den nächsten Abschnitt abgegeben werden.

Durch das Wirken dieser Abhängigkeiten verbleibt als Möglichkeit einer Fehlhand-
lung nur die Abgabe der Rückblockung, ohne dass das Schlusssignal beobachtet wurde.
Dieser Fehler kann sich jedoch nur gefährlich auswirken, wenn es gleichzeitig zu einer
vom Zugpersonal unbemerkten Zugtrennung (sehr selten) gekommen ist.

Tab. 3.1   Sicherheitsfunktionen des nichtselbsttätigen Streckenblocks zur Kompensation der fehlenden Gleisfreimeldeanlage

Mögliche Gefährdung durch fehlende Gleisfreimeldeanlage	Sicherheitsfunktion zur Kompensation der Gefährdung
Beim Besetzen eines Blockabschnitts tritt keine zwangsläufige Blockbelegung ein. Beim Vergessen oder Versagen der Vorblockung bestünde kein Signalverschluss	Streckenwiederholungssperre verhindert wiederholte Signalbedienung und überbrückt damit die Sicherungslücke bis zum Eintreten der Vorblockung
Irrtümliche Abgabe der Rückblockung bei besetztem Blockabschnitt wäre nicht ausgeschlossen	Abgabe der Rückblockung ist von einer Zugmitwirkung am Ende des Blockabschnitts abhängig. In Verantwortung des Bedieners verbleibt nur die Prüfung der Zugvollständigkeit
Freisein des Streckengleises als Vorbedingung für den Erlaubniswechsel kann nur anhand der Grundstellung des Streckenblocks geprüft werden. Vergessen oder Versagen der Vorblockung auf einer Blockzwischenstelle (Blockstelle auf eingleisiger Strecke, die keine Zugmeldestelle ist) könnte ein freies Streckengleis vortäuschen	Auf Blockzwischenstellen ist die Abgabe der Rückblockung nur bei gleichzeitiger Abgabe der Vorblockung für den nächsten Blockabschnitt möglich. Beim Vergessen oder Versagen der Vorblockung kommt der rückliegende Blockabschnitt nicht in die Grundstellung

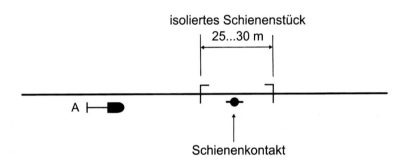

Abb. 3.19   Isolierte Schiene

Selbsttätiger Streckenblock

Beim selbsttätigen Streckenblock ist eine Mitwirkung des Menschen nicht mehr erforderlich. Voraussetzung ist das Vorhandensein einer Gleisfreimeldeanlage, die das Freisein von Blockabschnitt und Durchrutschweg technisch feststellt. Als Gleisfreimeldeanlagen werden verwendet:

- Gleisstromkreise,
- Achszähler.

Zur Gleisfreimeldung mittels Gleisstromkreisen werden die einzelnen Freimeldeabschnitte durch Isolierstöße elektrisch voneinander getrennt. An der einen Seite des

Freimeldeabschnitts (Speiseseite) wird in beide Schienen ein Strom eingespeist, der an der anderen Seite des Freimeldeabschnitts (Relaisseite) ein Gleisrelais zum Anzug bringt. Befindet sich ein Fahrzeug im Abschnitt, wird der Stromkreis durch die Fahrzeugachsen kurzgeschlossen. Das Gleisrelais wird durch Achsnebenschluss stromlos und fällt ab. Dadurch wird der Abschnitt als besetzt erkannt (Abb. 3.20).

Die ordnungsgemäße Funktion erfordert einen ausreichenden elektrischen Widerstand zwischen den Schienen. Wenn dieser Widerstand durch Verschmutzung der Gleisbettung nicht mehr gegeben ist, wird auch bei freiem Gleis eine Besetztmeldung erzeugt. Die elektrischen Eigenschaften des Gleises begrenzen die maximale Länge eines Gleisstromkreises auf etwa 2,5 km. Bei langen Blockabschnitten kann daher eine Aufteilung auf mehrere Gleisstromkreise erforderlich werden. Gleisstromkreise müssen regelmäßig befahren werden (bei der Deutschen Bahn AG mindestens einmal in 24 h), um eine Beeinträchtigung der sicheren Funktion durch Rostbildung auf den Schienen zu vermeiden. Wurde ein Abschnitt entsprechend lange nicht befahren, muss vor der nächsten Zugfahrt entweder das Freisein des Abschnitts ersatzweise festgestellt oder das Fahren auf Sicht

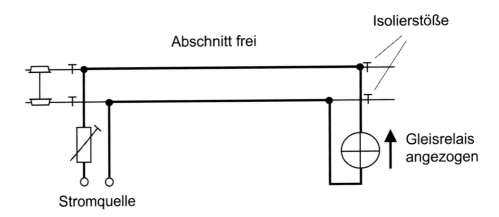

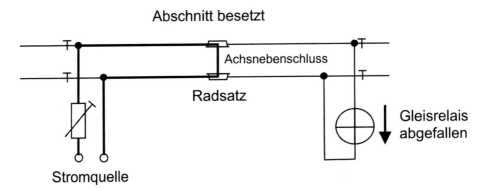

Abb. 3.20 Gleisstromkreis

angeordnet werden. Besondere Regeln gelten für das Verkehren von leichten Nebenfahr-
zeugen (bei der Deutschen Bahn AG als Kleinwagen bezeichnet), die keine sichere Besetztmeldung erzeugen.

Auf elektrifizierten Strecken werden die Schienen als Rückleitung für den Traktionsstrom benutzt. Dazu muss eine Möglichkeit bestehen, den Traktionsrückstrom an den
Isolierstößen vorbeizuleiten. Die einfachste Lösung besteht in einer einschienigen Isolierung, sodass sich eine durchgehende Erdschiene ergibt. Um im Falle eines defekten
Isoliertoßes wechselseitige Beeinflussungen zwischen benachbarten Gleisstromkreisen
zu vermeiden, werden auch bei einschieniger Isolierung Isolierstöße meist in beiden
Schienen vorgesehen, wobei die Erdschiene mittels Diagonalverbindern von Abschnitt
zu Abschnitt wechselt. Die einschienige Isolierung ist nur für kurze Wirklängen, z. B. die
Freimeldung einer Weiche, anwendbar. Bei längeren Abschnitten müssen beide Schienen
als Rückleiter für den Traktionsstrom zur Verfügung stehen, sodass zweischienig isoliert werden muss. Die elektrische Verbindung zwischen benachbarten Abschnitten wird
dabei durch Drosselstöße hergestellt. Diese können mit einfachen Gleisdrosseln oder
Drosselstoßtransformatoren ausgeführt sein (Abb. 3.21).

Die einfachen Gleisdrosseln sind vor allem im englischsprachigen Raum verbreitet,
die Drosselstoßtransformatoren in Kontinentaleuropa, aber auch in Russland. Bei beiden
Anordnungen werden die Schienen auf beiden Seiten des Isolierstoßes durch eine Spule
(Drossel) verbunden, die aufgrund ihres induktiven Widerstandes keine Besetztmeldung
erzeugt. Die beiden Spulen sind über eine Mittelanzapfung verbunden. Der Traktionsrückstrom fließt im Unterschied zum Gleisfreimeldestrom in beiden Schienen in gleicher
Richtung und wird über die Mittelanzapfung von Abschnitt zu Abschnitt weitergeleitet.
Da dabei die beiden Wicklungshälften in entgegen gesetzter Richtung durchflossen werden, heben sich die Magnetfelder gegenseitig auf, und der induktive Widerstand ver-
schwindet. Bei der Ausführung als Drosselstoßtransformator wird durch die gegenseitige
Auslöschung der Magnetfelder zudem verhindert, dass in der Wicklung, an der das
Gleisrelais angeschlossen ist, ein Strom induziert wird, der das Gleisrelais beeinflussen
könnte. Aufgrund der Drosselstöße arbeiten Gleisstromkreise an elektrifizierten Strecken
immer mit Wechselstrom.

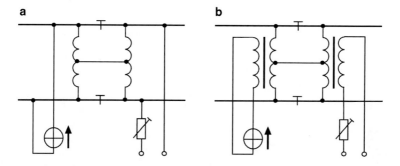

Abb. 3.21 Drosselstöße. **a** Einfache Gleisdrosseln, **b** Drosselstoßtransformatoren

Einen Verzicht auf Isolierstöße ermöglichen Tonfrequenzgleisstromkreise, bei denen sich durch Verwendung höherer Frequenzen (10 … 20 kHz) die Wirklänge aufgrund der Dämpfung des Gleises von selbst begrenzt. Die erzielbaren Freimeldelängen sind jedoch kürzer als bei Gleisstromkreisen mit Isolierstößen. Tonfrequenzgleisstromkreise sind vor allem bei Stadtschnellbahnen mit kurzen Blockabschnitten verbreitet, es gibt aber auch Anwendungen bei Fernbahnen.

Bei Verwendung von Achszählern ist eine Isolierung der Schienen nicht nötig. Auf beiden Seiten des Abschnitts befinden sich Achszählkontakte, die die Anzahl der in den Abschnitt ein- und ausfahrenden Achsen zählen. Wenn die Zahl der eingezählten mit der Zahl der ausgezählten Achsen übereinstimmt, wird der Abschnitt freigemeldet (Abb. 3.22). Achszählkontakte sind als Doppelradsensoren ausgeführt, um ein richtungsselektives Ein- und Auszählen der Achsen zu gewährleisten. Dadurch ist sichergestellt, dass die Überfahrt einer Achse stets entsprechend der Fahrtrichtung als Ein- oder Auszählung ausgewertet wird. Neben dem Entfall der Isolierstöße vermeidet die Gleisfreimeldung mit Achszählern auch die anderen Nachteile der Gleisstromkreise. Es gibt keine Einschränkungen der technisch möglichen Länge eines Freimeldeabschnitts und keine Probleme durch Rostbildung und Verschmutzung der Gleisbettung.

Selbsttätige Streckenblocksysteme lassen sich hinsichtlich der Gestaltung der Blocklogik in dezentralen und zentralisierten selbsttätigen Streckenblock einteilen. Bei deutschen Eisenbahnen werden die dezentralen Systeme als Selbstblock und die zentralisierten Systeme als Zentralblock bezeichnet.

Beim Selbstblock sind die Steuereinrichtungen für die Blocksignale in dezentralen Schaltschränken an der Strecke angeordnet, die untereinander Blockinformationen austauschen (Abb. 3.23a). Die Grundstellung der selbsttätigen Blocksignale ist Fahrt. Während der Fahrtstellung des Signals wird das Freisein des Blockabschnitts und des Durchrutschweges dauernd überwacht. Die beim nichtselbsttätigen Streckenblock übliche Rückblockung als einmaliger Vorgang mit Prüfung aller Kriterien für das Fahren im Raumabstand findet sich in dieser Form beim Selbstblock nicht. Lediglich die Prüfung, dass ein vorausgefahrener Zug durch ein Halt zeigendes Signal gedeckt ist, bleibt

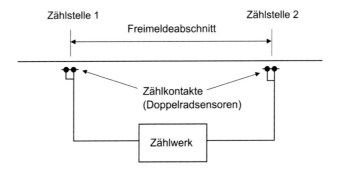

Abb. 3.22 Gleisfreimeldung mit Achszählern

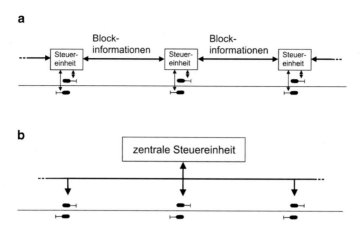

Abb. 3.23 **a** Selbstblock und **b** Zentralblock

als klassische Rückblockbedingung erhalten, indem vor der Fahrtstellung eines Signals geprüft wird, ob das Folgesignal in der Haltstellung gewesen ist. Bei einigen Block-formen (z. B. bei für die frühere Deutsche Reichsbahn entwickelten Blocksystemen) wird auch auf diese letzte Rückblockbedingung verzichtet, indem jedes Signal durch mehrere (bis zu drei) unabhängig wirkende Haltfallkriterien auf Halt gestellt wird. Da ein Versagen der selbsttätigen Signalhaltstellung nicht mehr angenommen wird, kann die Prüfung am rückliegenden Signal entfallen.

Beim Zentralblock ist die Steuereinrichtung einer Strecke an einer Stelle (meist einem benachbarten Stellwerk) konzentriert (Abb. 3.23b). In elektronischen Stellwerken wird der Zentralblock dabei nicht mehr durch eine eigenständige Hardware repräsentiert, son-dern stellt nur noch einen funktionalen Projektierungsfall innerhalb der Stellwerkssoft-ware dar. Durch die zentrale Verwaltung aller Blockzustände entfällt der Austausch von Blockinformationen. Stattdessen basiert die Blocklogik auf dem Fahrstraßenprinzip.

Ein Zentralblockabschnitt wirkt wie eine Fahrstraße, die als Vorbedingung für die Fahrtstellung des Signals festgelegt und nach dem Freifahren des Blockabschnitts und der Haltstellung des Folgesignals wieder aufgelöst wird. Die selbsttätigen Blocksignale werden als Zentralblocksignale bezeichnet. In Grundstellung sind keine Zentralblock-abschnitte festgelegt, und die Zentralblocksignale stehen auf Halt. Wird in einem Bahn-hof eine Ausfahrt auf eine Strecke mit Zentralblock eingestellt, so wird dabei die Fest-legung des ersten Zentralblockabschnitts angestoßen. Diese stößt automatisch den nächs-ten Zentralblockabschnitt an usw., sodass alle voraus liegenden Zentralblocksignale die Fahrtstellung einnehmen. Die Bedingungen für das Fahren im Raumabstand werden beim Einstellen und Auflösen der Zentralblockabschnitte geprüft. Die Auflösekriterien eines Zentralblockabschnitts entsprechen den Streckenblockbedingungen. Der Strecken-blockverschluss wird dadurch bewirkt, dass sich ein Zentralblockabschnitt nur dann fest-legen lässt, wenn er bei der vorangegangenen Zugfahrt ordnungsgemäß aufgelöst wurde.

Als Voraussetzung für den Erlaubniswechsel müssen auf dem Streckengleis zwischen den betreffenden Zugmeldestellen alle Zentralblockabschnitte aufgelöst sein.

Im Unterschied zu der im Kap. 4 beschriebenen Sicherung von Fahrstraßen im Bahnhof bleibt die Festlegung eines Zentralblockabschnitts bei besetztem Blockabschnitt bestehen und dient damit unmittelbar der Sicherung der Zugfolge. Eine Einfahrstraße in ein Bahnhofsgleis löst hingegen bei besetztem Bahnhofsgleis auf, die Zugfolge im Bahnhof wird nur durch die Gleisfreimeldeanlagen gesichert (Abb. 3.24).

Obwohl die meisten selbsttätigen Blocksignale keinen ortsfesten Gefahrpunkt decken, fordern viele Bahnen, dass sich die Signalzugschlussstelle in einem bestimmten Abstand hinter dem Signal befindet. Dieser Abstand wirkt im Falle des Verbremsens eines Zuges wie ein Durchrutschweg hinter dem Blocksignal. Der Abschnitt zwischen dem Signal und der Signalzugschlussstelle kann mit folgenden Verfahren überwacht werden (Abb. 3.25):

- gegenüber den Grenzen der Gleisfreimeldeanlagen (Isolierstöße oder Achszählkontakte) versetzte Anordnung der Blocksignale,
- separater Gleisfreimeldeabschnitt zwischen Signal und Signalzugschlussstelle,
- Signalzuschlussstelle am Ende des folgenden Blockabschnitts.

a

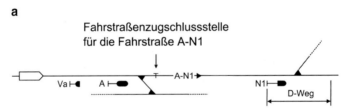

Einfahrstraße löst auch bei besetztem Bahnhofsgleis auf
Folgefahrschutz nur über Gleisfreimeldeanlage

b

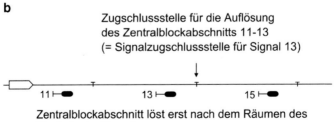

Zentralblockabschnitt löst erst nach dem Räumen des
Blockabschnitts auf

Abb. 3.24 Vergleich eines Zentralblockabschnitts mit einer Einfahrstraße in ein Bahnhofsgleis. **a** Fahrstraße in ein Bahnhofsgleis, **b** Zentralblockabschnitt

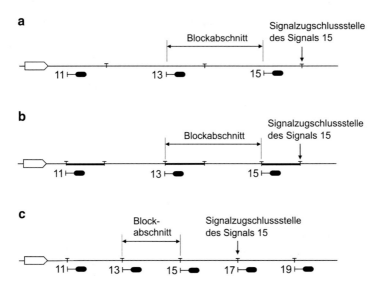

Abb. 3.25 Überwachung des Abschnitts zwischen Signal und Signalzugschlussstelle bei selbsttätigen Streckenblockanlagen. **a** Gegenüber den Grenzen der Gleisfreimeldeanlagen versetzte Aufstellung der Blocksignale, **b** separater Gleisfreimeldeabschnitt zwischen Signal und Signalzugschlussstelle, **c** Signalzugschlussstelle am Ende des folgenden Blockabschnitts

Ein separater Gleisfreimeldeabschnitt zwischen Signal und Signalzugschlussstelle
hat den Vorteil, dass die Signale bereits unmittelbar nach Vorbeifahrt des Zuges selbsttätig auf Halt gestellt werden und ein zusätzliches Gleisschaltmittel für einen sehr zu-
verlässigen Haltfall der Signale zur Verfügung steht. Bei Gleisfreimeldung mit Gleisstromkreisen kann dabei die Freimeldung dieses Abschnitts durch einen Tonfrequenz-
gleisstromkreis bewirkt werden, der den Gleisstromkreis des Blockabschnitts ohne
Erfordernis zusätzlicher Isolierstöße überlagert. Die Anordnung der Signalzugschlussstelle am Ende des folgenden Blockanschnitts, d. h. am Standort des nächsten Hauptsignals, ist auf Stadtschnellbahnen mit dichter (teilweise unterzuglanger) Blockteilung
verbreitet.

3.4.2.4 Rückfallebenen bei Störung des Streckenblocks

Störfallbehandlung auf Strecken mit nichtselbsttätigem Streckenblock
Wenn Einrichtungen des nichtselbsttätigen Streckenblocks gestört sind, oder Züge aus
anderen Gründen ohne Hauptsignal in einen Blockabschnitt eingelassen werden sollen,
wird als Rückfallebene wieder auf die Methoden der nichttechnischen Sicherung der
Zugfolge zurückgegriffen. Da beim nichtselbsttätigen Streckenblock alle Blockstellen
örtlich besetzt sind, können bei der Räumung eines Blockabschnitts die Bedingungen
für das Fahren im Raumabstand stets festgestellt werden. Bei der Deutschen Bahn AG
wird die Zugfolge dann wieder durch Zugmeldungen gesichert, indem die Freigabe eines

Blockabschnitts nicht mehr durch Blockbedienung, sondern eine fernmündliche Rückmeldung erfolgt. Auf eingleisigen Strecken ist für den Gegenfahrschutz dann wieder das fernmündliche Anbieten und Annehmen maßgebend.

Störfallbehandlung auf Strecken mit selbsttätigem Streckenblock
Zur ersatzweisen Sicherung der Zugfolge auf der freien Strecke gibt es folgende grundsätzliche Möglichkeiten:

- Räumungsprüfung,
- Fahren auf Sicht mit Auftrag des Fahrdienstleiters,
- Fahren auf Sicht ohne Auftrag des Fahrdienstleiters (bei vielen Bahnen als „permissives Fahren" bezeichnet).

Die Räumungsprüfung ist das heute bei der Deutschen Bahn AG angewandte Standardverfahren [17]. Dabei werden bei Störung des selbsttätigen Streckenblocks die Bedingungen für das Fahren im Raumabstand durch den Fahrdienstleiter festgestellt. Dazu ist zunächst festzustellen, welcher Zug den betreffenden Blockabschnitt als letzter befahren hat. Das kann sowohl ein vorausgefahrener, auf Streckengleisen mit Zweirichtungsbetrieb aber auch ein Zug der Gegenrichtung gewesen sein. Für diesen Zug vergewissert sich der Fahrdienstleiter zunächst anhand der Anzeigen seiner Bedienoberfläche, dass er die nächste Zugmeldestelle (Räumungsprüfstelle) erreicht hat und dort durch ein Halt zeigendes Signal gedeckt wird (Abb. 3.26). Anschließend ist für diesen Zug der Zugschluss festzustellen.

Falls der Fahrdienstleiter das Zugschlusssignal nicht selbst beobachten kann, was auf Strecken mit zentralisierter Betriebssteuerung heute den Regelfall darstellt, kann er sich die Zugvollständigkeit auch von einem örtlichen Mitarbeiter oder vom Zugpersonal bestätigen lassen. Diese Zugschlussmeldung kann auch von einer weiter entfernt gelegenen Betriebsstelle gegeben werden, wenn die Zusammensetzung des Zuges zwischendurch nicht verändert wurde. Sofern die Räumungsprüfstelle einem anderen Fahrdienstleiter zugeteilt ist, hat dieser die Durchführung der Räumungsprüfung dem Fahrdienstleiter,

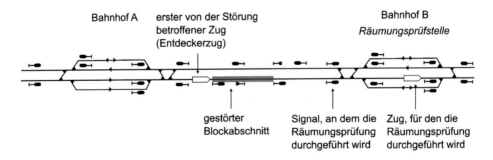

Abb. 3.26 Beispiel für die Durchführung einer Räumungsprüfung

der das Signal am Anfang des betroffenen Blockabschnitts bedient, durch eine Rückmeldung zu bestätigen. Damit liegen alle Kriterien für das Fahren im Raumabstand vor. Der Fahrdienstleiter kann am betroffenen Hauptsignal der Weiterfahrt des Zuges durch ein Zusatzsignal oder schriftlichen Befehl zustimmen. Sofern dabei die Fahrt in ein Streckengleis mit Zweirichtungsbetrieb ohne Hauptsignal zugelassen wird, muss sich die Erlaubnis bei der Zugmeldestelle befinden, die die Zugfahrt zulässt, es sei denn, die Erlaubnis kann wegen einer Störung nicht gewechselt werden. In diesem Fall muss der Fahrdienstleiter sicherstellen, dass auf dem gesamten Streckengleis zwischen den begrenzenden Zugmeldestellen keine Gegenfahrt zugelassen ist und die in dieses Streckengleis weisenden Hauptsignale auf der gegenüberliegenden Zugmeldestelle in Haltstellung gesperrt sind.

Die Räumungsprüfung ist auch die Voraussetzung, um einen Blockabschnitt mit einer Hilfsbedienung in die Grundstellung zu bringen. Die nächste Zugfahrt in diesen Blockabschnitt kann dann wieder mit Hauptsignal zugelassen werden. Falls sich die Grundstellung nicht herstellen lässt, sind die in diesen Blockabschnitt weisenden Hauptsignale in der Haltstellung zu sperren. In diesem Fall ist die Räumungsprüfung nicht nur für einen einzelnen Zug erforderlich (Einzelräumungsprüfung), sondern es sind für alle folgenden Zugfahrten bis zur Beseitigung der Störung Räumungsprüfungen durchzuführen (Räumungsprüfung auf Zeit).

Die bei zentralisierter Betriebssteuerung oft nicht mögliche Feststellung des Zugschlusses darf durch die Anordnung des Fahrens auf Sicht für den folgenden Zug ersetzt werden. Für die erste Zugfahrt, die nach Eintritt der Störung ohne Hauptsignal zugelassen wird, ist unabhängig davon immer das Fahren auf Sicht anzuordnen. Damit soll Betriebsgefährdungen durch Fehleinschätzung der Betriebssituation beim Übergang vom Regelbetrieb in die Rückfallebene (z. B. Verwechseln von Zugnummern) entgegen gewirkt werden.

Bei der Deutschen Bahn AG ist zugelassen, dass Blockabschnitte auch ohne Feststellung des Zugschlusses des vorausfahrenden Zuges mit Hilfsbedienungen in die Grundstellung gebracht werden dürfen, wenn dem nächsten Zug, der diesen Abschnitt befahren soll, vor der Grundstellungsbedienung ein Befehl zum Fahren auf Sicht übermittelt wurde. Dies ist jedoch nicht zulässig, wenn nicht festgestellt werden kann, welcher Zug den Blockabschnitt als letzter befahren hat. In diesem Fall besteht die Gefahr, dass es sich bei der Besetztanzeige des Blockabschnitts auf der Bedienoberfläche um einen „vergessenen" Zug handeln könnte, der in diesem Abschnitt liegen geblieben ist. Wenn auf Strecken mit Gleisfreimeldung durch Achszähler nach der Grundstellungsbedienung ein weiterer Zug auf Sicht in den Blockabschnitt eingelassen wird, kann es bei unverhoffter Weiterfahrt des liegen gebliebenen Zuges zu einem unzeitigen Freizählen des Achszählabschnitts und damit zur Freigabe des besetzten Blockabschnitts kommen. Daher muss in diesem Fall die Grundstellungsbedienung zunächst unterbleiben, bis der nächste Zug den Blockabschnitt auf Sicht durchfahren hat und für diesen Zug eine Räumungsprüfung durchgeführt wurde.

Bei Anwendung der Räumungsprüfung sowie des Fahrens auf Sicht im Auftrag des Fahrdienstleiters als Ersatz für die fehlende Zugschlussfeststellung verlängert sich der Zugfolgeabschnitt vom gestörten Signal bis zum Hauptsignal der nächsten Zugmeldestelle, was auf stark befahrenen Strecken Rückstaueffekte zur Folge haben kann. Aus diesem Grund verwenden viele Bahnen im Ausland das Fahren auf Sicht ohne Auftrag des Fahrdienstleiters, allgemein auch als „permissives Fahren" (von engl. „to permit" = „erlauben") bezeichnet. Es war auch das Standardverfahren der ehemaligen Deutschen Reichsbahn der DDR [18]. Im Bereich der Deutschen Bahn AG ist dieses Verfahren auf den mit Gleichstrom betriebenen S-Bahn-Strecken in Berlin und Hamburg zugelassen.

Das Prinzip besteht darin, dass selbsttätige Blocksignale, die keine ortsfesten Gefahrpunkte decken, mit einem besonderen Mastschild ausgerüstet werden, das dem Triebfahrzeugführer, nachdem er vor dem Signal gehalten hat, erlaubt, bei Haltstellung des Signals mit stark verminderter Geschwindigkeit (max. 40 km/h) vorsichtig auf Sicht weiterzufahren. Hier wird also im Störungsfall das Fahren im Raumabstand durch das Fahren auf Sicht ersetzt. Anstelle eines besonderen Mastschilds verwenden einige Bahnen an den Signalen, die die permissive Weiterfahrt erlauben, einen besonderen Haltbegriff („Permissivhalt") [7]. Die betroffenen Züge erleiden im gestörten Abschnitt eine Fahrzeitverlängerung, es kommt jedoch nicht zu Rückstauerscheinungen vor dem gestörten Abschnitt, da der Durchsatz im gestörten Abschnitt durch trassenparalleles Fahren im Bremswegabstand sehr hoch ist [19]. Insbesondere auf Strecken mit kurzen Blockabschnittslängen und hoher Zugdichte ist das permissive Fahren unter dem Gesichtspunkt der Leistungsfähigkeit deutlich vorteilhafter als die Anwendung der Räumungsprüfung. Es ist daher in Deutschland auch auf fast allen nach der Verordnung über den Bau und Betrieb der Straßenbahnen betriebenen Stadtschnellbahnen (U-Bahnen) üblich.

Voraussetzung für das permissive Fahren ist sowohl eine deutlich erkennbare Zugschlusssignalisierung (insbesondere nachts) als auch ein sicherer Haltfall der selbsttätigen Blocksignale. Würde ein selbsttätiges Blocksignal nach der Vorbeifahrt eines Zuges fehlerhaft in der Fahrtstellung verbleiben, bliebe nach den Streckenblockbedingungen zwar das rückliegende Signal in der Haltstellung verschlossen, es könnte jedoch ein permissiv fahrender Zug das rückliegende Signal in Haltstellung passieren und sich dann dem am Anfang eines besetzten Abschnitts fehlerhaft Fahrt zeigenden Signal nähern. Wenn es nicht möglich ist, das fehlerhafte Verbleiben eines Signals in der Fahrtstellung auszuschließen, ist die Regel einzuführen, dass das permissive Fahren immer über mindestens zwei Blockabschnitte zu erfolgen hat. Wenn ein Zug beauftragt wird, ein Halt zeigendes Ausfahrsignal oder Blocksignal einer Abzweig- oder Überleitstelle zu passieren, das auf eine Strecke weist, auf der das permissive Fahren zulässig ist, ist im folgenden Blockabschnitt immer auf Sicht zu fahren.

Beim permissiven Fahren ist nicht auszuschließen, dass ein Zug auch bei intakter Sicherungsanlage auf Sicht in einen besetzten Abschnitt nachfährt, da für den Triebfahrzeugführer nicht ersichtlich ist, ob ein Signal wegen einer Störung oder einer Gleisbesetzung durch einen vorausfahrenden Zug Halt zeigt. Dies verstößt gegen die Bestimmungen der Eisenbahn-Bau- und Betriebsordnung, die ein Abweichen vom Fahren im Raumabstand nur bei Störungen und Gleissperrungen zulässt. In Deutschland ist daher das permissive Fahren derzeit im Geltungsbereich der Eisenbahn-Bau- und Betriebsordnung nicht zugelassen. Für die Anwendung bei den S-Bahnen in Berlin und Hamburg liegt eine Ausnahmegenehmigung des Bundesministers für Verkehr vor. Die Verordnung über den Bau und Betrieb der Straßenbahnen kennt eine vergleichbare Restriktion nicht, sodass das permissive Fahren auf den nach dieser Verordnung betriebenen Stadtschnellbahnen regulär angewandt werden darf.

3.4.2.5 Satellitengestützte Sicherung der Zugfolge als Alternative zum Streckenblock auf Nebenstrecken

Der Aufwand zur Einrichtung von Streckenblockanlagen lohnt sich nur auf Bahnen mit einer entsprechend dichten Zugfolge. Aber auch auf Strecken mit geringer Zugdichte, die noch mit nichttechnischen Verfahren zur Sicherung der Zugfolge arbeiten, besteht zunehmend das Bedürfnis einer Verbesserung der Sicherheit durch Einsatz von Sicherungstechnik. Seitdem mit den Systemen Global Positioning System (GPS) und Galileo satellitengestützte Ortungssysteme zur Verfügung stehen, ergeben sich Möglichkeiten, diese Technologie auch zur Sicherung der Zugfolge einzusetzen. Erste Entwicklungen zur Anwendung des GPS zur Zugfolgesicherung begannen in den 1990er-Jahren in Nordamerika, wo durch den hohen Anteil an überwiegend eingleisigen, nichtsignalisierten Strecken ein besonderes Bedürfnis zur Verbesserung des Schutzes gegen Zugzusammenstöße besteht [1].

Für die satellitengestützte Ortung gibt es in der Zugfolgesicherung zwei grundlegende Anwendungen, die sowohl einzeln als auch in Kombination realisiert werden können:

- Überwachung der Fahrerlaubnisgrenzen,
- Kollisionswarnsysteme.

Die Nutzung der Satellitenortung zur Überwachung der Fahrerlaubnisgrenzen erfordert eine enge Einbindung in ein bestehendes Betriebsverfahren (z. B. den deutschen Zugleitbetrieb oder das nordamerikanische Verfahren TWC). Die vom Zugleiter bzw. Dispatcher an den Zug übermittelte Fahrerlaubnis wird in einen Bordrechner eingegeben, sodass beim Erreichen der Fahrerlaubnisgrenze eine Schutzreaktion bewirkt werden kann. Diese kann im einfachsten Fall aus einem Warnhinweis an den Triebfahrzeugführer zur Erinnerung an das Einholen einer neuen Fahrerlaubnis bestehen, es ist aber auch die Auslösung einer Zwangsbremsung möglich. Für eine effektive Betriebsführung ist bei solchen Verfahren ein Zugleitrechner erforderlich, der die Zugstandorte und erteilten Fahrgenehmigungen verwaltet (Abschn. 3.4.1.2), sodass die Satellitenortung auch zur Zuglaufverfolgung genutzt werden kann. Dies ermöglicht darüber hinaus, die fernmündliche Kommunikation zwischen Zugleiter und Triebfahrzeugführer durch Sicherungscodes oder eine ergänzende Datenfunkübertragung abzusichern. Im letzteren Fall wäre

auf dem Triebfahrzeug die manuelle Eingabe der Fahrerlaubnis in den Bordrechner entbehrlich. Ein Beispiel für ein solches System ist das für Regionalstrecken in Österreich
entwickelte Zugleitsystem [20, 21].

Der Grundgedanke satellitengestützter Kollisionswarnsysteme besteht darin, vorhandene Verfahren zur Zugfolgesicherung grundsätzlich beizubehalten und ein auf
Satellitenortung basierendes, zusätzliches Überwachungssystem einzurichten, das
den Betriebsablauf im Hintergrund beobachtet und nur bei potenziell gefährlichen Betriebssituationen eingreift. Dieser Ansatz unterscheidet sich damit sehr wesentlich von
der traditionellen Sicherheitsstrategie der Eisenbahnsicherungstechnik. Im Gegensatz
zu konventionellen Sicherungsanlagen wird die Zulassung einer potenziell gefährlichen
und damit unzulässigen Zugfahrt zunächst nicht verhindert. Erst wenn sich die Züge
in Bewegung setzen und sich auf eine gefährlich geringe Entfernung einander nähern,
greift das System durch Aussenden von Nothaltaufträgen an die betroffenen Züge ein.
Damit kann ein solches System auch als Overlaysystem auf Strecken mit konventioneller
Sicherungstechnik eingesetzt werden und zu einer Erhöhung der Sicherheit beitragen,
indem Gefährdungen durch betriebliche Fehlhandlungen (z. B. bei Ersatzhandlungen im
Störungsfall) offenbart werden, bevor es zu einem Unfall kommt [22]. Ein auf diesem
Prinzip basierendes Betriebsverfahren wurde bei der Deutschen Bahn AG unter der Be-
zeichnung „Satellitengestützter Zugleitbetrieb (SatZB)" konzipiert, es wurden jedoch
bislang keine Anwendungsstrecken realisiert [23, 24]. Das oben erwähnte österreichische
Zugleitsystem verfügt als Ergänzung zur Überwachung der Fahrerlaubnisgrenzen auch
über eine davon unabhängig wirkende Funktion zur Kollisionswarnung.

3.5   Zugbeeinflussung

Die Sicherung des Fahrens im Raumabstand mittels ortsfester Signale setzt voraus, dass
die zur Sicherung dienenden Signale auch tatsächlich beachtet werden. Für eine vollständige technische Sicherung der Zugfolge darf die Einhaltung der durch die Signalisierung vorgegebenen Fahrweise nicht allein dem Menschen überlassen werden.

Diese Sicherungslücke wird durch die Zugbeeinflussungsanlagen geschlossen. Zugbeeinflussungsanlagen sind Anlagen, die Informationen über die zulässige Fahrweise
vom Fahrweg zum Fahrzeug übertragen und bei Abweichungen von der zulässigen
Fahrweise auf dem Fahrzeug entsprechende Schutzreaktionen (in der Regel Zwangsbremsungen) auslösen. Je nach technischer Ausstattung wirken Zugbeeinflussungssysteme entweder nur als Ergänzung des ortsfesten Signalsystems oder ermöglichen eine
Führung des Zuges nach Führerraumanzeigen unter Verzicht auf ortsfeste Signale.

3.5.1 Arten von Zugbeeinflussungsanlagen

Nach der Art der Informationsübertragung lassen sich Zugbeeinflussungsanlagen wie folgt einteilen:

- punktförmig wirkende Systeme,
- linienförmig wirkende Systeme,
- Systeme mit punkt- und linienförmigen Komponenten.

Bei der punktförmigen Zugbeeinflussung werden nur an ausgewählten Streckenpunkten (insbesondere an Signalstandorten) Informationen auf das Fahrzeug übertragen. Punktförmige Zugbeeinflussungssysteme sind eine Ergänzung zum ortsfesten Signalsystem und sollen überwachen, dass der Triebfahrzeugführer die Signalinformationen in seiner Fahrweise richtig umsetzt. Schwerpunkt ist dabei das Verhindern des Überfahrens Halt zeigender Signale. Für eine selbsttätige Führung des Triebfahrzeugs ist die punktförmige Zugbeeinflussung nicht geeignet, da bei Annäherung an ein Halt zeigendes Hauptsignal der Wechsel des Signals in die Fahrtstellung nicht auf das Triebfahrzeug übertragen werden kann, sondern vom Triebfahrzeugführer aufgenommen werden muss. Hinsichtlich des erreichbaren Sicherheitsniveaus hat die punktförmige Zugbeeinflussung den Nachteil, dass sie grundsätzlich nur einen bedingten Schutz gegen das unzulässige Anfahren eines Zuges gegen ein Halt zeigendes Signal bietet. Durch neuere Überwachungsfunktionen ist allerdings ein teilweiser Ausgleich dieses Mangels gelungen.

Die punktförmige Zugbeeinflussung kann das Leistungsverhalten negativ beeinflussen, da der nach dem Passieren eines Halt ankündenden Signals eingeleitete Bremsvorgang auch bei unmittelbar folgender nachträglicher Fahrtstellung des folgenden Hauptsignals bis zu einer bestimmten Überwachungsgeschwindigkeit weitergeführt werden muss. Dieser leistungsmindernde Effekt ist umso größer, desto ausgefeilter und restriktiver die Geschwindigkeitsüberwachung realisiert ist.

Das Merkmal der linienförmigen Zugbeeinflussung ist eine kontinuierliche Informationsübertragung vom Fahrweg zum Fahrzeug. Dies ermöglicht einen anzeigegeführten Betrieb, ortsfeste Signale sind nicht mehr erforderlich. Auch ein automatisches Führen des Triebfahrzeugs ist möglich. Die Unabhängigkeit von den ortsfesten Vorsignalabständen erlaubt Geschwindigkeiten, bei denen der dem ortsfesten Signalsystem zugrunde liegende Bremsweg nicht ausreicht. Im Bereich niedriger Geschwindigkeiten führt der anzeigegeführte Betrieb zu einem gegenüber dem ortsfesten Signalsystem verbesserten Leistungsverhalten, da nur der tatsächlich erforderliche absolute Bremsweg und nicht pauschal der gesamte Vorsignalabstand als Annäherungsfahrzeit in die Sperrzeit einfließt.

Einige Bahnen verwenden auch Kombinationen aus punktförmigen und linienförmigen Anlagen. Die linienförmige Informationsübertragung beschränkt sich dabei auf die Bereiche vor Signalstandorten, um die nachträgliche Aufwertung von Signalbegriffen zeitgerecht auf das Triebfahrzeug übertragen zu können. Außerhalb dieser Bereiche ist eine punktförmige Informationsübertragung ausreichend. Auch mit solchen Anlagen ist eine Führung des Triebfahrzeugs bzw. ein automatischer Fahrbetrieb möglich.

Im Bereich schienengebundener Personennahverkehrssysteme, die aufsichtsrechtlich nicht als Eisenbahnen gelten, werden Zugbeeinflussungssysteme mit kontinuierlicher, zweiseitiger Datenübertragung in Verbindung mit einer kontinuierlichen Ortung, die einen Verzicht auf Gleisfreimeldeanlagen ermöglicht, als Communication-Based Train Control (CBTC) bezeichnet. Diese Bezeichnung steht nicht für eine konkrete Systemlösung, sondern ist ein Oberbegriff für eine Klasse von Systemen, bei denen diese Funktionen herstellerspezifisch realisiert sein können. CBTC-Systeme zeichnen sich durch einen im Vergleich zu den Zugbeeinflussungssystemen der Eisenbahnen höheren Grad der Systemintegration aus. Die Funktionen von Stellwerk und Zugbeeinflussung sind zu einem Leitsystem verschmolzen, wobei teilweise Funktionen der Fahrweg- und Zugfolgesicherung von den Bordgeräten der Fahrzeuge übernommen werden. Damit bildet CBTC ein hochintegriertes Leitsystem für ganze Linien oder Netze. Interoperabilität zwischen verschiedenen CBTC-Systemen besteht im Allgemeinen nicht. Da die Bezeichnung CBTC außerhalb der Nahverkehrsdomäne nicht üblich ist, wird sie auch hier nicht weiter verwendet.

3.5.2 Punktförmige Zugbeeinflussung

Bei den punktförmigen Zugbeeinflussungssystemen herrscht eine außerordentliche Vielfalt sowohl hinsichtlich der Verfahren zur Informationsübertragung als auch hinsichtlich der mit diesen Systemen realisierten Überwachungsfunktionen. Im Folgenden können nur die wichtigsten der heute verwendeten Verfahren angesprochen werden.

3.5.2.1 Zugbeeinflussung mit mechanischer und elektromechanischer Informationsübertragung

Diese Verfahren finden sich noch bei älteren Bauformen. Bei Anlagen mit mechanischer Informationsübertragung befinden sich am Fahrweg in Höhe der Signale bewegliche Streckenanschläge, die von den Signalen gesteuert werden. Bei Halt zeigendem Signal wird der Streckenanschlag in eine Stellung gebracht, dass an einem vorbeifahrenden Zug ein Hebel bewegt wird, der unmittelbar die Hauptluftleitung öffnet und eine Bremsung auslöst. Ein Beispiel für eine derartige Anlage war die inzwischen durch ein moderneres System abgelöste mechanische Fahrsperre der Berliner S-Bahn. Wie die Bezeichnung „Fahrsperre" ausdrückt, handelte es sich dabei um eine Anlage, die nur eine Bremsung beim Überfahren eines Halt zeigenden Signals auslöste, eine Beeinflussung am Vorsignal bei Annäherung an ein Halt zeigendes Signal fand nicht statt.

Bei Anlagen mit elektromechanischer Informationsübertragung befinden sich am Fahrweg von den Signalen gesteuerte Kontaktelemente. Die Triebfahrzeuge haben Schleifbürsten, die bei Vorbeifahrt an einem solchen Streckengerät die Kontaktflächen berühren. In Abhängigkeit vom Signalbegriff werden dabei auf dem Triebfahrzeug bestimmte Stromkreise geschlossen, was die entsprechenden Reaktionen auslöst. Ein Beispiel für eine solche Anlage ist das in Frankreich und Belgien in Altanlagen benutzte System „Crocodile" [7].

3.5.2.2 Induktive Zugbeeinflussung

Bei der induktiven Zugbeeinflussung wird die elektromagnetische Induktion zur Informationsübertragung ausgenutzt. Auf dem Fahrzeug befinden sich mehrere aktiv gespeiste Schwingkreise, die auf bestimmte Frequenzen abgestimmt sind und permanent erregt werden. Die Induktivitäten dieser Schwingkreise sind in einem sogenannten Fahrzeugmagneten zusammengefasst. An der Strecke befinden sich passive Schwingkreise (so genannte Gleismagnete), die bei Fahrt zeigendem Signal durch Kurzschließen deaktiviert werden. Beim Passieren eines wirksamen Gleismagneten, der auf eine der Fahrzeugfrequenzen abgestimmt ist, kommt es durch Gegeninduktion in demjenigen Fahrzeugschwingkreis, der sich mit dem Schwingkreis des betreffenden Gleismagneten in Resonanz befindet, zu einer auswertbaren Stromabsenkung, wodurch auf dem Fahrzeug entsprechende Reaktionen ausgelöst werden.

Da durch jeden Gleismagneten nur eine Binärinformation (wirksam oder unwirksam) übertragen werden kann, hängt die Zahl der übertragbaren unterschiedlichen Informationen von der Zahl der verwendeten Frequenzen ab. Bei der Deutschen Bahn AG werden die Frequenzen 500, 1000 und 2000 Hz verwendet.

Obwohl dieses Prinzip der Informationsübertragung technisch überholt ist, wird die induktive Zugbeeinflussung wegen ihrer großen Verbreitung auf absehbare Zeit das Standardsystem im Netz der Deutschen Bahn AG bleiben. Die Deutsche Bahn AG hat daher in den 1990er-Jahren unter der Bezeichnung PZB 90 ein neues Überwachungsprinzip eingeführt, mit dem es gelungen ist, das Betriebsprogramm der induktiven Zugbeeinflussung durch rechnergestützte Fahrzeuggeräte unter Beibehaltung der streckenseitigen Komponenten an die Sicherheitsanforderungen des modernen Bahnbetriebes anzupassen. Da ältere Formen der induktiven Zugbeeinflussung inzwischen vollständig durch die PZB 90 abgelöst wurden, beschränken sich die die folgenden Erläuterungen auf die PZB 90.

Ein Zug passiert bei der Annäherung an ein Halt zeigendes Signal die entsprechend Abb. 3.27 angeordneten Gleismagnete.

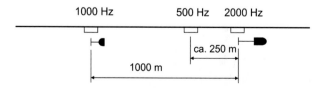

Abb. 3.27 Anordnung der Gleismagnete

Nach dem Passieren eines wirksamen 1000 Hz-Gleismagneten muss der Triebfahrzeugführer innerhalb von vier Sekunden eine Wachsamkeitstaste betätigen, um zu bestätigen, dass er die Halt ankündende Vorsignalisierung aufgenommen hat. Bleibt die Betätigung der Wachsamkeitstaste aus, wird eine Zwangsbremsung ausgelöst. Nach ordnungsgemäßer Wachsamkeitskontrolle läuft auf dem Fahrzeug eine Bremswegüberwachung in Form einer kontinuierlich überwachten Bremskurve (Kurve $v_{ü1}$ in Abb. 3.28) ab, deren Verletzung zu einer Zwangsbremsung führt. Die überwachte Bremskurve endet mit einer definierten Endgeschwindigkeit. Der Verlauf der überwachten Bremskurve und die Endgeschwindigkeit sind von der am Fahrzeuggerät eingestellten Überwachungsart abhängig. Die vom Triebfahrzeugführer einzustellende Überwachungsart richtet sich nach der fahrdynamischen Charakteristik des Zuges.

Beim Passieren eines wirksamen 500 Hz-Magneten wird die Bremswegüberwachung bis zu einer neuen Endgeschwindigkeit fortgesetzt. Diese zweistufige Form der Überwachung mit dem 1000 Hz- und dem 500 Hz-Magneten hat den Vorteil, dass bei einem nachträglichen Freiwerden des Signals nach einer bereits erfolgten 1000 Hz-Beeinflussung der Zug nicht weiter bremsen muss und zumindest mit der Endgeschwindigkeit der 1000 Hz-Beeinflussung weiterfahren kann.

Ab 700 m nach einer 1000 Hz-Beeinflussung kann sich der Triebfahrzeugführer beim Erkennen des nachträglichen Freiwerdens des Signals durch Betätigen einer Freitaste aus der Bremswegüberwachung befreien. Im Falle einer unzulässigen Befreiung wird beim Passieren eines wirksamen 500 Hz-Magneten eine Zwangsbremsung ausgelöst. Eine Befreiung aus der 500 Hz-Beeinflussung ist nicht möglich. Durch diese zweistufige, kontinuierliche Überwachung des Bremsvorganges bietet die PZB 90 bei der Zielbremsung auf ein Halt zeigendes Signal bereits einen sehr guten Schutz sowohl gegen ein zu spätes Einleiten der Bremsung als auch ein irrtümliches Wiederbeschleunigen des Zuges bei Signalverwechselungen.

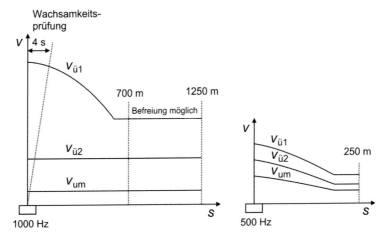

Abb. 3.28 Überwachungsprinzip der PZB 90

Durch die Bremswegwegüberwachung besteht jedoch noch kein hinreichender Schutz vor dem Anfahren gegen ein Halt zeigendes Signal, da nach der Fahrstraßenauflösung (Abschn. 4.2) u. U. kein voller Durchrutschweg hinter dem Zielsignal mehr vorhanden ist. Dadurch kann bis zur Zwangsbremsung eine Geschwindigkeit erreicht werden, bei der der Zug innerhalb eines dann nur noch eingeschränkt verfügbaren Durchrutschweges nicht mehr zum Halten kommt. Aus diesem Grunde gibt es bei der PZB 90 die bei früheren Bauformen der induktiven Zugbeeinflussung noch nicht vorhandene, als „restriktive Überwachung" bezeichnete Überwachungskurve $v_{\ddot{u}2}$.

Bei der Überwachung des Bremsvorganges ist zunächst die normale Überwachungsfunktion wirksam. Wird jedoch eine bestimmte (sehr niedrige) Umschaltgeschwindigkeit für eine bestimmte Zeitdauer unterschritten, sodass das Eintreten der zeitverzögerten Durchrutschwegauflösung angenommen werden muss, wird auf die restriktive Überwachungsfunktion umgeschaltet. Ein Wiederbeschleunigen des Zuges ist dann nur bis zur Überwachungsgeschwindigkeit $v_{\ddot{u}2}$ möglich. Als Folge ist allerdings für einen Zug, der nach einer 1000 Hz-Beeinflussung vor einem Signal derart zum Halten kommt, dass keine Befreiung aus der Überwachung möglich ist, die restriktive Überwachung auch nach Fahrtstellung des Signals wirksam, bis der Zug nach der Abfahrt das Ende der Überwachungskurve erreicht hat. Dem sicherheitlichen Nutzen der restriktiven Überwachung steht der betriebliche Nachteil gegenüber, dass für einen im Bahnhofsgleis nach dem 500 Hz-Magneten haltenden Zug, bei dessen Einfahrt das Ausfahrsignal noch nicht auf Fahrt stand, die restriktive Überwachung auch nach dem Auf-Fahrt-Stellen des Ausfahrsignals wirksam ist, sodass sich der Anfahrvorgang verzögert. Um Fahrzeitverluste zu vermeiden, soll daher das Ausfahrsignal, sofern der folgende Blockabschnitt bereits frei ist, möglichst schon bei Einfahrt des Zuges auf Fahrt gestellt werden.

Die PZB 90 kann auch unabhängig von Signalen zur punktförmigen Geschwindigkeitsüberwachung eingesetzt werden. Dabei folgen drei Gleismagnete aufeinander. Der mittlere Gleismagnet ist ein in Grundstellung wirksamer 2000 Hz-Magnet. Der erste Magnet ist der Einschaltmagnet, der auf das Magnetfeld des Fahrzeugmagneten reagiert und eine zeitverzögerte Abschaltung des 2000 Hz-Magneten anstößt. Die Zeitverzögerung ist auf die zulässige Geschwindigkeit ausgelegt, sodass ein zu schnell fahrender Zug den noch wirksamen 2000 Hz-Magneten befährt und eine Zwangsbremsung erhält. Der dritte Gleismagnet ist der Ausschaltmagnet, der wie der Einschaltmagnet auf das Magnetfeld des Fahrzeugmagneten reagiert und den 2000 Hz-Magneten für den nächsten Zug wieder wirksam schaltet.

Ein systembedingtes Problem der induktiven Zugbeeinflussung besteht im Prinzip der Informationsübertragung, da der Ausfall eines Gleismagneten auf dem Fahrzeug nicht bemerkt wird. Der Triebfahrzeugführer darf sich daher nicht auf das Wirken der induktiven Zugbeeinflussung verlassen und wird in keiner Weise von seiner Verantwortung entbunden.

3.5.2.3 Magnetische Zugbeeinflussung

Bei der magnetischen Zugbeeinflussung befinden sich an der Strecke Permanentmagnete, deren Magnetfeld durch eine signalgesteuert zuschaltbare Löschwicklung neutralisiert werden kann. Bei Halt zeigendem Signal ist diese Wicklung abgeschaltet. Auf dem Fahrzeug befindet sich ein Magnetanker, in dem ein auf magnetischen Fluss reagierender Impulsgeber installiert ist. Bei Vorbeifahrt an einem aktiven Gleismagneten kommt es im Fahrzeugmagneten zu einem magnetischen Fluss, der den Impulsgeber zum Ansprechen bringt.

Der Vorteil dieses Verfahrens besteht in dem dabei angewandten Prinzip, dass zum Aufheben der Beeinflussung ein aktiver Stromfluss in der Wicklung des Gleismagneten erforderlich ist. Jede Störung, die zu einem Stromausfall am Gleismagneten führt, wirkt sich somit zur sicheren Seite aus. Der Nachteil der magnetischen Zugbeeinflussung liegt einerseits in der Notwendigkeit einer Stromversorgung der Gleismagnete, andererseits aber vor allem im geringen Informationsumfang. Im Gegensatz zur induktiven Zugbeeinflussung, wo durch Verwendung verschiedener Frequenzen mehrere Binärinformationen möglich sind, kann die magnetische Zugbeeinflussung systembedingt nur eine Information übertragen. Weitere Binärinformationen wären nur durch versetzte Anordnung der Gleismagnete innerhalb des Gleises möglich. Die meisten Bahnen, die die magnetische Zugbeeinflussung einsetzen (überwiegend Nahverkehrsbetriebe, z. B. die Hamburger Hochbahn und die Berliner U-Bahn), beschränken sich daher auf die Fahrsperrenfunktion. Neben der Zwangsbremsung beim Überfahren Halt zeigender Signale sind auch punktförmige Geschwindigkeitsüberwachungen möglich, indem die Fahrsperre mit einem Geschwindigkeitsprüfabschnitt, z. B. durch Messung der Fahrzeit zwischen zwei Schienenkontakten, kombiniert wird.

3.5.2.4 Zugbeeinflussung mit punktförmigen Datenübertragungssystemen auf Transponderbasis

Die neueren Entwicklungen punktförmiger Zugbeeinflussungsanlagen arbeiten mit Datenpunkten an der Strecke, die nicht nur Binärinformationen, sondern Datentelegramme an das Fahrzeug übertragen. Damit sind Überwachungsfunktionen möglich, die weit über die der induktiven Zugbeeinflussung hinausgehen, z. B. die Übertragung detaillierter Geschwindigkeitsinformationen. Der entscheidende Vorteil liegt jedoch in der Möglichkeit einer signaltechnisch sicheren Systemgestaltung. Mit jedem Datentelegramm, das beim Passieren eines Streckenpunktes übertragen wird, wird dem Triebfahrzeug neben den betrieblich notwendigen Daten auch eine Information darüber mitgeteilt, in welcher Entfernung der nächste Datenpunkt zu erwarten ist. Durch eine Koppelsensorik zur Erfassung der Radumdrehungen kann das Fahrzeug mit einer hinreichenden Genauigkeit den Ort bestimmen, an dem der nächste Datenpunkt liegen müsste. Wird dieser erwartete Datenpunkt nicht vorgefunden, wird auf einen Ausfall dieses Datenpunktes geschlossen und eine Zwangsbremsung ausgelöst. Die Datenpunkte arbeiten nach dem Transponderprinzip. Sie haben keine eigene Energieversorgung, sondern nutzen die vom Fahrzeuggerät abgestrahlte Energie, um ein Datentelegramm an das

Fahrzeug zurückzusenden. Ein modernes Beispiel für eine derartige Zugbeeinflussung ist das im Abschn. 3.5.4 beschriebene Level 1 des European Train Control System.

3.5.3 Linienförmige Zugbeeinflussung

Zur kontinuierlichen Übertragung der Führungsgrößen werden folgende Verfahren verwendet:

- codierte Gleisstromkreise,
- Kabellinienleiter,
- Funksysteme.

Bei codierten Gleisstromkreisen (auch als „Schienenlinienleiter" bezeichnet) wird der Gleisfreimeldestrom mit einem Frequenz- oder Impulscode moduliert, der von den Fahrzeugantennen empfangen wird. Die Überwachungsfunktionen sind meist so aufgebaut, dass jedem Freimeldeabschnitt eine feste Geschwindigkeit zugeordnet wird. Dadurch ergibt sich eine treppenförmige Hüllkurve der zulässigen Geschwindigkeit. Der Vorteil liegt im Verzicht auf ein besonderes Übertragungsmedium. Nachteilig ist der Zwang zur Verwendung von Gleisstromkreisen. Codierte Gleisstromkreise mit Frequenzcode werden z. B. auf den TGV-Strecken der SNCF angewendet [7].

Bei der in Deutschland unter der Bezeichnung LZB eingeführten linienförmigen Zugbeeinflussung mit Kabellinienleiter wird im Gleis eine Kabelschleife verlegt. Eine Ader der Schleife verläuft in Gleismitte, die andere Ader seitlich auf dem Schienenfuß einer Schiene. Die in Gleismitte verlaufende Ader ist die Antenne zur Kommunikation mit dem Triebfahrzeug. In regelmäßigen Abständen werden beide Adern auf einer Schwelle gekreuzt (Abb. 3.29), sodass die Phasenlage des vom Triebfahrzeug empfangenen Feldes an diesen Stellen wechselt. Diese Kreuzungsstellen werden vom Triebfahrzeug als Ortungsreferenzpunkte ausgewertet. Zwischen den Kreuzungsstellen erfolgt die Ortung über eine Wegmessung durch Auswertung der Radumdrehung (Odometrie).

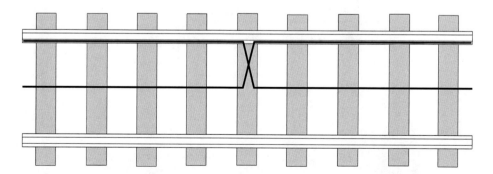

Abb. 3.29 Kabellinienleiter mit Kreuzungsstelle

Als Führungsgrößen werden folgende Informationen auf das Triebfahrzeug übertragen:

- örtlich zulässige Geschwindigkeit,
- Zielentfernung bis zum nächsten Geschwindigkeitswechsel,
- Zielgeschwindigkeit.

Aus diesen Werten wird auf dem Triebfahrzeug eine Bremskurve berechnet, aus der sich die aktuell erlaubte Sollgeschwindigkeit ergibt (Abb. 3.30).

Obwohl ortsfeste Signale für anzeigegeführte Züge nicht mehr erforderlich sind, wird auf deutschen LZB-Strecken auf Signale nicht vollständig verzichtet. Hinsichtlich der Anordnung von Signalen auf LZB-Strecken gibt es zwei Ausrüstungsvarianten:

- Ganzblockmodus,
- Teilblockmodus.

Im Ganzblockmodus (auch als Vollblockmodus bezeichnet) ist die Strecke vollständig mit ortsfesten Signalen ausgerüstet, sodass die LZB-Blockabschnitte mit den Blockabschnitten des ortsfesten Signalsystems identisch sind. Dies ist betrieblich sinnvoll, wenn auf einer LZB-Strecke planmäßig auch ein hoher Anteil von signalgeführten Zügen verkehrt. Im Teilblockmodus ist nur noch ein reduziertes ortsfestes Signalsystem vorhanden. Dabei werden Signale nur dort aufgestellt, wo Weichen zu decken sind, also in Bahnhöfen und an Abzweig- und Überleitstellen. An Blockstellen ohne Weichen wird auf Blocksignale verzichtet, die Grenzen der Blockabschnitte sind lediglich durch Blockkennzeichen markiert (Abb. 3.31). Die Blockkennzeichen sind mit der Nummer des Blockabschnitts beschriftet. Die Funktion der Blockkennzeichen besteht darin, dass der Triebfahrzeugführer bei einem Ausfall der LZB melden kann, vor welchem Block-

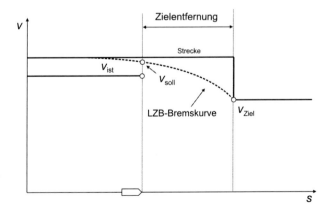

Abb. 3.30 Führungsgrößen der LZB

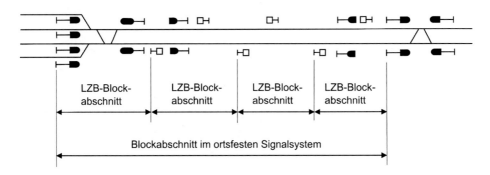

Abb. 3.31 Reduziertes ortsfestes Signalsystem auf LZB-Strecken

abschnitt der Zug zum Halten gekommen ist. Für signalgeführte Züge haben die Block-kennzeichen keine Bedeutung.

Auf diese Weise wird die LZB-Blockteilung von der gröberen Blockteilung des orts-festen Signalsystems überlagert. Das reduzierte ortsfeste Signalsystem dient einerseits als Rückfallebene zur Weiterführung des Betriebes mit eingeschränktem Leistungsver-halten bei Ausfall der LZB, es ermöglicht andererseits aber auch einen Mischverkehr von anzeigegeführten und signalgeführten Zügen. Obwohl der Fahrweg im Abstand der LZB-Blockabschnitte freigegeben wird, kann ein signalgeführter Zug einem vorausfahrenden Zug nur im Abstand der ortsfesten Signale folgen. Die Anwendung des Teilblockmodus erfordert die Ausrüstung der Strecke mit dem sogenannten LZB-Zentralblock. Bei dieser Form des Zentralblocks kann ein Hauptsignal nur auf Fahrt gehen, wenn alle Zentral-blockabschnitte bis zum nächsten Hauptsignal festgelegt sind.

Es ergeben sich die in   Abb. 3.32 dargestellten Sperrzeitentreppen [25]. Ein an-zeigegeführter Zug kann einem vorausfahrenden Zug bereits im Abstand der dichteren LZB-Blockteilung folgen. Bei hinreichend dichter Zugfolge kann es dabei sein, dass ein anzeigegeführter Zug an einem Hauptsignal vorbeifahren muss, das wegen noch be-setzten Blockabschnitts des ortsfesten Signalsystems auf Halt steht. Obwohl die Führer-raumanzeige der LZB Vorrang vor den Signalbildern der ortsfesten Signale hat, wird in solchen Fällen die Signalanzeige der ortsfesten Signale aus psychologischen Gründen für LZB-geführte Züge dunkel geschaltet. Da die LZB-Blockteilung unabhängig vom Bremsweg gewählt werden kann, lässt sich die Leistungsfähigkeit auf hoch belasteten Strecken steigern, indem in Bereichen, wo Züge planmäßig anfahren und bremsen, stark verkürzte (bis unterzuglange) LZB-Blockabschnitte vorgesehen werden. Dieses Konzept wird bei der Deutschen Bahn AG als Hochleistungsblock (HBL) bezeichnet [26, 27].

Neue Entwicklungen basieren auf der Informationsübertragung durch digitale Funk-systeme. Durch die Wahl des Funks als Übertragungsmedium kann die streckenseitige Ausrüstung sehr sparsam erfolgen. Erforderlich sind lediglich Einrichtungen zur siche-ren Ortung der Züge. Diese Ortung ist mit passiven, codierten Datenpunkten (so ge-nannten Balisen) relativ einfach zu realisieren. Darauf basieren die höheren Level des im Abschn. 3.5.4 behandelten European Train Control System (ETCS).

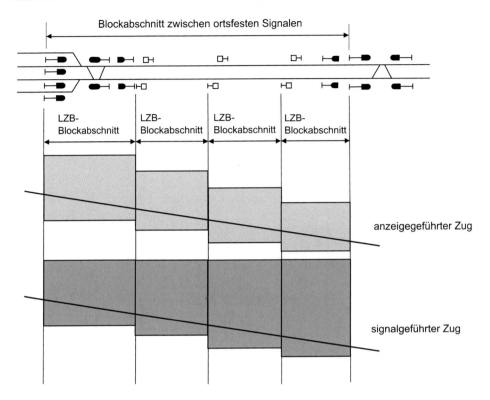

Abb. 3.32 Sperrzeitentreppen auf einer LZB-Strecke mir reduziertem ortsfesten Signalsystem

3.5.4   European Train Control System (ETCS)

Die Eisenbahnen Europas leiden unter einer historisch gewachsenen Vielfalt sehr unterschiedlicher betrieblicher Regelwerke und Signalsysteme. Da eine Vereinheitlichung
in absehbarer Zeit nicht zu erwarten ist, wird als Voraussetzung für eine Interoperabilität die Schaffung einer einheitlichen Schnittstelle zwischen Fahrweg und Fahrzeug als
vorrangiges Ziel betrieben. Damit wäre ein grenzüberschreitender Fahrzeugeinsatz als
Voraussetzung für den gemäß EU-Richtlinien geforderten freien Netzzugang möglich.
Das Ergebnis der bisherigen Arbeit ist das European Train Control System (ETCS).
Das ETCS bildet zusammen mit dem Mobilfunksystem GSM-R (künftig FRMCS) das
europäische Betriebsleitsystem ERTMS (European Rail Traffic Management System).
Das ERTMS umfasste ursprünglich auch Projekte zur Betriebsleittechnik und zur Harmonisierung der Stellwerkstechnik [28], die jedoch später wieder aus dem ERTMS aus-
gegliedert wurden.

3.5.4.1 Datenübertragung vom Fahrweg zum Zug

Zur Datenübertragung vom Fahrweg zum Zug kommende folgende Systeme zur Anwendung:

- Mobilfunksystem GSM-R (künftig FRMCS)
- Eurobalise
- Euroloop

GSM-R ist ein auf dem GSM-Standard basierendes, an die Anforderungen des Bahnbetriebes angepasstes Digitalfunksystem. Die Ausrüstung ist bereits weit fortgeschritten, GSM-R hat die älteren nationalen Zugfunksysteme bereits zu großen Teilen ersetzt. Da der Mobilfunkstandard GSM inzwischen selbst schon wieder veraltet ist, soll das Funksystem GSM-R in den nächsten Jahren durch das auf 5G-Technologie basierende System FRMCS (Future Rail Mobile Communication System) abgelöst werden.

Die Eurobalise ist ein nach dem Transponderprinzip arbeitendes System zur punktförmigen Datenübertragung. Eurobalisen können als schaltbare Balisen zur Übertragung signalabhängiger Daten oder als nicht schaltbare Balisen (Festdatenbalisen) zur Übertragung signalunabhängiger Daten (z. B. Ortsmarken) von der Strecke auf das Fahrzeug verwendet werden. Ein Datenpunkt besteht dabei immer aus einer Balisengruppe mit mindestens zwei Balisen. Davon ist eine Balise immer eine Festdatenbalise und dient als Ortsreferenz des Datenpunktes. Die weiteren Balisen der Balisengruppe können je nach Verwendungszweck schaltbare oder nicht schaltbare Balisen sein. Die Übertragung von Daten vom Fahrzeug auf eine Streckeneinrichtung ist ebenfalls möglich. Euroloop ist ein System zur linienförmigen Datenübertragung mittels seitlich im Gleis verlegter Kabelantenne über begrenzte Entfernungen (bis mehrere hundert Meter). Mit Euroloop werden hauptsächlich Informationen zur Aufwertung von punktförmig übertragenen Daten übermittelt.

3.5.4.2 Ausrüstungsstufen des ETCS

Je nach betrieblichem Erfordernis kann das ETCS in unterschiedlichen Ausrüstungsstufen, den sogenannten ETCS-Leveln, installiert werden. Die fahrzeugseitige Ausrüstung ist jedoch in allen ETCS-Leveln gleich, sodass die Interoperabilität gewährleistet ist. Nachfolgend wird nur ein Überblick über die wesentlichen Charakteristika der ETCS-Level gegeben, für eine vertiefte Beschreibung der Level und der in ihnen möglichen Betriebsmodi wird auf [29] verwiesen.

ETCS-Level 1

Im Level 1 (Abb. 3.33) übernimmt das ETCS die Rolle einer interoperablen punktförmigen Zugbeeinflussung. Dabei wird das ortsfeste Signalsystem mit landesspezifischer Signalisierung in der Regel beibehalten. Zur Informationsübertragung dienen schaltbare Eurobalisen, die bei Bedarf durch Euroloop ergänzt werden können. Die für die Zugbeeinflussung benötigten Informationen werden über eine als Lineside Electronic

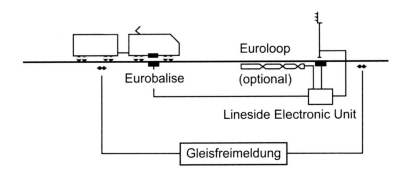

Abb. 3.33 ETCS-Level 1

Unit (LEU) bezeichnete Anpassungsbaugruppe aus der bestehenden Sicherungstechnik abgegriffen.

Im einfachsten Fall sind nur an den Standorten der Haupt- und Vorsignale Balisengruppen mit schaltbaren Eurobalisen installiert. Zur Verbesserung des Leistungsverhaltens können zwischen Haupt- und Vorsignal zusätzliche Möglichkeiten zur Informationsübertragung geschaffen werden (durch Euroloop, Radio-Infill mit GSM-R oder Aufwertebalisen), die eine nachträgliche Aufwertung des Signalbegriffs zeitgerecht oder zumindest mit geringem Zeitverzug auf das Triebfahrzeug übertragen. Da im Level 1 alle zur Führung des Zuges erforderlichen Daten übertragen werden können, ist im Gegensatz zu älteren Formen der punktförmigen Zugbeeinflussung ein anzeigegeführter Betrieb möglich. Der vollständige Verzicht auf ortsfeste Signale setzt dabei die Anwendung des Euroloop oder Radio-Infill zur Realisierung einer kurzen linienförmigen Übertragung vor den Hauptsignalstandorten voraus. Bei Verzicht auf eine solche linienförmig wirkende Aufwerteinformation besteht eine vereinfachte Lösung darin, anstelle von Hauptsignalen nur so genannte Fahrauftragsaufnahmesignale anzuordnen. Diese zeigen einem auf eine Fahrerlaubnisgrenze zu bremsenden oder vor der Fahrerlaubnisgrenze haltenden Zug an, dass die an der Fahrerlaubnisgrenze liegende Balisengruppe eine Fahrerlaubnis enthält. Der Zug kann dann mit reduzierter Geschwindigkeit („release speed") bis zu dieser Balisengruppe vorfahren, deren Information dann die Führerraumanzeige aufwertet. Dieses Verfahren eignet sich insbesondere dort, wo das Level 1 als Rückfallebene zum nachfolgend beschriebenen Level 2 installiert wird.

Eine Alternative besteht in einer vereinfachten Variante des ETCS-Levels 1 mit eingeschränkter Überwachungsfunktion. Bei dieser, als ETCS-Level 1 LS (für „limited supervision") bezeichneten Ausrüstungsvariante ist keine Führung des Zuges durch das ETCS möglich. Die Züge verkehren signalgeführt unter Beibehaltung der landesspezifischen Signalsysteme, und das ETCS arbeitet in Analogie zu einer traditionellen punktförmigen Zugbeeinflussung nur als Überwachungssystem im Hintergrund. Die Überwachungsfunktionen der Altsysteme können dabei weitgehend in das ETCS übernommen werden. Bei der Deutschen Bahn AG soll das Level 1 in der aktuellen Strategie nur auf Grenzbetriebsstrecken zur Anwendung komme.

ETCS-Level 2

Im Level 2 verkehren die Züge anzeigegeführt, wobei die Führungsgrößen kontinuierlich per Funk zum Zug übertragen werden. Die zentrale, streckenseitige Steuereinheit wird als Radio Block Centre (RBC) bezeichnet. Das RBC ist über Schnittstellen mit der Stellwerkstechnik verbunden und generiert aus den eingestellten Fahrstraßen und der Belegung der Blockabschnitte die Führungsgrößen, die durch GSM-R bzw. künftig FRMCS zum Zug übertragen werden. Die fahrzeugseitige Ortung erfolgt über nicht schaltbare Eurobalisen, die als Ortsmarken („elektronische Kilometersteine") arbeiten. Zwischen den durch die Balisen vorgegebenen absoluten Ortungspunkten orten sich die Züge über eine Wegmessung durch Abgriff der Radumdrehung über eine Koppelsensorik (Odometer).

Zur Gleisfreimeldung gibt es im Level 2 zwei Varianten. In der Variante ohne fahrzeuggestützte Überwachung der Zugintegrität wird die Gleisfreimeldung konventionell durch Gleisstromkreise oder Achszähler realisiert (Abb. 3.34). Ortsfeste Signale sind entbehrlich, können jedoch optional als Rückfallebene vorgesehen werden.

Wenn das Level 2 in Verbindung mit einer fahrzeuggestützte Überwachung der Zugintegrität realisiert wird, sind konventionelle Gleisfreimeldeanlagen entbehrlich (Abb. 3.35). Diese Variante des Levels 2 wurde bis 2023 offiziell als eigenständiges Level 3 geführt, später aber in das Level 2 integriert, da sich diese beiden Varianten hinsichtlich der Führung der Züge nicht unterscheiden. Mit jeder Ortungsmeldung wird auch die Zugvollständigkeit an das RBC übermittelt, sodass einem Zug jederzeit eine Fahrerlaubnis bis zu einem Punkt erteilt werden kann, den ein voraus fahrender Zug mit Zugschluss geräumt hat. Damit geht das ETCS in dieser Variante über die Funktion einer Zugbeeinflussung hinaus und realisiert eine funkbasierte Zugfolgesicherung als Ersatz der konventionellen Streckenblocksysteme.

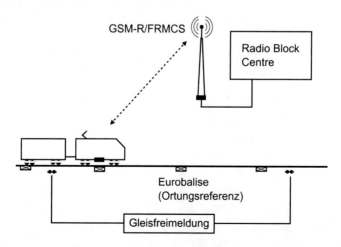

Abb. 3.34 ETCS-Level 2 ohne fahrzeuggestützte Zugintegritätsprüfung

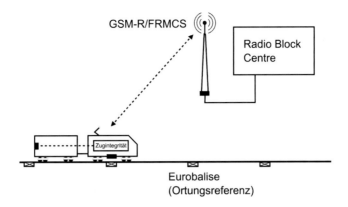

Abb. 3.35   ETCS-Level 2 mit fahrzeuggestützter Zugintegritätsprüfung

   Damit ermöglicht diese Variante des Levels 2 auch die Anwendung des Fahrens im wandernden Raumabstand („moving block"). Auf Strecken mit geringeren Leistungsanforderungen ist aber auch das Fahren im sogenannten virtuellen Block möglich. Das entspricht dem Fahren im festen Raumabstand, die Blockabschnitte werden jedoch nicht mehr durch die Grenzen der Gleisfreimeldeanlagen gebildet, sondern bestehen nur als virtuelle Blockabschnitte im RBC. Die eingehenden Ortungsmeldungen werden in freie und besetzte virtuelle Blockabschnitte umgesetzt. Der Fahrerlaubniszielpunkt ist jetzt nicht mehr der wandernde Zugschluss des voraus fahrenden Zuges, sondern die nächste Grenze eines besetzten virtuellen Blockabschnitts. Durch Variation der Länge der virtuellen Blockabschnitte lässt sich die Abstandshaltung flexibel an die Leistungsanforderung der Strecke anpassen. Der Vorteil gegenüber dem wandernden Raumabstand besteht in einer reduzierten Funkkommunikation durch die abschnittsweise Zuweisung der Fahrerlaubnis im Gegensatz zur quasikontinuierlichen Aufwertung der Fahrerlaubnis im wandernden Raumabstand. Ein vergleichbarer Effekt ließe sich allerdings auch im wandernden Raumabstand durch einen gröberen Ortungstakt realisieren, wodurch die Fahrerlaubnis ebenfalls seltener aufgewertet wird. Dass in aktuellen Diskussionen von den Bahnen eher der virtuelle Block favorisiert wird, hat den Hintergrund, dass dieser besser zur konventionellen Steuerung des Bahnbetriebes mit Blockabschnitten und Fahrstraßen passt, sodass eine Abkehr von den heute im Bahnbetrieb allgemein etablierten abschnittsbezogenen Sicherungslogiken vermieden wird.
   Bei vollständigem Verzicht auf ortsfeste Signale werden vor den Gefahrpunkten der Bahnhöfe, Abzweig- und Überleitstellen ETCS-Halttafeln angeordnet (Abb. 3.36). Diese stellen für Züge ohne ETCS-Fahrerlaubnis einen Haltauftrag dar. Im Unterschied zur Anordnung ortsfester Signale werden ETCS-Halttafeln grundsätzlich an allen in einen Fahrstraßenknoten führenden Gleisen aufgestellt. Blockstellen ohne Weichen können in Analogie zur LZB durch Blockkennzeichen gekennzeichnet sein. Dies ist auch bei Anwendung des virtuellen Blocks möglich.

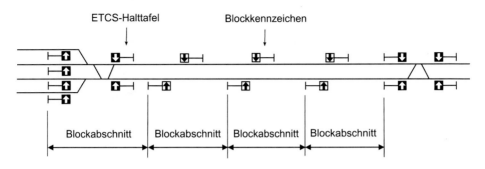

Abb. 3.36 Anordnung von ETCS-Halttafeln und Blockkennzeichen im ETCS-Level 2

Im Unterschied zur LZB mit reduziertem ortsfesten Signalsystem ist ein Mischbetrieb mit signalgeführten Zügen nicht möglich. Es muss daher verhindert werden, dass Züge ohne ETCS-Führung in eine solche Strecke einfahren. Bei der Deutschen Bahn AG passiert ein signalgeführter Zug, der in die ETCS-Führung aufgenommen werden soll, vor Einfahrt in eine Strecke mit ETCS-Level 2 ohne ortsfeste Signale zunächst das so genannte Einstiegssignal (Abb. 3.37). Nach dem Passieren des Einstiegssignals ist eine Aufnahme in die ETCS-Führung möglich. Die Einfahrt in die ETCS-Strecke wird durch das Zufahrtsicherungssignal gedeckt, das in Richtung der ETCS-Strecke nicht auf Fahrt gestellt werden kann, sondern für ETCS-geführte Züge dunkelgeschaltet wird. Wenn nach dem Passieren des Einstiegssignals die Aufnahme in die ETCS-Führung versagt, würde der Zug vor dem Halt zeigenden Zufahrtsicherungssignal zum Halten gebracht werden. Zur Vermeidung einer unnötigen Bremswegüberwachung sollte die Aufnahme in die ETCS-Führung erfolgt sein, bevor der Zug das Signal passiert, das das Zufahrtsicherungssignal vorsignalisiert. Daher sollte der Abstand zwischen dem Einstiegssignal und dem Zufahrtsicherungssignal so groß sein, dass das Zufahrtsicherungssignal entweder durch ein allein stehendes Vorsignal oder ein zwischenliegendes Mehrabschnittssignal vorsignalisiert wird. Da die Aufnahme in die ETCS-Führung erst hinter dem Einstiegssignal erfolgt, wird das Einstiegssignal noch mit wirksamer punktförmiger Zugbeeinflussung (PZB 90 oder ETCS-Level 1 LS) passiert.

Abb. 3.38 zeigt das Führungs- und Überwachungsprinzip im anzeigegeführten Betrieb mit ETCS-Level 2. Die entscheidende Kurve, von der alles abgeleitet wird, ist die sogenannte EBD-Kurve. EBD steht für „Emergency Brake Deceleration" und beschreibt

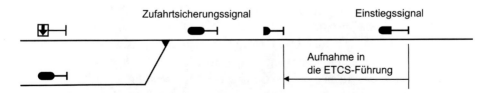

Abb. 3.37 Einfahrt in eine Strecke mit ETCS-Level 2 ohne ortsfeste Signale

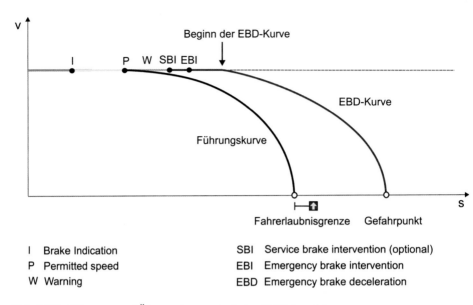

Abb. 3.38 Führungs- und Überwachungsprinzip im ETCS-Level 2

eine Schnellbremskurve, deren Einhaltung auch bei Teilausfällen des Bremssystems garantiert werden kann. Sie ist damit deutlich flacher als die bei voller Verfügbarkeit des
Bremssystems erzielbare Schnellbremskurve. Das Ziel der EBD-Kurve ist der Gefahrpunkt. Damit wird das Schutzziel eingehalten, dass ein Zug auch unter ungünstigen Um-
ständen niemals den Gefahrpunkt überfährt.

Der EBD-Kurve vorgelagert ist um die Reaktionszeit des Bremssystems die EBI-
Kurve (Emergency Brake Intervention), bei deren Überschreitung die Schnellbremsung
ausgelöst wird. Der Zielpunkt der EBI-Kurve ist ebenfalls der Gefahrpunkt. Der EBI-
Kurve kann als Option die SBI-Kurve (Service Brake Intervention) vorausgehen, die zu-
nächst eine Bremsung mit Betriebsbremsverzögerung auslöst, bevor beim Überschreiten
der EBI-Kurve die Schnellbremsung ausgelöst wird. Der Zielpunkt der SBI-Kurve ist
der Fahrerlaubniszielpunkt. Die SBI-Option kommt jedoch nicht bei allen Bahnen zur
Anwendung. Um die Darstellung von Abb. 3.38 nicht mit Kurven zu überladen, sind
SBI und EBI nicht mit den Kurvenverläufen, sondern nur mit den relevanten Punkten im
Fahrverlauf eines Zuges dargestellt.

Beim Überschreiten der zulässigen Geschwindigkeit wird nicht sofort eine Zwangsbremsung ausgelöst, sondern es erfolgt zunächst eine Warnung als Aufforderung, die Geschwindigkeit auf den zulässigen Wert zu reduzieren. Die Führungskurve, die auf dem
Führerraumdisplay als zulässige Geschwindigkeit angezeigt wird, verläuft daher etwas
unterhalb der Kurve, die die Bremsung auslöst. Um dem Triebfahrzeugführer dabei zu
unterstützen, bei einer Reduktion der Geschwindigkeit rechtzeitig eine Bremsung zur
Einhaltung der zulässigen Geschwindigkeit einzuleiten, läuft der Führungskurve noch

die „Indication curve" voraus, die den Triebfahrzeugführer über die Führerraumanzeige zur Bremsung auffordert.

Wenn der Abstand zum Gefahrpunkt verkürzt wird, verschieben sich mit der EBD-Kurve auch die vorgelagerten Punkte EBI, SBI, P und I um den gleichen Betrag entgegen der Fahrtrichtung. Da die Fahrerlaubnisgrenze als der Zielpunkt der Führungskurve jetzt näher am Gefahrpunkt liegt, verläuft die Führungskurve jetzt flacher, während sich die Form der EBD-Kurve nicht ändert.

ETCS-Level 2 HD
Der Betrieb einer Strecke im ETCS-Level 2 ohne Gleisfreimeldeanlagen setzt voraus, dass alle Züge über eine fahrzeuggestützte Zugintegritätsprüfung verfügen. Im Personenverkehr ist dies durch Ausnutzung vorhandener elektrischer Leitungen im Zugverband relativ einfach zu realisieren. Im Güterverkehr besteht hingegen das Problem, dass heutige Güterzüge über eine solche elektrische Leitung nicht verfügen. Mehrere europäische Bahnen planen daher im Güterverkehr die Einführung einer sogenannten digitalen automatischen Kupplung. Diese Kupplung setzt voraus, dass die Güterwagen über eine Datenleitung verfügen, die beim Kuppelvorgang automatisch mitgekuppelt wird.

Wenn sich diese Entwicklung durchsetzt, wird es in den nächsten Jahren die ersten Güterzüge mit fahrzeuggestützter Zugintegritätsprüfung geben. Für eine vollständige Umrüstung des europäischen Güterwagenparks auf die digitale automatische Kupplung ist allerdings von einem langen Zeitraum auszugehen. Es wird also über längere Zeit einen Mischbetrieb von Zügen mit und ohne fahrzeuggestützte Zugintegritätsprüfung geben. Dazu wurde als Übergangslösung unter der Bezeichnung Level 2 HD (von „High Density") eine Hybridlösung entwickelt, in dem längere, mit Gleisfreimeldeanlagen ausgerüstete ortsfeste Blockabschnitte durch wandernden Raumabstand oder virtuelle Blockabschnitte überlagert werden. Züge mit fahrzeuggestützter Zugintegritätsprüfung geben die Strecke dann hinter sich nach dem Prinzip des wandernden Raumabstandes oder des virtuellen Blocks frei, während für die Freigabe hinter einem nicht ausgerüsteten Zug die längeren, mit Gleisfreimeldeanlagen ausgerüsteten Blockabschnitte maßgebend sind. Abb. 3.39 verdeutlicht diesen Effekt in einer Darstellung der Sperrzeittreppen. Für einen Zugfolgefall ist immer die Ausrüstung des voraus fahrenden Zuges entscheidend. Mit steigender Anzahl ausgerüsteter Züge wird sich die Leistungsfähigkeit der Strecken ohne Änderungen an der Infrastruktur verbessern.

ETCS-Level STM
STM steht für Specific Transmission Module und bezeichnet eine spezielle Fahrzeugausrüstung, die es ermöglicht, mit ETCS-Überwachung auf Strecken mit alten Zugbeeinflussungssystemen zu fahren. Dies setzt voraus, dass das Fahrzeug mit den Empfangsantennen der Altsysteme ausgerüstet ist. Die von den Altsystemen empfangenen Daten werden im Specific Transmission Module in ETCS-gerechte Daten umgewandelt und zur Anzeige und Überwachung an das ETCS-Bordgerät übermittelt. Die dadurch mögliche Form der Überwachung und der Umfang der dem Triebfahrzeugführer angezeigten

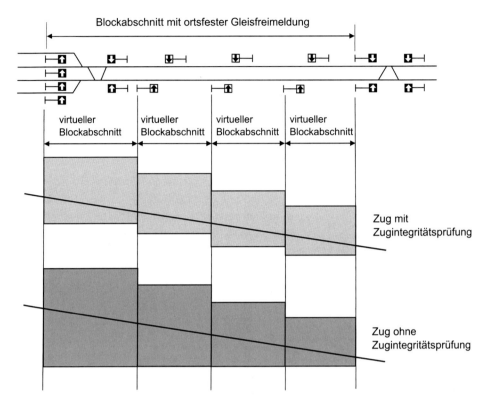

Abb. 3.39 Sperrzeitentreppen im ETCS-Level 2 HD

Daten hängen vom Funktionsumfang des Altsystems ab. Das Level STM wurde als temporäre Zwischenlösung zur Erleichterung der ETCS-Migration entwickelt. Die wesentliche Zielstellung des ETCS ist der interoperable Fahrzeugeinsatz unter Vermeidung von Mehrfachausrüstungen. Durch die Notwendigkeit, Triebfahrzeuge mit den Antennen der Altsysteme auszurüsten, ist diese Zielstellung im Betrieb mit STM noch nicht erreicht.

3.5.4.3 ETCS-Einführungsstrategie in Deutschland

Bei der Deutschen Bahn AG besteht die Zielvorstellung, das Gesamtnetz in den nächsten Jahrzehnten flächendeckend auf das ETCS-Level 2 (perspektivisch als Level 2 HD) unter Verzicht auf ortsfeste Signalisierung umzurüsten. Dies soll zusammen mit der Einführung einer neuen Generation elektronischer Stellwerke geschehen. Da dabei jeweils komplette Betriebsbezirke umgerüstet werden, werden schon im Prozess des Ausrollens der neuen Technologie größere, zusammenhängende Bereiche mit ETCS-Level 2 entstehen. Gleichzeitig ist für diese Netzbereiche die Einführung eines neuen betrieblichen Regelwerks vorgesehen. Die Deutsche Bahn AG ist neben den Bahnen von Dänemark und Norwegen das dritte und bislang größte nationale Bahnunternehmen, das offiziell diese Strategie verfolgt.

Das bisherige Vorgehen, existierende Strecken mit elektronischen Stellwerken nachträglich mit dem ETCS-Level 2 zu überlagern, hat sich als nicht wirtschaftlich tragfähig erwiesen. Laufende Projekte für international wichtige Verbindungen werden allerdings noch fertiggestellt. Mit der Fertigstellung der laufenden Projekte und der im Rahmen eines Starterpakets beginnenden flächenweisen Umrüstung auf die neue Technologie mit ETCS-Level 2 ohne ortsfeste Signalisierung soll es bis 2030 zwei durchgängig mit ETCS befahrbare Nord-Süd-Korridore für den internationalen Verkehr im deutschen Netz geben.

3.5.4.4 ETCS auf Regionalstrecken

Der schwedische Infrastrukturbetreiber Banverket entwickelte unter der Bezeichnung ERTMS Regional einen Anwendungsfall für eine kostengünstige Leit- und Sicherungstechnik für Regionalstrecken auf Basis der ETCS-Technologie [30]. Dieser Ansatz wird inzwischen auch von anderen europäischen Bahnen diskutiert. Die Zugfolgesicherung im ERTMS Regional basiert auf dem ETCS-Level 2 ohne Gleisfreimeldeanlagen unter Anwendung des Fahrens im virtuellen Block. Da auf Regionalstrecken überwiegend Personenverkehr mit Triebwagen stattfindet, ist die fahrzeuggestützte Überwachung der Zugvollständigkeit bei den meisten Zügen kein Problem. Für die wenigen Güterzüge besteht die Möglichkeit, die Zugvollständigkeit beim Halt des Zuges auf Betriebsstellen durch das Zugpersonal bestätigen zu lassen. Im Unterschied zu allen anderen bisher realisierten oder geplanten ETCS-Anwendungen werden im ERTMS Regional die Funktionen des ETCS, der Fahrwegsicherung und der Leittechnik in einem System integriert. Damit werden neben dem ETCS auch die anderen Funktionsstufen des ERTMS realisiert, was auch in der Systembezeichnung ERTMS Regional zum Ausdruck kommt.

Die zentrale Steuereinheit, in der alle diese Funktionen zusammengefasst sind, wird daher nicht mehr als Radio Block Centre (RBC), sondern als Traffic Control Centre (TCC) bezeichnet. Ein Stellwerk im eigentlichen Sinne ist nicht mehr vorhanden. Die Weichen werden durch lokale Object Controller gestellt und überwacht, die über Kabel oder Funk an die Zentrale angebunden sind. Dadurch wird eine äußerst kostengünstige Streckenausrüstung erreicht.

3.5.4.5 Vergleich des ETCS mit dem chinesischen CTCS

Das Netz der chinesischen Eisenbahn wird seit Jahren extensiv erweitert. Schon heute besitzt China das mit Abstand größte Hochgeschwindigkeitsnetz der Welt. Als modernes Zugbeeinflussungssystem kommt das CTCS (Chinese Train Control System) zum Einsatz. Die begriffliche Ähnlichkeit mit dem ETCS ist gewollt, denn das CTCS basiert auf der ETCS-Technologie, adaptiert diese aber für die speziellen Bedürfnisse des chinesischen Bahnbetriebes. So kommen zur kontinuierlichen Übertragung von Zugbeeinflussungsdaten neben der Funkübertragung mit GSM-R auch codierte Gleisstromkreise zum Einsatz. Für die Ausrüstungsvariante mit codierten Gleisstromkreisen wurde ein eigenes Level definiert, das im ETCS keine Entsprechung hat. Verwendet werden isolierstoßlose Gleisstromkreise mit Frequenzcodierung. Als Ortungsreferenz sind

Tab. 3.2 Vergleich der Ausrüstungsstufen des ETCS und des CTCS

Funktionalität	ETCS	CTCS
Punktförmige Zugbeeinflussung	Level 1	Level 1
Kontinuierliche Zugbeeinflussung mit codierten Gleisstromkreisen	–	Level 2
Kontinuierliche Zugbeeinflussung mit Funkübertragung	Level 2	Level 3
Kontinuierliche Zugbeeinflussung mit Funkübertragung und funkbasierter Zugfolgesicherung	Level 2	Level 4

zusätzlich Balisen verlegt. Die kontinuierliche Datenübertragung durch den Frequenzcode der Gleisstromkreise kann durch punktförmige Datenübertragung mit schaltbaren Balisen ergänzt sein. Tab. 3.2 stellt die Bezeichnung der CTCS-Level den ETCS-Levels gegenüber.

Das CTCS-Level 2 ist nur für Geschwindigkeiten bis 250 km/h ausgelegt. Für höhere Geschwindigkeiten ist das CTCS-Level 3 erforderlich. Das dem ETCS-Level 2 mit fahrzeuggestützter Zugintegritätsprüfung entsprechende CTCS-Level 4 ist bisher noch nicht realisiert. Wegen des artreinen Betriebs der chinesischen Hochgeschwindigkeitsstrecken ist eine Realisierung allerdings eher absehbar als in Europa.

Im Unterschied zum ETCS sind im CTCS die Funktionen von Stellwerk und Radio Block Centre in einem System integriert. Das CTCS ist nicht als Overlay-System zu existierenden Stellwerken konzipiert. Die meisten CTCS-Strecken sind ohnehin Neubaustrecken, auf denen keine konventionelle Technik vorhanden war. Beim Ausbau konventioneller Strecken auf CTCS wird die vorhandene Leit- und Sicherungstechnik immer komplett ersetzt.

3.5.4.6 Vergleich des ETCS mit dem amerikanischen PTC

In den USA wird unter der Bezeichnung Positive Train Control (PTC) ein Konzept verfolgt, das Ähnlichkeiten zum ETCS zeigt, sich in einigen Aspekten aber auch deutlich vom ETCS unterscheidet. Anlass für PTC ist nicht die Verbesserung der Interoperabilität, sondern ausschließlich die Erhöhung der Sicherheit. Mit Ausnahme einiger weniger Strecken waren nordamerikanische Bahnen bislang nicht mit Zugbeeinflussungssystemen ausgerüstet. Auch werden viele Strecken als sogenannte „dark territories" sogar komplett ohne Sicherungsanlagen mit vereinfachten Betriebsverfahren, vergleichbar etwa dem deutschen Zugleitbetrieb, betrieben. Nach mehreren schweren Unfällen verabschiedete der Kongress im Jahre 2008 mit dem Railroad Safety Improvement Act ein Gesetz, das die Bahnen zur Einführung eines als Positive Train Control bezeichneten Sicherungssystems verpflichtet, das folgende Funktionen realisiert:

- Verhinderung von Zugzusammenstößen,
- Verhinderung von Geschwindigkeitsüberschreitungen, die zu Entgleisungen führen können,

- Verhinderung von Zugfahrten über falsch liegende Weichen,
- Verhinderung der unzulässigen Einfahrt in gesperrte Gleisabschnitte, in denen Arbeiten im Gefahrenbereich der Gleise stattfinden.

Eine Verpflichtung zur Einführung des PTC besteht zunächst nur auf Hauptstrecken mit Personenverkehr, besonders hoher Zugdichte oder regelmäßigen Gefahrguttransporten.

Auf signalisierten Strecken besteht bereits eine technische Fahrweg- und Zugfolgesicherung, die den Zügen freie und gesicherte Gleisabschnitte bereitstellt, sodass die durch PTC zu ergänzende Funktion auf eine linienförmige Zugbeeinflussung, vergleichbar mit ETCS-Level 2, beschränkt werden kann. Ähnlich dem ETCS-Level 2 besteht aber auch die Möglichkeit, die Zugfolgesicherung in das PTC zu integrieren und damit ein Fahren im „moving block" zu ermöglichen. Ein deutlicher Unterschied zum ETCS besteht in der Sicherung nichtsignalisierter Strecken, auf denen die Weichen ortsgestellt sind und durch das Zugpersonal bedient werden. Hier muss die Stellung der vom Zug zu befahrenden Weichen vom PTC überwacht werden, um Züge vor falsch gestellten Weichen zum Halten zu bringen. Eine vergleichbare Funktion gibt es im ETCS nicht, da selbst im vereinfachten System ERTMS Regional immer eine zentralisierte Weichenstellung mit technischer Fahrwegsicherung vorhanden ist.

Im Unterschied zum ETCS handelt es sich beim PTC nicht um eine technische Spezifikation, sondern nur um Schutzziele, zu deren technischer Realisierung kein bestimmtes System vorgeschrieben wird. Interoperabilität ist nicht gefordert; inwieweit die Systeme einzelner Bahnen interoperabel gestaltet werden, bleibt der wirtschaftlichen Entscheidung der Bahnen überlassen. Die vier größten Bahnen (Union Pacific, BNSF, CSX, Norfolk Southern) haben sich bereits auf ein interoperables Systemdesign verständigt. Die von den Herstellern favorisierte technische Lösung läuft auf eine funkbasierte Zugbeeinflussung mit Ähnlichkeiten zum ETCS ab Level 2 hinaus. Die Entwicklung solcher Systeme begann bereits in den 1990er-Jahren [15]. Im Unterschied zum ETCS-Level 2 kann PTC sowohl als System zur unmittelbaren Führung der Züge, als auch als Overlay zu vorhandenen Systemen verwendet werden, in denen die Zugfahrten durch ortsfeste Signale oder durch per Sprechfunk übermittelte Fahraufträge des Dispatchers zugelassen werden. Ein weiterer Unterschied liegt in der Nutzung des GPS als primäres Ortungssystem.

Literatur

1. Armstrong, H.: The railroad, what it is, what it does, 4. Aufl. Simmons-Boardman Books, Omaha (1998)
2. Pottgießer, H.: Hauptsignale gestern und heute. Dumjahn, Mainz (1980)
3. Deutsche Bahn AG: Richtlinie 301 – Signalbuch. gültig ab 14.12.2008 (2008)
4. Northeast Operating Rules Advisory Comitee (NORAC): Operating Rules. 11th Edition. Effective February 1, 2018 (2018)

5. Pachl, J.: Railway Operation and Control, 4. Aufl. VTD Rail Publishing, Mountlake Terrace (2018)

6. Yoshikoshi, S., Yoshimuwa, H.: Railway signal, 4. Aufl. Japan Association of Signal Industries, Tokyo (1983)

7. Bailey, C. (Hrsg.): European Railway Signalling. Institution of railway signal engineers. A & C Black, London (1995)

8. Happel, O.: Sperrzeiten als Grundlage für die Fahrplankonstruktion. Eisenbahntechnische Rundsch **8**(2), 79–90 (1959)

9. Potthoff, G.: Die Zugfolge auf Strecken und in Bahnhöfen, 3. Aufl. Verkehrsströmungslehre, Bd. 1. transpress, Berlin (1980)

10. Hansen, I.A., Pachl, J. (Hrsg.): Railway Timetabling & Operations, 2. Aufl. Eurailpress, Hamburg (2013)

11. Hall, S.: Modern Signalling Handbook. Ian Allan Publishing, Birmingham (1996)

12. Pottgießer, H.: Sicher auf den Schienen. Birkhäuser, Basel (1988). https://doi.org/10.1007/978-3-0348-5256-2

13. General code of operating rules (GCOR), Seventh Edition, Effective April 1, 2015 (2015)

14. Pachl, J.: Übertragbarkeit US-amerikanischer Betriebsverfahren auf europäische Verhältnisse. Eisenbahntechnische Rundsch **50**(7/8), 452–462 (2001)

15. Theeg, G., Vlasenko, S. (Hrsg.): Railway signalling and interlocking – international compendium, 3. Aufl. PMC Media, Leverkusen (2020)

16. Wennrich, R.: Der Elektronische Token für die Ägyptischen Eisenbahnen. Signal Draht **89**(11), 30–34 (1997)

17. Deutsche Bahn AG: Fahrdienstvorschrift; Richtlinie 408.01–06. gültig ab 13.12.2015 (2015)

18. Deutsche Reichsbahn: Fahrdienstvorschriften (FV) – DV 408, gültig ab 1. September 1990 (1990)

19. Pachl, J.: Betriebliche Rückfallebenen auf Strecken mit selbsttätigem Streckenblock. Signal Draht **92**(7/8), 5–9 (2000)

20. Stadlmann, B., Zwirchmayr, H.: Einfaches Zugleitsystem für Regionalstrecken. Signal Draht **96**(6), 11–16 (2004)

21. Stadlmann, B., Kaiser, F., Maihofer, S.: Rechnergestütztes Zugleitsystem für die Prinzgauer Lokalbahn. Signal Draht **104**(5), 28–33 (2012)

22. Pachl, J.: System and safety aspects of secondary lines. Signal Draht **91**(4), 30–33 (1999)

23. Kollmannsberger, F.: Innovative Betriebsleittechnik für Bahnstrecken mit kleiner Verkehrsdichte. Der spurgeführte Verkehr der Zukunft VDI Berichte, Bd. 1392. VDI, Düsseldorf (1998)

24. Rahn, W.-H.: Satellitengestützte Leittechnik für einfache Betriebsverhältnisse. Signal Draht **90**(9), 5–8 (1998)

25. Wendler, E.: Weiterentwicklung der Sperrzeitentreppe für moderne Signalsysteme. Signal Draht **87**(7/8), 268–273 (1995)

26. Wegel, H.: Der Hochleistungsblock mit linienförmiger Zugbeeinflussung (HBL). Die Dtsch. Bahn **68**(7), 735–742 (1992)

27. Kollmannsberger, F.: Anpassung der LZB an CIR-ELKE und ETCS. Eisenbahningenieur **44**(6), 393–397 (1993)

28. Winter, P. (Hrsg.): Compendium on ERTMS – European Rail Traffic Management System. Eurailpress, Hamburg (2009)

29. Schnieder, L.: European Train Control System (ETCS): Einführung in das einheitliche europäische Zugbeeinflussungssystem. 3. Aufl., Springer Vieweg, Wiesbaden (2022)

30. Coenraad, W.: ETCS level 3: from high speed vision to rural implementation. Signal Draht **104**(1/2), 47–49 (2012)

Steuerung und Sicherung der Fahrwegelemente

4

In Bereichen, wo sich Fahrwege verzweigen oder kreuzen, muss zusätzlich zur Abstandsregelung sichergestellt werden, dass Fahrzeuge nicht entgleisen und zusammenstoßen. Die Sicherung beruht dabei auf dem Fahrstraßenprinzip, indem vor Zulassung einer Zugfahrt auf den zu befahrenden Gleisabschnitten alle beweglichen Fahrwegelemente in die richtige Lage gebracht und gesichert werden. Zusätzlich werden gefährdende Fahrten ausgeschlossen. Für die technische Umsetzung dieses Sicherungsprinzips sind Stellwerke unterschiedlicher Bauformen im Einsatz.

4.1 Begriff der Fahrstraße

In den Weichenbereichen verkehren Züge – und in neuerer Technik in der Regel auch Rangierfahrten – grundsätzlich auf technisch gesicherten Fahrwegen, den sogenannten Fahrstraßen. Die Sicherung einer Fahrstraße für Züge muss folgenden Sicherheitsanforderungen genügen:

- Sicherstellung der richtigen Lage aller beweglichen Fahrwegelemente vor Zulassung einer Zugfahrt,
- Verhinderung des Umstellens von beweglichen Fahrwegelementen, solange eine Zugfahrt über diese zugelassen ist,
- Verhinderung der Zulassung gefährdender (sogenannter „feindlicher") Fahrten,
- Verhinderung, dass Fahrzeuge in den freigegebenen Fahrweg eines Zuges gelangen können,
- Verhinderung der Zulassung von Zugfahrten in besetzte Gleisabschnitte.

© Der/die Autor(en), exklusiv lizenziert an Springer Fachmedien Wiesbaden GmbH, ein Teil von Springer Nature 2025
J. Pachl, *Systemtechnik des Schienenverkehrs*, https://doi.org/10.1007/978-3-658-45732-7_4

Die letzte Bedingung entfällt bei Fahrstraßen für Rangierfahrten (Rangierstraßen), da Rangierfahrten auf Sicht verkehren und in besetzte Gleise eingelassen werden dürfen. Im Folgenden werden nur die Verfahren zur Sicherung von Fahrstraßen für Züge (Zugstraßen) behandelt, zur Sicherung von Rangierstraßen sind bei den einzelnen Bahnunternehmen unterschiedliche Vereinfachungen zugelassen, bis hin zum völligen Verzicht auf eine technische Fahrstraßensicherung für Rangierfahrten. Wenn eine Zugfahrt ausnahmsweise auf einem Fahrweg verkehren soll, auf dem eine technische Fahrstraßensicherung entweder nicht vorhanden ist oder wegen einer Störung nicht benutzt werden kann, so ist der Fahrweg durch betriebliche Maßnahmen ersatzweise zu sichern.

Die Anforderungen an die Sicherung einer Fahrstraße werden durch folgende technische Maßnahmen erreicht, die nachfolgend näher erläutert werden:

- Signalabhängigkeit,
- Fahrstraßenverschluss und Fahrstraßenfestlegung,
- Flankenschutzeinrichtungen,
- Fahrstraßenausschlüsse,
- Gleisfreimeldung.

Eine Fahrstraße beginnt an einem Startsignal. Als Startsignal kann ein Hauptsignal oder das zugehörige Sperrsignal eines Gruppensignals (Abschn. 4.3) dienen. Das Ende einer Fahrstraße liegt (Abb. 4.1):

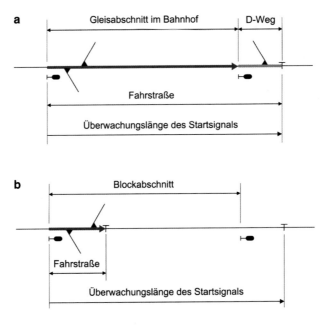

Abb. 4.1   Fahrstraße mit (**a**) und ohne (**b**) Zielsignal

- wenn ein Zielsignal vorhanden ist (z. B. bei Einfahrt in einen Bahnhof), am Ende des Durchrutschweges hinter dem Zielsignal, d. h. die Fahrstraße deckt sich mit der Überwachungslänge des Startsignals,
- wenn kein Zielsignal vorhanden ist (z. B. bei Ausfahrt aus einem Bahnhof), am Ende des Weichenbereiches. Die für die Sicherung der Zugfolge maßgebende Überwachungslänge des Startsignals reicht in diesem Fall über das Ende der Fahrstraße hinaus bis zur Signalzugschlussstelle des folgenden Signals (Blocksignal oder Einfahrsignal des nächsten Bahnhofs).

Fahrstraßen mit Zielsignal sind in der Regel Fahrstraßen zwischen aufeinander folgenden Hauptsignalen innerhalb eines Bahnhofs. Da als Teil der Fahrstraßensicherung das Freisein der gesamten Überwachungslänge des Startsignals geprüft wird, wird durch die Fahrstraße auch die Zugfolge in dem Abschnitt zwischen Start- und Zielsignal gesichert, ohne dass zwischen diesen Signalen eine Streckenblockabhängigkeit erforderlich ist. Da der Durchrutschweg ebenfalls Teil der Fahrstraße ist, können sich im Durchrutschweg Weichen oder Kreuzungen befinden, die in die Fahrstraßensicherung einbezogen sind.

Fahrstraßen ohne Zielsignal sind Fahrstraßen, die in einen Blockabschnitt führen, in dem die Zugfolge durch Streckenblock oder betriebliche Meldeverfahren gesichert wird (Abschn. 3.3). Der Abschnitt zwischen dem folgenden Hauptsignal und dessen Signalzugschlussstelle ist Teil der Zugfolgesicherung, er ist jedoch nicht in die Fahrstraßensicherung einbezogen. Deshalb können in diesem Abschnitt auch keine Weichen oder Kreuzungen liegen.

Abb. 4.2 zeigt die zu einer Fahrstraße gehörenden Elemente am Beispiel einer Einfahrt in einen Bahnhof. Die Sicherungsgrundsätze dieser Elemente werden im Folgenden näher besprochen.

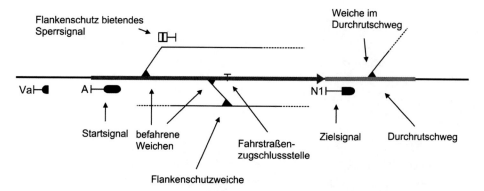

Abb. 4.2 Elemente einer Fahrstraße am Beispiel der Einfahrt in einen Bahnhof

4.2 Kriterien für die Sicherung einer Fahrstraße

4.2.1 Verschließen der Fahrwegelemente

Solange eine Fahrstraße oder Teile einer Fahrstraße für eine Zugfahrt freigegeben sind, müssen die zugehörigen Weichen und Flankenschutzeinrichtungen in der für die Zugfahrt erforderlichen Lage verschlossen sein.

Die Verhinderung des unzulässigen Umstellens der Weichen und Flankenschutzeinrichtungen wird durch den Verschluss der Stelleinrichtung durch die eingestellte Fahrstraße bewirkt (Fahrstraßenverschluss im Stellwerk). Das Eintreten des Fahrstraßenverschlusses vor der Zugfahrt und die Aufrechterhaltung des Fahrstraßenverschlusses bis zum Verlassen der Weichen wird durch zwei Sicherungsprinzipien technisch sichergestellt:

- Signalabhängigkeit
- Fahrstraßenfestlegung

Signalabhängigkeit bedeutet, dass Weichen von den für die Zugfahrt gültigen Signalen derart abhängig sein müssen, dass die Signale nur dann in die Fahrtstellung gebracht werden können, wenn die Weichen für den Fahrweg richtig liegen und verschlossen sind [1]. Das gilt sinngemäß auch für Fahrten, die durch Führerraumanzeigen zugelassen werden.

Durch das Wirken der Signalabhängigkeit wird während der Fahrtstellung des Startsignals der Fahrstraße der Verschluss der Weichen durch die Fahrstraße erzwungen. Da ein Hauptsignal nach Vorbeifahrt der Zugspitze bereits auf Halt gestellt werden darf, bevor der Zug den Weichenbereich verlassen hat, wird die Signalabhängigkeit durch die Fahrstraßenfestlegung ergänzt.

Durch die Fahrstraßenfestlegung wird der Fahrstraßenverschluss für jede zur Fahrstraße gehörende Weiche sowie die der Weiche zugeordneten Flankenschutzeinrichtungen auch nach der Signalhaltstellung zwangsweise aufrechterhalten, bis der Zug die für die Freigabe dieser Elemente relevante Fahrstraßenzugschlussstelle geräumt hat oder am vorgesehenen Halteplatz zum Halten gekommen ist. Die Fahrstraßenfestlegung stellt damit sicher, dass jedes Fahrwegelement solange verschlossen bleibt, wie es sich im freigegebenen Fahrweg eines Zuges befindet. Der Verschluss der zur Fahrstraße gehörenden Weichen beinhaltet dabei zwei Kriterien:

- Eine unzulässige Bedienung der Weichen im Stellwerk darf nicht möglich sein (Verschluss der Weichenstelleinrichtung durch die eingestellte Fahrstraße).
- An der Weiche vor Ort müssen die Weichenzungen gegen unbeabsichtigte Bewegung formschlüssig festgehalten werden (Weichenverschluss).

Der Weichenverschluss (die Bezeichnung „Weichenverschluss" stellt wegen der Verwechselungsgefahr mit dem Verschluss der Weichenstelleinrichtung eine etwas unglückliche Wortwahl dar) ist grundsätzlich an jeder Weiche vorhanden, auch an Weichen, die nicht in Abhängigkeit zu Signalen stehen. Er ist jedoch eine notwendige Voraussetzung für die Realisierung der Signalabhängigkeit. Bei jeder Weiche ist ein Weichenverschluss im Bereich der Zungenspitzen angeordnet (Spitzenverschluss). Bei langen Weichen mit Federschienenzungen sind im Bereich der Zungen weitere Verschlüsse angebracht (Mittelverschlüsse), die ein Schlottern der langen Zungen verhindern sollen. Weichen mit beweglichen Herzstückspitzen haben zusätzlich einen Herzstückverschluss (bei langen Herzstückspitzen auch mehrere Herzstückverschlüsse).

Durch den Weichenverschluss wird am Ende des Umstellvorgangs einer Weiche die anliegende Weichenzunge formschlüssig mit der Backenschiene verriegelt. In Neuanlagen wird in Deutschland überwiegend der Klinkenverschluss eingebaut. Abb. 4.3 zeigt Aufbau und Wirkprinzip dieser Bauform. Daneben existieren aber auch andere Verschlussbauformen.

Der Umstellvorgang einer Weiche läuft beim Klinkenverschluss in drei Phasen ab. Zunächst wird während der Entriegelungsphase der Verschluss der anliegenden Zunge entriegelt. Dabei wird nur die abliegende Zunge bewegt. In der anschließenden Umstellphase werden beide Zungen bewegt, bis die jetzt neu anliegende Zunge die Backenschiene erreicht hat. Darauf folgt die Verriegelungsphase, in der die abliegende Zunge

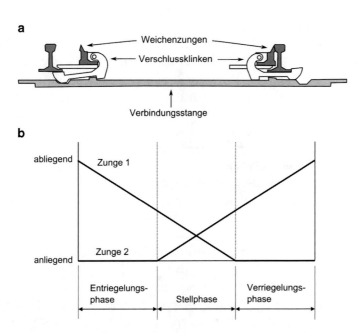

Abb. 4.3 a Aufbau und b Wirkprinzip des Klinkenverschlusses

noch ein Stück weiterbewegt wird, während die anliegende Zunge verriegelt wird. Die abliegende Weichenzunge wird beim Klinkenverschluss nicht verriegelt, um die Auffahrbarkeit der Weiche zu ermöglichen.

Abweichend vom hier beschriebenen Prinzip werden im Ausland teilweise auch Weichenverschlüsse verwendet, bei denen der Verschluss innerhalb des Weichenantriebs hergestellt wird (Innenverschluss). Bei den meisten dieser Innenverschlüsse sind die Zungen nicht einzeln beweglich, sondern über Verbindungsstangen (engl. „stretcher bars") starr verbunden. Durch Verriegeln der Stellstange im Weichenantrieb werden dadurch beide Zungen festgehalten. Es gibt aber auch Innenverschlüsse mit einzeln beweglichen Zungen, bei denen von jeder Zunge eine Stellstange in den Antrieb führt.

4.2.2 Festlegen und Auflösen der Fahrstraßen

Obwohl die Fahrstraßenfestlegung erst nach der Haltstellung des Startsignals betrieblich gebraucht wird, tritt sie nach den in Deutschland im Geltungsbereich der Eisenbahn-Bau- und Betriebsordnung üblichen Sicherungsgrundsätzen bereits vor der Signalfahrtstellung ein, sie ist technisch sogar eine Vorbedingung für die Fahrtstellung des Startsignals. Durch diese Folgeabhängigkeit wird ein bei Nichterkennung gefährlicher Ausfall der Fahrstraßenfestlegung rechtzeitig offenbart (Abb. 4.4a).

Andere Bahnen (im Ausland und Bahnen außerhalb des Geltungsbereichs der Eisenbahn-Bau- und Betriebsordnung) verzichten auf diese Folgeabhängigkeit und gewährleisten den Schutz vor einem Versagen der Fahrstraßenfestlegung durch Verwendung hinreichend zuverlässiger technischer Komponenten. Nach diesem Sicherungsprinzip wird das Startsignal einer Fahrstraße zunächst auf Fahrt gestellt, ohne die Fahrstraße festzulegen. Die Weichen werden in diesem Stadium nur durch das Wirken der Signalabhängigkeit festgehalten. Erst wenn der Zug den vor dem Vorsignal gelegenen Annäherungsabschnitt besetzt, tritt ausgelöst durch Gleisschaltmittel die Fahrstraßenfestlegung ein (Abb. 4.4b). Bei diesem auch als Annäherungsverschluss (engl. „approach locking") bezeichneten Verfahren kann eine eingestellte Fahrstraße auch bei bereits Fahrt zeigendem Signal ohne weiteres zurückgenommen werden, solange der Zug noch nicht den Annäherungsabschnitt befahren hat.

Dieser Annäherungsverschluss ist von der in deutschen Sicherungsanlagen teilweise vorhandenen Annäherungsschaltung zu unterscheiden, bei der ebenfalls die Fahrstraßenfestlegung durch ein Annäherungskriterium angestoßen wird, aber das Signal erst nach eingetretener Fahrstraßenfestlegung auf Fahrt gestellt wird.

Weiterhin wird bei der Deutschen Bahn AG auch die Bezeichnung Annäherungsverschluss in einer vom Prinzip des „approach locking" abweichenden Bedeutung verwendet. Bei dieser in einigen Stellwerken vorhandenen Funktion wird, nachdem der Zug bei bereits festgelegter Fahrstraße den Annäherungsabschnitt befahren hat, eine hilfsweise manuelle Rücknahme der Fahrstraßenfestlegung (Fahrstraßenhilfsauflösung)

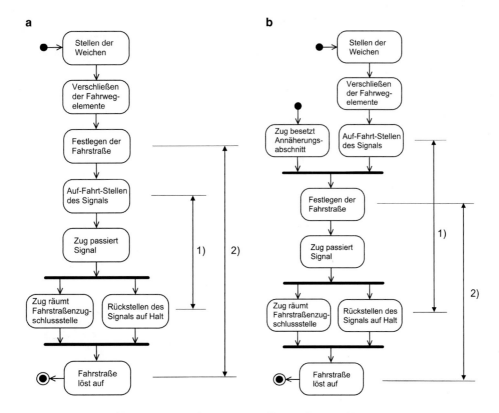

1) Fahrt zeigendes Signal verhindert Rücknahme des Fahrstraßenverschlusses
2) Fahrstraßenfestlegung verhindert Rücknahme des Fahrstraßenverschlusses

Abb. 4.4 Fahrstraßenfestlegung **a** nach deutschen Grundsätzen, **b** durch Annäherungsverschluss

erschwert, indem vor einer Hilfsauflösung der Gesamtfahrstraße zunächst das erste Fahrwegelement einzeln manuell hilfsaufgelöst werden muss.

Die Rücknahme der Festlegung und des Verschlusses einer Fahrstraße nach erfolgter Zugfahrt wird als Fahrstraßenauflösung bezeichnet. Bei Fahrstraßen mit Zielsignal muss man dabei die Auflösung des befahrenen Teils einer Fahrstraße von der Auflösung des Durchrutschweges unterscheiden. Der befahrene Teil einer Fahrstraße kann aufgelöst werden, wenn das Startsignal der Fahrstraße auf Halt steht und der Zug mit der letzten Achse die Fahrstraßenzugschlussstelle freigefahren hat. Die Auflösung erfolgt dann in der Regel zugbewirkt. In älteren Anlagen ist dabei das Prinzip der Gesamtauflösung üblich, indem der gesamte befahrene Teil der Fahrstraße in einem Stück nach dem Räumen der Fahrstraßenzugschlussstelle aufgelöst wird. Als Auflösekriterium wird in Analogie zu dem beim Streckenblock erläuterten Prinzip der isolierten Schiene das Befahren und Freifahren des letzten Freimeldeabschnitts vor dem Zielgleis verwendet. Der Auflöseabschnitt muss mindestens so lang sein, dass er den größtmöglichen Achsabstand innerhalb des Zugverbandes überschreitet. Damit es im Falle einer fehlerhaft flüchtigen Besetztmeldung dieses Freimeldeabschnitts nicht zu einer unzeitigen Fahrstraßenauflösung kommt, wird entweder wie bei der isolierten Schiene ein Schienenkontakt ergänzt, oder es wird zusätzlich geprüft, dass der Zug alle vor dem Auflöseabschnitt gelegenen Freimeldeabschnitte geräumt und das Zielgleis erreicht hat. Abb. 4.5 zeigt die Sperrzeit des befahrenen Teils (die vom Zug befahrenen und wieder freigefahrenen Fahrwegabschnitte) einer Einfahrstraße ohne Einzelauflösung der Fahrwegelemente.

In moderneren Anlagen ist eine Aufteilung des befahrenen Teils der Fahrstraße in mehrere Teilfahrstraßen üblich, die in der Reihenfolge des Freifahrens nacheinander zugbewirkt auflösen. Jede dieser Teilfahrstraßen hat eine eigene Fahrstraßenzugschlussstelle. Häufig bildet jedes Fahrwegelement eine eigene Teilfahrstraße, sodass alle Fahrwegelemente unmittelbar nach dem Freifahren einzeln nacheinander auflösen. Flankenschutzeinrichtungen lösen jeweils zusammen mit dem Fahrwegelement auf, dem sie Flankenschutz bieten. Dadurch ergibt sich insbesondere bei längeren Fahrstraßen eine deutliche Verkürzung der Fahrstraßensperrzeit und damit eine höhere Leistungsfähigkeit (Abb. 4.6).

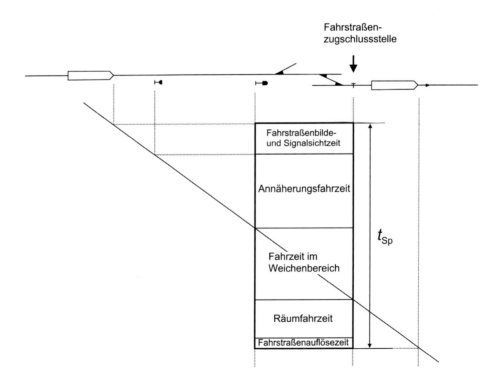

Abb. 4.5 Sperrzeit des befahrenen Teils einer Fahrstraße ohne Einzelauflösung

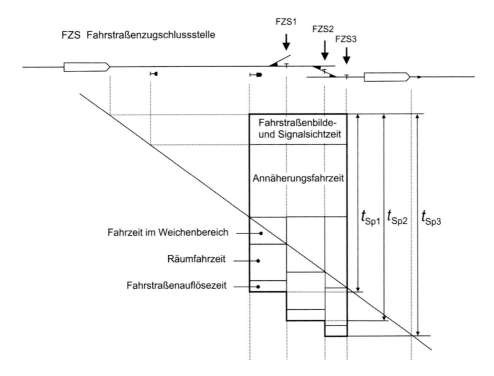

Abb. 4.6 Sperrzeit des befahrenen Teils einer Fahrstraße mit Einzelauflösung

Für die Mindestlänge des Freimeldeabschnitts jedes einzeln auflösenden Fahrwegelements gilt das gleiche Kriterium wie beim Auflöseabschnitt der Gesamtauflösung erläutert. Ist diese Mindestlänge nicht gegeben, müssen benachbarte Elemente gemeinsam aufgelöst werden. Zum Schutz vor unzeitiger Auflösung durch eine fehlerhaft flüchtige Besetztmeldung wird die richtige Reihenfolge des Befahrens und Freifahrens des jeweiligen Freimeldeabschnitts in Relation zu den benachbarten Freimeldeabschnitten geprüft.

Der Durchrutschweg hinter dem Halt zeigenden Zielsignal einer Fahrstraße darf erst auflösen, wenn der Zug vor dem Zielsignal zum Halten gekommen ist. Das wird üblicherweise durch eine selbsttätige, zeitverzögerte Auflösung des Durchrutschweges sichergestellt. Die zeitverzögerte Auflösung wird angestoßen, wenn der Zug den letzten Freimeldeabschnitt vor dem Zielsignal erreicht hat. Die Zeitverzögerung ist dabei so eingestellt, dass der Zug vor der Auflösung des Durchrutschweges mit hoher Wahrscheinlichkeit zum Halten gekommen ist. In Altanlagen mit örtlich besetzten Stellwerken werden Durchrutschwege teilweise auch noch manuell aufgelöst nach visueller Prüfung, dass der Zug zum Halten gekommen ist.

Wenn am Zielsignal einer Fahrstraßen bereits die anschließende Fahrstraße für eine Durchfahrt eingestellt ist, wird bei einigen Stellwerksbauformen der Durchrutschweg mit dem Festlegen der anschließenden Fahrstraße aufgelöst, bei anderen Bauformen bleibt der Durchrutschweg im Hintergrund erhalten und löst erst nach dem Befahren zusammen mit der anschließenden Fahrstraße auf. Eine grafische Veranschaulichung der Auflösung des Durchrutschweges bieten die im Abschn. 4.4 enthaltenen Darstellungen der Sperrzeit von Fahrstraßen.

Bei Versagen der zugbewirkten Fahrstraßenauflösung oder wenn aus anderweitiger betrieblicher Notwendigkeit eine Fahrstraße zurückgenommen werden muss, ohne dass ein Zug gefahren ist, muss eine Möglichkeit bestehen, eine festgelegte Fahrstraße nach dem Auf-Halt-Stellen des Signals durch eine Hilfshandlung in Personalverantwortung aufzulösen. Auch hier existieren zwei unterschiedliche Sicherungsprinzipien. In Deutschland wird dazu lediglich die Fahrstraßenhilfsauflösung durch eine Zählpflicht protokolliert. Bei fast allen ausländischen Bahnen wird stattdessen die Hilfsauflösung durch einen Zeitverschluss (engl. „time locking") abgesichert. Die Verzögerungzeit vom Anstoßen einer Hilfsauflösung bis zum Auflösen der Fahrstraße ist so bemessen (in der Regel mehrere Minuten), dass der Zug mit hinreichender Wahrscheinlichkeit entweder zum Halten gekommen ist, oder den Weichenbereich verlassen hat. Dieses Verfahren hat den sicherheitlichen Vorteil, dass sich eine irrtümliche Fahrstraßenhilfsauflösung durch das Wirken des Zeitverschlusses nicht gefährlich auswirken kann. Bei einige Bahnen wird die mit einem Zeitverschluss abgesicherte Hilfsauflösung zusätzlich mit einer Zählpflicht protokolliert.

Durch die übliche Kombination mit dem Prinzip des Annäherungsverschlusses ist der Zeitverschluss nur wirksam, wenn sich tatsächlich ein Zug nähert oder die Fahrstraße schon befährt. In allen anderen Fällen können Fahrstraßen ohne Zeitverzögerung zurückgenommen werden. Dadurch wird bei Rücknahme einer Fahrstraße, die noch nicht befahren wurde, die betriebliche Behinderung durch das Abwarten des Zeitverschlusses minimiert.

4.2.3 Fahrstraßenausschlüsse

Fahrten, die sich gegenseitig gefährden können (sogenannte „feindliche Fahrten") dürfen nicht gleichzeitig zugelassen werden. Feindliche Fahrstraßen, die sich in der Stellung mindestens eines signalabhängigen Fahrwegelementes unterscheiden, schließen sich bereits durch das Wirken der Signalabhängigkeit aus. Diese sich von selbst ergebenden Ausschlüsse werden auch als einfache Ausschlüsse bezeichnet.

Für feindliche Fahrstraßen, bei denen das nicht der Fall ist, müssen besondere Ausschlüsse vorgesehen werden. Besondere Ausschlüsse sind beispielsweise erforderlich zum:

- Ausschluss von Gegeneinfahrten in dasselbe Bahnhofsgleis sowie von gegenläufigen Fahrstraßen am selben Fahrweg,
- Ausschluss zwischen aneinander anschließenden Fahrstraßen, wenn keine Durchfahrten zugelassen sind (Abb. 4.7).

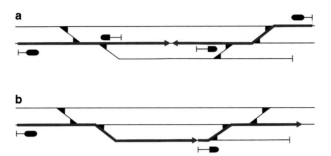

Abb. 4.7 Beispiele für besondere Fahrstraßenausschlüsse. **a** Ausschluss einer Gegenfahrt, **b** Ausschluss einer nicht zugelassenen Durchfahrt

Der Ausschluss von Gegeneinfahrten in dasselbe Bahnhofsgleis ist eine Analogie zum Gegenfahrschutz auf der freien Strecke. Innerhalb eines Bahnhofs lässt sich der Gegenfahrschutz in der Sicherungslogik (Stellwerk) relativ einfach über einen Fahrstraßenausschluss herstellen. Auf der freien Strecke ist zum Gegenfahrschutz eine Korrespondenz zwischen den Sicherungslogiken zweier Zugmeldestellen erforderlich. Da zwischen diesen Zugmeldestellen mehrere Blockabschnitte liegen können, wäre durch das Prinzip des Fahrstraßenausschlusses selbst bei technischer Gleisfreimeldung keine ausreichende Sicherung vor Gegenfahrten möglich. Daher wird auf der freien Strecke der Gegenfahrschutz in Form des bereits beschriebenen Erlaubniswechsels realisiert.

Der Ausschluss zwischen Ein- und Ausfahrt auf Bahnhofsgleisen, auf denen keine Durchfahrten zugelassen sind, wurde in älteren Anlagen häufig vorgesehen, um durch das Verbot von Durchfahrten die in alten Sicherungsanlagen nur aufwendig zu realisierenden Vorsignalabhängigkeiten auf ein unbedingt notwendiges Maß zu reduzieren. In modernen Anlagen wird ein solcher Ausschluss nur noch in besonderen Fällen vorgesehen, z. B. in einigen Fällen bei Gleisen, über die ein höhengleicher Bahnsteigzugang für Reisende führt.

Ähnlich dem Ausschluss nicht zugelassener Durchfahrten wirkt der auch in modernen Stellwerken vorhandene Ausschluss zwischen einer Zugstraße und einer anschließenden Rangierstraße. Dieser Ausschluss ist bei allen Bahnen erforderlich, bei denen Zugfahrten nicht ohne Halt in Rangierfahrten übergehen dürfen. Diese Regel besteht auch bei der Deutschen Bahn AG.

Die Unterscheidung zwischen Zug- und Rangierstraßen bedingt auch den sogenannten Mitfahrausschluss. Das ist der Ausschluss zwischen einer Zugstraße und einer auf gleichem Fahrweg verlaufenden Rangierstraße. Dieser Ausschluss dient der Vermeidung unklarer Signalbilder und Meldeanzeigen. Davon unbenommen ist, dass bei einigen Bahnen Zugstraßen zunächst als Rangierstraße einlaufen und anschließend zur Zugstraße aufgewertet werden. Bei Bahnen, bei denen die Signalbilder unabhängig von der Art der durchzuführenden Fahrt nur den Sicherungsstatus des folgenden Gleisabschnitts anzeigen (z. B. den niederländischen Eisenbahnen), entfällt der Mitfahrausschluss.

4.2.4   Flankenschutz

Flankenschutzmaßnahmen sollen verhindern, dass ein Zug durch in seinen Fahrweg einmündende Fahrten (sogenannte Flankenfahrten) gefährdet wird. Flankengefährdungen sind möglich durch:

- feindliche Zugfahrten,
- feindliche Rangierfahrten,
- unbeabsichtigt ablaufende Wagen,
- das Strecken von Zügen nach der Einfahrt.

4.2.4.1 Flankenschutz gegen feindliche Zugfahrten
Der Flankenschutz gegen feindliche Zugfahrten kann bewirkt werden durch:

- Fahrstraßenausschlüsse,
- Schutzweichen.

Zwei Fahrwege, die nicht in ihrer ganzen Länge getrennt voneinander verlaufen, sind gegenseitig auszuschließen. Zur Fahrweglänge rechnet auch der Durchrutschweg. Von einem gegenseitigen Ausschluss kann abgesehen werden, wenn ein Zusammenstoß nur eintreten kann, wenn beide Züge gleichzeitig durchrutschen (Abb. 4.8). Um in einem solchen Fall die gleichzeitige Einstellbarkeit der Fahrstraßen zu ermöglichen, darf im Durchrutschweg auf den Verschluss stumpf befahrener Weichen verzichtet werden (Regelstellungsweichen). Im Durchrutschweg liegende spitz befahrene Weichen sind jedoch grundsätzlich zu verschließen. Im Durchrutschweg liegende Schutzweichen sind zu verschließen, sofern nicht auf ihren Verschluss als Zwieschutzweiche (Abschn. 4.2.4.5) zugunsten einer höherwertigen Fahrt verzichtet werden muss.

4.2.4.2 Flankenschutz gegen feindliche Rangierfahrten und unbeabsichtigt ablaufende Wagen
Der Flankenschutz gegen feindliche Rangierfahrten kann durch unmittelbare oder mittelbare Flankenschutzmaßnahmen gewährleistet werden. Unmittelbarer Flankenschutz wird durch Flankenschutzeinrichtungen bewirkt. Als Flankenschutzeinrichtungen können

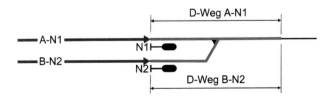

Abb. 4.8 Zulässige Überschneidung von Durchrutschwegen

Schutzweichen, Gleissperren und Halt zeigende Signale verwendet werden. Im Unterschied dazu wird mittelbarer Flankenschutz nicht mit Flankenschutzeinrichtungen, sondern nur durch betriebliche Anordnungen (Rangier - und Abstellverbote) bewirkt. Bei der Planung von Stellwerken ist so weit wie möglich unmittelbarer Flankenschutz vorzusehen.

Der Flankenschutz gegen unbeabsichtigt ablaufende Wagen ist nur unmittelbar durch Schutzweichen oder Gleissperren zu bewirken. Gleissperren sind in Hauptgleisen nicht zulässig. Zwischen einer Gleissperre und der Einmündungsweiche des zu schützenden Gleises wird häufig eine Folgeabhängigkeit in der Form eingerichtet, dass vor einem Umstellen der Weiche in Richtung auf die Gleissperre zuerst die Gleissperre abgelegt werden muss, und dass die Gleissperre nur aufgelegt werden kann, wenn die Weiche in die von der Gleissperre abweisende Lage gebracht worden ist.

4.2.4.3 Flankenschutz gegen das Strecken von Zügen

Eine Flankengefährdung ist auch durch das Strecken längerer Güterzüge nach der Einfahrt möglich. Sind zum Schutz gegen das Strecken von Zügen keine Fahrwegweichen mit Flankenschutzfunktion vorhanden, so kann der Streckschutz durch Anordnung von Streckschutzlängen gewährleistet werden. Streckschutzlängen sind aber nur sinnvoll, wenn aufgrund der Gleis- und Zuglängen eine tatsächliche Gefährdungsmöglichkeit besteht. Bei einfachen Verhältnissen lässt sich die Streckschutzlänge durch Verlängerung des Freimeldeabschnitts der Verzweigungsweiche realisieren. Günstiger ist die Anordnung eines besonderen Freimeldeabschnitts für die Streckschutzlänge (Abb. 4.9).

Die Weiche ist nach einer Einfahrt erst stellbar, wenn der einfahrende Zug den Streckschutzabschnitt geräumt hat. Streckt sich der eingefahrene Zug und besetzt den Streckschutzabschnitt, so wird das inzwischen wieder auf Fahrt stehende Einfahrsignal nicht auf Halt gestellt. Bei besetztem Streckschutzabschnitt kann das Einfahrsignal auf Fahrt gestellt werden.

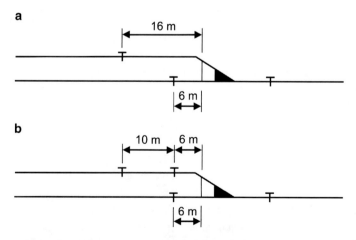

Abb. 4.9 Anordnung von Streckschutzlängen. **a** Verlängerung des Freimeldeabschnitts einer Weiche, **b** Streckenschutzabschnitt

4.2.4.4 Erfordernis von Schutzweichen

Gemäß Eisenbahn-Bau- und Betriebsordnung [1] muss der Flankenschutz für Gleise, die mit mehr als 160 km/h befahren werden, in Bahnhöfen und Anschlussstellen durch Schutzweichen gewährleistet sein. Schutzweichen sind ebenfalls erforderlich, wenn der Schutz vor unbeabsichtigt ablaufenden Wagen nicht auf andere Weise bewirkt werden kann.

Abzweigstellen und Überleitstellen werden wegen des geringen Gefährdungs-potenzials durch andere Zugfahrten (Fahrstraßenausschlüsse, Durchrutschweg, Zug-beeinflussung) nicht mit Schutzweichen ausgerüstet. Das gilt analog auch für Gleis-bereiche hinter Einfahrsignalen. In allen anderen Fällen wird das Erfordernis einer Schutzweiche in Abhängigkeit von den örtlichen Bedingungen festgelegt. In älteren Regelwerken wurde das Erfordernis von Schutzweichen meist pauschal vom Vorliegen bestimmter Spurplanfälle abhängig gemacht [2, 3]. Die neueren Richtlinien der Deut-schen Bahn AG fordern stattdessen eine Bewertung des Flankenfahrtrisikos durch Be-rechnung eines sogenannten Flankenschutzwertes [4]. Wenn der Flankenschutzwert einen bestimmten Grenzwert überschreitet, ist das Erfordernis einer Schutzweiche ge-geben. In die Berechnung des Flankenschutzwertes fließen folgende Einflussfaktoren ein:

- Art und Anzahl der Züge auf dem zu schützenden und dem einmündenden Fahrweg,
- zulässige Geschwindigkeiten der Züge,
- Anzahl der Rangierfahrten und Abstellvorgänge auf dem einmündenden Fahrweg,
- Vorhandensein von Sicherungseinrichtungen, die das Flankenfahrtrisiko reduzieren (Zugbeeinflussung, Gleisfreimeldeanlagen),
- örtliche Besonderheiten, die die Unfallschwere beeinflussen können.

Eine Bewertung des Erfordernisses von Schutzweichen durch Berechnung des Flanken-schutzwertes ist bei allen Neuanlagen sowie bei Änderungen des Spurplans bestehender Anlagen erforderlich. Dabei ist der Berechnung nicht nur der aktuelle Fahrplan, sondern die absehbare Entwicklung des Betriebsprogramms zugrunde zu legen.

4.2.4.5 Besonderheiten der Anordnung von Flankenschutzeinrichtungen

Fernschutz

Der Flankenschutz soll nach Möglichkeit durch ein nahe am zu schützenden Fahrweg gelegenes Fahrwegelement bewirkt werden (Nahschutz). Steht kein dazu geeignetes Fahrwegelement zur Verfügung, kann der Flankenschutz auch durch weiter entfernt lie-gende Fahrwegelemente gewährleistet werden (Fernschutz). Zwischen Fernschutz bie-tenden Flankenschutzeinrichtungen und dem zu schützenden Fahrweg gelegene Weichen werden als Schutztransportweichen (manchmal auch als Transportschutzweichen) be-zeichnet, da diese den Flankenschutz nur „transportieren" ohne selbst Flankenschutz zu bieten (Abb. 4.10).

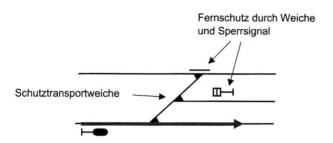

Abb. 4.10   Fernschutz mit Schutztransportweiche

Zwieschutzweichen

Eine Zwieschutzweiche ist eine Weiche, die von zwei Fahrstraßen konkurrierende Flankenschutzanforderungen erhalten kann (Abb. 4.11, linke Darstellung). Die Forderung, diese Weiche für jede Fahrt in abweisender Stellung zu verschließen, würde zu einem Ausschluss der den Flankenschutz anfordernden Fahrstraßen führen, obwohl sich die Fahrwege dieser Fahrstraßen nicht behindern. Da dies vielfach betrieblich nicht hinnehmbar ist, wird zur Vermeidung dieses Fahrstraßenausschlusses für eine Fahrt auf die Schutzlage der Weiche verzichtet (Verzichtweiche). Für diese Fahrstraße wird in der Regel ersatzweiser Fernschutz eingerichtet. Wenn eine Verzichtweiche aus Sicherheitsgründen nicht akzeptiert werden kann (z. B. bei erhöhtem Flankenfahrtrisiko durch stärkeren Rangierbetrieb), ist eine zusätzliche Weiche als Schutzweiche vorzusehen.

Zur Realisierung von Verzichtweichen gibt es in der Fahrstraßenlogik folgende grundsätzliche Lösungsmöglichkeiten:

- feste Zuordnung der Schutzlage der Zwieschutzweiche zu einer der beiden Fahrstraßen,
- flexible Zuordnung der Schutzlage der Zwieschutzweiche mit Vorzugslage für eine der beiden Fahrstraßen,
- flexible Zuordnung der Schutzlage der Zwieschutzweiche ohne Vorzugslage.

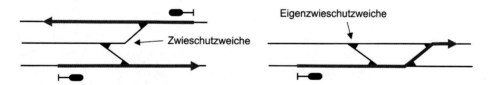

Abb. 4.11   Zwieschutzweichen

Bei der festen Zuordnung der Schutzlage wird die Zwieschutzweiche in die Signal-abhängigkeit einer der beiden Fahrstraßen einbezogen und für diese Fahrstraße immer in der Schutzlage verschlossen. Die Entscheidung, welcher Fahrstraße die Schutzlage zugeordnet wird, wird bei der Projektierung in Abhängigkeit vom Risikopotenzial der beiden Fahrstraßen getroffen. Die feste Zuordnung der Schutzlage ist bei deutschen Bah-nen nur in älteren Stellwerksbauformen üblich. Dabei kann für den Bediener festgelegt sein, dass die Zwieschutzweiche auch für die unterwertige Fahrstraße in die Schutzlage zu stellen ist, sofern sie nicht in Schutzlage für die höherwertige Fahrstraße verschlossen ist. Bei vielen ausländischen Bahnen ist die feste Zuordnung des Flankenschutzes auch die Standardlösung in modernen Stellwerksbauformen.

Bei der flexiblen Zuordnung der Schutzlage wird eine Vorzugslage dann vorgesehen, wenn sich die Fahrstraßen auf den äußeren Gleisen in ihrem Risikopotenzial deutlich unterscheiden. Solange nur eine der beiden Fahrstraßen eingestellt ist, läuft die Zwie-schutzweiche in Schutzlage für diese Fahrstraße. Wenn beide Fahrstraßen zugleich ein-gestellt werden, läuft die Zwieschutzweiche in Schutzlage für die höherwertige Fahr-straße. Die flexible Zuordnung der Schutzlage ohne Vorzugslage wird hingegen bevor-zugt, wenn die um den Flankenschutz konkurrierenden Fahrstraßen als etwa gleichwertig anzusehen sind. Die Zwieschutzweiche bietet dabei immer der zuerst eingestellten Fahr-straße Flankenschutz.

Zwieschutzweichen mit flexibler Zuordnung der Schutzlage bleiben in deutschen Stellwerken unverschlossen, solange konkurrierende Flankenschutzanforderungen von zwei Fahrstraßen vorliegen. Dies ermöglicht dem Bediener, die Zuordnung der Schutz-lage in eigener Entscheidung zu ändern. Bei einigen Stellwerksbauformen können Zwie-schutzweichen nachlaufend projektiert werden. Das bedeutet, dass nach Wegfall einer Flankenschutzanforderung die Zwieschutzweiche nachträglich in die Schutzlage für die andere Fahrstraße läuft.

Eine häufig anzutreffende Variante der Zwieschutzweiche ist die sogenannte Eigen-zwieschutzweiche. Eine Eigenzwieschutzweiche ist eine Weiche, die ein und derselben Fahrt gleichzeitig in beiden Stellungen Flankenschutz bieten müsste (Abb. 4.11, rechte Darstellung). Dabei können die konkurrierenden Flankenschutzanforderungen sowohl von nur einer Fahrstraße, aber auch von aneinander gereihten Fahrstraßen kommen, die zur gleichen Fahrt gehören. Hier muss, um die Durchführbarkeit der Fahrt zu ermög-lichen, immer auf die Schutzlage für ein Fahrwegelement verzichtet werden. In der Regel wird die Schutzlage demjenigen Fahrwegelement zugeordnet, das geringer von der Eigenzwieschutzweiche entfernt ist. In deutschen Stellwerken wird eine Eigenzwie-schutzweiche verschlossen, sofern sie nicht zugleich als normale Zwieschutzweiche be-ansprucht wird. Bei manchen ausländischen Bahnen bleiben Eigenzwieschutzweichen unverschlossen. In Stellwerken mit elementweiser Fahrstraßenauflösung sind gelegent-lich auch nachlaufende Eigenzwieschutzweichen zu finden. Dies ist jedoch nur selten sinnvoll, da das durch den Nachlauf zu schützende Fahrwegelement oft schon auflöst, bevor die Eigenzwieschutzweiche die neue Endlage erreicht hat.

Eigenzwieschutzweichen werden manchmal auch als unechte Zwieschutzweichen bezeichnet. In der Schweiz ist dies der offizielle Begriff, weswegen man dort konsequenterweise die normalen Zwieschutzweichen echte Zwieschutzweichen nennt.

Flankenschutzraum

Der Gleisabschnitt zwischen einer Flankenschutzeinrichtung und dem zu schützenden Fahrweg wird als Flankenschutzraum bezeichnet. Im Flankenschutzraum dürfen keine Fahrzeuge abgestellt sein, wenn die zu schützende Fahrstraße freigegeben ist. Nach den Regeln der Deutschen Bahn AG dürfen im Flankenschutzraum jedoch Fahrzeuge stehen, die mit einem Zug gekuppelt sind, an dem nicht rangiert wird. In Stellwerken mit Gleisfreimeldeanlagen (Abschn. 4.2.5) ist das nur dann möglich, wenn ein Streckschutzabschnitt eingerichtet ist, der in den Flankenschutzraum hineinragt (Abschn. 4.2.4.3). Weiterhin ist zulässig, dass sich Flankenschutzräume untereinander sowie mit Durchrutschwegen überschneiden. Bei Stellwerken mit Gleisfreimeldeanlagen ist der freizuhaltende Teil des Flankenschutzraumes in der Regel in die Gleisfreimeldung der zu schützenden Fahrstraße einbezogen. Dabei muss durch die Stellwerkslogik gewährleistet sein, dass Fahrten, die den Flankenschutzraum höhengleich kreuzen, nicht ausgeschlossen werden (Abb. 4.12).

Bei nachlaufenden Zwieschutzweichen verkürzt sich der Flankenschutzraum für die Fahrstraße, für die die Weiche nachträglich in die Schutzlage läuft. Daher muss der dann nicht mehr benötigte Teil des alten Flankenschutzraumes aus der Freimeldung herausgenommen werden. Bei Zwieschutzweichen mit Vorzugslage vergrößert sich der Flankenschutzraum der unterwertigen Fahrstraße, wenn die Zwieschutzweiche nachträglich in die Schutzlage für die höherwertige Fahrstraße läuft. Durch diese Effekte kann bei Zwieschutzweichen der Flankenschutzraum einer Fahrstraße sowohl von anderen Fahrstraßen, die mit der betrachteten Fahrstraße gleichzeitig eingestellt sind oder waren,

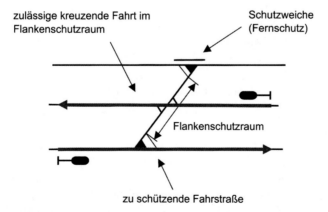

Abb. 4.12 Zulässige kreuzende Fahrt im Flankenschutzraum

als auch von der Reihenfolge, in der die Fahrstraßen eingestellt oder aufgelöst wurden, abhängen.

4.2.5 Gleisfreimeldung

Auch im Bahnhof gilt für Züge das Fahren im Raumabstand. Das bei der Zugfolge-sicherung mit nichtselbsttätigem Streckenblock übliche Verfahren, das Freisein eines Abschnitts nur am Ende des Abschnitts durch die Auswertung der diskreten Zugschluss-information auszuwerten, ist innerhalb von Bahnhöfen nicht anwendbar. Da in einem Bahnhof neben Zügen auch Rangierfahrten verkehren, muss immer damit gerechnet wer-den, dass ein Gleis durch Fahrzeuge besetzt sein kann. Die vollständige Räumung durch einen vorausgefahrenen Zug ist kein hinreichendes Kriterium für das Freisein des Glei-ses.

Daraus folgt, dass das Freisein des Fahrwegs unmittelbar vor der Zulassung einer Zugfahrt geprüft werden muss. In alten Sicherungsanlagen (mechanische und elektro-mechanische Stellwerke) gab es zunächst keine Möglichkeiten für eine technische Rea-lisierung dieser Fahrwegprüfung. In solchen Anlagen besteht daher die Vorschrift, vor jeder Zulassung einer Zugfahrt das Freisein des Fahrweges durch Hinsehen zu prüfen. Wegen der begrenzten Sichtweite sind Bahnhöfe dazu meist in mehrere Fahrwegprüf-bezirke aufgeteilt, wobei die Verantwortlichkeit für die Fahrwegprüfung eindeutig ge-regelt ist. Die Fahrwegprüfung wird überwiegend vom Stellwerkspersonal durchgeführt, bei schwer einsehbaren Gleisabschnitten sind aber mitunter auch andere Mitarbeiter be-teiligt (z. B. Fahrwegprüfung im Bereich von Bahnsteiggleisen). Diese Fahrwegprüfung durch Hinsehen ist die entscheidende Sicherheitslücke alter Sicherungsanlagen. Sie ist sicherheitstheoretisch wesentlich kritischer zu sehen als die Zugschlussbeobachtung, da bereits ein einzelner Fehler des Menschen unmittelbar zu einer Gefährdung führen kann. Bei der Deutschen Bahn AG werden daher in den bisher noch nicht mit Gleisfreimelde-anlagen ausgerüsteten Stellwerken vereinfachte Gleisfreimeldeanlagen für die Einfahr-gleise nachgerüstet (siehe Abschn. 4.5.1). In moderneren Sicherungsanlagen (Relais-stellwerke und elektronische Stellwerke) sind grundsätzlich technische Gleisfreimelde-anlagen (Gleisstromkreise oder Achszähler) vorhanden. Das Freisein des Fahrweges wird dabei in der Regel unmittelbar vor der Signalfahrtstellung geprüft. Das bedeutet, dass bei einem teilweise besetzten Fahrweg die Fahrstraße trotzdem in das Stadium des Fahrstraßenverschlusses gelangt. Dadurch besteht auch bei einer gestörten Gleisfrei-meldeanlage, bei der die Zugfahrt nicht durch Hauptsignal, sondern ersatzweise (z. B. Ersatzsignal, schriftlicher Befehl) zugelassen werden muss, die Möglichkeit, eine durch Fahrstraßenverschluss gesicherte Fahrstraße zu nutzen.

Zur grenzzeichenfreien Freimeldung einer Weiche muss sich die Grenze des Frei-meldeabschnitts zur Berücksichtigung der Fahrzeugüberhänge sechs Meter hinter dem Grenzzeichen befinden. Wenn bei Gleisverbindungen eine grenzzeichenfreie

Freimeldung nicht möglich ist, ist das Umstellen der Weiche im betreffenden Strang gesperrt, wenn die benachbarte Weiche oder Kreuzung besetzt ist.

Zur Einsparung von Gleisstromkreisen oder Achszählkontakten ist man oft bestrebt,
für benachbarte Weichen einen gemeinsamen Freimeldeabschnitt einzurichten. Dies ist
unter Beachtung der folgenden Randbedingungen möglich (Abb. 4.13):

- Über die Weichen dürfen keine gleichzeitig nutzbaren Fahrwege führen.
- Zwischen den Weichen darf kein Signal angeordnet sein.

Ein gemeinsamer Freimeldeabschnitt für mehrere Weichen sollte aber nicht vorgesehen
werden, wenn dadurch Zugfahrten durch Besetztmeldung des Flankenschutzraumes oder
Verhinderung des Umstellens einer Schutzweiche behindert werden.

4.2.6   Störfallbehandlung

Wenn sich eine Fahrstraße wider Erwarten nicht einstellen lässt, ist, bevor von einer Störung
ausgegangen werden darf, zu prüfen, ob einer der folgenden Hinderungsgründe vorliegt:

- Bei einer Fahrstraße, die in einem Blockabschnitt führt, sind die Streckenblock-
  kriterien nicht erfüllt.
- Es ist eine feindliche Fahrstraße eingestellt.
- Von der Fahrstraße beanspruchte Fahrwegelemente wurden nach Durchführung einer
  vorhergehenden Fahrt nicht aufgelöst.
- Es wurden vom Bediener Sperren eingegeben oder angebracht, die die Einstellung der
  Fahrstraße verhindern.

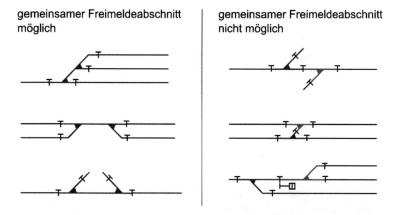

Abb. 4.13 Randbedingungen für gemeinsamen Freimeldeabschnitt benachbarter Weichen

Sofern noch eine feindliche Zug- oder Rangierfahrt zugelassen ist, ist die Beendigung dieser Fahrt abzuwarten. Wenn von der Fahrstraße beanspruchte Fahrwegelemente nach Durchführung einer vorhergehenden Fahrt nicht aufgelöst wurden, sind die Auflösereste mit einer Hilfsauflösung zu beseitigen. Dazu ist zu prüfen, dass die letzte Fahrt die für die Auflösung des ausschließenden Fahrwegelements relevante Fahrstraßenzugschlussstelle geräumt hat oder am gewöhnlichen Halteplatz zum Halten gekommen ist. Da eine Auflösestörung durch das Versagen der Besetztmeldung eines Freimeldeabschnitts verursacht worden sein könnte, darf der Gleisfreimeldeanlage des betreffenden Gleisabschnitts nach der Hilfsauflösung zunächst nicht mehr vertraut werden. Vor Zulassung einer weiteren Zugfahrt ist entweder das Freisein dieses Abschnitts visuell festzustellen (bei der Deutschen Bahn AG als Abschnittsprüfung bezeichnet), oder der nächste Zug ist zu beauftragen, auf Sicht zu fahren. Erst wenn bei der nächsten Zugfahrt auf dem gleichen Fahrweg die Fahrstraße ordnungsgemäß auflöst und während der Fahrt die Besetzung des Abschnitts auf der Bedienoberfläche korrekt angezeigt wurde, darf wieder von einer sicheren Funktion der Gleisfreimeldeanlage ausgegangen werden.

Wenn eine Fahrstraße zurückgenommen werden muss, ohne dass auf dieser Fahrstraße eine Fahrt durchgeführt wurde, ist zu prüfen, ob sich dem Startsignal der Fahrstraße eine Fahrt nähert, deren Triebfahrzeugführer aufgrund der Signalisierung bereits davon ausgehen kann, dass die Fahrt zugelassen wurde. In diesem Fall ist zunächst nur das Startsignal auf Halt zu stellen. Die Hilfsauflösung darf erst vorgenommen werden, nachdem der Triebfahrzeugführer bestätigt hat, dass der Zug zum Halten gekommen ist. Wenn sich noch kein Zug in der Annäherung befindet, darf die Fahrstraße nach dem Auf-Halt-Stellen des Startsignals unverzüglich aufgelöst werden. Bei vielen ausländischen Bahnen, die zur Fahrstraßenfestlegung das Prinzip des Annäherungsverschlusses anwenden, wird bei wirksamem Annäherungsverschluss die Rücknahme der Fahrstraße durch eine Zeitverzögerung abgesichert, die sicherstellt, dass ein sich nähernder Zug nach dem Auf-Halt-Stellen des Startsignals zum Halten gekommen ist. Solange der Annäherungsverschluss noch nicht eingetreten ist, löst die Fahrstraße nach dem Auf-Halt-Stellen des Startsignals sofort auf.

Wenn nach Beseitigung aller Auflösereste und Prüfung der anderen Kriterien eine Störung angenommen werden muss, ist vor Zulassung der Zugfahrt durch den Fahrdienstleiter sicherzustellen, dass sich die Weichen und Flankenschutzeinrichtungen in der richtigen Lage befinden und keine gefährdenden Fahrzeugbewegungen stattfinden. Die Sicherung der Fahrwegelemente kann dabei in der Rückfallebene erfolgen durch

- eine Fahrstraße,
- Einzelsicherung der Fahrwegelemente auf der Bedienoberfläche,
- örtliche Sicherung der Fahrwegelemente in der Gleisanlage.

Wenn die richtige Lage der Weichen und Flankenschutzeinrichtungen durch das Stellwerk festgestellt werden kann, besteht auch bei Fahrten ohne Signalbedienung in der

Regel die Möglichkeit, eine festgelegte Fahrstraße zu nutzen. Weichen und Flanken-schutzeinrichtungen, die nicht durch eine Fahrstraße gesichert werden können, sind durch Eingabe von Sperren auf der Bedienoberfläche des Fahrdienstleiters in der für die Zugfahrt erforderlichen Lage einzeln zu sichern. Dies setzt jedoch voraus, dass die ordnungsgemäße Lage dieser Fahrwegelemente auf der Bedienoberfläche sicher fest-gestellt werden kann. Ist dies nicht möglich, sind die betreffenden Fahrwegelemente örtlich durch Anbringen von Handverschlüssen zu sichern. Da örtliches Bedienpersonal bei zentralisierter Betriebsführung nicht mehr zur Verfügung steht, wird die örtliche Si-cherung meist durch Mitarbeiter des Instandhaltungspersonals vorgenommen, die sich zu diesem Zweck zu der betroffenen Betriebsstelle begeben müssen. Weichenstörungen können daher zu erheblichen Verzögerungen im Betriebsablauf führen. Bei Flanken-schutzeinrichtungen kann auf die örtliche Sicherung verzichtet werden, wenn sicher-gestellt werden kann, dass auf den einmündenden Gleisen keine Fahrzeugbewegungen in Richtung des zu schützenden Fahrweges stattfinden.

Einen speziellen Fall stellt die aufgehobene Signalabhängigkeit dar. Die Signal-abhängigkeit gilt als aufgehoben, wenn ein Signal auf Fahrt gestellt werden kann, ob-wohl Verschlüsse von Weichen nicht ordnungsgemäß wirken, sodass die Definition der Signalabhängigkeit verletzt ist. In diesen Fällen sind die betroffenen Weichen durch Einzelsicherung zu sichern. Im Geltungsbereich der Eisenbahn-Bau- und Betriebs-ordnung ist Signalabhängigkeit bei Geschwindigkeiten von mehr als 50 km/h gefordert. Daher muss, wenn bei aufgehobener Signalabhängigkeit der am Hauptsignal gezeigte Signalbegriff eine Geschwindigkeit von mehr als 50 km/h zulässt, die Geschwindigkeit durch Weisung des Fahrdienstleiters auf 50 km/h begrenzt werden.

Vor Zulassung einer Zugfahrt ohne Hauptsignal ist durch den Fahrdienstleiter neben der Fahrwegsicherung das Freisein des Fahrwegs und der Flankenschutzräume festzu-stellen, entweder durch Auswertung von Meldeanzeigen auf der Bedienoberfläche oder durch visuelle Prüfung vor Ort. Bei Störung von einzelnen Gleisfreimeldeabschnitten im Verlauf einer Fahrstraße beschränkt sich die visuelle Prüfung auf die gestörten Ab-schnitte (Abschnittsprüfung). Kann das Freisein der Abschnitte nicht festgestellt werden, ist der Zug zu beauftragen, auf Sicht zu fahren. Unabhängig davon ist für die erste Zug-fahrt, die nach Eintritt der Störung ohne Hauptsignal zugelassen wird, immer das Fah-ren auf Sicht anzuordnen. Auf Bahnhofsgleisen ist die im Abschn. 3.3.2.4 beschriebene Räumungsprüfung nicht anwendbar, da wegen der Möglichkeit des Rangierens und des Abstellens von Fahrzeugen die Feststellung des Zugschlusses keine Gewähr für das Frei-sein des Gleises bietet.

4.3   Anordnung der Signale

Die folgenden Regeln zur Anordnung von Signalen beziehen sich, sofern nicht auf Ab-weichungen bei ausländischen Bahnen ausdrücklich hingewiesen wird, auf die bei der Deutschen Bahn AG geltenden Grundsätze [5]. Die Ausführungen beschränken sich dabei auf die Anordnung von Haupt- und Sperrsignalen. Auf Strecken mit linienförmiger Zugbeeinflussung sind Hauptsignale grundsätzlich entbehrlich, sie können jedoch als Rückfallebene vorgesehen werden (Abschn. 3.4.3).

4.3.1 Verwendung der Hauptsignale

Nach ihrem Verwendungszweck werden die Hauptsignale gemäß Tab. 4.1 unterschieden.
    Einfahrsignale signalisieren die Einfahrstraßen von der freien Strecke in den Bahnhof. Am Einfahrsignal endet der letzte vor dem Bahnhof liegende Blockabschnitt. An jedem in einen Bahnhof führenden Streckengleis, das im Regelbetrieb von Zügen befahren wird, wird ein Einfahrsignal aufgestellt. Bei Zusammenführung mehrerer Strecken sind die Einfahrsignale so anzuordnen, dass für den Triebfahrzeugführer eine zweifelsfreie Zuordnung der Signale zu den jeweiligen Streckengleisen gewährleistet ist. Liegen benachbarte Bahnhöfe ungewöhnlich nahe beieinander, so können ausnahmsweise die Ausfahrsignale des einen Bahnhofs gleichzeitig als Einfahrsignale des anderen Bahnhofs benutzt werden. Auch sind Signalanordnungen möglich, bei denen die Funktion des Einfahrsignals von einem Blocksignal einer benachbarten Abzweigstelle übernommen wird.
    Ausfahrsignale signalisieren die Ausfahrstraßen auf die freie Strecke. Am Ausfahrsignal beginnt der erste auf den Bahnhof folgende Blockabschnitt. Zweigt in einem mit Ausfahrsignalen ausgerüsteten Bahnhof eine Nebenbahn (Strecke von untergeordneter verkehrlicher Bedeutung) ab, so sind in der Regel auch alle Ausfahrgleise nach dieser Nebenbahn mit Ausfahrsignalen zu versehen. Auf diese Ausfahrsignale kann jedoch, sofern sie für die Nebenbahn nicht erforderlich sind, verzichtet werden, wenn die Ausfahrstraßen der Nebenbahn völlig getrennt von den Fahrstraßen der anderen Bahn verlaufen.
    Der Standort der Ausfahrsignale ist so zu wählen, dass

- die längsten Züge noch vor ihnen halten können, ohne die Ein- oder Ausfahrt anderer Züge zu behindern,
- die Reisezüge auch bei Halt zeigendem Ausfahrsignal an den Bahnsteig gelangen können,
- Bahnübergänge durch haltende Züge nicht besetzt werden,
- das Signalbild des Ausfahrsignals vom gewöhnlichen Halteplatz des Zuges aus vollständig zu erkennen ist (Ausnahmen möglich bei Anordnung von Vorsignalwiederholern).

Tab. 4.1 Verwendung der Hauptsignale

Im Bahnhof	Auf der freien Strecke
Einfahrsignale Ausfahrsignale Zwischensignale	Blocksignale Deckungssignale

Bei zwei oder mehr Ausfahrgleisen für die gleiche Richtung wird in der Regel für jedes Gleis ein Ausfahrsignal vor dem Zusammenlauf der Ausfahrwege aufgestellt. Wenn es die Betriebsverhältnisse erlauben, kann bei Güterzugausfahrgleisen für mehrere Ausfahrgleise ein gemeinsames Ausfahrsignal – Gruppenausfahrsignal – verwendet werden (Abb. 4.14). Um eine eindeutige Signalisierung zu gewährleisten, sollen Gruppenausfahrsignale neben oder hinter dem Zusammenlauf der zugehörigen Fahrstraßen, aber vor dem Zusammenlauf dieser Fahrstraßengruppe mit anderen Fahrstraßen stehen.

Die zu einem Gruppenausfahrsignal gehörenden Ausfahrgleise werden in der Regel durch Sperrsignale oder vereinfachte Hauptsignale (Hauptsignale, die für Zugfahrten nur einen Haltbegriff zeigen können und betrieblich abgeschaltet werden, wenn eine Zugstraße am Signal vorbeiführt) abgeschlossen. Gruppenausfahrsignale sind nur dann zu verwenden, wenn die zugehörigen Ausfahrstraßen

- gleiche Stellung aller spitz befahrenen Weichen und Schutzweichen erfordern,
- außerhalb der durchgehenden Hauptgleise beginnen,
- vor ihrem Zusammenlauf nicht durch andere Fahrstraßen gekreuzt werden.

Bei sehr langen Bahnhöfen mit Unterteilung in mehrere Bahnhofsteile sowie bei bestimmten Spurplanfällen kann der Abschnitt zwischen Ein- und Ausfahrsignal durch Zwischensignale unterteilt sein. Das ist insbesondere dann üblich, wenn innerhalb des Bahnhofs mehrere Fahrtverzweigungen aus demselben Hauptgleis aufeinander folgen (Abb. 4.15). Analog zu den bei Ausfahrsignalen beschriebenen Grundsätzen können auch Zwischensignale als Gruppensignale (Gruppenzwischensignale) angeordnet werden.

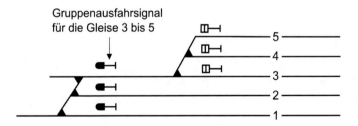

Abb. 4.14 Anordnung eines Gruppenausfahrsignals

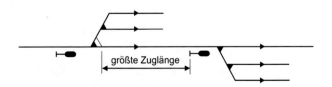

Abb. 4.15 Zwischensignal vor Fahrtverzweigungen im Bahnhof

Blocksignale sind Hauptsignale der freien Strecke, die die Einfahrt in einen Blockabschnitt sichern. Mit Blocksignalen sind mindestens alle Abzweig- und Überleitstellen
auszurüsten. Wenn es das Leistungsverhalten der Strecke erfordert, können zur Verkürzung der Mindestzugfolgezeiten weitere Blocksignale angeordnet werden, die nur der
Zugfolgeregelung dienen und keine ortsfesten Gefahrpunkte decken. An Haltepunkten
und Haltestellen sollen Blocksignale in Analogie zu Ausfahrsignalen so angeordnet werden, dass Züge auch bei Halt zeigendem Blocksignal an den Bahnsteig gelangen können.

Deckungssignale werden an allen Deckungsstellen angeordnet. Ein Deckungssignal
kann zugleich Blocksignal sein. Es gibt jedoch auch Deckungssignale, die innerhalb
eines Blockabschnitts liegen, ohne selbst einen Blockabschnitt zu begrenzen.

4.3.2   Bezeichnung der Hauptsignale

Bei der Deutschen Bahn AG werden Hauptsignale im Bahnhof mit den in Tab. 4.2 angegebenen Kennbuchstaben bezeichnet, wobei die Bezeichnung von Ausfahr- und
Zwischensignalen durch die Gleisnummer ergänzt wird (Abb. 4.16).

Die Systematik der Bezeichnung der Zwischensignale wurde wiederholt geändert,
sodass in der Praxis unterschiedliche Bezeichnungsschemata anzutreffen sind. Wenn
am Gegengleis einer zweigleisigen Strecke Einfahrsignale aufgestellt sind, so werden
diese mit Doppelbuchstaben unter Verwendung des Buchstabens des auf gleicher Höhe
am Regelgleis stehenden Einfahrsignals bezeichnet (z. B. AA, FF, …). Damit auf ferngesteuerten Strecken, wo mehrere Bahnhöfe einem Fahrdienstleiter zugeteilt sind, glei-

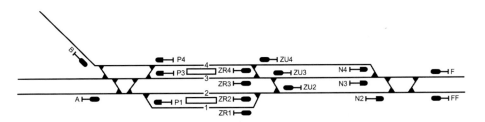

Abb. 4.16 Signalanordnung in einem kleinen Bahnhof mit Zwischensignalen

Tab. 4.2 Bezeichnung der Hauptsignale im Bahnhof

	In Kilometrierungsrichtung	Gegen Kilometrierungsrichtung
Einfahrsignale	A, B, …	F, G, …
Ausfahrsignale	N+Gleisnummer	P+Gleisnummer
Zwischensignale	ZR, ZS+Gleisnummer	ZU, ZV+Gleisnummer

che Signalbezeichnungen innerhalb des Steuerbereichs eines Fahrdienstleiters nicht mehrfach auftreten, werden in solchen Fällen die Bezeichnungen der Signale in den Bahnhöfen durch eine vorangestellte Bahnhofsnummer ergänzt (z. B. 2A, 3P2 usw.). Mit der fortschreitenden Zentralisierung der Betriebssteuerung setzt sich diese Bezeichnungsform immer mehr durch.

Im Unterschied zu den Hauptsignalen im Bahnhof werden Blocksignale mit Nummern bezeichnet, wobei den in Richtung der Streckenkilometrierung stehenden Signalen ungerade Nummern und den entgegen der Streckenkilometrierung stehenden Signalen gerade Nummern zugeordnet werden. Blocksignale der gleichen Fahrtrichtung an parallel geführten oder sich verzweigenden Streckengleisen werden meist durch einen Wechsel der Dekade unterschieden. In Steuerbereichen elektronischer Stellwerke werden auch Betriebsstellen außerhalb von Bahnhöfen mit Bereichsnummern versehen, die den Nummern der Blocksignale vorangestellt werden.

4.3.3 Abstand der Hauptsignale vom Gefahrpunkt

4.3.3.1 Maßgebender Gefahrpunkt

Für die Festlegung der Signalstandorte ist neben der erforderlichen Nutzlänge eines Gleises auch ein ausreichender Abstand zum maßgebenden Gefahrpunkt zu berücksichtigen. Der maßgebende Gefahrpunkt ist die erste auf ein Hauptsignal folgende Stelle, an der beim Durchrutschen eines Zuges eine Gefährdung eintreten kann. Als maßgebende Gefahrpunkte sind anzusehen (Abb. 4.17):

- der Anfang der ersten hinter dem Signal liegenden spitz befahrenen Weiche, ausgenommen wenn sie verschlossen ist,
- das Grenzzeichen einer hinter dem Signal liegenden Weiche oder Kreuzung, über die bei einer Fahrt in Richtung auf das Halt zeigende Signal gleichzeitig Zug- oder Rangierfahrten stattfinden können,
- die Spitze oder der Schluss eines am gewöhnlichen Halteplatz zum Halten gekommenen Zuges,
- die Rangierhalttafel, über die nicht rangiert werden darf.

Nach den Regeln der Deutschen Bahn AG soll der Abstand vom Gefahrpunkt in der Regel 200 m betragen. Er kann zur Verbesserung der Signalsicht auf bis zu 400 m vergrößert werden. Nach den in Tab. 4.3 aufgeführten Kriterien ist eine Verkürzung zulässig.

Diese Längenangaben gelten für horizontale Strecken. Liegt der Bremsweg vor dem Hauptsignal im Gefälle, ist der Abstand vom Gefahrpunkt in Abhängigkeit von der Neigung zu vergrößern (auf bis zu 300 m), bei einer Steigung sind Verkürzungen zulässig. Der Durchrutschweg hinter Ausfahr- und Zwischensignalen darf auch unter 50 m verkürzt werden, wenn vor diesen Signalen in der Regel gehalten wird und hinter diesen

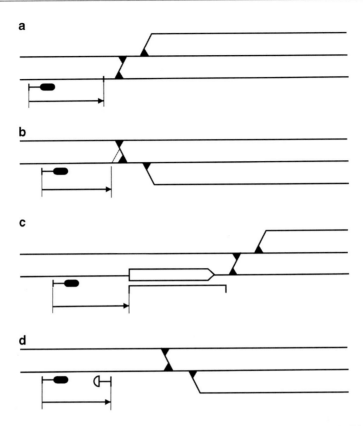

Abb. 4.17 Maßgebende Gefahrpunkte. **a** Anfang einer unverschlossenen, spitz befahrenen Weiche, **b** Grenzzeichen einer stumpf befahrenen Weiche oder Kreuzung, **c** Schluss eines planmäßig haltenden Zuges, **d** Rangierhalttafel

Tab. 4.3 Zulässige Verkürzung des Abstands zum Gefahrpunkt

Wenn der Gefahrpunkt eine spitz befahrene Weiche ist, ist folgende Verkürzung zulässig:	
Auf 100 m	Für alle Hauptsignale bei einer Geschwindigkeit von bis zu 100 km/h
Auf 50 m	Für Ausfahr- und Zwischensignale an Gleisen mit einer Einfahrgeschwindigkeit von bis zu 40 km/h
Wenn der Gefahrpunkt das Grenzzeichen einer Weiche oder Kreuzung oder der Schluss eines planmäßig haltenden Zuges ist, ist folgende Verkürzung zulässig:	
Auf 100 m	Für Ausfahr- und Zwischensignale an Gleisen mit einer Einfahrgeschwindigkeit von bis zu 60 km/h
Auf 50 m	Für Ausfahr- und Zwischensignale an Gleisen mit einer Einfahrgeschwindigkeit von bis zu 40 km/h
Für Blocksignale, die ausschließlich der Zugfolgeregelung dienen, ist bei einer Blockabschnittslänge von mindestens 950 m eine Verkürzung des Gefahrpunktabstandes auf 50 m zulässig	

Signalen keine durchgehenden Hauptgleise mehrerer Strecken zusammengeführt werden. Bei ausländischen Bahnen können die Regeln zur Bemessung des Abstandes vom Gefahrpunkt erheblich differieren.

4.3.3.2 Sicherung der Durchrutschwege

In Deutschland ist es nicht üblich, dass im Gefahrpunktabstand hinter einem Einfahrsignal Weichen liegen, da diese Weichen sich dann innerhalb der Überwachungslänge des rückliegenden Blocksignals (bzw. des Ausfahrsignals des rückliegenden Bahnhofs) befinden würden und dann von diesem Signal in Signalabhängigkeit stehen müssten. Diese Abhängigkeit ist über den Streckenblock nicht herstellbar. Da sich im Gefahrpunktabstand keine beweglichen Fahrwegelemente und keine kreuzenden Fahrwege befinden, ist eine Durchrutschwegsicherung nicht erforderlich. Es reicht aus, vor der Zulassung einer Zugfahrt am rückliegenden Signal den Abstand bis zum Gefahrpunkt auf Freisein zu prüfen. Die gleiche Regel gilt für Blocksignale, die eine Abzweig- oder Überleitstelle decken.

Im Gegensatz zu Einfahr- und Blocksignalen lassen sich Ausfahr- und Zwischensignale mit Rücksicht auf die Nutzlänge der Gleise meist nicht im erforderlichen Gefahrpunktabstand vor folgenden Weichen oder Kreuzungen anordnen. Daher wird die Einhaltung des Abstandes zum maßgebenden Gefahrpunkt nur solange gefordert, wie eine Zugfahrt auf das Signal hin zugelassen ist. Dazu wird, solange ein Signal als Zielsignal einer Fahrstraße beansprucht ist, hinter diesem Signal der Durchrutschweg als Teil dieser Fahrstraße gesichert. Neben der Freiprüfung werden im Durchrutschweg spitz befahrene Weichen verschlossen und gefährdende Fahrten über stumpf befahrene Weichen und Kreuzungen ausgeschlossen. Dadurch wird der Abstand zum Gefahrpunkt bis zur Auflösung der Fahrstraße an das Ende des Durchrutschweges verschoben.

Bei deutschen Eisenbahnen wird nicht angenommen, dass zwei Züge an einem Ort gleichzeitig durchrutschen. Daher ist es zulässig, dass sich die Durchrutschwege von zwei Fahrstraßen berühren oder überschneiden dürfen, ohne dass sich die Fahrstraßen ausschließen. Um dies zu ermöglichen, darf in solchen Fällen auf den Verschluss stumpf befahrener Weichen im Durchrutschweg verzichtet werden (Regelstellungsweichen).

Einige ausländische Bahnen wenden hier ein anderes Verfahren an. Dabei kann das Einfahrsignal unmittelbar vor der Einfahrweiche aufgestellt werden. Der Durchrutschweg hinter dem Einfahrsignal befindet sich innerhalb der Überwachungslänge des rückliegenden Signals, das in die Fahrstraßensicherung des Bahnhofs einbezogen ist und sich dadurch von einem reinen Blocksignal unterscheidet, wenngleich dieser Unterschied für den Triebfahrzeugführer eines Zuges nicht offensichtlich ist, da auf dieses Signal keine Weichen folgen. Dieses Signal wird häufig als „approach signal" (auf Deutsch etwa: „Annäherungssignal"), z. B. bei der New Yorker U-Bahn [6], oder, speziell bei britischen Bahnen, als „outer home signal" (auf Deutsch etwa: „äußeres Einfahrsignal") bezeichnet. Das „innere" Einfahrsignal ist damit Zielsignal einer am rückliegenden Hauptsignal beginnenden Fahrstraße. Eine ähnliche Signalanordnung mit einem vorgezogenen Einfahrsignal wird manchmal auch in Deutschland vorgesehen, wenn aus örtlichen Gründen der Gefahrpunktabstand des Einfahrsignals entweder nicht eingehalten werden kann oder über das zulässige Maß verlängert werden müsste (z. B. um Signaldeckung für einen Bahnübergang herzustellen). Dann wird in Analogie zu einem inneren Einfahrsignal vor der Einfahrweiche des Bahnhofs ein Zwischensignal angeordnet und das Einfahrsignal im Abstand des Bremsweges vor diesem Zwischensignal aufgestellt. Dann können sich im Durchrutschweg des Zwischensignals auch Weichen befinden (Abb. 4.18).

Hinter Ausfahr- und Zwischensignalen können auch mehrere Durchrutschwege vorgesehen werden. Dabei kann in Betriebssituationen, in denen der Regeldurchrutschweg wegen einer ausschließenden Fahrstraße nicht eingestellt werden kann, entweder auf einen verkürzten Durchrutschweg (verbunden mit einer Herabsetzung der am Startsignal signalisierten Geschwindigkeit) oder auf einen Durchrutschweg mit anderem Verlauf ausgewichen werden. Einige Stellwerksbauformen ermöglichen bei verkürzten Durchrutschwegen eine nachträgliche Aufwertung der Geschwindigkeit am Startsignal, wenn am Zielsignal eine anschließende Fahrstraße eingestellt wird oder – bei Bahnen außerhalb des Geltungsbereichs der Eisenbahn-Bau- und Betriebsordnung – der Durchrutschweg nach dem Räumen anschließender Gleisabschnitte auf die volle Länge ausgedehnt wird. Wahldurchrutschwege sind auch sinnvoll, wenn sich im Bereich des Durchrutschweges Fahrwege von Zügen verzweigen. So kann beim Einstellen einer Fahrstraße hinter dem Zielsignal immer ein Durchrutschweg gewählt werden, dessen Verlauf der an diesem Signal für die Weiterfahrt des Zuges einzustellenden Fahrstraße entspricht. Dadurch kann auf diesen Fahrwegen die Ausfahrstraße eingestellt werden, ohne die Auflösung des Durchrutschweges der Einfahrstraße abzuwarten.

Eine im Ausland verbreitete, aber bei deutschen Eisenbahnen nicht angewandte Form der Durchrutschwegsicherung sind sogenannte „swinging overlaps". Dabei kann bei verzweigenden Durchrutschwegen der Verlauf des Durchrutschweges bei Fahrt zeigendem Signal ohne Rücknahme der Fahrstraße geändert werden. Eine Beschreibung des Wirkprinzips findet sich in [7]. Auch für die im Durchrutschweg geltenden Regeln für den Verschluss spitz und stumpf befahrener Weichen, den Flankenschutz und die Freimeldung

Abb. 4.18 Beispiel für vorgezogene Anordnung eines Einfahrsignals mit Zwischensignal in der Rolle eines „inneren Einfahrsignals"

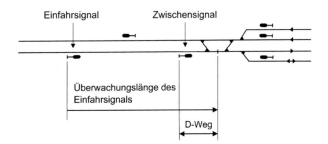

finden sich im Ausland viele von den deutschen Grundsätzen abweichende Prinzipien. Dabei ist die Vielfalt unterschiedlicher nationaler Lösungen erstaunlich. Einige charakteristische Unterschiede von den deutschen Prinzipien sind in [8] beschrieben.

4.3.4 Verwendung der Sperrsignale

Sperrsignale sind Signale, die wie Hauptsignale einen Haltbegriff für Zug- und Rangierfahrten signalisieren können, durch die jedoch keine Zugfahrten zugelassen werden. Der Signalbegriff zur Aufhebung des Fahrverbots am Sperrsignal (bei der Deutschen Bahn AG als Lichtsignal zwei weiße, nach rechts steigende Lichtpunkte) gilt als Zustimmung zur Rangierfahrt. Der Fahrtbegriff eines Sperrsignals kann auch an Hauptsignalen gezeigt werden, um einer Rangierfahrt die Zustimmung zu erteilen, am Hauptsignal vorbeizufahren. In diesem Fall erscheint der Fahrtbegriff des Sperrsignals zusammen mit dem Haltbegriff des Hauptsignals, da das Haltgebot für Züge bestehen bleibt. Eine solche Signalisierung ist in der Regel an allen Ausfahr- und Zwischensignalen vorhanden.

Allein stehende Sperrsignale werden in folgenden Fällen angeordnet:

- zwingend überall dort, wo sie wegen des Fehlens eines Hauptsignals als Flankenschutzeinrichtung erforderlich sind,
- bei Gruppensignalen (Abschn. 4.3.1),
- darüber hinaus überall dort, wo es zur effektiven Regelung des Rangierbetriebes zweckmäßig ist.

Abb. 4.19 zeigt eine charakteristische Anordnung von Sperrsignalen in einem kleinen Bahnhof.

Sperrsignale erhalten in neueren Anlagen die Bezeichnung des zugehörigen Gleisfreimeldeabschnitts ergänzt um den Buchstaben X für in Kilometrierungsrichtung und Y für gegen die Kilometrierungsrichtung weisende Signale. Es existieren jedoch auch noch viele Anlagen mit einer abweichenden Systematik der Bezeichnung von Sperrsignalen.

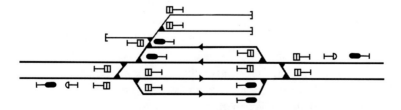

Abb. 4.19 Anordnung von Sperrsignalen in einem kleinen Bahnhof

Da der Haltbegriff eines Sperrsignals auch für Züge gilt, müssen Sperrsignale die Aufhebung des Fahrverbots nicht nur als Zustimmung zur Rangierfahrt, sondern auch dann anzeigen, wenn eine Zugstraße freigegeben ist, die am Sperrsignal vorbei führt. Einige Bahnen bevorzugen anstelle von Sperrsignalen Rangierhaltsignale. Ein Rangierhaltsignal zeigt einen Haltbegriff, der nur für Rangierfahrten gilt. Rangierhaltsignale sind insbesondere bei osteuropäischen Bahnen verbreitet, wobei als Haltbegriff ein blaues Licht verwendet wird. Im Gegensatz zu Sperrsignalen müssen Rangierhaltsignale nicht auf Fahrt gestellt werden, wenn sie am Fahrweg einer freigegebenen Zugstraße stehen. Rangierhaltsignale sind jedoch nicht zum Abschluss der zu einem Gruppensignal gehörenden Gleise verwendbar, da dieser Anwendungsfall einen für Züge gültigen Haltbegriff erfordert. Auch bei der Deutschen Bahn gibt es Rangierhaltsignale in Form der sogenannten Wartezeichen. In Neuanlagen ist die Anwendung von Wartezeichen außerhalb reiner Nebengleisanlagen (z. B. Betriebswerke, Abstellanlagen) jedoch eher unüblich.

4.4   Sperrzeit von Fahrstraßen

Im Abschn. 4.2.2 wurden bereits einige Sperrzeitenbilder für die befahrenen Weichen von Einfahrstraßen vorgestellt. Für eine vollständige Darstellung der Sperrzeiten einer Fahrstraße wird für jeden Fahrwegabschnitt, der einzeln auflöst eine eigene Sperrzeit berechnet. Beim Einstellen einer Fahrstraße werden alle zugehörigen Fahrwegabschnitte gleichzeitig belegt und nach der Zugfahrt mit dem Freifahren der Fahrstraßenzugschlussstellen abschnittsweise wieder freigegeben (Abb. 4.20). Da am Beginn der Sperrzeit alle Fahrwegabschnitte bis zum nächsten Hauptsignal gleichzeitig belegt werden, ist stets der Fahrwegabschnitt mit der größten Sperrzeit maßgebend für die Zugfolge zwischen zwei auf gleichem Fahrweg folgenden Zügen.

Hinsichtlich der sperrzeitentechnischen Abbildung von Durchrutschwegen sind zwei Fälle zu unterscheiden. Wenn sich innerhalb des Durchrutschweges keine Weichen oder Kreuzungen befinden, führt die Belegung des Durchrutschweges nicht zu Ausschlüssen mit anderen Fahrstraßen. Deshalb ist es in solchen Fällen im Sperrzeitenbild nicht erforderlich, für den Durchrutschweg eine eigene Sperrzeit auszuweisen. Der Einfluss des Durchrutschweges auf die Zugfolge wird durch die Räumfahrzeit als Teil der Sperrzeit des rückliegenden Abschnitts bereits hinreichend erfasst. Bei Signalen, die Zielsignal einer Zugstraße sind und bei denen sich innerhalb des Durchrutschweges Weichen oder Kreuzungen befinden, sind, solange eine Zugfahrt auf dieses Zielsignal hin zugelassen ist, alle den Verlauf des Durchrutschweges berührenden Fahrstraßen ausgeschlossen. Deshalb muss in solchen Fällen für den Durchrutschweg zwingend eine eigene Sperrzeit ausgewiesen werden. Der Einfluss des Durchrutschweges auf die Räumfahrzeit des rückliegenden Abschnitts bleibt davon unberührt.

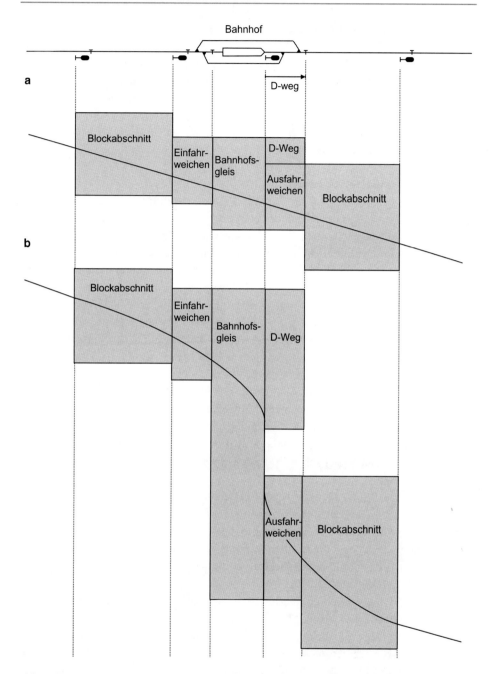

Abb. 4.20 Darstellung der Sperrzeiten im Bahnhof. **a** Durchfahrender Zug, **b** haltender Zug

4.5 Techniken zur Fahrwegsteuerung

Abgesehen von sehr einfachen Verhältnissen, sind die Einrichtungen zur Bedienung der Weichen und Signale heute in Stellwerken zusammengefasst. Hinsichtlich der technischen Ausführung kann man verschiedene Stellwerksbauformen unterscheiden.

4.5.1 Stellwerksbauformen

4.5.1.1 Mechanische Stellwerke

Mechanische Stellwerke sind die älteste Stellwerksbauform, die Entwicklung begann bereits kurz nach Inbetriebnahme der ersten Eisenbahnen in der ersten Hälfte des 19. Jahrhunderts. Mechanische Stellwerke werden durch Muskelkraft bedient. Die Kraftübertragung von den im Stellwerk installierten Hebeln zu den Weichen und Signalen erfolgt dabei entweder durch Gestänge (in Deutschland nicht verbreitet) oder Drahtzugleitungen. Die Signalabhängigkeit wird im Stellwerk durch ein mechanisches Verschlussregister (sogenannter Verschlusskasten) hergestellt. Dieses Verschlussregister besteht aus einer matrixförmigen Anordnung aus von den Weichen- und Signalhebeln bewegten Verschlussbalken und von den Fahrstraßenhebeln bewegten Fahrstraßenschubstangen. Durch Anordnung von Verschlussstücken innerhalb dieser Matrix wird bewirkt, dass der die Fahrstraße verschließende und die Signalbedienung freigebende Fahrstraßenhebel nur dann umgelegt werden kann, wenn sich alle Weichenhebel für die betreffende Fahrstraße in der richtigen Lage befinden. Im englischsprachigen Raum wird eine davon abweichende Verschlusslogik ohne Fahrstraßenschubstangen und Fahrstraßenhebel verwendet. Dabei baut sich der Verschluss der Fahrstraße durch verkettete Folgeabhängigkeiten zwischen den Weichenhebeln kaskadenweise bis zum deckenden Signal auf (Kaskadenstellwerke, siehe auch [7]).

Zwischen Weichenhebel und Weiche besteht eine quasistarre Verbindung, wobei durch die konstruktive Gestaltung sichergestellt ist, dass sich der Hebel nur dann vollständig umlegen lässt, wenn die Weiche ordnungsgemäß in die Endlage gekommen ist. Spitz befahrene Weichen können zur zusätzlichen Sicherheit mit einem durch einen separaten Hebel bedienten Zungenriegel ausgerüstet sein, der die Weichenzungen in der Endlage formschlüssig festhält.

Wegen der Bedienung durch Muskelkraft ist die Stellentfernung mechanischer Stellwerke begrenzt (Weichen bis ca. 400 m, Signale bis ca. 1200 m). An der Bildung einer Fahrstraße sind daher oft mehrere Stellwerke beteiligt. Die Abhängigkeiten zwischen diesen Stellwerken werden dabei in der deutschen Stellwerkstechnik auf elektrischem Wege über Blockfelder (Abschn. 3.3.2.3) hergestellt. Diese Einrichtungen werden als Bahnhofsblockanlagen bezeichnet (Abschn. 4.5.3.1). Im englischsprachigen Raum sind Bahnhofsblockanlagen unbekannt. Wenn dort ein Signal eine Fahrstraße deckt, die durch mehrere Stellwerksbezirke läuft, haben alle an dieser Fahrstraße beteiligten Stellwerke einen Signalhebel, der über eine Drahtzugleitung mit diesem Signal verbunden ist. Durch eine als „slot control" bezeichnete mechanische Abhängigkeit geht das Signal nur dann auf Fahrt, wenn alle an der Fahrstraße beteiligten Stellwerke ihren Signalhebel umgelegt haben.

Mechanische Stellwerke sind in Deutschland in der Regel nicht mit Gleisfreimeldeanlagen ausgerüstet. Das Freisein der Gleise kann daher nur durch Hinsehen geprüft werden. Da das sicherheitlich nicht mehr heutigen Ansprüchen genügt, werden zurzeit in den Anlagen, die noch längere Zeit in Betrieb sein werden, vereinfachte Gleisfreimeldeanlagen für die Einfahrgleise nachgerüstet. Die Weichenbereiche werden dabei nicht einbezogen. Signale, die in ein besetztes Gleis führen, sind nicht in der Haltstellung gesperrt, bei unzulässiger Signalbedienung wird jedoch eine akustische Warnung ausgelöst. Diese im Hintergrund wirkende Sicherungsfunktion entbindet den Bediener nicht von der Fahrwegprüfung durch Hinsehen, sie schützt jedoch vor Fehlhandlungen. Bei vielen ausländischen Bahnen, insbesondere im englischsprachigen Raum, sind mechanische und elektromechanische Stellwerke schon seit langem standardmäßig mit Gleisfreimeldeanlagen ausgerüstet. Die Fahrstraßenbildezeiten mechanischer Stellwerke liegen in der Größenordnung von 0,5 bis 2,0 min, können jedoch in Abhängigkeit von den örtlichen Bedingungen erheblich schwanken. Mechanische Stellwerke sind in unterschiedlichen Bauformen noch heute im Einsatz.

4.5.1.2 Elektromechanische und elektropneumatische Stellwerke

Zu Beginn des 20. Jahrhunderts begann die Entwicklung der elektromechanischen Stellwerke. In elektromechanischen Stellwerken werden Weichen und Signale durch elektromotorische Antriebe gestellt. Zwischen den Bedienungshebeln wird die Signalabhängigkeit über ein mechanisches Verschlussregister, ähnlich wie im mechanischen Stellwerk, hergestellt. Da eine quasistarre Verbindung zwischen Hebel und Weiche nicht besteht, wird die Übereinstimmung zwischen Hebel- und Weichenstellung durch elektrische Überwachungsstromkreise geprüft.

Elektromechanische Stellwerke ermöglichen größere Stellentfernungen als mechanische Stellwerke, allerdings werden in deutschen Anlagen die Steuerbereiche durch die hier meist fehlenden Gleisfreimeldeanlagen und die daraus resultierende Notwendigkeit der Fahrwegprüfung durch Hinsehen begrenzt. In Analogie zu mechanischen Stellwerken werden auch hier in Anlagen, die noch längere Zeit in Betrieb sein werden, vereinfachte Gleisfreimeldeanlagen für die Einfahrgleise nachgerüstet. Im englischsprachigen Raum sind abgesehen von frühen Installationen Gleisfreimeldeanlagen bei elektromechanischen Stellwerken Standard, wodurch dort größere Stellbereiche möglich sind (mit bis zu mehreren hundert Hebeln in einem Stellwerk).

Im Ausland haben neben den elektromechanischen auch elektropneumatische Stellwerke eine größere Verbreitung gefunden. In diesen Stellwerken werden die Außenanlagen durch Druckluftantriebe gestellt, Steuerung und Überwachung erfolgen wie in einem elektromechanischen Stellwerk elektrisch, die Innenanlagen beider Stellwerksformen sind weitgehend identisch. Einige Bahnen experimentierten auch mit reinen

Druckluft- und Druckwasserstellwerken ohne elektrische Steuerung, eine nennenswerte Verbreitung erlangten solche Bauformen jedoch nicht. Die Fahrstraßenbildezeiten elektromechanischer und elektropneumatischer Stellwerke sind durch die leichtere Bedienung und die geringere Ausdehnung der Hebelwerke deutlich kürzer als bei mechanischen Stellwerken, sie liegen im Bereich von 0,2 bis 1,5 min.

4.5.1.3 Relaisstellwerke
In Relaisstellwerken werden alle Abhängigkeiten über Relaisschaltungen hergestellt. Durch den Wegfall des mechanischen Verschlussregisters können die Bedienelemente (Tasten) und Meldeleuchten in einem schematischen Gleisbild angeordnet werden. Relaisstellwerke werden daher auch als Gleisbild- oder Drucktastenstellwerke bezeichnet. Die Ausrüstung mit Gleisfreimeldeanlagen ist bei Relaisstellwerken mit Ausnahme einiger Altbauformen allgemein üblich. Im Regelbetrieb sind dadurch keine sicherheitsrelevanten Bedienungshandlungen erforderlich (deutlicher Sicherheitsgewinn gegenüber älteren Stellwerksbauformen). Relaisstellwerke sind fernsteuerbar, damit können große Knoten oder ganze Strecken von einer Zentrale aus gesteuert werden. Die Fahrstraßenbildezeiten von Relaisstellwerken hängen fast nur noch von der Umlaufzeit der Weichen ab und liegen im Bereich von 0,1 bis 0,3 min.

4.5.1.4 Elektronische Stellwerke (ESTW)
Elektronische Stellwerke sind die modernste Stellwerksbauform. Von der Deutschen Bahn AG werden nur noch elektronische Stellwerke beschafft. Elektronische Stellwerke arbeiten rechnergesteuert, die Stellwerkslogik wird durch Software realisiert. Die Bedienung erfolgt in der Regel über Bildschirmarbeitsplätze. In Betriebszentralen verwenden viele Bahnen (jedoch nicht die Deutsche Bahn AG) auch Videoprojektionswände zur Visualisierung der Betriebslage größerer Netzbereiche. Die betrieblichen Möglichkeiten, die Fahrstraßenbildezeiten sowie das Sicherheitsniveau heutiger elektronischer Stellwerke sind mit Relaisstellwerken vergleichbar. Eine umfassende Beschreibung der betrieblichen Funktionalitäten der elektronischen Stellwerke der Deutschen Bahn AG findet sich in [9].

Zur Weiterentwicklung der elektronischen Stellwerke gibt es Konzepte einer zunehmenden Dezentralisierung der Stellwerksfunktionen [10]. Die dafür nötige Funktionalität wurde bereits in den frühen 1990er-Jahren entwickelt [11]. Die Grundidee besteht darin, die heute noch durch eine zentralisierte Stellwerkslogik realisierten Funktionen der Fahrweg- und Zugfolgesicherung auf dezentrale, direkt an den Fahrwegelementen angeordnete Steuereinheiten (Controller) zu verteilen. In der zentralen Ebene verbleibt dann nur noch das Leit- und Bediensystem.

Zurzeit wird bei der Deutschen Bahn AG unter der Bezeichnung „Digitale Stellwerke" eine neue Generation elektronischer Stellwerke eingeführt. Im Unterschied zu den bisherigen elektronischen Stellwerken ist die Rechnerarchitektur stärker dezentralisiert, wobei die Außenanlagen über IP-Schnittstellen angesteuert werden. Die Energieversorgung der Außenanlagen ist dabei von der Übermittlung der Stellbefehle getrennt. Durch genormte Schnittstellen lassen sich Komponenten verschiedener Hersteller flexibel kombinieren. Während die ersten Pilotanwendungen noch mit traditionellen Bedienplätzen mit bis zu acht Monitoren ausgerüstet sind, wird künftig ein neuer, integrierter Bedienplatz zum Einsatz kommen, bei dem der gesamte Steuerbereich in einer zusammenhängenden Darstellung auf einem großen Bildschirm mit tageslichttauglicher Farbdarstellung angezeigt wird. Auch die Bedienung der Kommunikations- und Betriebsleittechnik ist in diese Bedienoberfläche integriert.

Nach dem aktuellen Konzept der Deutschen Bahn AG soll nach ersten Pilotanwendungen die gesamte heutige Stellwerkstechnik durch digitale Stellwerke ersetzt werden. Dazu ist jeweils die geschlossene Ausrüstung kompletter Betriebsbezirke vorgesehen. Für den Prozess des flächenweisen Ausrollens der neuen Technologie im gesamten Netz ist von mehreren Jahrzehnten auszugehen.

4.5.2 Abbildung der Fahrstraßenlogik in Stellwerken

Für die Abbildung der Fahrstraßenlogik in Stellwerken gibt es zwei grundsätzliche Möglichkeiten:

- tabellarische Fahrstraßenlogik (Verschlusstabelle),
- geografische Fahrstraßenlogik (Spurplanprinzip).

4.5.2.1 Tabellarische Fahrstraßenlogik (Verschlusstabelle)

Die Verschlusstabelle (auch Verschlussplan, Verschlusstafel) ist die traditionelle Form der Darstellung der inneren Sicherungslogik eines Stellwerks. Obwohl dieses Abbildungsprinzip aus der Darstellung der Verschlussregister von mechanischen Stellwerken abgeleitet wurde, hat diese Form der Fahrstraßenlogik die Generationswechsel der Stellwerkstechnik überdauert und findet sich heute auch in einer Reihe von elektronischen Stellwerken.

In einer Verschlusstabelle wird jede Fahrstraße durch eine Zeile einer Matrix abgebildet, wobei die Spalten dieser Matrix durch die Fahrwegelemente gebildet werden. Die Felder der Matrix enthalten Informationen darüber, in welcher Lage sich ein Fahrwegelement für eine bestimmte Fahrstraße befinden muss (Abb. 4.21). Wenn ein Fahrwegelement von einer bestimmten Fahrstraße nicht benutzt wird, bleibt das betreffende Matrixelement leer. Nach dem gleichen Verfahren werden auch die Ausschlüsse zwischen den Fahrstraßen abgebildet, indem jede Fahrstraße auch durch eine Spalte repräsentiert wird, in die die wirkenden Fahrstraßenausschlüsse eingetragen werden. Wegen der fahrstraßenorientierten Abbildung der Sicherungsbedingungen wird die tabellarische Fahrstraßenlogik in der Fachliteratur auch als „Fahrstraßenprinzip" bezeichnet [12]. Stellwerke mit tabellarischer Fahrstraßenlogik arbeiten (außer bei ESTW) in der Regel nicht mit einer Einzelauflösung der Fahrwegelemente. Bei betrieblicher Notwendigkeit werden bei sehr langen Fahrstraßen jedoch häufiger Teilauflösungen längerer

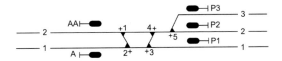

Fahrstr.	Fahrstraßenausschlüsse												Weichen				
	A-1	A-2	A-3	AA-1	AA-2	AA-3	P1-1	P1-2	P2-1	P2-2	P3-1	P3-2	1	2	3	4	5
A-1	-	|	|	|			||	|	|		|		+	+	+	+	
A-2	|	-	|	|	|	|	|	|	||	|	|	|	+	+	-	-	+
A-3	|	|	-	|	|	|	|	|	|	|	||	|	+	+	-	-	-
AA-1	|	|	|	-	|	|	|	||	|	|	|	|	-	-	+	+	
AA-2		|	|	|	-	|		|	|	||	|	|	+	+	+	+	+
AA-3		|	|	|	|	-		|	|	|	|	||	+	+	+	+	-
P1-1	||	|	|	|			-	|	|		|		+	+	+	+	
P1-2	|	|	|	||	|	|	|	-	|	|	|	|	-	-	+	+	
P2-1	|	||	|	|	|	|	|	|	-	|	|	|	+	+	-	-	+
P2-2		|	|	|	||	|		|	|	-	|	|	+	+	+	+	+
P3-1	|	|	||	|	|	|	|	|	|	|	-	|	+	+	-	-	-
P3-2		|	|	|	|	||		|	|	|	|	-	+	+	+	+	-

Fahrstraßenschlüsse:
| einfacher Ausschluss
|| besonderer Ausschluss
- Hauptdiagonale

Weichen:
+ Verschluss in Grundstellung
- Verschluss in umgelegter Stellung

Abb. 4.21 Prinzip einer Verschlusstabelle

Fahrstraßenabschnitte vorgesehen. Im englischsprachigen Raum wird anstelle des Fahrstraßenprinzips eine tabellarische Fahrstraßenlogik mit sogenannten Kaskadenverschlüssen verwendet, bei denen sich der Verschluss einer Fahrstraße durch Verkettung von Folgeabhängigkeiten kaskadenweise vom Start zum Ziel aufbaut. Dies hat eine vollkommen andersartige Darstellung der Verschlusstabellen zur Folge, auf deren Beschreibung hier verzichtet wird. Für eine nähere Erläuterung wird auf [7] verwiesen.

Die Logik der Fahrstraßenmatrix lässt sich sehr einfach in ein mechanisches Verschlussregister umsetzen und war daher das klassische Verfahren bei mechanischen und elektromechanischen Stellwerken. Auch älteren Relaisstellwerken liegt diese Form der Fahrstraßenlogik zugrunde. Mit dem Übergang zur elektronischen Stellwerkstechnik hat die tabellarische Fahrstraßenlogik wegen des „IT-freundlichen" Datenmodells der Matrix bei einigen Herstellern wieder eine gewisse Renaissance erlebt und zu einer Abkehr von dem in moderneren Relaisstellwerken verbreiteten Spurplanprinzip geführt. Als moderne Darstellungsform wird anstelle des Verschlussplans die sogenannte Fahrstraßentabelle verwendet.

4.5.2.2 Geografische Fahrstraßenlogik (Spurplanprinzip)

In der geografischen Fahrstraßenlogik gibt es keine feste Abspeicherung der Lage der Fahrwegelemente für eine Fahrstraße. Die einzelnen Fahrwegelemente werden als eigenständige Objekte aufgefasst, die entsprechend der Topologie des Spurplans der zu steuernden Gleisanlage miteinander verbunden werden. Diese Form der Fahrstraßenlogik wird daher auch als Spurplanprinzip bezeichnet (Abb. 4.22). Beim Einstellen einer Fahrstraße wird nach vorgegebenen Regeln ein Fahrweg zwischen Start und Ziel gesucht, und alle auf diesem Weg (= dieser Spur) liegenden Fahrwegelemente werden markiert und für diese Fahrt reserviert. Sind mehrere Wege vom Start zum Ziel möglich, existieren Regeln, welcher Fahrweg zu bevorzugen ist. Alle in der gefundenen Spur liegenden Fahrwegelemente werden nun daraufhin überprüft, ob ihr Status der gewünschten Fahrt entgegensteht. An bewegliche Fahrwegelemente werden Stellbefehle ausgegeben und die ordnungsgemäße Ausführung überwacht. Elemente, die sich in der richtigen Lage befinden, werden verschlossen. Liegt von allen Elementen eine entsprechende Verschlussmeldung vor, tritt für die Gesamtfahrstraße die Fahrstraßenfestlegung ein und das Startsignal geht auf Fahrt. Bei der Auflösung wird die Fahrstraße elementweise freigegeben.

Im Gegensatz zur Verschlusstabelle werden in der geografischen Fahrstraßenlogik die Fahrstraßenausschlüsse nicht zentral abgespeichert, sondern ergeben sich direkt aus der Anordnung der Fahrwegelemente im Elementverbindungsplan (Abb. 4.23). Zwei Fahrstraßen schließen sich immer dann aus, wenn sie mindestens ein befahrenes Fahrwegelement gemeinsam bzw. ein Flankenschutz bietendes Fahrwegelement in unterschiedlicher Lage beanspruchen. Zur Verhinderung von Gegeneinfahrten in ein Gleis (besonderer Ausschluss) sind die Zielelemente so anzuordnen, dass beide Fahrstraßen das Zielgleis für sich beanspruchen. Soll bei Rangierstraßen die Gegeneinfahrt möglich sein, müssen die Rangierziele so angeordnet werden, dass sich die Rangierstraßen nicht überschneiden.

Der Flankenschutz wird ebenfalls nicht durch zentrale Vorgabe der Flankenschutzbedingungen für jede Fahrstraße, sondern durch Suche nach Flankenschutz bietenden Elementen bei der Fahrwegsuche gewährleistet. Für jede im Fahrweg (befahrener Teil und Durchrutschweg) liegende Weiche wird in die aus der Fahrstraße abzweigende Spur

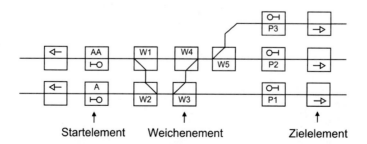

Abb. 4.22 Prinzip der geografischen Fahrstraßenlogik für das Spurplanbeispiel aus Abb. 4.21

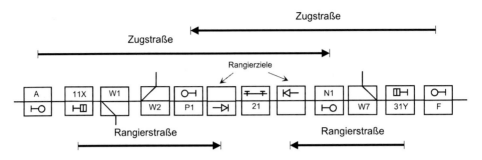

Abb. 4.23 Anordnung der Zielelemente bei Gegeneinfahrten

verzweigt und nach einem Flankenschutz bietenden Element gesucht. Erst wenn die Flankenschutz suche erfolgreich war, wird der Fahrtaufbau fortgesetzt. Die gefundenen Flankenschutz bietenden Elemente werden in die Sicherung der Fahrstraße einbezogen. Die konsequente Anwendung dieses Prinzips führt dazu, dass, wenn kein Flankenschutz bietendes Element gefunden wird, was betrieblich im Einzelfall durchaus zulässig sein kann, die Fahrwegsuche erfolglos abbrechen würde und die gewünschte Fahrstraße nicht einstellbar wäre. Damit es in solchen Fällen trotzdem möglich ist, eine Fahrstraße ein-zustellen und zu sichern, werden sogenannte Flankenschutzumkehrelemente vorgesehen, die einen (virtuellen) Flankenschutz vortäuschen und damit die Flankenschutzsuche zur erfolgreichen Umkehr bewegen (Abb. 4.24).

Als Alternative zur Verwendung der Flankenschutzumkehrelemente bieten einige Stellwerksbauformen die Möglichkeit, Weichenelemente so zu programmieren, dass die Flankenschutzsuche unterdrückt wird. Dies kann bei verzweigenden Schutzpfaden aller-dings dazu führen, dass vorhandene Flankenschutzeinrichtungen nicht genutzt werden und ist daher eher für Anlagen geringerer Komplexität (Nahverkehr) geeignet.

Das Prinzip der Flankenschutzumkehr wird jedoch nicht zur Realisierung des Flanken-schutzverzichts von Zwieschutzweichen verwendet. Bei einer Zwieschutzweiche wird durch die Projektierung der Funktionalität des Fahrwegelementes festgelegt, für welche

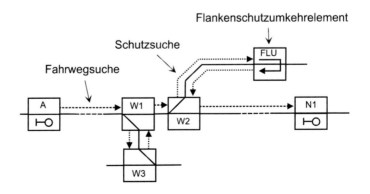

Abb. 4.24 Fahrwegsuche mit Flankenschutzumkehr

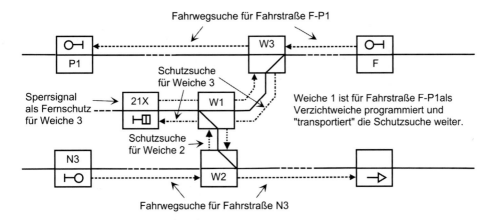

Abb. 4.25   Verzichtweiche mit Fernschutz

Fahrten diese Weiche als Verzichtweiche zu behandeln ist (Abb. 4.25). In diesem Fall läuft die Flankenschutzsuche über diese Weiche hinaus, sodass der Flankenschutz durch ein weiter entfernt liegendes Fahrwegelement wahrgenommen werden kann (Fernschutz).

Stellwerke nach diesem Prinzip wurden bereits in Relaistechnik verwirklicht (Spurplanstellwerke). Der große Vorteil dieser Stellwerke liegt in der sehr einfachen Projektierung und Montage. Für jeden Typ eines Fahrwegelements gibt es eine standardisierte Relaisgruppe. Bei der Montage werden die Relaisgruppen durch steckbare Spurkabel ohne Erfordernis fehleranfälliger Lötarbeiten verbunden. Beim Verbinden der Relaisgruppen baut sich dabei im Hintergrund selbsttätig die korrekte Schaltung auf. Auch Umbauten und vorübergehende Änderungen bei Bauarbeiten sind durch Umstecken von Spurkabeln einfach zu realisieren. Mit dem Übergang zur elektronischen Technik wurde die geografische Fahrstraßenlogik von einigen Herstellern beibehalten, andere kehrten jedoch wieder zur traditionellen Fahrstraßentabelle zurück. Aber selbst wenn der internen Logik vieler Bauformen elektronischer Stellwerke die Fahrstraßentabelle zugrunde liegt, hat die geografische Fahrstraßenlogik zumindest als Planungsinstrument in Form des Elementverbindungsplanes eine größere Verbreitung gefunden. Bei Stellwerken, die diese Logik nicht zur internen Steuerung verwenden, wird der in der Projektierung erstellte geografische Elementverbindungsplan intern in eine Fahrstraßentabelle umgesetzt.

4.5.3   Abhängigkeiten zwischen Bedienbereichen

4.5.3.1 Fahrstraßenabhängigkeiten zwischen Stellwerken

Fahrstraßenabhängigkeiten zwischen Stellwerken sind erforderlich, wenn sich Start und Ziel einer Fahrstraße in unterschiedlichen Stellwerken befinden. Dies ist in folgenden Fällen anzutreffen:

- wenn sich innerhalb eines Bahnhofs mehrere Stellwerke befinden,
- wenn von unterschiedlichen Stellwerken bediente Bahnhöfe ohne zwischenliegende freie Strecke aneinander angrenzen,
- in elektronischen Stellwerken an Schnittstellen zu Nachbarstellwerken, wenn an der Schnittstelle keine Streckenblockabhängigkeit eingerichtet werden kann (z. B. wenn das Einfahrsignal des eigenen Bahnhofs vom Nachbarstellwerk bedient wird).

Die Fahrstraßenabhängigkeiten zwischen den Stellwerken müssen sicherstellen, dass die Kriterien der Signalabhängigkeit von allen an der Fahrstraße beteiligten Stellwerken zum signalbedienenden Stellwerk übertragen werden. Auch die Fahrstraßenfestlegung muss auf alle Fahrwegelemente in den an der Fahrstraße beteiligten Stellwerken wirken.

Die dafür eingerichteten Abhängigkeiten werden in Zustimmungs- und Befehlsabhängigkeiten unterschieden. Durch eine Zustimmung wird die Sicherung eines Fahrstraßenteils als Vorbedingung für die Signalfreigabe an den Fahrdienstleiter übermittelt. Durch einen Befehl wird nach Sicherung eines Fahrstraßenteils der Auftrag des Fahrdienstleiters an das signalbedienende Stellwerk übermittelt, das Signal auf Fahrt zu stellen. In technischer Hinsicht funktionieren beide Abhängigkeiten nach dem gleichen Prinzip, der Unterschied liegt nur in der betrieblichen Funktion. Abb. 4.26 zeigt den Ablauf am Beispiel einer Zustimmungsabhängigkeit. Durch Abgabe der Zustimmung tritt für den Fahrstraßenteil im zustimmenden Stellwerk ein lokaler Fahrstraßenverschluss ein. Die Signalbedienung ist erst nach Empfang der Zustimmung möglich. Solange das Signal auf Fahrt steht, kann die Zustimmung nicht zurückgegeben werden. Damit wird über die Zustimmungsabhängigkeit die Signalabhängigkeit für die gesamte Fahrstraße hergestellt. Da die Fahrstraßenfestlegung ebenfalls die Rückgabe der Zustimmung verhindert, bis der Fahrstraßenteil im signalbedienenden Stellwerk aufgelöst hat, wirkt die Festlegung über die Zustimmungsabhängigkeit ebenfalls auf die Gesamtfahrstraße.

In Anlagen mit mechanischen und elektromechanischen Stellwerken war es aufgrund der geringen Stellentfernungen und der Fahrwegprüfung durch Hinsehen häufig erforderlich, einen Bahnhof auf mehrere Stellwerke aufzuteilen. Nach den Grundsätzen deutscher Bahnen ist es dabei üblich, den gesamten Bahnhof einem Fahrdienstleiter zu unterstellen, in dessen Bereich sich mehrere Stellwerke befinden können. Das Stellwerk, das der Fahrdienstleiter selbst bedient, wird als Befehlsstellwerk, die abhängigen, nur mit einem Weichenwärter besetzten Stellwerke werden als Wärterstellwerke bezeichnet. Die Befehls- und Zustimmungsabhängigkeiten zwischen diesen Stellwerken werden durch den sogenannten Bahnhofsblock hergestellt.

Ein Befehl wird vom Fahrdienstleiter an den Weichenwärter eines abhängigen Stellwerks gegeben, damit dieser im Auftrag des Fahrdienstleiters ein Signal auf Fahrt stellen kann (Abb. 4.27a). Neben der Sicherung des Fahrstraßenteils im Stellwerk des Fahrdienstleiters wird durch die Befehlsabhängigkeit auch die Befehlsgewalt des Fahrdienstleiters im Bahnhof sichergestellt. Deshalb werden Befehlsabhängigkeiten auch für Fahrstraßen eingerichtet, bei denen der Fahrdienstleiter bei der Fahrwegsicherung nicht

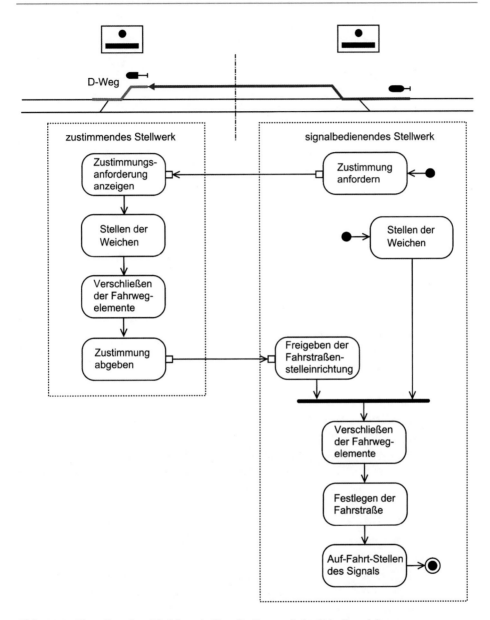

Abb. 4.26   Einstellen einer Einfahrt mit Signalbedienung beim Fahrdienstleiter

unmittelbar mitwirkt (Abb. 4.27b). Es wirken jedoch Ausschlüsse, die die Befehlsabgabe
für feindliche Fahrstraßen verhindern. Eine Zustimmung wird immer an den Fahrdienstleiter gegeben, der das Signal bedient oder den Befehl für die Signalbedienung abgibt.
Wenn große Bahnhöfe in mehrere Fahrdienstleiterbezirke eingeteilt sind, oder Bahnhöfe

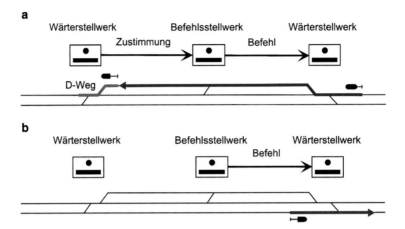

Abb. 4.27 Anwendung von Befehlsabhängigkeiten beim Bahnhofsblock. **a** Einfahrt, **b** Ausfahrt

ohne zwischenliegende freie Strecke unmittelbar aneinander angrenzen, können auch zwischen Fahrdienstleitern Zustimmungen ausgetauscht werden.

In elektronischen Stellwerken werden Fahrstraßenabhängigkeiten zu Nachbarstellwerken als Fahrstraßenanpassungen bezeichnet. Betrieblich handelt es sich dabei um Zustimmungsabhängigkeiten.

4.5.3.2 Abhängigkeiten zwischen Bedienbereichen in elektronischen Stellwerken

Auch in elektronischen Stellwerken (ESTW) erfordert die psychische Belastungsgrenze des Menschen in größeren Bahnhöfen häufig eine Aufteilung in mehrere Bedienbereiche. Zum Teil werden auch in ESTW feste Stellwerksbezirke mit klassischen Zustimmungsabhängigkeiten verwendet. Neueren Entwicklungen liegt jedoch meist eine flexiblere Zuordnung der Bedienbereiche zugrunde. Die Fahrdienstleiter können sich je nach betrieblichem Erfordernis auf unterschiedliche Bedienbereiche aufschalten und somit ihren Verantwortungsbereich der aktuellen betrieblichen Belastung anpassen. Dadurch ist es möglich, den Personalbedarf eines größeren Stellwerks bzw. einer Betriebszentrale der tageszeitlichen Schwankung der Verkehrsdichte anzupassen. Des Weiteren bietet die flexible Zuschaltung der Bedienbereiche die Möglichkeit, im Störungsfall den betroffenen Fahrdienstleiter lokal zu entlasten.

Bei der Konzeption der Bedienfunktionalität ist es jedoch wichtig, bei aller Flexibilität stets eine eindeutige Zuordnung der betrieblichen Verantwortung zu gewährleisten. Es muss zu jedem Zeitpunkt eindeutig feststehen, wer für die Bedienung eines bestimmten Signals und damit auch für alle dieses Signal betreffenden Hilfshandlungen der örtlich zuständige Fahrdienstleiter ist. Wenn Start und Ziel einer Fahrstraße in unterschiedlichen Fahrdienstleiterbezirken liegen, übernimmt in der Regel der das Startsignal bedienende Fahrdienstleiter die Verantwortung für die Gesamtfahrstraße.

4.5.3.3 Nahstellbereiche

Schon in der Relaistechnik wurde in größeren Bahnhöfen mit hohem örtlichen Rangier-
aufkommen öfter von der Möglichkeit Gebrauch gemacht, Stellbezirke mit Nahstellbetrieb
einzurichten. Dabei handelt es sich um Gleisbereiche, die bei Bedarf vorübergehend aus
der Verantwortung des zuständigen Fahrdienstleiters herausgelöst und zur Durchführung
von Rangierfahrten an einen örtlichen Bediener übergeben werden können. Zur Bedienung
der Weichen ist eine Außenbedienungsstelle (z. B. Stellsäule, Stellbude) eingerichtet. Solange der Nahstellbetrieb freigegeben ist, ist durch in abweisender Lage verschlossene
Schutzweichen sichergestellt, dass keine Fahrten im verbleibenden Verantwortungsbereich
des Fahrdienstleiters durch Fahrten im Nahstellbereich gefährdet werden können.

4.5.3.4 Sicherung ortsgestellter Weichen

Ortsgestellte Weichen lassen sich über Schlüsselabhängigkeiten in die Sicherung der
Fahrstraßen einbeziehen. Das ist die Regellösung an Anschlussstellen, aber auch in
Bahnhöfen anzutreffen, wenn ein seltener befahrenes Nebengleis an ein Hauptgleis an-
schließt. Für die Lage, in der die Weiche verschlossen werden soll, ist an der Weiche ein
Weichenschloss vorhanden. Das ist so konstruiert, dass sich der Schlüssel nur dann aus
dem Schloss entnehmen lässt, wenn die Weiche in der betreffenden Lage verschlossen
ist. Über die Form des Schlüssels ist ausgeschlossen, dass mit diesem Schlüssel die
Weichenschlösser anderer Weichen aufgeschlossen werden können. Um über die Weiche eine Zugfahrt durchführen zu können, muss der Schlüssel aus dem Weichenschloss
entnommen sein und sich in einer Schlüsselsperre befinden. Eine Schlüsselsperre ist ein
elektrisch verriegelbares Schloss, das vom Stellwerk wie ein verschließbares Fahrwegelement verwaltet wird. Solange die ortsgestellte Weiche unter Fahrstraßenverschluss
liegt, lässt sich der Schlüssel aus der Schlüsselsperre nicht entnehmen. Zur Bedienung
der Weiche wird der Schlüssel vom Stellwerk freigegeben und kann dann vom Bedienpersonal aus der Schlüsselsperre entnommen werden. Die Schlüsselsperre befindet
sich meist in der Nähe der ortsgestellten Weiche und ist dann ggf. gegen den Zugriff
durch Unbefugte zu sichern. In Altanlagen mit örtlich besetzten Stellwerken kann sich
die Schlüsselsperre auch in einem Stellwerk befinden, von dem das Zug- oder Rangierpersonal den Schlüssel zum Bedienen der Weiche abholen muss.

4.5.4 Streckensicherung mit den Mitteln der Fahrstraßentechnik

Die historisch bedingte scharfe Unterscheidung zwischen Bahnhofs- und Strecken-
sicherungstechnik geht in modernen Sicherungsanlagen zunehmend verloren. Durch die
Einführung einer durchgehenden technischen Gleisfreimeldung ist auch durch die Fahr-
straßentechnik eine vollwertige Sicherung des Fahrens im Raumabstand möglich. Das
Fahrstraßenprinzip ist damit prinzipiell auch zur Sicherung der Zugfolge auf der freien
Strecke anwendbar. Der bereits erwähnte Zentralblock orientiert sich bereits stark an der
Logik der Fahrstraßentechnik. Allerdings wird in deutschen Stellwerken bei Ausfahrten auf

Strecken mit Zentralblock die der Fahrwegsicherung dienende Ausfahrzugstraße immer noch funktional von dem der Zugfolgesicherung dienenden Zentralblockabschnitt getrennt.

Auf Streckengleisen zwischen benachbarten Zugmeldestellen besteht grundsätzlich die Möglichkeit, auf die Einrichtung einer Streckenblockabhängigkeit zu verzichten und die Streckensicherung in die Fahrstraßensicherung einzubeziehen. Dabei wird beim Einstellen einer Ausfahrzugstraße der folgende Blockabschnitt in Analogie zu einem Bahnhofsgleis wie ein Freimeldeabschnitt der Fahrstraße behandelt. Dies ist bei der Deutschen Bahn AG zulässig, wenn sich innerhalb eines Steuerbereichs zwischen zwei Zugmeldestellen keine selbsttätigen Blocksignale befinden. Dabei muss jedoch zur Realisierung der Streckenblockbedingungen eine Haltfallüberwachung des Zielsignals vorhanden sein, d. h. beim Auf-Fahrt-Stellen des Startsignals geprüft werden, dass das Zielsignal nach der letzten Zugfahrt die Haltstellung eingenommen hatte (Rückblockkriterium). Vorteilhaft ist die Lösung vor allem in Relaisstellwerken, da man dadurch die Relaisgruppe für den Streckenblock mit den zugehörigen Blockschnittstellen spart. In elektronischen Stellwerken ist dieser Vorteil irrelevant, da die Streckenblockfunktion nicht mehr durch eine eigenständige Hardware repräsentiert wird. Daher wird in elektronischen Stellwerken der Deutschen Bahn AG auch bei nur einem Blockabschnitt zwischen zwei Zugmeldestellen grundsätzlich ein von der Fahrstraßensicherung getrennter Zentralblockabschnitt eingerichtet.

Bei einigen ausländischen Bahnen wird bei Anlagen mit durchgehender technischer Gleisfreimeldung eine Streckenblocksicherung (entweder in Form eines Zentralblockabschnitts oder durch Blockinformationen) nur noch in Gleisabschnitten eingerichtet, die auf ein selbsttätiges Blocksignal folgen. Da in diesen Abschnitten keine Weichen liegen, ist keine Fahrwegsicherung nötig. An allen stellwerksbedienten Signalen beginnt immer eine Fahrstraße, die wie in einem Bahnhofsgleis bis zum nächsten Signal reicht und damit in diesem Abschnitt die Fahrweg- und Zugfolgesicherung kombiniert. Damit ist im Unterschied zu deutschen Stellwerken die Streckensicherung mit den Mitteln der Fahrstraßentechnik die Regellösung in allen Blockabschnitten, die an einem stellwerksbedienten Signal beginnen.

Noch einen Schritt weiter gehen die Schweizer Bahnen, die bei elektronischen Stellwerken alle Blockabschnitte mit Fahrstraßen wie auf Bahnhofsgleisen sichern. Auf Streckengleisen mit Zweirichtungsbetrieb kann es, wenn sich der Gegenfahrschutz bei mehreren, aufeinander folgenden Blockabschnitten nicht durch Fahrstraßenausschlüsse bewirken lässt, dabei erforderlich sein, die Fahrstraßensicherung mit einer Fahrtrichtungsverwaltung zu überlagern, die in Analogie zur Erlaubnislogik des Streckenblocks durch Einstellen einer Fahrtrichtung über mehrere Blockabschnitte Gegenfahrten ausschließt.

4.6   Funkbasierte Fahrwegsteuerung

Mit dem Aufkommen von Konzepten zur funkbasierten Sicherung der Zugfolge entstanden auch Ideen, dies mit einer funkbasierten Fahrwegsteuerung zu kombinierten und damit das Prinzip einer zentralisierten, fahrwegseitigen Steuerung der Fahrwegelemente aufzugeben. Am weitesten entwickelt wurde dieser Ansatz im Projekt Funkfahrbetrieb der Deutschen Bahn AG. Obwohl dieses Projekt zugunsten anderer Lösungen letztlich nicht realisiert wurde, ist die grundlegende Idee immer noch interessant und wird auch von der Forschung immer wieder als besonders innovatives Konzept aufgegriffen [13].

In der funkbasierten Fahrwegsteuerung wird die zentrale Zusammenfassung der Fahrwegsteuerung in Form eines Stellwerks aufgegeben. Das Prinzip gesicherter Fahrstraßen wird durch eine zuggesteuerte Einzelsicherung der Fahrwegelemente ersetzt. Zusammen mit der von einer Funkblockzentrale an die Züge erteilten Fahrerlaubnis erhalten die Züge auch Zugriffsrechte auf die im zugewiesenen Fahrweg liegenden Fahrwegelemente. Durch den an Bord des Fahrzeugs vorhandenen Streckenatlas ist dem Fahrzeuggerät die Lage der im zugewiesenen Fahrweg liegenden Weichen bekannt. Die Weichen werden durch dezentrale Stell- und Sicherungseinheiten gestellt, die die Stellbefehle zeitgerecht per Funk von den sich nähernden Zügen erhalten. Die Steuereinheiten senden Statusinformationen der Weichen (Lage- und Verschlussmeldung) an die sich nähernden Züge (Abb. 4.28).

Die für Fahrstraßen mit ortsfester Signalisierung definierten Begriffe Signalabhängigkeit und Fahrstraßenfestlegung werden bei der funkbasierten Fahrwegsteuerung durch die folgenden sicherheitlichen Steuerungsbedingungen ersetzt:

- Eine Weiche darf nur dann für eine Zugfahrt freigegeben werden, wenn sie sich in der richtigen Lage befindet und verschlossen ist.
- Der Verschluss einer Weiche muss solange erhalten bleiben, wie diese Weiche für eine Zugfahrt freigegeben ist.

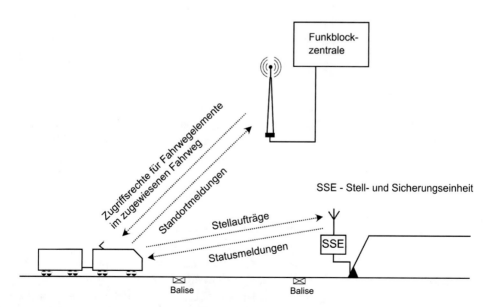

Abb. 4.28 Funkbasierte Steuerung der Fahrwegelemente

Die Bedingungen führen in letzter Konsequenz dazu, dass das in der Anwendung ortsfester Signale begründete Prinzip der Bildung von Fahrstraßen mit Deckung aller Weichen einer Fahrstraße durch ein gemeinsames Signal verloren geht. In der funkbasierten Betriebsführung stellt jede Weiche einen individuellen Gefahrpunkt dar und kann damit unmittelbar Zielpunkt einer Fahrerlaubnis sein. Diese Form der Fahrwegsicherung beeinflusst das Leistungsverhalten eines Fahrstraßenknotens auf zweierlei Weise.

Auf der einen Seite werden durch den Wegfall des Zwanges, alle Weichen eines Fahrweges gleichzeitig zu sichern, die Sperrzeiten reduziert, insbesondere für die Weichen am Ende des Fahrweges. Auf der anderen Seite können nun Züge, die bisher im Falle einer Behinderung vor dem deckenden Signal außerhalb des Fahrstraßenknotens gewartet hätten, bis vor den maßgebenden Behinderungspunkt vorrücken und innerhalb des Fahrstraßenknotens auf die Freigabe warten. Wenn die Warteposition des Zuges von anderen Fahrwegen gekreuzt wird, werden durch den Wartevorgang zusätzliche Ausschlusszeiten hervorgerufen, da sich die Sperrzeiten der Behinderungspunkte, die sich innerhalb möglicher Wartepositionen von Zügen befinden, um den Wert der Wartezeiten der auf diesen Wartepositionen wartenden Züge erhöhen. Dort, wo diese Behinderungen das Leistungsverhalten des Knotens merklich negativ beeinflussen, besteht eine mögliche Lösung darin, nicht mehr vor jedem Behinderungspunkt eine Warteposition zuzulassen, sondern vor dem Fahrstraßenknoten feste Fahrerlaubniszielpunkte zu definieren, vor denen im Behinderungsfall zu warten ist.

Damit besteht wieder eine gewisse Analogie zum Fahrstraßenprinzip in der ortsfesten Signalisierung, es werden sozusagen „virtuelle Fahrstraßen" gebildet. Als Regel für die Planung solcher „virtueller Fahrstraßen" kann der Grundsatz dienen, dass Wartepositionen von Zügen nicht von anderen Fahrstraßen gekreuzt werden sollen. Einmündungen anderer Fahrten innerhalb von Wartepositionen sind demgegenüber weniger kritisch, da der Ausschluss mit dem wartenden Zug auch dann bestünde, wenn er vor dem Fahrstraßenknoten warten würde.

Der Verschluss der Weichen kann bei funkbasierter Fahrwegsteuerung nach zwei unterschiedlichen Prinzipien bewirkt werden. Eine Möglichkeit besteht darin, einem Zug nur dann Zugriff auf die Steuerung einer Weiche zu gewähren, wenn diese Weiche in dem diesem Zug von der Zentrale zugewiesenen Fahrweg liegt. Dieses Prinzip war im Funkfahrbetrieb der Deutschen Bahn AG vorgesehen. Ein besonderer Verschluss zur Verhinderung des Umstellens der Weiche durch andere Züge ist nicht erforderlich, da nur ein Zug Zugriff auf die Weiche haben kann. Die konsequente Anwendung dieses Verfahrens führt jedoch zu Problemen bei der Sicherung von Flankenschutzweichen, die nicht innerhalb des zugewiesenen Fahrweges liegen bzw. sogar im zugewiesenen Fahrweg eines anderen Zuges liegen können. Für solche Fälle sind vom beschriebenen Grundsatz abweichende Sonderlösungen vorzusehen. Eine Alternative wäre, innerhalb der dezentralen Stell- und Sicherungseinheiten der Weichen in Analogie zur Fahrstraßenfestlegung einen logischen Verschluss herzustellen, der ein Umstellen der Weiche verhindert, bis sie ordnungsgemäß befahren und wieder freigefahren wurde. Bei diesem Verfahren gibt ein Zug an die in seinem Fahrweg liegenden Weichen sowie an die

Flankenschutzeinrichtungen (Weichen und Gleissperren) Stellbefehle aus. In den Stell- und Sicherungseinheiten tritt nach Ausführung des Stellbefehls ein Verschluss ein, der die Ausführung weiterer Stellbefehle verhindert. Das Eintreten des Verschlusses wird per Funk als Statusmeldung an den Zug übertragen.

Literatur

1. Eisenbahn-Bau- und Betriebsordnung (EBO) vom 8. Mai 1967. zuletzt geändert durch das Gesetz zur Neuordnung des Eisenbahnwesens vom 27. Dezember 1993 (BGBl I S. 2378; S. 2422)
2. Deutsche Reichsbahn: Grundsätze für die Ausgestaltung der Sicherungsanlagen auf Haupt- bahnen und den mit mehr als 60 km/h befahrenen Nebenbahnen. gültig ab 30. April 1959, unter Berücksichtigung der bis 1. September 1990 eingetretenen Änderungen
3. Deutsche Bundesbahn: Sammlung signaltechnischer Verfügungen (SSV) DS 818, Ausgabe 1983 (1983)
4. Deutsche Bahn AG: Richtlinien für das Vorhalten von Flankenschutzweichen. SBIV-Verfü- gung Nr. 22, in der Fassung der Bekanntgabe vom 21.04.1993 (1993)
5. Deutsche Bahn AG: LST-Anlagen planen – Richtlinie 819. eingeführt am 31.08.1998 (1998)
6. Dougherty, P.: Tracks of the New York City Subway. Eigenverlag Peter Dougherty, New York City (2018)
7. Pachl, J.: Railway Operation and Control, 4. Aufl. VTD Rail Publishing, Mountlake Terrace (2018)
8. Pachl, J.: Besonderheiten ausländischer Eisenbahnbetriebsverfahren. Grundbegriffe – Stell- werksfunktionen – Signalsysteme. Springer essentials, Springer Vieweg, Wiesbaden (2016)
9. Zoeller, H.-J.: Handbuch der ESTW-Funktionen. DVV Media Group, Hamburg (2002)
10. Lemke, O.: Systems-Engineering am Beispiel dezentraler Eisenbahnsicherungssysteme. Sig- nal Draht 105(1/2), 24–28 (2013)
11. Pasternok, T.: Selbstkonfigurierendes dezentrales Steuerungssystem für Bahnen. Schriften- reihe des Instituts für Verkehr, Eisenbahnwesen und Verkehrssicherung der TU Braunschweig, Bd. 44. TU Braunschweig, Braunschweig (1991)
12. Fenner, W., Naumann, P., Trinckauf, J.: Bahnsicherungstechnik. Wiley-VCH, Weinheim (2004)
13. Reißner, F., Ebel, J.: Funkfahrbetrieb – technisches Konzept. Signal Draht 89(9), 28–34 (1997)

Leistungsuntersuchung von Eisenbahnbetriebsanlagen

5

Durch Leistungsuntersuchungen wird ermittelt, in welcher Betriebsqualität ein bestimmtes Betriebsprogramm auf einer gegebenen Infrastruktur fahrbar ist. Das dient sowohl der leistungsgerechten Dimensionierung der Infrastruktur als auch der Ermittlung der im Rahmen der Fahrplankonstruktion nutzbaren Fahrwegkapazität. Als Methodik kommen analytische Verfahren und Simulationsmodelle zur Anwendung.

5.1 Kapazitätsrelevante Netzelemente

Für Leistungsuntersuchungen gibt es folgende kapazitätsrelevante Netzelemente, die sich hinsichtlich des Untersuchungsgegenstandes unterscheiden:

- Streckenabschnitte
- Fahrstraßenknoten
- Gleisgruppen

Bei der Untersuchung des Leistungsverhaltens von Streckenabschnitten geht es um den Zusammenhang zwischen der Belastung, d. h. dem Durchsatz in Zügen pro Zeiteinheit, und der Betriebsqualität. Typische Fragestellungen sind die Ermittlung von Belastungsgrenzwerten einer Strecke und die Bewertung der Auslastung einer Strecke durch ein gegebenes Betriebsprogramm. Die Ermittlung von Belastungsgrenzwerten ist nur für Streckenabschnitte möglich, innerhalb derer sich die Zugfolgestruktur nicht signifikant ändert, indem nahezu alle Züge den gesamten Streckenabschnitt durchfahren. Wenn dies nicht der Fall ist, ist eine Aufteilung in mehrere, sogenannte Teilstrecken erforderlich. Begrenzt werden Teilstrecken durch Bahnhöfe, in denen Züge beginnen und enden,

© Der/die Autor(en), exklusiv lizenziert an Springer Fachmedien Wiesbaden GmbH, ein Teil von Springer Nature 2025
J. Pachl, *Systemtechnik des Schienenverkehrs*,
https://doi.org/10.1007/978-3-658-45732-7_5

sowie durch Betriebsstellen, an denen sich Verkehrsströme verzweigen. Innerhalb einer Teilstrecke können jedoch Kreuzungs- und Überholungsbahnhöfe liegen.

Fahrstraßenknoten sind Weichenbereiche, in denen sich Fahrwege von Zügen verzweigen oder kreuzen. Ziel der Untersuchung von Fahrstraßenknoten ist, die Wirkung von sich behindernden Fahrstraßen auf das Leistungsverhalten der anschließenden Strecken zu bewerten.

Gleisgruppen sind Anordnungen alternativ nutzbarer paralleler Gleise in Bahnhöfen, in denen Züge eine gewisse Zeit verweilen, z. B. Bahnsteiggleisgruppen in größeren Personenbahnhöfen und Ein- und Ausfahrgruppen in Rangierbahnhöfen. Hier besteht das Ziel in der Ermittlung der erforderlichen Anzahl an Gleisen zur Bewältigung eines bestimmten Verkehrsstroms.

Zwischen diesen kapazitätsrelevanten Netzelementen bestehen vielfältige Wechselwirkungen. Obwohl die Untersuchung dieser Netzelemente ein unterschiedliches methodisches Vorgehen erfordert, dürfen sie nicht isoliert voneinander betrachtet werden. Bei der Untersuchung einer längeren Strecke, eines größeren Knotens oder eines Teilnetzes ist das Zusammenspiel der Zugfolgeprozesse auf den Streckenabschnitten, der Behinderung in den Fahrstraßenknoten und der Aufnahmefähigkeit der Gleisgruppen in ihrer Wirkung auf die Verkehrsströme zu berücksichtigen.

5.2   Leistungsverhalten und Leistungsfähigkeit

Das Leistungsverhalten beschreibt den Zusammenhang zwischen der Belastung, meist angegeben als Durchsatz in Zügen je Zeiteinheit, und der Betriebsqualität des untersuchten Systems [1]. Maßstab für die Betriebsqualität sind die im System auftretenden Wartezeiten, die sich für den Nutzer des Systems als Verzögerung seines Beförderungsvorganges negativ bemerkbar machen. Die Darstellung der Wartezeiten (als mittlere Wartezeit oder Wartezeitsumme) in Abhängigkeit von der Belastung ergibt die das Leistungsverhalten des untersuchten Systems beschreibende Wartezeitfunktion (Abb. 5.1).

Die Wartezeitfunktion beschreibt den Erwartungswert der Wartezeiten im Sinne der Stochastik. In Abhängigkeit von einem konkreten Betriebsprogramm kann der Verlauf der Kurve von dieser idealisierten Form abweichen. Die Form der Kurve hängt entscheidend davon ab, in welcher Weise die Belastung durch Einfügen weiterer Züge erhöht wird. So kann es sein, dass durch das Einfügen weiterer Züge zunächst keine neuen Konflikte erzeugt werden, sodass die Wartezeit trotz zunehmender Belastung nicht ansteigt. Anderseits können durch das Einfügen eines Zuges in einer ungünstigen Stelle in der Zugfolgestruktur erhebliche Konflikte erzeugt werden, sodass die Wartezeiten an dieser Stelle sprunghaft ansteigen.

Die Wartezeitfunktion hat einen progressiv wachsenden Verlauf und konvergiert gegen einen Belastungswert, der als maximale Leistungsfähigkeit bezeichnet wird. Diese maximale Leistungsfähigkeit ist eine absolute Obergrenze für die Belastung des Systems. Sie kann praktisch nicht erreicht werden, da die mittlere Wartezeit an dieser

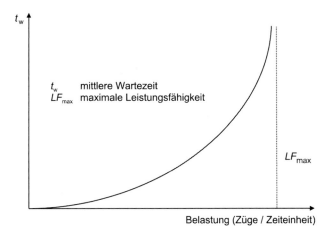

Abb. 5.1 Wartezeitfunktion

Stelle gegen unendlich gehen würde. Das bedeutet allerdings nicht, dass die Bewegung im System vollständig zum Stillstand kommt, sondern dass sich eine wachsende Warteschlange aufbaut, die durch den im System maximal möglichen Durchsatz nicht mehr abgebaut werden kann. Obwohl nicht alle im System befindlichen Züge warten, geht die mittlere Wartezeit somit gegen unendlich. Die Wartezeitfunktion bildet in einer zusammengefassten Darstellung die im System auftretenden Wartezeiten ab. Die Wartezeiten lassen sich in zwei wesentliche Klassen einteilen:

- planmäßige Wartezeiten,
- außerplanmäßige Wartezeiten.

Planmäßige Wartezeiten sind alle Wartezeiten, die bereits in den Fahrplan eingearbeitet sind. Dazu gehören Wartezeiten beim Überholen und Kreuzen von Zügen sowie sogenannte Synchronisationszeiten zum Herstellen von Anschlüssen oder zum Anpassen der Lage einer Fahrplantrasse an eine gewünschte Taktlage. Planmäßige Wartezeiten sind ein Maß für die Planungsqualität des Fahrplans. Außerplanmäßige Wartezeiten sind die sich durch die dem Betrieb innewohnende Stochastik ergebenden Abweichungen von den planmäßigen Beförderungszeiten. Sie offenbaren sich dem Nutzer als Verspätungen und sind ein Maß für die Qualität der Betriebsdurchführung.

Wenn man die in der Phase der Fahrplanerstellung auftretenden Wartezeiten als gesonderte Wartezeitfunktion den Wartezeiten in der Betriebsabwicklung gegenüberstellt, ergibt sich eine Darstellung entsprechend Abb. 5.2.

Es ist festzustellen, dass die Wartezeiten in der Phase der Fahrplanerstellung über den insgesamt auftretenden Wartezeiten in der Betriebsabwicklung liegen und gegen einen Belastungsgrenzwert konvergieren, der deutlich unter der maximalen Leistungsfähigkeit liegt, wobei die Differenz mit steigender Belastung zunimmt. Dieser Effekt ist auf

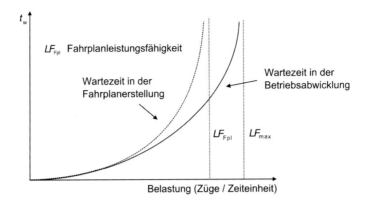

Abb. 5.2 Wartezeiten in Fahrplanerstellung und Betriebsabwicklung

mehrere Ursachen zurückzuführen. Die bei der Fahrplankonstruktion anzusetzenden Mindestzugfolgezeiten sind sehr stark von der sogenannten Verkettung der Zugfolge, d. h. von den sich aus den Geschwindigkeitsdifferenzen ergebenden Zwängen abhängig. Wenn in der praktischen Betriebsdurchführung Verspätungen auftreten, ist es üblich, dass beispielsweise ein schnell fahrender Zug einem vorausfahrenden langsameren Zug nicht in dem für behinderungsfreie Fahrt notwendigen, sondern einem geringeren Abstand folgt, um eine Verspätungsübertragung auf weitere Züge zu vermeiden (Abb. 5.3).

Der Fahrzeitverlust, den der schnell fahrende Zug durch die erzwungene Angleichung seiner Trassenneigung an den vorausfahrenden langsameren Zug erleidet, ist deutlich

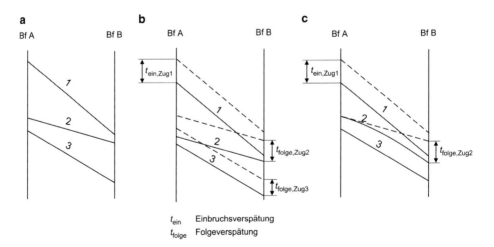

Abb. 5.3 Aufheben der Verkettung im Verspätungsfall. **a** Geplante Zugfolge, **b** unrealistische Verspätungsübertragung unter Beibehaltung der Verkettung, **c** Reduktion der Verspätungsübertragung durch Aufhebung der Verkettung

geringer als die sich bei Beibehaltung der Verkettung ergebenden Folgeverspätungen. Bei starker Belastung tritt dadurch bei Verspätungen eine Aufhebung der Verkettung durch Angleichung der Trassenneigung ein. Der Zeitverlust in Form außerplanmäßiger Wartezeiten durch die Fahrzeitverlängerung der betroffenen schnell fahrenden Züge ist dabei in der Regel wesentlich geringer als der Zeitgewinn durch Verkürzung der bei der Fahrplankonstruktion berücksichtigten Mindestzugfolgezeiten.

Eine weitere Ursache liegt in der Wirkung der Synchronisationszeiten begründet. Im Verspätungsfall kommen viele Synchronisationszeiten durch Aufgabe von Anschlüssen sowie dadurch, dass verspätete Züge aus ihrer Taktlage geraten, nicht mehr zum Tragen und fallen daher als planmäßige Wartezeiten weg. Diese Zusammenhänge führen dann in der praktischen Betriebsdurchführung zu dem Ergebnis, dass die an der Stelle eines bestimmten Belastungswertes insgesamt auftretenden Wartezeiten geringer sind, als die sich für den gleichen Belastungswert ergebenden planmäßigen Wartezeiten.

Der unter der maximalen Leistungsfähigkeit liegende Belastungswert, gegen den die Kurve der planmäßigen Wartezeiten konvergiert, ist die Fahrplanleistungsfähigkeit, die einen oberen Grenzwert für die Fahrplankonstruktion darstellt. Die Fahrplanleistungsfähigkeit kann als die maximale Zahl konstruierbarer Fahrplantrassen unter vorgegebenen betrieblichen Randbedingungen (z. B. Takteinhaltung, marktverträgliche Überholungen) interpretiert werden. Obwohl die Zahl der in einen definierten Zeitraum konstruierbaren Fahrplantrassen endlich ist, geht die Wartezeitfunktion der Fahrplanerstellung gegen unendlich. Wenn die maximale Zahl konstruierbarer Fahrplantrassen im Fahrplan belegt ist, sind Wünsche nach dem Einlegen weiterer Fahrplantrassen nicht mehr erfüllbar. Das lässt sich in der Weise interpretieren, dass die Wartezeit für diese nicht mehr realisierbaren Fahrplantrassen gegen unendlich geht.

Der Abstand zwischen Fahrplanleistungsfähigkeit und maximaler Leistungsfähigkeit ist ein Indiz für die Homogenität des Betriebsprogramms (Abb. 5.4). Bei sehr homogenen Fahrplänen, bei denen überwiegend trassenparallel gefahren wird, ist eine wesentlich höhere planmäßige Auslastung des Leistungsvermögens der Infrastruktur möglich als bei Fahrplänen mit einer inhomogenen Struktur. Auf der anderen Seite bieten inhomogene Fahrpläne die Möglichkeit, im Störungsfall durch Aufhebung der Verkettung zusätzliche Leistungsreserven zu erschließen.

5.3   Optimaler Leistungsbereich

Es stellt sich die Frage, in welchem Bereich der Wartezeitfunktion die reale Belastung eines Systems liegen sollte, um eine kundengerechte Betriebsqualität bei optimaler Auslastung zu erreichen. Eine solche Betrachtung wäre vordergründig für die Wartezeitfunktion der Fahrplanleistungsfähigkeit durchzuführen, da diese für das praktisch realisierbare Betriebsprogramm maßgebend ist. Nach einer verbreiteten Theorie sollte die Belastung in einem Bereich liegen, der durch die folgenden zwei Punkte begrenzt wird [1]:

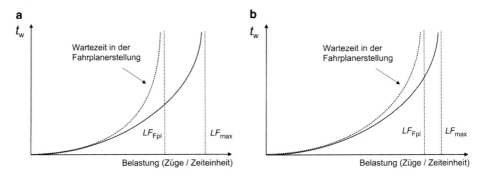

Abb. 5.4 Einfluss der Homogenität des Betriebsprogramms auf die Wartezeitfunktionen in der Fahrplanerstellung und der Betriebsabwicklung. **a** Inhomogenes Betriebsprogramm, **b** homogenes Betriebsprogramm

- als untere Grenze durch das Minimum der relativen Empfindlichkeit der Wartezeit,
- als obere Grenze durch das Maximum der Beförderungsenergie.

Die Empfindlichkeit einer Funktion ist gleich ihrer ersten Ableitung. Die relative Empfindlichkeit ist der Quotient aus der Empfindlichkeit und dem an der gleichen Stelle vorliegenden Funktionswert.

$$EMPF_{rel} = \frac{t'_w}{t_w}$$

$EMPF_{rel}$	relative Empfindlichkeit der Wartezeit
t_w	mittlere Wartezeit

Die Darstellung des Funktionsverlaufes der relativen Empfindlichkeit liefert einen Graphen, der ein globales Minimum besitzt (Abb. 5.5). Dieses Minimum der relativen Empfindlichkeit der Wartezeit ist die Stelle, an der die Intensität des Wartezeitzuwachses bezogen auf die Höhe der vorhandenen Wartezeit am kleinsten ist.

Bis zum Erreichen dieses Punktes steht einer Zunahme der Belastung nur eine vergleichsweise geringe Erhöhung der Wartezeit gegenüber, das System hat noch erhebliche Leistungsreserven und ist nicht wirtschaftlich ausgelastet.

Die Beförderungsenergie ist das Produkt aus der Belastung und der mittleren Beförderungsgeschwindigkeit. Die mittlere Beförderungsgeschwindigkeit nimmt mit steigender Belastung ab und erreicht bei der maximalen Leistungsfähigkeit den Wert Null. Wie schon bei der Erläuterung der Wartezeitfunktion gesagt, bedeutet das nicht, dass das System zum Stillstand kommt. Im Gegenteil, an der Leistungsgrenze arbeitet das System mit maximalem Durchsatz. Da jedoch die mittlere Wartezeit gegen unendlich geht, geht die mittlere Beförderungsgeschwindigkeit gegen Null, selbst wenn nicht alle Züge warten. Der Begriff Energie wurde gewählt, da eine gewisse (jedoch mathematisch nicht exakte)

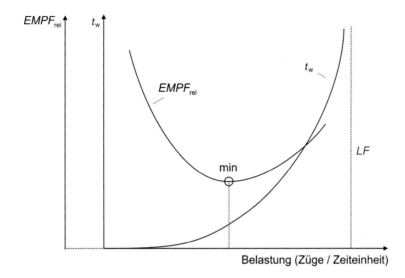

Abb. 5.5   Relative Empfindlichkeit der Wartezeiten

Analogie zur Bewegungsenergie der Physik besteht. Danach kann die Beförderungsenergie als das Produkt aus der in Bewegung befindlichen Verkehrsmenge mit dem Quadrat der Beförderungsgeschwindigkeit aufgefasst werden. Die in Bewegung befindliche Verkehrsmenge ist die Zugdichte, d. h. die Zahl der Züge, die gleichzeitig im Untersuchungsbereich unterwegs sind. Die Zugdichte kann als Produkt des Durchsatzes mit dem Kehrwert der Beförderungsgeschwindigkeit ausgedrückt werden. Damit ergibt sich die Beförderungsenergie als Produkt aus Durchsatz und Beförderungsgeschwindigkeit.

$$E_{\text{Bef}} = \frac{z}{s} \cdot v_{\text{Bef}}^2 = \frac{z}{t} \cdot \frac{t}{s} \cdot v_{\text{Bef}}^2 = \frac{z}{t} \cdot v_{\text{Bef}}$$

E_{Bef}	Beförderungsenergie
z	Anzahl der Züge
s	Länge der Teilstrecke
v_{Bef}	mittlere Beförderungsgeschwindigkeit

Der Funktionsverlauf zeigt zunächst einen degressiven Anstieg, um nach Erreichen des Maximalwertes relativ schnell abzufallen. Ein Betrieb des Systems oberhalb dieses Punktes ist unwirtschaftlich, da die weitere Erhöhung des Durchsatzes durch die Abnahme der Beförderungsgeschwindigkeit übermäßig kompensiert wird, sodass der wirtschaftliche Erfolg abnimmt. Der Maximalwert der Beförderungsenergie bildet daher die obere Grenze des optimalen Leistungsbereiches (Abb. 5.6).

Abb. 5.7 zeigt die beiden Grenzwerte des optimalen Leistungsbereiches in einer zusammengefassten Darstellung. Nach den bisherigen betrieblichen Erfahrungen bei der

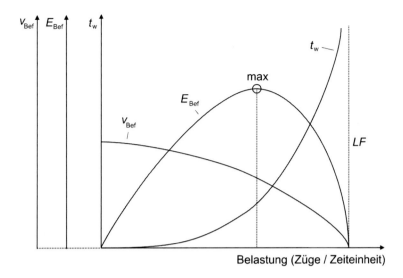

Abb. 5.6 Beförderungsenergie und mittlere Beförderungsgeschwindigkeit

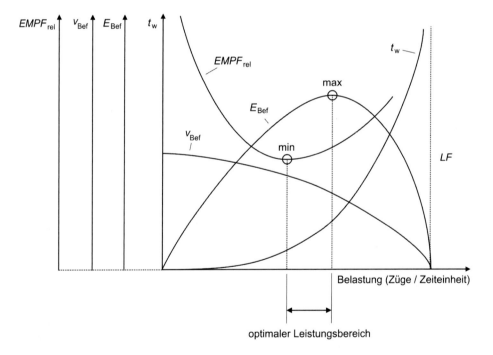

Abb. 5.7 Optimaler Leistungsbereich

Anwendung dieser theoretischen Betrachtungsweise sollte die mittlere praktische Belastung auf Strecken mit Personenverkehr eher in der Nähe der unteren Grenze des optimalen Leistungsbereiches angesetzt werden. Eine Ausnutzung der oberen Grenze ist im

Tagesverlauf nur in begrenzten Spitzenzeiten zu empfehlen, wenn anschließend wieder Erholungsphasen zur Entspannung des Betriebes folgen.

Im Unterschied zu früheren Ansätzen zur Bewertung des Leistungsverhaltens wird bei dieser Betrachtungsweise die Belastungsgrenze nicht aus einer vorgegebenen zulässigen Wartezeit, sondern aus einer Analyse des Verlaufs der Wartezeitkurve abgeleitet. Entscheidend für die Zulässigkeit einer bestimmten Belastung ist damit nicht die absolute Höhe der dabei zu erwartenden Wartezeiten, sondern die Stabilität des Verkehrsflusses. Welche Wartezeiten sich dabei einstellen und damit als zulässig anzusehen sind, hängt entscheidend von der Struktur der Zugfolge, d. h. von der Verteilungsfunktion der Zugfolgezeiten ab. Damit handelt es sich um einen sehr universellen Ansatz. Man kann die Wartezeitfunktion für beliebig große Infrastrukturbereiche ermitteln und einen optimalen Leistungsbereich bestimmen.

Sofern die Verteilungsfunktion der Zugfolgezeiten bekannt ist, sind die Auslastungsgrade der Leistungsfähigkeit, die die Grenzen des optimalen Leistungsbereiches bilden, auch analytisch zu berechnen. *Hertel* hat in [1] die Formeln zur Berechnung der Funktionswerte der relativen Empfindlichkeit der Wartezeiten und der Beförderungsenergie für verschieden verteilte Zugfolgezeiten abgeleitet und die maßgebenden Punkte bestimmt. Dabei stellt sich das Minimum der relativen Empfindlichkeit in Abhängigkeit von der Homogenität des Betriebsprogramms bei Auslastungsgraden zwischen 50 und 60 % ein, die höheren Werte jeweils für kleinere Variation der Zugfolgezeiten. Die Maxima der Beförderungsenergie liegen im Bereich von 50 bis 80 % Auslastung der Leistungsfähigkeit. Auch hier stellen sich die höheren Werte mit wachsender Harmonisierung der Zugfolgezeiten ein. Durch Simulation von Betriebsprogrammen auf realen Infrastrukturen wurde die Größenordnung dieser Wertebereiche auch in der Praxis nachgewiesen.

5.4   Methodik der Leistungsuntersuchungen

Die Eisenbahnbetriebswissenschaft hat mit der Zeit ein reichhaltiges Instrumentarium an Verfahren und Modellen zur Untersuchung des Leistungsverhaltens hervorgebracht. Seit der Entwicklung leistungsfähiger Rechner gibt es sowohl hinsichtlich der möglichen Untersuchungsschärfe als auch hinsichtlich des möglichen räumlichen Umfangs der zu untersuchenden Infrastruktur keine praktisch relevanten Grenzen mehr.

5.4.1   Einteilung der Verfahren

Die Verfahren zur Leistungsuntersuchung lassen sich entsprechend Abb. 5.8 in zwei grundsätzliche Klassen einteilen:

- analytische Verfahren,
- Simulationsverfahren.

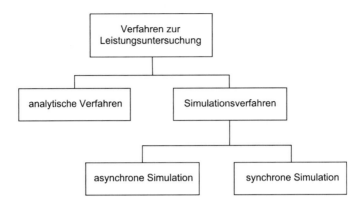

Abb. 5.8 Verfahren für Leistungsuntersuchungen

Analytische Verfahren verfolgen den Ansatz, aus gegebenen Werten zur Beschreibung der Infrastruktur und des Betriebsprogramms Kenngrößen zur Einschätzung der Betriebsqualität zu berechnen. Dazu gibt es zwei grundsätzliche Verfahren:

- Bestimmung des Erwartungwerts der Wartezeit mit den Methoden der Warteschlangentheorie
- Bestimmung der Kapazitätsauslastung einer Strecke durch die "Kompressionsmethode"

Bei Anwendung der Warteschlangentheorie wird die Belastung durch Vergleich der ermittelten Wartezeit mit einer zulässigen Wartezeit beurteilt, bei der eine akzeptable Betriebsqualität zu erwarten ist. Bei Anwendung der Kompressionsmethode wird die Belastung durch Vergleich der prozentualen Auslastung mit einem empfohlenen Grenzwert für akzeptable Betriebsqualität bewertet. Beide Ansätze liefern damit letztlich eine ähnliche Aussage. Man kann mit beiden Methoden sowohl die Betriebsqualität eines gegebenen Betriebsprogramms bewerten als auch die für eine akzeptable Betriebsqualität zulässige Belastung bestimmen.

Bei Anwendung der Warteschlangentheorie ist zur Bestimmung der Wartezeiten die Zerlegung der Infrastruktur in Belegungselemente erforderlich, die von Zügen nur nacheinander unter Einhaltung einer Mindestzugfolgezeit belegt werden können. Beispiele sind Streckengleise zwischen zwei Knoten und sogenannte Teilfahrstraßenknoten, d. h. Bereiche eines Fahrstraßenknotens, in denen sich alle darüber führenden Fahrstraßen gegenseitig ausschließen (Abb. 5.9).

In einem solchen Belegungselement können sich durchaus mehrere Züge gleichzeitig befinden, z. B. in einem Streckengleis mit mehreren Blockabschnitten, die Züge können aber nur nacheinander in dieses Element einfahren. Die Mindestzugfolgezeit zwischen zwei Zügen wird dabei stets so berechnet, dass es innerhalb dieses Elementes zu keiner Behinderung kommt. Wartezeiten offenbaren sich dadurch, dass vor einem

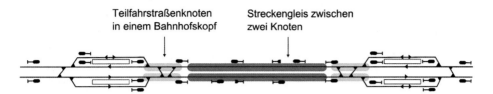

Teilfahrstraßenknoten
in einem Bahnhofskopf

Streckengleis zwischen
zwei Knoten

Abb. 5.9 Beispiele für Belegungselemente

Belegungselement der Ankunftsabstand zwischen zwei aufeinander folgenden Zügen kleiner ist, als die zur behinderungsfreien Durchführung erforderliche Mindestzugfolgezeit. Damit lassen sich diese Belegungselemente wie Bedienungskanäle im Sinne der Warteschlangentheorie behandeln (in der älteren deutschsprachigen Literatur auch als Bedienungstheorie bezeichnet). Die in eine Anlage einbrechenden Züge werden als Forderungenstrom aufgefasst, woraus für die einzelnen Belegungselemente Erwartungswerte für Wartezeiten und Warteschlangenlängen bestimmt werden, die zur Beurteilung der Betriebsqualität dienen [2]. Diese Modelle erlauben damit auch ein Ausrechnen von Erwartungswerten einzelner Punkte der Wartezeitfunktion. Wegen der hohen Komplexität der Warteschlangenmodelle sind solche Verfahren in der Praxis nur rechnergestützt durchführbar. Da alle Wartezeiten immer einem Belegungselement zugeordnet werden, sind auch die Auslastungs- und Qualitätskennwerte unmittelbar nur für die einzelnen Belegungselemente bestimmbar. Diese isolierte Betrachtung der einzelnen Belegungselemente begrenzt die Aussagekraft, insbesondere, wenn in größeren Knotenbereichen oder vernetzten Strukturen eine Aufteilung in kurze Teilstrecken erforderlich ist.

Was Warteschlangenmodelle grundsätzlich nicht leisten können, ist eine Aussage zur Durchführbarkeit eines vorgegebenen konkreten Betriebsprogramms. Eine solche Aussage ist insbesondere auf Strecken mit vertaktetem Verkehr von großer Wichtigkeit. In der Praxis wird es daher vielfach erforderlich sein, die mit solchen Verfahren gewonnene Aussage zu einer mit einer vorgegebenen Betriebsqualität fahrbaren Zugzahl durch eine manuell oder rechnergestützt zu erstellende Fahrplanstudie zum Nachweis der Fahrbarkeit gewünschter Taktlagen zu ergänzen.

Bei der Kompressionsmethode wird ein gegebenes Betriebsprogramm durch virtuelles „Zusammenschieben" der Fahrplantrassen so weit komprimiert, bis sich alle Sperrzeitentreppen ohne Pufferzeit berühren. Daraus ergibt sich dann der sogenannte verkettete Belegungsgrad, für den empirische Grenzwerte existieren, bei deren Überschreitung mit Qualitätsproblemen zu rechnen ist. Die Kompression kann sowohl durch Suche nach der maßgebenden Pufferzeitkette in der Fahrplanstruktur nach der Methode des kritischen Weges oder auch rein rechnerisch über die mittlere Mindestzugfolgezeit durchgeführt werden. Für die rechnerische Kompression ist noch kein komplett durchkonstruierter Fahrplan erforderlich, es reicht die Ermittlung der Häufigkeit der einzelnen Zugfolgefälle mit ihren Mindestzugfolgezeiten. Das wird im Abschn. 5.4.3 an einem Beispiel demonstriert. Die Kompressionsmethode eignet sich vordergründig zur Untersuchung von Streckenabschnitten und stößt in komplexen Knoten an ihre Grenzen.

Simulationsverfahren sind vom Ansatz her mit der experimentellen Methode der Naturwissenschaften vergleichbar. Allerdings wird das „Betriebsexperiment" nicht an der real existierenden Anlage, sondern nur an einem als Datenmodell vorliegenden Abbild der Realität vorgenommen. Die Qualität der Ergebnisse hängt dabei in entscheidender Weise von der Genauigkeit der Abbildung ab. In der Vergangenheit, als noch keine ausreichend leistungsfähigen Rechenanlagen zur Verfügung standen, wurde für betriebliche Untersuchungen gelegentlich auch die gegenständliche Modellierung in Eisenbahnbetriebslaboratorien mithilfe von Modellbahnen benutzt. Zur Einschränkung des Platzbedarfs für den maßstäblichen Nachbau der Infrastruktur wurde dabei meist ein vom Modellmaßstab abweichender Längenmaßstab mit entsprechend herabgesetzten Modellgeschwindigkeiten verwendet. Auch heute sind solche Eisenbahnbetriebslaboratorien noch in Gebrauch; sie werden jedoch kaum noch für Leistungsuntersuchungen, sondern in Verbindung mit realen Stellwerks- und Dispositionsarbeitsplätzen hauptsächlich zu Lehrzwecken sowie zur Untersuchung von Mensch-Maschine-Systemen bei der Steuerung des Bahnbetriebes verwendet [3, 4].

Im Unterschied zu analytischen Verfahren kann man bei Simulationsuntersuchungen an beliebigen Stellen Wartezeiten ermitteln, ohne sie einem bestimmten Belegungselement zuordnen zu müssen. Da die Züge in der Simulation ohne Rücksicht auf die rechnerischen Mindestzugfolgezeiten verkehren, ist eine behinderungsfreie Durchführung innerhalb des folgenden Streckenabschnitts nicht gewährleistet. Somit können Wartezeiten nicht nur vor einem Streckenabschnitt, sondern auch als Unterwegswartezeiten innerhalb eines Streckenabschnitts auftreten. Die für die analytischen Verfahren entwickelten Auslastungs- und Qualitätskennwerte sind daher nur bedingt auf Simulationsuntersuchungen übertragbar. Mit Simulationsverfahren können komplexe Infrastrukturen bis hin zu großen Netzen untersucht werden. Sie stellen damit aber auch höhere Ansprüche an die Anwender, um aus der großen Menge erzeugbarer Daten die richtigen Schlüsse zu ziehen.

Im Folgenden werden zunächst die Simulationsverfahren und dann, etwas ausführlicher, die Verfahren bei analytischen Leistungsuntersuchungen behandelt. Der Grund für die ausführlichere Behandlung der analytischen Verfahren liegt darin, dass sich diese Verfahren auch zum manuellen Nachvollzug eignen, womit kleinere Aufgabenstellungen durch den Wegfall des Aufwandes, sich in ein komplexes, rechnergestütztes Verfahren einarbeiten zu müssen, durchaus auf effektive Weise gelöst werden können.

5.4.2 Simulationsverfahren

Das Ergebnis einer Simulation sind Kennwerte für die sich bei einer vorgegebenen Belastung ergebende Betriebsqualität. Durch eine allmähliche Steigerung der Belastung des simulierten Betriebsprogramms ist eine unmittelbare Ermittlung der Wartezeitfunktion möglich. Eine direkte Bestimmung der maximalen Leistungsfähigkeit kann auch ohne Ermittlung der Wartezeitfunktion vorgenommen werden. Dazu wird am Eingang des untersuchten Systems eine unbeschränkte Leistungsanforderung in Form einer Warteschlange vorgegeben und am Ausgang der sich ergebende Durchsatz gemessen (Abb. 5.10).

Die Aufnahme der Wartezeitfunktion und die Bestimmung der maximalen Leistungsfähigkeit sind aus Sicht der Betriebspraxis allerdings eher von akademischem Wert. In der Praxis geht es meist entweder darum, die praktische Leistungsfähigkeit zu bestimmen, indem die Belastung schrittweise bis zum Erreichen vorgegebener Qualitätskennwerte erhöht wird, oder darum, die Durchführbarkeit eines vorgegebenen Betriebsprogramms auf einer Infrastruktur zu testen, indem geprüft wird, ob die mit diesem Betriebsprogramm erreichbare Betriebsqualität vorgegebene Qualitätskennwerte verletzt.

Zur Prüfung der Durchführbarkeit eines Betriebsprogramms sind folgende Verfahren möglich:

- Einfachsimulation eines Fahrplans (ungestörter Betrieb),
- Mehrfachsimulation eines Fahrplans (gestörter Betrieb),
- Mehrfachsimulation mit wechselnden Zeitlagen (ohne Vorgabe eines festen Fahrplans)

Die Einfachsimulation mit ungestörtem Betrieb dient der Überprüfung der Konfliktfreiheit eines gegebenen Fahrplans. Sofern bereits durch ein Fahrplankonstruktionstool mit sperrzeitenscharfer Modellierung der Fahrplantrassen die Konfliktfreiheit des Fahrplans sichergestellt ist, ist eine solche Untersuchung entbehrlich. Durch Mehrfachsimulation eines Fahrplans mit Einspielen von stochastischen Einbruchsverspätungen lässt sich die Stabilität, d. h. die Störfestigkeit des Fahrplans überprüfen. Mehrfachsimulationen mit wechselnden Zeitlagen werden vor allem in der Infrastrukturplanung verwendet, um das Leistungsverhalten der Infrastruktur zu bewerten.

Charakteristische Verfahren zur Bewertung der Betriebsqualität durch Simulation sind:

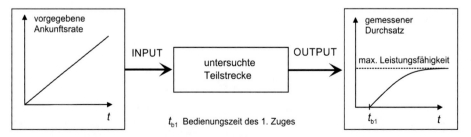

Abb. 5.10 Bestimmung der maximalen Leistungsfähigkeit durch Simulation einer unbeschränkten Leistungsanforderung am Eingang des Systems

- Messung von Verspätungen an definierten Punkten, um aus dem Vergleich der Ein- und Ausbruchsverspätungen Aussagen über verschiedene Elemente einer Strecke oder eines Netzes zu gewinnen,
- Darstellung der mittleren Verspätung der Züge über der durchfahrenen Strecke, um Problemstellen zu lokalisieren, bei denen die mittlere Verspätung übermäßig ansteigt.
- Bestimmung der Beförderungszeitquotienten als Verhältnis der realisierten zur Mindestbeförderungszeit.

Durch den Bezug der Wartezeiten auf die Beförderungszeit ist der Beförderungszeit-quotient eine sehr aussagestarke Größe zur Bewertung der Betriebsqualität. Je nach zu untersuchender Fragestellung kann als Mindestbeförderungszeit entweder die kürzestmögliche Beförderungszeit ohne planmäßige Wartezeiten oder die planmäßige Beförderungszeit, d. h. die kürzestmögliche Beförderungszeit zuzüglich planmäßiger Wartezeiten verwendet werden. Zwischen dem Beförderungszeitquotienten, der Wartezeit und der Wartewahrscheinlichkeit bestehen die folgenden Beziehungen:

$$q_{\text{Bef}} = \frac{t_{\text{Bef,rel}}}{t_{\text{Bef,min}}} = \frac{t_{\text{Bef,min}} + t_{\text{w}}}{t_{\text{Bef,min}}}$$

$$P_{\text{w}} = \frac{q_{\text{Bef}} - 1}{q_{\text{Bef}}}$$

q_{Bef}	Beförderungszeitquotient
$t_{\text{Bef,real}}$	realisierte Beförderungszeit
$t_{\text{Bef,min}}$	Mindestbeförderungszeit
t_{w}	Wartezeit
P_{w}	Wartewahrscheinlichkeit

Die Wartewahrscheinlichkeit kann sowohl als Anteil der Wartezeiten an der realisierten Beförderungszeit als auch, bei Ermittlung über alle Züge, als mittlerer Anteil gleichzeitig wartender Züge aufgefasst werden.

Die aktuell verwendeten Simulationstools lassen sich in zwei Klassen einteilen, sie sich in der Art der Abbildung der Betriebsprozesse grundsätzlich unterscheiden:

- asynchrone Simulationsmodelle,
- synchrone Simulationsmodelle.

Der Grundgedanke der asynchronen Simulation besteht in einer getrennten Untersuchung der Phasen Fahrplanerstellung und Betriebsdurchführung. Bei der Simulation der Fahrplanerstellung wird versucht, die aufkommenden Fahrtwünsche nach den Regeln der Fahrplankonstruktion in Fahrplantrassen (= Sperrzeitentreppen) umzusetzen. Die Züge werden dazu in der Reihenfolge der Priorität der Zuggattungen nacheinander (daher die Bezeichnung „asynchron") in einen Fahrplan eingelegt. Bei der Behandlung von Konflikten wird ein einzulegender Zug nachrangig gegenüber bereits eingelegten Zügen behandelt. Dadurch wird die Priorität der Züge durch die Reihenfolge des Einlegens gesteuert.

Zur anschließenden Untersuchung der Betriebsdurchführung werden in den auf diese Weise ermittelten Fahrplan Einbruchsverspätungen eingespielt. Dabei wird ebenfalls die asynchrone Verfahrensweise beibehalten, indem auch hier die Züge nicht gleichzeitig, sondern nacheinander eingelegt werden. Die Simulation der Betriebsdurchführung arbeitet sozusagen nach dem Prinzip einer „gestörten Fahrplankonstruktion". Durch Verschieben der Sperrzeitentreppen um den Betrag der Einbruchsverspätungen werden die Stellen erkannt, an denen es zur Übertragung von Folgeverspätungen auf andere Züge kommt. Indem auch diese Sperrzeitentreppen um den Betrag der erlittenen Folgeverspätung verschoben werden, lässt sich die gesamte Verspätungsfortpflanzung im Fahrplangefüge ermitteln. Dabei muss das Simulationsprogramm in der Lage sein, bei größeren Verspätungen selbsttätig Reihenfolgeänderungen zur Minimierung der Folgeverspätungen vorzunehmen, sodass in das Ergebnis auch die im realen Betrieb zu erwartenden Entscheidungen des Disponenten zur Konfliktlösung eingehen.

Ein verfahrensbedingtes, grundsätzliches Problem der asynchronen Simulation besteht jedoch darin, dass durch das bloße Verschieben der Sperrzeitentreppen ohne diese zu „verbiegen" ein unrealistisches Bild der im realen Betrieb zu erwartenden Verspätungsfortpflanzung erzeugt wird. Der sehr wesentliche Effekt der Erschließung von Leistungsreserven durch Aufhebung der Verkettung im Verspätungsfall, indem schnell fahrende Züge auf langsam fahrende Züge auflaufen und sich in der Trassenneigung an diese angleichen, wird bei dieser Form der Simulation nicht berücksichtigt. Ohne zusätzliche Korrekturmaßnahmen, mit denen über Hilfskonstruktionen die auf diese Weise ermittelten Folgeverspätungen in Abhängigkeit von der Struktur der Zugfolge wieder reduziert werden, ergäbe sich somit ein unrealistisch hoher Erwartungswert der Summe der Folgeverspätungen.

Die synchrone Simulation kann im Unterschied zur asynchronen Simulation nur die Betriebsdurchführung abbilden. Allerdings wird der Betrieb nicht durch Konstruktion von Sperrzeitentreppen, sondern durch eine unmittelbare Nachbildung der zeitsynchron ablaufenden Prozesse modelliert [5, 6]. Dadurch wird eine wesentlich realistischere Abbildung des Betriebsablaufs erreicht. Eine für praktische Aussagen oft gewünschte getrennte Untersuchung der Phasen Fahrplanerstellung und Betriebsdurchführung ist auch mit synchronen Simulationsmodellen möglich, indem als Eingangsgröße der Simulation ein vorab konstruierter Fahrplan verwendet wird. Rechnergestützte Verfahren zur Fahrplankonstruktion ermöglichen mit vertretbarem Aufwand die Erstellung von Fahrplanvarianten als Vorgabe für die Simulation, in neuere synchrone Simulationsprogramme sind dazu bereits Fahrplankonstruktionsmodule integriert [7, 8].

Zusammenfassend lässt sich feststellen, dass beide Simulationsstrategien gewisse Stärken und Schwächen haben, die sie für bestimmte Aufgabenstellungen prädestinieren. Die asynchrone Simulation eignet sich besonders zur Durchführung von Fahrplanstudien unter wechselnden Randbedingungen. Damit bietet sich das Prinzip der asynchronen

Simulation auch als intelligente Unterstützung von Programmen zur rechnergestützten Fahrplankonstruktion an. Die Stärke der synchronen Simulation liegt in einer äußerst realistischen Abbildung des Betriebsablaufs. Neben der Anwendung zur Leistungsuntersuchung eignet sich dieses Verfahren daher auch zum Erzeugen einer Vorschau auf den zu erwartenden Betriebsablauf für Dispositionsarbeitsplätze sowie zum Prüfen der Fahrbarkeit kurzfristig einzulegender Züge unter Berücksichtigung des laufenden Betriebes.

Bei der Weiterentwicklung von Simulationsverfahren geht die Tendenz daher dahin, eine asynchrone Fahrplansimulation mit einer synchronen Simulation des Betriebsablaufs zu kombinieren [9].

5.4.3   Analytische Untersuchung von Strecken

Eine geschlossene analytische Leistungsuntersuchung ist nur für Strecken möglich, innerhalb derer sich das Betriebsprogramm nicht wesentlich ändert. Wenn diese Voraussetzung nicht gegeben ist, ist die Strecke in mehrere getrennt zu betrachtende Teilstrecken aufzuteilen. Abb. 5.11 veranschaulicht das grundsätzliche Vorgehen bei der analytischen Leistungsuntersuchung einer Strecke. Dieses Vorgehen kombiniert die beiden vorab beschriebenen Verfahren zur analytischen Leistungsuntersuchung, da die Eingangsdaten und die grundlegenden Berechnungen in beiden Verfahren gleich sind. Erst nach Berechnung der mittleren Mindestzugfolgezeit folgt die alternative Anwendung der Kompressionsmethode oder der Wartezeitrechnung.

Berechnung der Fahrzeiten
Für alle auf der zu untersuchenden Strecke verkehrenden Züge werden anhand der fahrdynamischen Daten der Strecke und der Züge die Zeit-Weg-Linien berechnet. Dazu ist es sinnvoll, Züge mit ähnlicher Charakteristik zu Gruppen von Modellzügen zusammenzufassen.

Berechnung der Sperrzeitentreppen
Für jeden Modellzug wird um die Zeit-Weg-Linie die Sperrzeitentreppe konstruiert. Dazu werden folgende betrieblich relevante Daten benötigt:

- Signalstandorte,
- Signal- und Fahrstraßenzugschlussstellen,
- Fahrstraßenbilde- und -auflösezeiten,
- Zuglängen.

Berechnung der Mindestzugfolgezeiten
Für jeden Zugfolgefall wird die Mindestzugfolgezeit als kleinster Zeitabstand zwischen zwei nacheinander ohne Sperrzeitüberschneidung in den Streckenabschnitt einfahrenden Zügen bestimmt (Abb. 5.12).

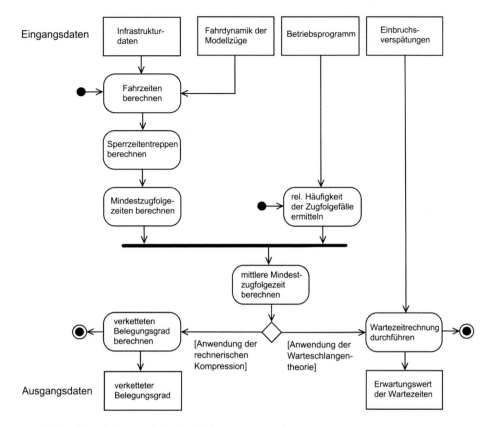

Abb. 5.11 Ablauf einer analytischen Leistungsuntersuchung

Beispiel 5.1 demonstriert die rechnerische Ermittlung der Mindestzugfolgezeiten. Die Mindestzugfolgezeit eines Zugfolgefalls ist für jeden, für diesen Zugfolgefall möglichen Kreuzungs- oder Überholungsabschnitt zu bestimmen. Der größte Wert ist maßgebend für die Teilstrecke.

Beispiel 5.1

Für drei Modellzüge sollen die Mindestzugfolgezeiten auf einem Gleis eines zweigleisigen Streckenabschnitts zwischen zwei Bahnhöfen mit sechs zwischenliegenden Selbstblocksignalen (Sbk) ermittelt werden (siehe auch Abb. 5.12). Die Fahr- und Sperrzeitenrechnung ergab die in Tab. 5.1 zusammengestellten Werte. Alle Zeitpunkte sind auf eine fiktive Abfahrzeit 0 im ersten Bahnhof bezogen. Hinter dem Ausfahrsignal wurde nur die Sperrzeit des folgenden Blockabschnitts ermittelt, da die Sperrzeit der Ausfahrstraße für die Zugfolgezeit zwischen auf das gleiche Streckengleis ausfahrenden Zügen ohne Belang ist. Hinter dem Einfahrsignal des folgenden Bahnhofs wurde demgegenüber nur die Sperrzeit der Einfahrstraße berücksichtigt, da unterstellt wird, dass die Züge in verschiedene Bahnhofsgleise einfahren können.

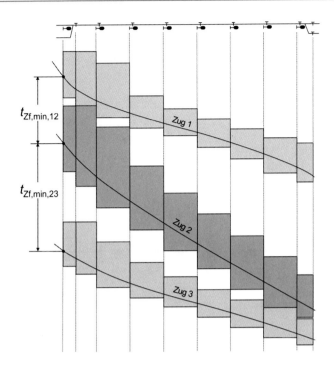

Abb. 5.12 Mindestzugfolgezeiten bei Einrichtungsbetrieb

Tab. 5.1 Fahr- und Sperrzeiten der Modellzüge (in Minuten)

		Ausf.-signal	1. Sbk	2. Sbk	3. Sbk	4. Sbk	5. Sbk	6. Sbk	Einf.-signal
Zug 1	t SpB	−0,9	−0,5	0,7	1,2	1,6	2,0	2,3	2,5
	t Sig	0,0	0,9	1,4	1,8	2,1	2,5	3,0	3,5
	t SpE	1,1	1,5	1,9	2,2	2,7	3,1	3,7	4,0
Zug 2	t SpB	−1,4	−0,6	0,8	1,9	2,6	3,5	4,3	5,0
	t Sig	0,0	1,3	2,2	3,0	3,8	4,5	5,3	5,9
	t SpE	1,6	2,4	3,2	4,0	4,7	5,5	6,2	6,5
Zug 3	t SpB	−1,1	−0,3	0,4	1,0	1,5	1,9	2,1	2,6
	t Sig	0,0	0,7	1,2	1,7	2,0	2,3	2,7	3,1
	t SpE	0,9	1,4	1,8	2,1	2,5	2,9	3,3	3,5

In der Tabelle bedeuten:

t_{SpB}	Sperrzeitbeginn
t_{Sig}	Zeitpunkt der Vorbeifahrt am Signal
t_{SpE}	Sperrzeitende

Wenn man die Sperrzeitentreppen zweier Züge mit gleichem Abfahrzeitpunkt übereinander legt, was einer Zugfolgezeit von 0 min entspräche, kann aus den Werten dieser Tabelle die sich in jedem Abschnitt ergebende Sperrzeitüberschneidung bestimmt werden (Sperrzeitüberschneidung = Sperrzeitende des 1. Zuges − Sperrzeitbeginn des 2. Zuges). Diese Sperrzeitüberschneidung entspricht der Zugfolgezeit, um die die Sperrzeitentreppe des 2. Zuges verschoben werden müsste, damit sich bezogen auf den betrachteten Blockabschnitt eine behinderungsfreie Lage ergäbe. In Tab. 5.2 sind die Sperrzeitüberschneidungen für alle Zugfolgefälle zusammengestellt.

Der größte sich zwischen zwei Zügen ergebende Wert ist der maßgebende Betrag, um den die gesamte Sperrzeitentreppe des 2. Zuges insgesamt verschoben werden müsste, damit die Zugfahrten behinderungsfrei durchgeführt werden können. Dieser Wert entspricht damit der gesuchten Mindestzugfolgezeit bei der Einfahrt in den Streckenabschnitt. In Tab. 5.2 sind die betreffenden Werte hervorgehoben. ◀

Alternativ zu dem hier vorgenommenen Bezug auf den Einfahrzeitpunkt in den Streckenabschnitt lassen sich die Mindestzugfolgezeiten auch bezogen auf den Sperrzeitbeginn bei Einfahrt in den Streckenabschnitt berechnen [10, 11]. Bei beiden Betrachtungsweisen ergibt sich die gleiche mittlere Mindestzugfolgezeit.

Berechnung der mittleren Mindestzugfolgezeit
Durch Auszählen der einzelnen Zugfolgefälle in einem gegebenen Betriebsprogramm kann die relative Häufigkeit jedes Zugfolgefalles und daraus eine gewichtete mittlere Mindestzugfolgezeit bestimmt werden.

$$t_{Zf,min} = \sum \left(t_{Zf,min,ij} \cdot h_{ij} \right)$$

Tab. 5.2 Sperrzeitüberschneidungen (= Mindestzugfolgezeiten bei der Einfahrt in den Streckenabschnitt) der einzelnen Zugfolgefälle (in Minuten)

Zugfolge-fall	Ausf.-signal	1. Sbk	2. Sbk	3. Sbk	4. Sbk	5. Sbk	6. Sbk	Einf.-signal
1 vor 1	2,0	2,0	1,2	1,0	1,1	1,1	1,4	1,5
1 vor 2	2,5	2,1	1,1	0,3	0,1	−0,4	−0,6	−1,0
1 vor 3	2,2	1,8	1,5	1,2	1,2	1,2	1,6	1,4
2 vor 1	2,5	2,9	2,5	2,8	3,1	3,5	3,9	4,0
2 vor 2	3,0	3,0	2,4	2,1	2,1	2,0	1,9	1,5
2 vor 3	2,7	2,7	2,8	3,0	3,2	3,6	4,1	3,9
3 vor 1	1,8	1,9	1,1	0,9	0,9	0,9	1,0	1,0
3 vor 2	2,3	2,0	1,0	0,2	−0,1	−0,6	−1,0	−1,5
3 vor 3	2,0	1,7	1,4	1,1	1,0	1,0	1,2	0,9

$t_{Zf,min}$	mittlere Mindestzugfolgezeit
$t_{Zf,min,ij}$	Mindestzugfolgezeit des Zugfolgefalls Zug i vor Zug j
h_{ij}	relative Häufigkeit des Zugfolgefalls Zug i vor Zug j

Ist die Zahl der Zugfolgefälle nicht bekannt, weil noch kein hinreichend konkretes Betriebsprogramm vorliegt, kann als Näherung eine Zugfolge unter Zufallsbedingungen angenommen werden. Die relative Häufigkeit der Zugfolgefälle ergibt sich dann nach folgender Beziehung:

$$h_{ij} = \frac{z_i \cdot z_j}{z^2}$$

z_i	Anzahl der Züge des Modellzuges i
z_j	Anzahl der Züge des Modellzuges j
z	Gesamtzahl der Züge

Die mittlere Mindestzugfolgezeit fasst die Zugfolgestruktur der Teilstrecke zu einer einzigen Kenngröße zusammen. Sie ermöglicht damit, die Teilstrecke als Warteschlangenmodell mit einem Bedienungskanal aufzufassen. Auf Mischbetriebsstrecken mit unterschiedlichen Betriebsprogrammen in einzelnen Tagesabschnitten (z. B. tagsüber vertakteter Personenverkehr mit Überlagerung verschieden schneller Taktsysteme, nachts trassenparalleler Güterverkehr) ist es sinnvoll, getrennte mittlere Mindestzugfolgezeiten für Zeitabschnitte zu ermitteln, die sich in ihrem Betriebsprogramm stark unterscheiden. Damit kann der für die Bemessung der Infrastruktur maßgebende Zeitabschnitt bestimmt werden.

Ermittlung eines Belastungswertes für befriedigende Betriebsqualität
Aus der mittleren Mindestzugfolgezeit kann unmittelbar die mögliche Belastung für unterschiedliche Belegungsgrade bestimmt werden.

Der Belegungsgrad ist der Grad der zeitlichen Auslastung eines Fahrwegabschnitts durch Sperrzeiten. Der verkettete Belegungsgrad ist der Belegungsgrad einer Teilstrecke unter Berücksichtigung der Verkettung der Zugfolge, d. h. der aus der Geschwindigkeitsschere resultierenden nicht nutzbaren Zeitlücken.

Der verkettete Belegungsgrad kann somit als Quotient aus der verketteten Streckensperrzeit und der Dauer des untersuchten Zeitraumes aufgefasst werden. Die verkettete Streckensperrzeit kann man sich durch das „Zusammenschieben" der Zugfolgestruktur eines gegebenen Betriebsprogramms veranschaulichen, bis sich alle Sperrzeitentreppen ohne Toleranz berühren (Abb. 5.13 und 5.14). Dieses auch als Kompressionsmethode bezeichnete Verfahren ist das vom internationalen Eisenbahnverband UIC empfohlene Standardverfahren zur Bestimmung des verketteten Belegungsgrades [12]. Da es auf einem fertig konstruierten Fahrplan basiert, wird dieses Vorgehen im Regelwerk der Deutschen Bahn AG nicht den analytischen Verfahren zugerechnet, sondern als

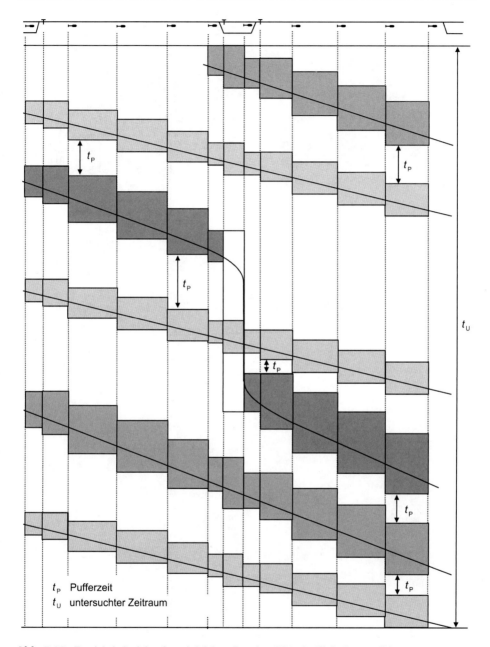

Abb. 5.13 Betriebsbeispiel auf zweigleisiger Strecke. (Nur ein Gleis dargestellt)

sogenannte konstruktive Methode von diesen abgegrenzt [13]. Diese Sichtweise, die den Begriff der analytischen Verfahren auf die stochastischen Ansätze beschränkt und von deterministischen Ansätzen wie der Kompressionsmethode abgrenzt, ist jedoch in der Fachwelt nicht unstrittig.

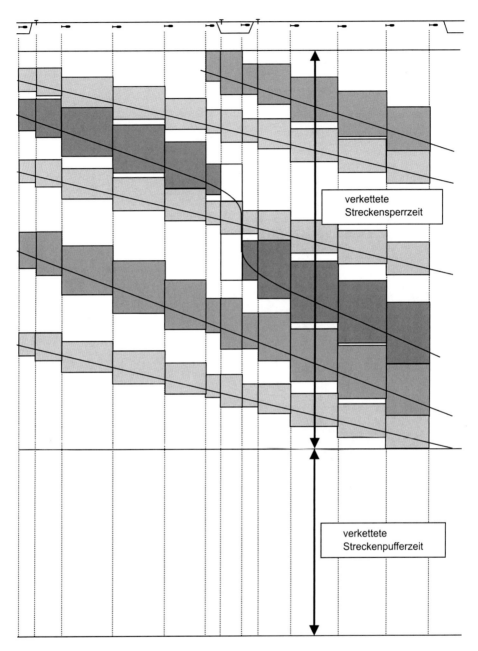

Abb. 5.14 Veranschaulichung des verketteten Belegungsgrades für das Betriebsbeispiel aus Abb. 5.12

Rechnerisch lässt sich der verkettete Belegungsgrad einfach über die mittlere Mindestzugfolgezeit bestimmen:

$$\eta_{\text{verk}} = \frac{z \cdot t_{\text{Zf,min}}}{t_{\text{U}}}$$

η_{verk}	verketteter Belegungsgrad
z	Zahl der Züge im untersuchten Zeitraum
t_{U}	Dauer des untersuchten Zeitraums

Für einen gegebenen Fahrplan lässt sich der verkettete Belegungsgrad auch deterministisch ermitteln, indem man in der Fahrplanstruktur die maßgebende Pufferzeitkette sucht, in der die Summe der in dieser Kette liegenden Pufferzeiten minimal ist. Diese Summe entspricht der verketteten Streckenpufferzeit der Kompressionsmethode. Im Abb. 5.14 liegen die markierten Pufferzeiten in dieser maßgebenden Kette. Bei komplexen Fahrplänen ist die Durchführung einer solchen Analyse der Verkettung allerdings oft nicht einfach. Der auf diese Weise ermittelte verkettete Belegungsgrad kann ggf. etwas über dem mit der mittleren Mindestzugfolgezeit berechneten Wert liegen, weil durch Analyse der Verkettung eines konkreten Fahrplans Zwangspunkte berücksichtigt werden können, die bei einer Rechnung über die Häufigkeit der Zugfolgefälle nicht erfasst werden. Solche Effekte treten insbesondere dann auf, wenn die in der Fahrplanstruktur konstruierbare Mindestzugfolgezeit zwischen zwei Zügen von der Lage weiterer Züge abhängt. Ein charakteristischer Fall ist das sogenannte Zacken-Lücken-Problem [14]. Ein solcher Fall kann entstehen, wenn ein schneller Zug einem langsamen Zug mit großer Geschwindigkeitsschere folgt, sodass in die entstehende Vorsprungslücke zwischen den Zügen (die „Zacken-Lücke") ein weiterer Zug eingelegt werden kann, der nur einen Teil der Strecke befährt. Damit entstehen zwei Zugfolgefälle mit drei aufeinander folgenden Zügen. Dabei kann es sein, dass die Summe der Mindestzugfolgezeiten dieser beiden Zugfolgefälle kleiner ist als die Mindestzugfolgezeit zwischen dem ersten und dem dritten Zug ohne Berücksichtigung des mittleren Zuges. Bei einer Rechnung über die mittlere Mindestzugfolgezeit wird damit eine zu kleine verkettete Belegung bestimmt, da sich der Fahrplan durch den Zwangspunkt zwischen dem ersten und dem dritten Zug nicht auf diesen Wert verdichten lässt.

Als betrieblicher Erfahrungswert sollte der verkettete Belegungsgrad über 24 h einen Wert von 0,5 nicht wesentlich überschreiten. In den Spitzenzeiten sollte er nicht über 0,8 liegen. Diese Größenordnung deckt sich auch mit den Empfehlungen des internationalen Eisenbahnverbandes UIC [12]. Auf Strecken mit stark vertakteten Verkehren lässt sich der Grad der Auslastung auch durch das Verhältnis der kleinsten konstruierbaren Taktzeit zur realen Taktzeit beschreiben [15]. Dies hat den Vorteil, dass auch Zwangspunkte der Vertaktung berücksichtigt werden.

Der verkettete Belegungsgrad liefert allerdings nur eine begrenzte Aussage zur verfügbaren Restleitungsfähigkeit einer Strecke. Da sich durch das Einlegen zusätzlicher

Züge die Zugfolgestruktur und damit die mittlere Mindestzugfolgezeit ändert, besteht keine feste Beziehung zwischen einer einzulegenden Zugzahl und der dadurch bewirkten Erhöhung des verketteten Belegungsgrades.

Auf eingleisigen Strecken kann die Betriebsqualität trotz eines sehr hohen verketteten Belegungsgrades akzeptabel sein, wenn im Verspätungsfall durch Verlegen von Kreuzungen Folgeverspätungen minimiert werden können (Pufferwirkung der Infrastruktur). Der verkettete Belegungsgrad taugt daher nicht zum Vergleich der Leistungsfähigkeit ein- und zweigleisiger Strecken.

Einen großen Einfluss auf das Ergebnis hat die Wahl der Kompressionsabschnitte. Werden diese kürzer angesetzt, als für die Ermittlung der Mindestzugfolgezeit erforderlich, werden nicht vorhandene Leistungsreserven vorgetäuscht. Bei zu langen Kompressionsabschnitten, innerhalb derer sich die Zugfolgestruktur signifikant ändert, wird ggf. der verkettete Belegungsgrad durch einen stark belasteten Abschnitt bestimmt, obwohl in anderen Abschnitten noch Leistungsreserven bestehen. Allgemein kann man für die Wahl der Kompressionsabschnitte folgende Empfehlungen geben:

- Auf eingleisigen Strecken ist der längste Kreuzungsabschnitt maßgebend für die Mindestzugfolgezeit. Die Kompressionsabschnitte sollten daher durch alle Kreuzungsbahnhöfe begrenzt werden, auf denen planmäßige Kreuzungen stattfinden, oder die im Verspätungsfall für Kreuzungsverlegungen genutzt werden können.
- Auf zweigleisigen Strecken sollten möglichst lange Kompressionsabschnitte gewählt werden, um die Geschwindigkeitsschere erfassen zu können. Die Kompressionsabschnitte sollten durch Betriebsstellen begrenzt werden, auf denen mehr als 5 % der Züge die Strecke verlassen (enden oder abzweigen) oder neu hinzukommen (beginnen oder einmünden).

Fundiertere Ergebnisse erhält man durch ein Warteschlangenmodell, das einen Erwartungswert für die Summe der Wartezeiten liefert. Auf dieser Methode basiert die analytische Leistungsuntersuchung im rechnergestützten Verfahren SLS [16]. Dieses Verfahren liefert als Ergebnis drei Punkte der Wartezeitfunktion. Diesen Punkten werden die Qualitätsstufen „sehr gut", „befriedigend" und „schlecht" zugeordnet. Zur Einordnung der ermittelten Wartezeiten in diese Qualitätsstufen wird eine empirisch (durch Befragung von Praktikern der Betriebsführung) ermittelte Bewertungsfunktion verwendet.

Diese Bewertungsfunktion liefert die zulässige Wartezeitsumme für befriedigende Betriebsqualität in Abhängigkeit vom Anteil der Reisezüge auf der untersuchten Teilstrecke. Eine Unterschreitung der zulässigen Wartezeitsumme für befriedigende Betriebsqualität um 50 % ergibt den Grenzwert für „sehr gute", eine Überschreitung um 50 % den Grenzwert für „schlechte" Betriebsqualität. Bei der Ermittlung der Wartezeiten werden auch die Einbruchsverspätungen (Verspätungswahrscheinlichkeit und mittlere Verspätung) der Modellzüge berücksichtigt.

Bei der Anwendung von SLS ist jedoch zu beachten, dass dieses Verfahren für Mischbetriebsstrecken ohne oder mit geringer Vertaktung entwickelt wurde [17]. Bei Strecken

mit davon abweichender Charakteristik muss damit gerechnet werden, dass die Wartezeitrechnung unrealistische Ergebnisse liefert. Das betrifft insbesondere:

- Strecken mit stark vertaktetem Verkehr,
- Strecken mit trassenparalleler Fahrweise wie Stadtschnellbahnen und innerstädtische
  Verbindungsstrecken und,
- eingleisige Strecken mit großer Entfernung zwischen den Kreuzungsbahnhöfen.

Wenn solche Strecken mit SLS untersucht werden, ist zu empfehlen, die Plausibilität der
Ergebnisse anhand des verketteten Belegungsgrades zu überprüfen. Bei zweifelhaften
Ergebnissen sollte auf die Wartezeitrechnung verzichtet und stattdessen der Belastungs-
wert für befriedigende Betriebsqualität anhand des verketteten Belegungsgrades ab-
geschätzt werden. Der verkettete Belegungsgrad wird dazu im Ergebnisprotokoll neuerer
SLS-Versionen mit angegeben, bei älteren Programmversionen ist er einfach über die
mittlere Mindestzugfolgezeit zu bestimmen.
   Die Belastung bei befriedigender Betriebsqualität wird auch als Nennleistung der
Strecke bezeichnet [13]. Die Nennleistung liegt mit hoher Wahrscheinlichkeit im optimalen Leistungsbereich. Sie wird zurzeit bei der Deutschen Bahn AG als maßgebendes
Charakteristikum für das Leistungsverhalten einer Strecke betrachtet.

Beispiel 5.2

Für eine zweigleisige Teilstrecke soll zur Beurteilung der zu erwartenden Betriebsqualität in einem maßgebenden Zeitraum von vier Stunden der verkettete Belegungsgrad bestimmt werden. Im betrachteten Zeitraum ist das in Tab. 5.3 aufgeführte Betriebsprogramm vorgesehen.
   Mithilfe einer Sperrzeitenrechnung werden für alle Zugfolgefälle die Mindestzugfolgezeiten ermittelt. In Tab. 5.4 sind beispielhaft nur die Werte für eine Richtung angegeben, in der Praxis wären diese Werte für beide Richtungen zu ermitteln.
   Ein konkreter Fahrplan ist noch nicht bekannt. Daher wird für eine erste Abschätzung eine zufällige Zugfolge angenommen. Tab. 5.5 enthält die sich aus den
Zugzahlen ergebenden, relativen Häufigkeiten der einzelnen Zugfolgefälle.
   Daraus lässt sich die mittlere Mindestzugfolgezeit bestimmen.

$$t_{\text{Zf,min}} = 3{,}2 \, \text{min} \cdot 0{,}076 + 2{,}4 \, \text{min} \cdot 0{,}038 + \cdots + 3{,}3 \, \text{min} \cdot 0{,}096 = 4{,}5 \, \text{min}$$

Tab. 5.3 Betriebsprogramm

Zuggattung		Zahl der Züge je Richtung
Intercityexpress	ICE	8
Regionalexpress	RE	4
Regionalbahn	RB	8
Güterverkehr	Cargo	9

Tab. 5.4 Mindestzugfolgezeiten in Minuten

2. Zug / 1. Zug	ICE	RE	RB	Cargo
ICE	3,2	2,4	2,4	2,6
RE	6,1	3,5	3,1	4,1
RB	8,2	6,5	3,4	6,2
Cargo	7,9	6,3	2,8	3,3

Tab. 5.5 Relative
Häufigkeiten in Prozent

2. Zug / 1. Zug	ICE	RE	RB	Cargo
ICE	7,6	3,8	7,6	8,6
RE	3,8	1,9	3,8	4,3
RB	7,6	3,8	7,6	8,6
Cargo	8,6	4,3	8,6	9,6

Somit ergibt sich der verkettete Belegungsgrad der Teilstrecke zu:

$$\eta_{\text{verk}} = \frac{29 \cdot 4,5\,\text{min}}{240\,\text{min}} = 0,54\,\text{min}$$

Die Strecke ist damit im untersuchten Zeitraum wirtschaftlich ausgelastet, ohne dass Betriebsschwierigkeiten zu erwarten sind. Allerdings lässt sich daraus noch keine Aussage über die Fahrbarkeit von bestimmten Taktlagen der Produkte des Personenverkehrs ableiten. Diese Frage lässt sich nur durch ergänzende Fahrplanstudien beantworten. ◄

5.4.4 Untersuchung von Fahrstraßenknoten

Fahrstraßenknoten sind durch Hauptsignale begrenzte Gleisbereiche, in denen sich die Fahrwege von Zügen verzweigen oder höhengleich kreuzen. Innerhalb eines Fahrstraßenknotens befinden sich keine Wartepositionen von Zügen. Im Falle einer Behinderung warten die Züge daher immer vor dem Fahrstraßenknoten.

In diesem Sinne besteht eine gewisse Analogie zur amerikanischen Definition der „interlocking limits" (Abschn. 1.3.5). Typische Beispiele für Fahrstraßenknoten sind Bahnhofsköpfe und Abzweigstellen. Bahnhofsköpfe stellen die Verbindung zwischen der Bahnhofsgleisgruppe und den anschließenden Streckengleisen her, während sich an Abzweigstellen Strecken verzweigen (Abb. 5.15).

Bei der Gestaltung der Fahrstraßenknoten geht es in erster Linie um den Einfluss von Fahrstraßenausschlüssen durch höhengleiche Kreuzungen auf das Leistungsverhalten.

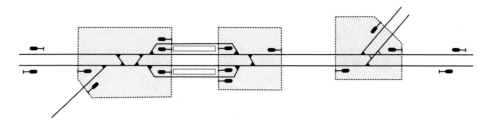

Abb. 5.15 Beispiele für Fahrstraßenknoten

Ziel ist eine Entscheidungshilfe über das Erfordernis höhenfreier Ausbauten oder die Einrichtung paralleler Fahrmöglichkeiten (Abb. 5.16).

5.4.4.1 Modellierung durch Teilfahrstraßenknoten

Das Prinzip der Zerlegung eines Fahrstraßenknotens in Teilfahrstraßenknoten wurde für analytische Untersuchungen entwickelt, wird gelegentlich aber auch bei Simulationsuntersuchungen verwendet, um die für das Leistungsverhalten kritischen Elemente eines Fahrstraßenknotens ermitteln zu können. In der analytischen Untersuchung bilden die Teilfahrstraßenknoten die zu betrachtenden Belegungselemente für die Ermittlung von Behinderungen und Wartezeiten.

Bedingung für die Bildung der Teilfahrstraßenknoten ist, dass sich innerhalb eines Teilfahrstraßenknotens alle über diesen Teilfahrstraßenknoten führenden Fahrstraßen gegenseitig ausschließen (Abb. 5.17). Damit besteht eine Analogie zu der im Abschn. 4.2.5 beschriebenen Einteilung der Freimeldeabschnitte bei der Planung von Gleisfreimeldeanlagen.

Dadurch kann zwischen allen über einen Teilfahrstraßenknoten führenden Fahrten eine Mindestzugfolgezeit bestimmt werden. Analog zu dem bei der Untersuchung von Strecken beschriebenen Verfahren lässt sich somit auch für jeden Teilfahrstraßenknoten eine mittlere Mindestzugfolgezeit bestimmen. Abgesehen von sehr einfach strukturierten Fahrstraßenknoten, die nur aus wenigen Teilfahrstraßenknoten bestehen, ist eine manuelle Berechnung wegen des erforderlichen Aufwandes nicht mehr praktikabel. Rechnergestützte Lösungen liefern über ein Warteschlangenmodell für jeden Teilfahrstraßenknoten getrennte Qualitätskennwerte für die Phasen Fahrplanerstellung und Betriebsdurchführung. Die Ergebnisse erlauben damit konkrete Rückschlüsse auf die leistungseinschränkenden Elemente eines größeren Fahrstraßenknotens.

Trotzdem sind die Ergebnisse der zurzeit vorliegenden analytischen Modelle mit einem gewissen Vorbehalt zu betrachten, da durch die weitgehend isolierte Betrachtung der einzelnen Teilfahrstraßenknoten Verkettungseffekte zwischen den Teilfahrstraßenknoten unzureichend erfasst werden. Auch lassen sich alternative Fahrwege nicht berücksichtigen. Bei sehr komplexen Fahrstraßenknoten ist daher häufig der Übergang zur Simulation zu empfehlen. Durch die Arbeit von *Wendler* [18] liegt ein Warteschlangenmodell für eine wesentlich verbesserte analytische Berechnung der planmäßigen

Wartezeiten vor. Damit wurde die Basis für eine weitere Vervollkommnung der analytischen Verfahren zur Untersuchung von Fahrstraßenknoten geschaffen.

5.4.4.2 Vereinfachte Analyse der Behinderungen in einem Fahrstraßenknoten

Die Untersuchung eines Fahrstraßenknotens durch Simulation oder auf analytischem Wege ist mit einem erheblichen Aufwand verbunden, der in frühen Planungsphasen vielfach als überzogen anzusehen ist. Oft sind detaillierte Angaben zum Leistungsverhalten zunächst gar nicht erforderlich, es geht vielmehr darum, die betrieblichen Möglichkeiten verschiedener Ausbauvarianten hinsichtlich ihrer relativen Vorteilhaftigkeit zu vergleichen, ohne dass bereits Aussagen zur Fahrbarkeit einer bestimmten Zugzahl abgeleitet werden können.

Untersuchung einzelner Behinderungspunkte mit den Methoden der Behinderungstheorie

Mitunter reduziert sich die betriebliche Fragestellung darauf, eine Aussage zu den zu erwartenden Behinderungen an einem einzelnen Behinderungspunkt zu gewinnen, um den Nutzen der Beseitigung eines Fahrstraßenausschlusses (z. B. durch höhenfreien Ausbau) einschätzen zu können. Die Behinderungstheorie liefert dazu ein brauchbares

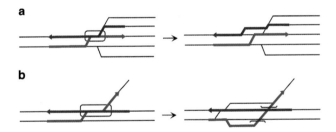

Abb. 5.16 Beispiele für die Beseitigung von Fahrstraßenausschlüssen durch Ausbaumaßnahmen. **a** Einrichtung paralleler Fahrtmöglichkeiten, **b** höhenfreier Ausbau

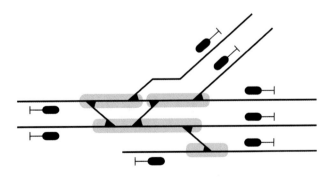

Abb. 5.17 Zerlegen eines Fahrstraßenknotens in Teilfahrstraßenknoten

Instrumentarium, wenngleich die damit ermittelten Werte theoretisch nur unter Zufallsbedingungen gelten. In der Praxis sind in der Betriebsdurchführung eines nach Fahrplan betriebenen Systems deutlich geringere Behinderungen zu erwarten. Die Größe der
unter Zufallsbedingungen zu erwartenden Behinderungen kann jedoch als ein Maß für
die Schwierigkeit der Fahrplankonstruktion angesehen werden. Eine recht gute Übereinstimmung mit der Betriebsdurchführung erhält man auf Strecken mit reinem Güterzug-
betrieb, auf denen die Zugfolgestruktur häufig einer zufällig verteilten Zugfolge nahe
kommt.

Die Wahrscheinlichkeit, dass eine zu einem beliebigen Zeitpunkt am Behinderungspunkt eintreffende Fahrt durch eine feindliche Fahrt behindert wird, ergibt sich, wenn
kein Vorrang zu berücksichtigen ist, unmittelbar aus der Summe der Sperrzeiten der behindernden Fahrstraße.

$$P_{\text{beh1}} = \frac{z_2 \cdot t_{\text{sp2}}}{t_{\text{U}}}$$

$$P_{\text{beh2}} = \frac{z_1 \cdot t_{\text{sp1}}}{t_{\text{U}}}$$

P_{beh1}	Behinderungswahrscheinlichkeit für Züge auf der Fahrstraße 1
P_{beh2}	Behinderungswahrscheinlichkeit für Züge auf der Fahrstraße 2
z_1	Anzahl der Züge auf der Fahrstraße 1
z_2	Anzahl der Züge auf der Fahrstraße 2
t_{sp1}	mittlere Sperrzeit des Behinderungspunktes durch Züge auf der Fahrstraße 1
t_{sp2}	mittlere Sperrzeit des Behinderungspunktes durch Züge auf der Fahrstraße 2
t_{U}	Dauer des untersuchten Zeitraums

Durch Multiplikation der Zugzahlen mit den Behinderungswahrscheinlichkeiten ergibt
sich die Anzahl der unter Zufallsbedingungen zu erwartenden Behinderungen als Funktion des Produktes der Zugzahlen auf beiden Fahrstraßen.

$$n_{\text{beh1}} = z_1 \cdot P_{\text{beh1}} = \frac{z_1 \cdot z_2}{t_{\text{U}}} \cdot t_{\text{sp2}}$$

$$n_{\text{beh1}} = z_2 \cdot P_{\text{beh2}} = \frac{z_1 \cdot z_2}{t_{\text{U}}} \cdot t_{\text{sp1}}$$

n_{beh1}	Erwartungswert der Anzahl der Behinderungen auf der Fahrstraße 1
n_{beh2}	Erwartungswert der Anzahl der Behinderungen auf der Fahrstraße 2

Soll eine der beiden Fahrstraßen durch Gewährung eines Vorrangs bevorrechtet werden,
verschiebt sich die Relation zwischen den Behinderungen auf beiden Fahrstraßen. Der
Vorrang wirkt sich wie eine künstliche Verlängerung der Sperrzeit für die bevorrechtete
Fahrstraße aus, indem diese Fahrstraße den Behinderungspunkt bereits während einer
der Sperrzeit vorauslaufenden Reservierungszeit belegt, in der die Einstellung einer

behindernden Fahrt niederer Priorität ausgeschlossen wird. Damit gehen die Gleichungen in folgende Form über:

$$P_{\text{beh1}} = \frac{z_2 \cdot \left(t_{\text{sp2}} - t_{\text{r}}\right)}{t_{\text{U}}}$$

$$P_{\text{beh2}} = \frac{z_1 \cdot \left(t_{\text{sp1}} + t_{\text{r}}\right)}{t_{\text{U}}}$$

$$n_{\text{beh1}} = \frac{z_1 \cdot z_2}{t_{\text{U}}} \cdot \left(t_{\text{sp2}} - t_{\text{r}}\right)$$

$$n_{\text{beh2}} = \frac{z_1 \cdot z_2}{t_{\text{U}}} \cdot \left(t_{\text{sp1}} + t_{\text{r}}\right)$$

t_{r}	Reservierungszeit zur Gewährung eines Vorranges für die Züge auf der Fahrstraße 1

Bei der Ermittlung der Gesamtzahl der Behinderungen fällt die Reservierungszeit wieder heraus. Die Zahl der Behinderungen ist damit unabhängig von der Gewährung eines Vorranges.

$$\sum n_{\text{beh}} = n_{\text{beh1}} + n_{\text{beh2}} = \frac{z_1 \cdot z_2 \cdot \left(t_{\text{sp1}} + t_{\text{sp2}}\right)}{t_{\text{U}}}$$

Anders verhält es sich mit dem Einfluss der Gewährung eines Vorranges auf die Summe der insgesamt anfallenden Wartezeiten.   Abb. 5.18 (Darstellung nach *Potthoff* [18])

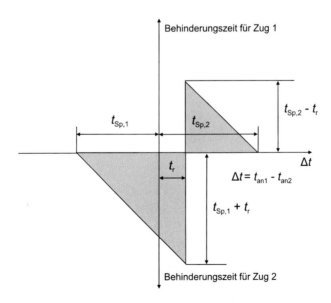

Abb. 5.18 Behinderungszeit beim Fahren mit Vorrang. (Darstellung nach *Potthoff*)

veranschaulicht den Zusammenhang zwischen dem Ankunftsabstand zweier am Behinderungspunkt eintreffender Züge und der Größe der Behinderungszeit.

Unter Zufallsbedingungen beträgt bei einem Behinderungsfall die mittlere Wartezeit des behinderten Zuges die Hälfte der maximalen Behinderungszeit aus Abb. 5.18. Durch Multiplikation mit der zu erwartenden Anzahl der Behinderungen erhält man die Summe der Wartezeiten:

$$\sum t_{w1} = n_{beh1} \cdot t_{w1} = n_{beh1} \cdot \frac{t_{sp2} - t_r}{2}$$

$$\sum t_{w2} = n_{beh2} \cdot t_{w2} = n_{beh2} \cdot \frac{t_{sp1} + t_r}{2}$$

$$\sum t_w = \frac{z_1 \cdot z_2 \cdot \left(t_{sp1}^2 + t_{sp2}^2 + 2t_r \cdot \left(t_{sp1} - t_{sp2}\right) + 2t_r^2\right)}{2t_U}$$

t_{w1}	mittlere Wartezeit der Züge auf der Fahrstraße 1
t_{w2}	mittlere Wartezeit der Züge auf der Fahrstraße 2
t_w	mittlere Wartezeit aller Züge

Die Reservierungszeit t_r geht quadratisch in die Summe der Wartezeiten ein. Die Gewährung eines Vorranges stellt damit einerseits ein Qualitätskriterium für die bevorrechteten Züge dar, beeinflusst aber andererseits das Leistungsverhalten überproportional negativ. Es kann daher bei größeren Betriebsschwierigkeiten durchaus sinnvoll sein, den Vorrang hochwertiger Züge vorübergehend einzuschränken, um den Betriebsablauf in einem überlasteten Netzelement flüssig zu halten. Bei solchen Betriebsschwierigkeiten nimmt die Zugfolge oft einen quasistochastischen Charakter an, sodass sich eine recht gute Übereinstimmung mit den theoretisch nur unter Zufallsbedingungen geltenden Werten der Behinderungstheorie ergibt.

Fahrstraßenausschlusstafel

Die Fahrstraßenausschlusstafel eignet sich für einen unscharfen Vergleich der betrieblichen Möglichkeiten verschiedener Ausbauvarianten eines komplexer aufgebauten Fahrstraßenknotens vor dem Einstieg in detailliertere Untersuchungen. Dazu werden alle Fahrtkombinationen in Form einer Matrix zusammengestellt. In die Felder der Matrix werden die Fahrstraßenausschlüsse eingetragen, im einfachsten Fall nur als Dualinfomation (1 oder 0), bei Bedarf kann die Art des wirkenden Ausschlusses aber auch näher untersetzt werden, um eine Einschätzung zu erleichtern, welche Ausschlüsse durch Ausbaumaßnahmen beseitigt werden können (Abb. 5.19). Dafür ist die Unterscheidung zwischen verzweigenden und kreuzenden Fahrwegen entscheidend. Verzweigende Fahrwege liegen immer dann vor, wenn beide Fahrwege auf einer Seite außerhalb des Fahrstraßenknotens einen gemeinsamen Fahrwegabschnitt haben. Das ist in der Abb. 5.19 z. B. auf dem unteren Gleis bei den Fahrwegen a und b auf der linken Seite und den Fahrwegen a und e auf der rechten Seite der Fall. Obwohl in diesem Beispiel alle Gleise im

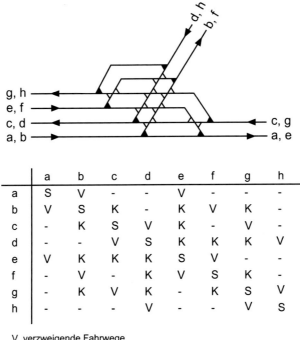

	a	b	c	d	e	f	g	h
a	S	V	-	-	V	-	-	-
b	V	S	K	-	K	V	K	-
c	-	K	S	V	K	-	V	-
d	-	-	V	S	K	K	K	V
e	V	K	K	K	S	V	-	-
f	-	V	-	K	V	S	K	-
g	-	K	V	K	-	K	S	V
h	-	-	-	V	-	-	V	S

V verzweigende Fahrwege
K kreuzende Fahrwege
S Selbstkorrelation

Abb. 5.19 Fahrstraßenausschlusstafel mit den Fahrstraßen a … h. (Nach einem Beispiel aus [19])

Einrichtungsbetrieb befahren werden, gilt das in gleicher Weise auch für Fahrten, die in ein Gleis einmünden, das in der Gegenrichtung befahren wird. Da es bei dieser Betrachtung nur um die sich aus der Gleistopologie ergebenden Ausschlüsse geht, könnte man auch auf die Berücksichtigung der Fahrtrichtungen verzichten und anstelle der sicherungstechnischen Fahrstraßen nur die Ausschlüsse zwischen den topologischen Fahrwegen erfassen. Im Beispiel von Abb. 5.19 würde das allerdings wegen des reinen Einrichtungsbetriebes keinen Unterschied machen. Im Unterschied dazu haben kreuzende Fahrten keinen gemeinsamen Fahrwegabschnitt außerhalb des Fahrstraßenknotens, wie z. B. die kreuzenden Fahrwege b und c. Die Behinderung tritt nur durch die höhengleiche Kreuzung auf. Darunter fallen auch Fälle, in denen eine Fahrt den Durchrutschweg einer anderen Fahrt kreuzt.   Kreuzende Fahrwege haben zwar innerhalb der Anlage gemeinsam genutzte Fahrwegelemente, über die sie sich ausschließen, sie lassen sich aber durch Umbau der Gleistopologie vollständig voneinander trennen (durch höhenfreien Ausbau oder Einrichtung paralleler Fahrmöglichkeiten). Bei verzweigenden Fahrten ist dies nicht möglich.

Aus der Fahrstraßenausschlusstafel lässt sich unmittelbar der sogenannte Ausschlussgrad der Fahrwege als Quotient der Anzahl der Fahrstraßenausschlüsse und der Gesamtzahl der möglichen Fahrtkombinationen bestimmen.

$$\eta = \frac{\sum a_{ij}}{n^2}$$

η	Ausschlussgrad der Fahrwege
a_{ij}	Ausschluss der Fahrkombination ij (Ausschluss: 1, kein Ausschluss: 0)
n	Anzahl der Fahrstraßen

Als Vergleichskriterium verschiedener Ausbauvarianten taugt der auf diese Weise ermittelte Ausschlussgrad nur bedingt, da die Belastung der einzelnen Fahrwege nicht berücksichtigt wird. Eine schärfere Aussage erhält man, wenn man die Ausschlüsse mit den
relativen Häufigkeiten der jeweiligen Fahrtkombinationen zusätzlich wichtet.

$$\eta = \sum \left(a_{ij} \cdot h_{ij} \right)$$
$$h_{ij} = \frac{z_i \cdot z_j}{z^2}$$

h_{ij}	relative Häufigkeit der Fahrtkombination ij
z_i	Anzahl der Züge auf der Fahrstraße i
z_j	Anzahl der Züge auf der Fahrstraße j
z	Gesamtzahl der Züge

Werden aus der Fahrstraßenausschlusstafel alle Ausschlüsse entfernt, die sich durch Ausbaumaßnahmen beseitigen lassen (alle kreuzenden Fahrwege und Ausschlüsse im Durchrutschweg von Fahrstraßen), erhält man den kleinstmöglichen Ausschlussgrad, der einer
idealen Anlage entspräche, die nicht weiter verbessert werden kann. Die Anlage enthält
jetzt nur noch Ausschlüsse, die sich durch verzweigende Fahrwege ergeben. Abb. 5.20
zeigt die ideale Anlage für den Fahrstraßenknoten aus Abb. 5.19 mit zugehöriger Fahrstraßenausschlusstafel. Die in der idealen Anlage enthaltenen Ausschlüsse sind für die
Behinderungen im Fahrstraßenknoten ohne Belang. An einer Ausfädelung kann keine
Behinderung eintreten, da sich nur ein Zug nähern kann, und an einer Einfädelung ist für
die Behinderung nicht der Fahrstraßenausschluss, sondern die Zugfolgezeit im folgenden Gleisabschnitt maßgebend. Obwohl der Ausschlussgrad größer Null ist, enthält eine
ideale Anlage keine kapazitätsrelevanten Ausschlüsse.

Eine weitere Verfeinerung der Aussage ist möglich, wenn auch die für die einzelnen Ausschlüsse zu erwartenden Behinderungszeiten berücksichtigt werden. Der Wert
solcher weiterer Verfeinerungen ist jedoch in Anbetracht des dafür erforderlichen manuellen Aufwandes vielfach infrage zu stellen, zumal das Ergebnis eine unscharfe
Näherungslösung bleibt und sich auch der Einfluss von mehrfach verketteten Behinderungen nicht berücksichtigen lässt. Sofern die Bestimmung des Ausschlussgrades
der Fahrwege unter Berücksichtigung der Zugzahlen noch kein hinreichendes Kriterium

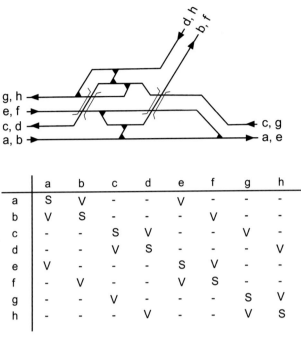

	a	b	c	d	e	f	g	h
a	S	V	-	-	V	-	-	-
b	V	S	-	-	-	V	-	-
c	-	-	S	V	-	-	V	-
d	-	-	V	S	-	-	-	V
e	V	-	-	-	S	V	-	-
f	-	V	-	-	V	S	-	-
g	-	-	V	-	-	-	S	V
h	-	-	-	V	-	-	V	S

V verzweigende Fahrwege
K kreuzende Fahrwege
S Selbstkorrelation

Abb. 5.20 Ideale Anlage für den Fahrstraßenknoten aus Abb. 5.19

für die Auswahl einer Vorzugsvariante liefert, ist der Übergang zur Simulation zu empfehlen.

Beispiel 5.3

Für die Anlagen in den Abb. 5.19 und 5.20 können die Ausschlussgrade aus den Fahrstraßenausschlusstafeln berechnet werden:

ursprüngliche Anlage:	$\eta = 40/64 = 0{,}625$
verbesserte Anlage:	$\eta = 24/64 = 0{,}375$
relative Verbesserung:	$1 - (0{,}375/0{,}625) = 0{,}40 = \mathbf{40\,\%}$

Das bedeutet, dass die verbesserte Anlage 40 % weniger Fahrstraßenausschlüsse als die ursprüngliche Anlage enthält. Da es sich bereits um eine ideale Anlage handelt, ist eine weitere Verbesserung nicht möglich. Zur Berechnung des gewichteten Ausschlussgrades dienen die in Tab. 5.6 aufgeführten Zugzahlen.

Tab. 5.7 und 5.8 enthalten die sich aus diesen Zugzahlen ergebenden relativen Häufigkeiten für die Fahrstraßenausschlüsse der beiden Varianten. Die Summe aller Werte ergibt unmittelbar den gewichteten Ausschlussgrad. Die relative Verbesserung beträgt jetzt: $1 - (0{,}364 / 0{,}529) = 0{,}31 = \mathbf{31\ \%}$. ◄

Tab. 5.6 Zugzahlen auf den einzelnen Fahrstraßen

Fahrstraße	Züge pro Tag	Fahrstraße	Züge pro Tag
A	80	e	30
B	40	f	60
C	80	g	30
D	40	h	60

Tab. 5.7 Bestimmung des gewichteten Ausschlussgrades für die ursprüngliche Anlage

Fahrstr		a	b	c	d	e	f	g	h	Summe
	Trains	80	40	80	40	30	60	30	60	420
a	80	0,036	0,018			0,014				0,068
b	40	0,018	0,009	0,018		0,007	0,014	0,007		0,073
c	80		0,018	0,036	0,018	0,014		0,014		0,100
d	40			0,018	0,009	0,007	0,014	0,007	0,014	0,068
e	30	0,014	0,007	0,014	0,007	0,005	0,010			0,056
f	60		0,014		0,014	0,010	0,020	0,010		0,068
g	30		0,007	0,014	0,007		0,010	0,005	0,010	0,053
h	60				0,014		0,010	0,020		0,044
Summe	420	0,068	0,073	0,100	0,068	0,056	0,068	0,053	0,044	0,529

Tab. 5.8 Bestimmung des gewichteten Ausschlussgrades für die verbesserte Anlage

Fahrstr		a	b	c	d	e	f	g	h	Summe
	Trains	80	40	80	40	30	60	30	60	420
a	80	0,036	0,018			0,014				0,068
b	40	0,018	0,009			0,014				0,041
c	80			0,036	0,018			0,014		0,068
d	40			0,018	0,009				0,014	0,041
e	30	0,014				0,005	0,010			0,029
f	60		0,014			0,010	0,020			0,044
g	30			0,014				0,005	0,010	0,029
h	60				0,014		0,010	0,020		0,044
Summe	420	0,068	0,041	0,068	0,041	0,029	0,044	0,029	0,044	0,364

In diesem Beispiel ergibt sich bei gewichteter Betrachtung eine deutlich geringere Verbesserung als bei einer Berechnung ohne Berücksichtigung der Zugzahlen. Dies ist darauf zurückzuführen, dass bei ungewichteter Betrachtung Ausschlüsse zwischen schwach genutzten Fahrstraßen überbewertet werden. Dadurch erscheint der betriebliche Nutzen einer Beseitigung dieser Ausschlüsse zu optimistisch. Das betrifft hier die Beseitigung der Ausschlüsse der Fahrtkombinationen b-g und e-d. Die ungewichtete Betrachtung ist nur dann zu empfehlen, wenn sich die Zugzahlen auf den einzelnen Fahrstraßen nicht nennenswert unterscheiden.

Wichtig ist, dass anhand des Ausschlussgrades nur Varianten eines Fahrstraßenknotens mit unveränderten Start-Ziel-Relationen hinsichtlich ihrer relativen Vorteilhaftigkeit verglichen werden können. Der absolute Betrag des Ausschlussgrads ist hingegen irrelevant, da er auch die nicht kapazitätsrelevanten Ausschlüsse enthält. Für einen Vergleich der zu erwartenden Behinderungen von Fahrstraßenknoten mit unterschiedlichen Start-Ziel-Relationen liefert der Ausschlussgrad keine sinnvolle Aussage.

Mit zunehmender Größe des betrachteten Fahrstraßenknotens sinkt tendenziell der Ausschlussgrad, da mit steigender Anzahl an Fahrstraßen das Quadrat der Anzahl der Fahrstraßen im Nenner schneller wächst als die Anzahl der Ausschlüsse. Eine brauchbare Größe zum Vergleich unterschiedlicher Fahrstraßenknoten ist die mittlere Anzahl von ausgeschlossenen Fahrstraßen je eingestellter Fahrstraße. Dieser Wert ergibt sich als Produkt des Ausschlussgrades und der Anzahl der Fahrstraßen.

Eine mögliche Alternative zum Ausschlussgrad der Fahrwege ist der betriebliche Behinderungsgrad. Dabei werden nur die kapazitätsrelevanten Ausschlüsse erfasst. Der betriebliche Behinderungsgrad einer idealen Anlage ist Null. Damit lassen sich auch die betrieblich relevanten Behinderungswahrscheinlichkeiten bestimmen.

Grafische Verfahren zur qualitativen Veranschaulichung der betrieblichen Möglichkeiten eines Fahrstraßenknotens

Als Alternative zur Fahrstraßenausschlusstafel wurden auch eine Reihe grafischer Verfahren zur Veranschaulichung der betrieblichen Möglichkeiten von Fahrstraßenknoten entwickelt. Gegenüber der Fahrstraßenausschlusstafel haben diese Verfahren den Vorteil, dass nicht nur Zweierkombinationen betrachtet werden, sondern auch die Verträglichkeit von mehr als zwei gleichzeitig einzustellenden Fahrstraßen abgebildet werden kann.

Ein erstes Beispiel für eine solche Abbildung ist der von *Potthoff* [19] eingeführte Graph der verträglichen Fahrstraßen. Darin wird jede Fahrstraße als Knoten eines Graphen dargestellt. Gleichzeitig einstellbare Fahrstraßen werden durch eine Kante verbunden. In Abb. 5.21 sind diese Graphen für die Anlagen aus den Abb. 5.19 und 5.20 gegenüber gestellt.

In dieser Darstellung können die betrieblichen Möglichkeiten eines Fahrstraßenknotens unmittelbar mit einer geometrischen Figur assoziiert werden. Als Gegenstück zum Graph der verträglichen Fahrstraßen ist auch der Graph der ausgeschlossenen Fahrstraßen darstellbar. Durch Zuordnung der Zugzahlen zu den Knoten ist auch eine Bewertung der einzelnen Kanten möglich (z. B. durch Angabe der Häufigkeit der jeweiligen

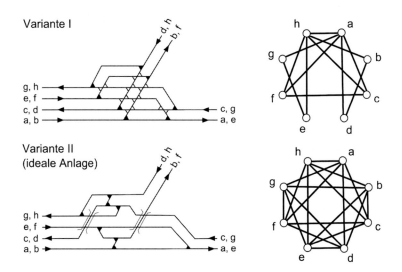

Abb. 5.21 Vergleich von Ausbauvarianten durch den Graph der verträglichen Fahrstraßen nach *Potthoff*

Fahrtkombination). Damit lassen sich die für das Leistungsverhalten besonders wichtigen Fahrtkombinationen bzw. kritischen Fahrstraßenausschlüsse identifizieren.

Eine andere Darstellungsform ist die von *Corazza* und *Musso* vorgeschlagene Abbildung aller möglichen Anlagenzustände in Form einer Baumstruktur (Abb. 5.22; [20]). Ausgangspunkt ist die Grundstellung der Anlage, in der keine Fahrstraße eingestellt ist. Jeder Zwischen- oder Endknoten des Baumes entspricht einem konkreten Anlagenzustand, d. h. einer bestimmten Kombination gleichzeitig eingestellter Fahrstraßen bzw. einer einzelnen eingestellten Fahrstraße. Gegenüber dem Graph der verträglichen Fahrstraßen nach *Potthoff* führt diese Abbildungsform bei einer großen Zahl von Fahrstraßen trotz der aufwendigeren Darstellung zu einer höheren Übersichtlichkeit. Auch diese Darstellung lässt sich bei Bedarf durch Angabe der Häufigkeit der einzelnen Fahrtkombinationen ergänzen, wobei im Gegensatz zum Graph der verträglichen Fahrstraßen auch unmittelbar die Häufigkeit von Mehrfachkombinationen angebbar ist.

Bei diesen grafischen Verfahren werden durch ausschließliche Betrachtung der Verträglichkeiten alle Ausschlüsse gleich behandelt. Damit besteht durch die Erfassung auch der nicht kapazitätsrelevanten Ausschlüsse letztlich das gleiche Problem wie beim Ausschlussgrad. Auch erlauben diese Verfahren keine Ableitung des Aufwandes zum Herstellen der idealen Anlage, der „Abstand" zur idealen Anlage bleibt verborgen.

Fahrtenabhängigkeitsplan

Der Fahrtenabhängigkeitsplan (auch als Bahnhofsbetriebsplan bezeichnet) ist ein zeichnerisches Verfahren, um die Durchführbarkeit eines konkreten Betriebsprogramms in einem Fahrstraßenknoten bzw. einem ganzen Bahnhof zu überprüfen. Die Darstellung eines Fahrtenabhängigkeitsplanes ähnelt einem bildlichen Fahrplan für Zugmeldestellen

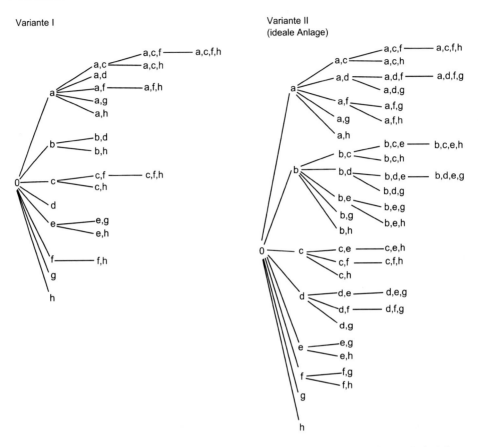

Abb. 5.22 Baum der möglichen Anlagenzustände nach *Corazza* und *Musso* für das Beispiel aus
Abb. 5.21

(Abschn. 6.2), allerdings sind zusätzliche Spalten für alle Fahrstraßen vorgesehen, in die
die Sperrzeiten sowie die Fahrstraßenausschlusszeiten eingetragen werden. Auch in den
Gleisspalten werden die Gleisbesetzungszeiten um die Sperrzeiten ergänzt (Abb. 5.23).

Ausschlusszeiten dürfen sich dabei zwar untereinander jedoch nicht mit Sperrzeiten
gegenseitig überschneiden, da eine Fahrstraße gleichzeitig von mehreren anderen Fahrstraßen ausgeschlossen sein kann. Auf diese Weise erhält man eine vollständige Zusammenstellung der betrieblichen Zusammenhänge im Knoten. Vor dem Aufkommen
leistungsfähiger Simulationswerkzeuge war die Aufstellung eines Fahrtenabhängigkeitsplanes dazu auch die einzige Möglichkeit, heute lohnt sich dieses Verfahren für komplexe Untersuchungen wegen des erheblichen manuellen Aufwandes nicht mehr. Darüber
hinaus ist in größeren Fahrstraßenknoten mit moderner Sicherungstechnik das Wirken
der Teilfahrstraßenauflösungen praktisch nicht abbildbar. Trotzdem kann der Fahrtenabhängigkeitsplan bei einfacheren Fragestellungen durchaus ein sinnvolles Hilfsmittel

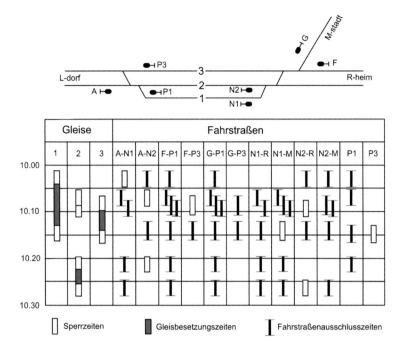

Abb. 5.23 Fahrtenabhängigkeitsplan

sein, beispielsweise um in einem kleineren Knoten die zeitliche Durchführbarkeit eines bestimmten Zugfolgefalles zu prüfen.

5.4.5 Bemessung von Gleisgruppen

Bei der Bemessung von Gleisgruppen geht es um folgende Fragestellungen:

- Ermittlung der notwendigen Gleiszahl in Gleisgruppen (z. B. Anzahl der Bahnsteiggleise eines Personenbahnhofs),
- Beurteilung der erforderlichen Erreichbarkeit von Gleisen bei der Einführung einer Strecke in einen größeren Knoten.

Beide Fragestellungen sind mit dem gleichen Instrumentarium lösbar. Hinsichtlich der Betriebsführung in einer Gleisgruppe sind zwei unterschiedlich zu behandelnde Fälle zu unterscheiden:

- Die einzelnen in die Gleisgruppe einmündenden Verkehrsströme sind durch die Forderung nach gleichzeitigem Aufenthalt der Züge verschiedener Linien nicht unabhängig voneinander zu betrachten.

- Es bestehen keine Forderungen nach gleichzeitiger Behandlung der Züge verschiedener Linien. Die einzelnen Verkehrsströme können unabhängig voneinander betrachtet werden.

Der erste Fall ist typisch für die Umsteigeknoten vertakteter Systeme, in denen sich die Züge mehrerer Linien zur Gewährleistung des Umsteigens gleichzeitig im Bahnhof aufhalten sollen. In solchen Fällen ergibt sich die notwendige Gleiszahl in der Regel unmittelbar aus dem geforderten Betriebsprogramm. Aufwendige Untersuchungen zur Auslastung der Gleisgruppe können entfallen.

Wenn solche Forderungen nach gleichzeitigem Aufenthalt nicht bestehen, empfiehlt sich der Übergang zu einer stochastischen Betrachtungsweise, um zu einer Aussage zu gelangen, welche Gleiszahl erforderlich ist, um einen prognostizierten Verkehrsstrom mit hinreichender Qualität zu verarbeiten. Als Qualitätsparameter werden dabei häufig die Erwartungswerte für die vor der Gleisgruppe anfallenden Wartezeiten oder die mittlere Warteschlangenlänge, d. h. die mittlere Zahl gleichzeitig wartender Züge benutzt. Die Verarbeitung eines Verkehrsstromes in einer Gleisgruppe lässt sich durch die von *Potthoff* [19] eingeführte Darstellung der Füll- und Entleerungskurve veranschaulichen (Abb. 5.24).

Ausgangspunkt ist eine zunächst noch leere Gleisgruppe, die sich durch ein eintreffendes Zugbündel füllt. Die Füllkurve gibt die Zahl der insgesamt vor der Gleisgruppe eintreffenden Züge an. Die Form der Füllkurve hängt von der Verteilungsfunktion der Ankunftsabstände ab. Nach der Bedienungszeit des ersten Zuges beginnt das Leeren der Gleisgruppe. Die Entleerungskurve gibt die Zahl der die Gleisgruppe insgesamt

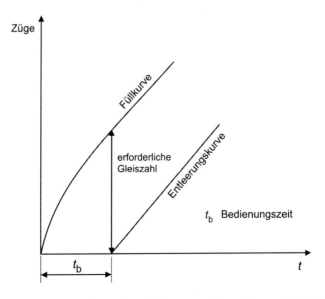

Abb. 5.24 Füll- und Entleerungskurve einer Gleisgruppe. (Darstellung nach Potthoff)

verlassenden Züge an. Da Gleisgruppen häufig einen nahezu konstanten Durchsatz am
Ausgang aufweisen, lässt sich die Entleerungskurve in vielen Fällen durch eine Gerade
annähern. Die Differenz zwischen den Funktionswerten der Füll- und Entleerungskurve
an einer gegebenen Stelle entspricht der Zahl der Züge, die sich zu diesem Zeitpunkt
in der Gleisgruppe aufhalten. Der größte auftretende Wert ist die erforderliche Zahl der
Gleise, unter der Randbedingung, dass kein Zug vor der Gleisgruppe wartet.

Zur Ermittlung der bei einer gegebenen Gleiszahl zu erwartenden Wartezeiten bzw.
Warteschlangenlängen hat sich ein Ansatz aus der Warteschlangentheorie bewährt. Dabei
wird die Gleisgruppe als Bedienungssystem mit mehreren parallelen Bedienungskanälen
aufgefasst (Abb. 5.25). Die vor der Gleisgruppe eintreffenden Züge sind Forderungen,
die durch die jeweilige Behandlung in einem Gleis (z. B. Fahrgastwechsel am Bahnsteig)
bedient werden.

Bei Kenntnis der Verteilungsfunktionen für den Ankunfts- und Bedienungsprozess ist
mit den Instrumentarien der Warteschlangentheorie eine Bestimmung der Erwartungswerte für die Wartezeiten und Warteschlangenlängen möglich. In der Praxis sind die Verteilungsfunktionen allerdings in der Regel nicht bekannt bzw. nur mit erheblichem Aufwand zu bestimmen. Zudem sind viele Verteilungsfunktionen wegen der teilweise sehr
komplexen Bildungsgesetze für praktische Berechnungen kaum brauchbar. Werden in
einer Worst-Case-Betrachtung pauschal zufällig verteilte Ankünfte unterstellt, ist durch
Anwendung der relativ einfach zu handhabenden Exponentialverteilung eine erste Abschätzung möglich [2]. In der Praxis ist jedoch zumeist von unterzufällig verteilten An-

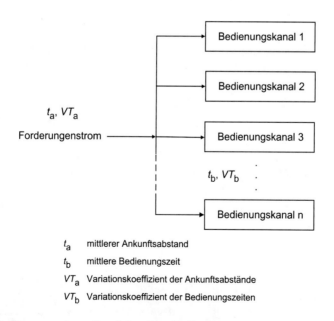

t_a mittlerer Ankunftsabstand

t_b mittlere Bedienungszeit

VT_a Variationskoeffizient der Ankunftsabstände

VT_b Variationskoeffizient der Bedienungszeiten

Abb. 5.25 Bedienungssystem mit mehrkanaliger Bedienung

kunftsabständen auszugehen, sodass die pauschale Annahme von Zufallsbedingungen zu pessimistischen Kennwerten führt.

Eine Alternative bietet das von *Hertel* [21] entwickelte Näherungsverfahren, das auch ohne Kenntnis der exakten Verteilungsfunktionen eine Abschätzung der maßgebenden Leistungskennwerte mit einer für die Dimensionierung von Verkehrsanlagen hinreichenden Genauigkeit liefert. Als Eingangsgrößen für dieses Verfahren sind lediglich die Mittelwerte und Variationskoeffizienten (Quotient aus Standardabweichung und Mittelwert) für die Ankunftsabstände und Bedienungszeiten zu bestimmen. Die Mittelwerte der Ankunftsabstände und Bedienungszeiten ergeben sich unmittelbar aus der Zugzahl. Der Variationskoeffizient für den Bedienungsprozess kann aus dem Betriebskonzept der Gleisgruppe durch statistische Auswertung der Häufigkeit der Bedienungszeiten relativ einfach bestimmt werden. In vielen Fällen variieren die Bedienungszeiten in einer Gleisgruppe nur relativ gering. Schwieriger ist eine zuverlässige Bestimmung des Variationskoeffizienten für den Ankunftsprozess. Sofern nicht bei bestehenden Anlagen die Beibehaltung der gegebenen Zugfolgestruktur auch für die Zukunft unterstellt werden kann oder die für die Zukunft geplanten Taktlagen bereits bekannt sind, empfiehlt *Hertel* in vertakteten Systemen in Abhängigkeit von der Zahl sich überlagernder Takte die folgende Abschätzung:

$$VT_a \leq 0{,}5 \quad \text{für} \quad 1 \leq i \leq 3$$

$$VT_a \leq 1{,}0 \quad \text{für} \quad 3i \leq 8$$

---

i | Zahl der sich überlagernden Takte

Um zu einer hinreichend abgesicherten Aussage zu gelangen, sollten die Leistungskennwerte jeweils für die obere und untere Grenze der angegebenen Bereiche bestimmt werden. Das Verfahren nach [21] liefert zunächst einen Erwartungswert für die mittlere Warteschlangenlänge (mittlere Zahl gleichzeitig wartender Züge), die unmittelbar in eine mittlere Wartezeit umgerechnet werden kann. Die Einschätzung, welche Größe der mittleren Warteschlangenlänge bzw. der Wartezeit einen brauchbaren Grenzwert für die qualitative Bewertung des Betriebsprogramms darstellt, ist aus Sicht der Betriebspraxis schwierig. *Hertel* empfiehlt daher, als Qualitätskriterium den sogenannten Superiorwert der Warteschlangenlänge für eine statistische Sicherheit von 95 % (l_{w95}) zu verwenden. Das ist die Zahl gleichzeitig wartender Züge, die mit einer statistischen Sicherheit von 95 % nicht überschritten wird. In mehreren Untersuchungen hat sich $l_{w95} < 0{,}5$ als praktisch brauchbarer Grenzwert erwiesen. Damit ist sichergestellt, dass mit einem betrieblich akzeptablen Risiko von 5 % kein Zug vor der Gleisgruppe wartet.

Besteht die Aufgabenstellung nicht in der Bestimmung der Zahl der insgesamt erforderlichen Gleise, sondern in der von einem bestimmten Verkehrsstrom bzw. Produkt erreichbaren Gleise zur Beurteilung der Anbindung einer einmündenden Strecke, kann das beschriebene Verfahren ebenfalls verwendet werden, indem in einem iterativen

Vorgehen die gegenseitige Vertretbarkeit der Gleise hinsichtlich der Nutzung für einen bestimmten Verkehrsstrom schrittweise erhöht wird. Zunächst wird versucht, mit einer minimalen gegenseitigen Vertretbarkeit der Gleise auszukommen, indem die einzelnen Gleise der Gleisgruppe so weit wie möglich exklusiv nur bestimmten Produkten bzw. Streckengleisen zugeordnet werden. Ergibt sich dabei noch kein ausreichendes Leistungsverhalten, ist die gegenseitige Vertretbarkeit der Gleise durch Überlagerung von Verkehrsströmen schrittweise zu erhöhen, bis eine hinreichende Betriebsqualität erreicht wird.

Beispiel 5.4

In einem Bahnhof mit sechs Bahnsteiggleisen werden Züge der von verschiedenen Strecken einmündenden Verkehrsströme A, B und C bedient. Im Rahmen einer Ausbaumaßnahme war zu prüfen, welche Anbindung der Streckengleise an die Bahnsteiggleisgruppe erforderlich ist. In einem ersten Schritt wurden jeweils zwei Bahnsteiggleise exklusiv einem Verkehrsstrom zugeordnet, sodass die Bahnsteiggleisgruppe in drei getrennte Systeme aufgeteilt werden konnte (Abb. 5.26). Eine Untersuchung des Leistungsverhaltens ergab eine Überlastung in den Gleisen 1 und 2 bei gleichzeitigen freien Kapazitäten in den Gleisen 3 bis 6. In einem zweiten Schritt wurde das bislang nur dem Verkehrsstrom B zugeordnete Gleis 3 auch an den Verkehrsstrom A angebunden. Damit ergab sich ein ausreichendes Leistungsverhalten in den Gleisen 1 bis 3, allerdings wurden jetzt Züge des Verkehrsstromes B aus dem Gleis 3 in das Gleis 4 verdrängt, was dort zu Überlastungen führte. In einem weiteren Schritt wurde

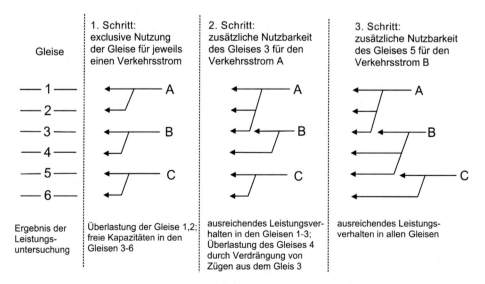

Abb. 5.26 Beispiel für die schrittweise Erhöhung der gegenseitigen Vertretbarkeit von Gleisen einer Gleisgruppe

zur Entlastung des Gleises 4 das Gleis 5 auch an den Verkehrsstrom B angebunden. Eine erneute Überprüfung des Leistungsverhaltens ergab nun eine befriedigende Betriebsqualität in allen Bahnsteiggleisen. Die auf diese Weise gefundene Aufteilung der Verkehrsströme auf die Bahnsteiggleise kann jetzt als Vorgabe für den Entwurf der Fahrstraßenknoten dienen. ◀

5.4.6 Auswahl eines Verfahrens

Betriebliche Leistungsuntersuchungen werden in verschiedenen Planungsphasen mit einem unterschiedlichen zeitlichen Vorlauf durchgeführt. Die Qualität der Ergebnisse einer betrieblichen Leistungsuntersuchung hängt maßgebend von der Schärfe der Eingangsdaten ab. Die Schärfe der Eingangsdaten zur Beschreibung des Betriebsprogramms kann von einer groben Prognose der Zugzahlen bis zum Vorliegen eines detaillierten Fahrplans variieren. Um einen unnötigen Aufwand bei der Durchführung betrieblicher Leistungsuntersuchung zu vermeiden, sollte möglichst ein Untersuchungsverfahren gewählt werden, bei dem die Qualität der Ergebnisse in einer vernünftigen Relation zur Schärfe der Eingangsdaten steht. Tab. 5.9 kann dazu als Richtlinie dienen. Für weitere Empfehlungen zur Festlegung einer geeigneten Untersuchungsstrategie siehe auch [17].

5.5 Maßnahmen zur Leistungsverbesserung

Bei unzureichendem Leistungsverhalten einer Eisenbahnbetriebsanlage steht die Aufgabe, geeignete Maßnahmen zur Leistungsverbesserung auszuwählen. Da das Leistungsverhalten in entscheidender Weise sowohl vom Betriebsprogramm als auch von der sicherungstechnischen und baulichen Infrastruktur abhängt, sind dies auch die drei Bereiche, über die sich eine Verbesserung des Leistungsverhaltens erreichen lässt.

Tab. 5.9 Auswahl geeigneter Untersuchungsverfahren

Zeithorizont	Schärfe der Eingangsdaten	Empfohlene Untersuchungsverfahren
5–20 Jahre	Zugzahlen, ggf. Tagesganglinien	Analytische Verfahren; ggf. Konstruktion von Fahrplanbeispielen; Variantenvergleiche mit vereinfachten Verfahren
1–5 Jahre	Zugzahlen, Fahrplankonzepte	Analytische Verfahren, ergänzt durch Fahrplanstudien; Simulation mit unscharfen Eingangsdaten
<1 Jahr	Konkrete Fahrpläne	Simulation

Vor der Entscheidung für kostenintensive Anpassungen der Infrastruktur sollte zunächst versucht werden, die Probleme über eine Änderung der Struktur des Betriebsprogramms zu lösen. Als geeignete betriebliche Maßnahmen kommen in Frage:

- Entlastung von Engpassabschnitten durch Umleiten von Zügen über andere Strecken,
- Harmonisierung des Betriebsprogramms durch räumliche oder zeitliche Entmischung unterschiedlicher Verkehrsarten,
- Harmonisierung des Betriebsprogramms durch Angleichung der Geschwindigkeiten auf Engpassabschnitten,
- Reduktion der erforderlichen Reserven im Fahrplan durch Präzisierung der Fahrweise.

Die Entlastung von Engpassabschnitten durch Umleiten von Zügen setzt voraus, dass geeignete Umleitungsstrecken mit hinreichend freien Kapazitäten zur Verfügung stehen. Im Personenverkehr ist zudem durch das Erfordernis, die geplanten Verkehrshalte zu bedienen, die Möglichkeit der Nutzung alternativer Strecken stark eingeschränkt.

Die Harmonisierung des Betriebsprogramms durch räumliche Entmischung ist eine eher langfristige Strategie zur Verbesserung des Leistungsverhaltens im Netz, indem einzelne, besonders hoch belastete Strecken vorrangig einer bestimmten Verkehrsart zugeordnet werden. Bei vielen Bahnen wird diese Strategie insbesondere durch Schaffung eigenständiger Strecken für den Hochgeschwindigkeitsverkehr umgesetzt. Die Harmonisierung des Betriebsprogramms durch zeitliche Entmischung gelingt bei europäischen Bahnen auf vielen Strecken dadurch, dass ein Großteil des Güterverkehrs nachts abgewickelt wird und sich somit weitgehend von den tagsüber laufenden Taktsystemen des Personenverkehrs trennen lässt. Die früher oft propagierte weiter gehende Entmischung im Tagesverlauf durch gebündeltes Fahren von Zügen gleicher Geschwindigkeit oder – auf eingleisigen Strecken – Richtung scheidet heute durch die Vertaktung der Personenverkehrssysteme vielfach aus.

Die Harmonisierung des Betriebsprogramms durch Angleichung der Geschwindigkeiten ist rein betrieblich zwar sehr wirkungsvoll, führt jedoch zu einem Fahrzeitverlust der schneller fahrenden Züge. Diese Maßnahme sollte daher auf kurze Engpassabschnitte beschränkt bleiben. Ein typischer Anwendungsfall sind Zulaufstrecken im Vorfeld großer Knoten, auf denen sich mehrere Verkehrsströme überlagern.

Die Erschließung von Leistungsreserven durch Präzisierung der Fahrweise ist ein neues Konzept aus der Schweiz [22]. Die Idee besteht darin, die Züge in kapazitätsrelevanten Knotenbereichen auf adaptiv vorberechneten Zeit-Weg-Linien automatisch zu führen. Dadurch können gegenüber der manuellen Steuerung die stochastischen Einflüsse minimiert werden, was eine Reduktion der im Fahrplan in Form von Pufferzeiten und Fahrzeitzuschlägen enthaltenen Reserven und damit eine Steigerung des Durchsatzes ermöglicht.

Zur Verbesserung des Leistungsverhaltens durch Modifikation der sicherungstechnischen Infrastruktur bestehen folgende Möglichkeiten:

- Verkürzung der Blockabschnittslängen bis hin zum Übergang zum Fahren im absoluten Bremswegabstand,

- Umstellung von einer Betriebsweise mit Führung der Züge durch ortsfeste Signale auf Führung durch Führerraumanzeigen,
- Optimierung der Signalstandorte und der Lage von Fahrstraßen- und Signalzugschlussstellen in Fahrstraßenknoten.

Die durch Verkürzen der Blockabschnittslängen sowie die Einführung des Fahrens im absoluten Bremswegabstand erzielbare Leistungsverbesserung wird häufig überschätzt. Da sich durch Verkürzen der Blockabschnittslänge nur eine Komponente der Sperrzeit der Blockabschnitte beeinflussen lässt, nämlich die Fahrzeit im Blockabschnitt, ist der relative Leistungsgewinn umso geringer, je kürzer die Blockabschnitte bereits sind. Dazu kommt, dass auf Mischbetriebsstrecken die mittlere Mindestzugfolgezeit schon bei Blockabschnittslängen von ca. 2000 m meist wesentlich stärker von der Geschwindigkeitsschere zwischen schnell und langsam fahrenden Zügen abhängt als von der Sperrzeit der einzelnen Blockabschnitte. Schon in den 1920er-Jahren formulierte *Möllering* die Regel, „für Bahnen mit gemischtem Betriebe die Blockstrecken für gewöhnlich mindestens 2 km lang zu machen. Nur in Ausnahmefällen sind kürzere Blockstrecken nötig" [23]. Diese Aussage ist auch unter heutigen Betriebsverhältnissen noch gültig. Der auf charakteristischen Mischbetriebsstrecken zu erwartende Leistungsgewinn durch die bei Führung durch Führerraumanzeigen mögliche Verkürzung der Blockabschnittslängen auf unter 1000 m bis hin zu unterzuglangen Blockabschnittslängen, was bereits einem angenäherten Fahren im absoluten Bremswegabstand entspricht, liegt fast immer bei weniger als 10 %.

Wenngleich linienförmige Zugbeeinflussungssysteme mit Führung des Zuges durch Führerraumanzeigen vordergründig für den Hochgeschwindigkeitsverkehr entwickelt wurden, führt die Einführung dieser Technologie auch auf konventionellen Strecken zu einer Verbesserung des Leistungsverhaltens. Der leistungssteigernde Effekt liegt darin begründet, dass bei langsam fahrenden Zügen, deren realer Bremsweg den Vorsignalabstand des ortsfesten Signalsystems unterschreitet, die Annäherungsfahrzeit als Teil der Blockabschnittssperrzeit nicht schon beim Passieren des Vorsignals, sondern erst beim Erreichen des über die Führerraumanzeige signalisierten Bremseinsatzpunktes beginnt.

Durch Optimierung der Signalstandorte und der Lage von Zugschlussstellen in Fahrstraßenknoten lassen sich ggf. die Ausschlusszeiten von feindlichen Fahrstraßen verkürzen. Selbst wenn der erzielbare Leistungsgewinn nur vergleichsweise gering ist, sollte man solche Maßnahmen durchaus ins Auge fassen, da sie oft mit geringem Aufwand umsetzbar sind.

Die wirkungsvollste Verbesserung des Leistungsverhaltens lässt sich durch bauliche Maßnahmen erzielen. Allerdings sind bauliche Maßnahmen auch mit erheblichen Kosten verbunden, sodass man diesen Weg erst gehen sollte, wenn andere Möglichkeiten zur Verbesserung des Leistungsverhaltens ausgeschöpft sind. Zu leistungssteigernden baulichen Maßnahmen zählen insbesondere:

- Beseitigung von Geschwindigkeitseinbrüchen,
- Beseitigung von Fahrstraßenausschlüssen durch höhenfreien Ausbau und Einrichtung paralleler Fahrmöglichkeiten,
- Bau zusätzlicher Bahnhofs- und Streckengleise.

Geschwindigkeitseinbrüche führen nicht nur zu Fahrzeitverlusten, sondern beeinflussen das Leistungsverhalten auf zweierlei Weise. Einerseits haben sie eine Verlängerung der Sperrzeit der betroffenen Blockabschnitte zur Folge. Die daraus resultierenden Leistungseinbußen können auf Mischbetriebsstrecken u. U. dadurch kompensiert werden, dass sich die Geschwindigkeitsschere zwischen schnell und langsam fahrenden Zügen verringert. Der Wert der Beseitigung eines Geschwindigkeitseinbruchs wird daher nicht nur anhand der erzielbaren Verbesserung des Leistungsverhaltens, sondern auch anhand des kommerziellen Nutzens der Fahrzeitkürzung zu beurteilen sein.

Die anderen aufgeführten Maßnahmen sind mit Änderungen der Gleistopologie verbunden, die erhebliche Kosten verursachen und sich nur rechnen, wenn dem dafür erforderlichen Aufwand auf der Einnahmeseite eine adäquate Steigerung der Verkehrsmenge gegenüber steht.

Literatur

1. Hertel, G.: Die maximale Verkehrsleistung und die minimale Fahrplanempfindlichkeit auf Eisenbahnstrecken. Eisenbahntechnische Rundsch. **41**(10), 665–671 (1992)
2. Potthoff, G.: Die Bedienungstheorie im Verkehrswesen. transpress, Berlin (1969)
3. Preuß, R.: Die Modellbahn der TU Dresden. Eisenbahn-Journal **27**(9), 72–73 (2001)
4. Holland-Nell, H., Ginzel, T., Demitz, J.: Weiterentwicklung des Eisenbahnbetriebslabors der TU Dresden. Signal Draht **99**(11), 23–27 (2007)
5. Bosse, G., Martin, U., Pachl, J.: Anwendung des Simulationsprogramms UXSIMU zur Leistungsuntersuchung von Strecken. Schriftenreihe des Instituts für Verkehrssystemtheorie und Bahnverkehr, Bd. 1. TU Dresden, Dresden, S. 105–126 (1995)
6. Rehkopf, A.: Betriebliche Simulationen für den spurgeführten Verkehr. Signal Draht **90**(3), 10–15 (1998)
7. Kaminsky, R.: Pufferzeiten in Netzen des spurgeführten Verkehrs in Abhängigkeit von Zugfolge und Infrastruktur (Diss.). Wissenschaftliche Arbeiten des Instituts für Verkehrswesen, Eisenbahnbau und -betrieb der Universität Hannover, Nr. 56, Hannover 2001
8. Kahlmeyer, A., Kerwien, D., Schröder, M., Wolf, J.: Ermittlung der Leistungsfähigkeit einer Werkbahn mit Open Track. Güterbahnen **2**(2), 43–46 (2003)
9. Janecek, D.; Weymann, F.; schaer, T.: LUKS – Integriertes Werkzeug zur Leistungsuntersuchung von Eisenbahnknoten und –strecken. Eisenbahntechnische Rundsch. **59**(1–2), 25–32 (2010)
10. Ferchland, C., Körner, T.: Analytische Verfahren der Eisenbahnbetriebswissenschaft. Eisenbahntechnische Rundsch. **53**(7/8), 499–505 (2004)
11. Hansen, I.A., Pachl, J. (Hrsg.): Railway timetabling & operations, 2. Aufl. Eurailpress, Hamburg (2013)

12. UIC: Code 406 – capacity, 1. Aufl. (2004)
13. Deutsche Bahn AG: Richtlinie Fahrwegkapazität (405). gültig ab 01.01.2008 (2008)
14. Niebel, N., Nießen, N.: Berücksichtigung des Zacken-Lücken-Problems bei der analytischen Kapazitätsermittlung. Eisenbahntechnische Rundsch. **63**(12), 34–36 (2014)
15. Herrmann, T., Burkolter, D., Caimi, G.: Bewertungsgrundlagen ausgelasteter Fahrpläne. Verk. Tech. **59**(8), 307–311 (2006)
16. Schultze, K.: 30 Jahre „STRELE" – Rückblick und aktuelle Weiterentwicklungen in der analytischen Methode. Eisenbahntechnische Rundsch. **64**(5), 69–74 (2015)
17. Schaer, T.: Der Einfluss von Betriebsführungskonzepten in großen Bahnnetzen. Signal Draht **95**(9), 6–12 (2003)
18. Wendler, E.: Analytische Berechnung der planmäßigen Wartezeiten bei asynchroner Fahrplankonstruktion (Diss.). Veröffentlichungen des Verkehrswissenschaftlichen Instituts der Rheinisch-Westfälischen Technischen Hochschule Aachen, Heft 55, Aachen 1999
19. Potthoff, G.: Die Zugfolge auf Strecken und in Bahnhöfen, 3. Aufl. Verkehrsströmungslehre, Bd. 1. transpress, Berlin (1980)
20. Corazza, G.R., Musso, A.: Methodologie zur Planung der Gestaltung von Bahnhofsgleisanlagen. Schienen Welt **21**(1), 11–18 (1990)
21. Hertel, G., Ludwig, D.: Betriebswissenschaftliche Bemessung von Gleisgruppen. Eisenbahn Ingenieur Kalender '95., S. 355–374 (1995)
22. Weidmann, U., Laumanns, M., Montigel, M., Rao, X.: Dynamische Kapazitätsoptimierung durch Automatisierung des Bahnbetriebes. Eisenbahn-revue Int. **10**(12), 606–611 (2014)
23. Möllering, H.: Die Sicherungs-Einrichtungen für den Zugverkehr auf den deutschen Bahnen. S. Hirzel, Leipzig (1927)

Fahrplankonstruktion

6

Die vorausschauende Planung der Zugfahrten in Form des Fahrplans ist seit jeher ein Grundelement des Bahnbetriebs. Aufgrund der vielfältigen Restriktionen in einem spurgeführten System ist eine Koordination der Zugfahrten durch den Infrastrukturbetreiber zur Gewährleistung eines konfliktfreien Betriebsablaufs erforderlich. Dies geschieht durch Planung von Fahrplantrassen, die die zeitliche und räumliche Inanspruchnahme der Infrastruktur durch Zugfahrten beschreiben.

6.1 Die Rolle des Fahrplans

Unter dem Fahrplan wird allgemein die vorausschauende Festlegung des Fahrtverlaufs der Züge verstanden. Dazu gehören für jeden Zug mindestens die folgenden wesentlichen Angaben:

- Zugnummer,
- Verkehrstage,
- Laufweg,
- Ankunfts-, Abfahr- und Durchfahrzeiten auf den Betriebsstellen,
- zulässige Geschwindigkeit in den einzelnen Abschnitten des Laufwegs.

Die Aufstellung eines Fahrplans dient drei grundsätzlichen Aufgaben. Erstens wird durch die Fahrplankonstruktion eine Koordination der Trassenwünsche, d. h. der gewünschten Zeitlagen der Zugangebote der einzelnen Eisenbahnverkehrsunternehmen bzw. der einzelnen Produkte eines Eisenbahnverkehrsunternehmens auf einer gegebenen Infrastruktur vorgenommen. Diese Funktion der Aufstellung eines Fahrplans wird auch als Trassenmanagement bezeichnet und steht in enger Wechselwirkung mit den

© Der/die Autor(en), exklusiv lizenziert an Springer Fachmedien Wiesbaden GmbH, ein Teil von Springer Nature 2025
J. Pachl, *Systemtechnik des Schienenverkehrs*,
https://doi.org/10.1007/978-3-658-45732-7_6

Vertriebsinstrumenten zur Vermarktung der Infrastrukturnutzung. Selbst wenn es im laufenden Betrieb zu größeren zeitlichen Abweichungen von den geplanten Zeitlagen der Fahrplantrassen kommen sollte, ist durch die Planung konfliktfreier Trassen immer sichergestellt, dass eine ausreichende Fahrwegkapazität für die Durchführung des Betriebsprogramms zur Verfügung steht. Die Fahrplankonstruktion hat damit auch die wichtige Funktion, eine Überlastung der Infrastruktur durch Begrenzung der Anzahl der Zugfahrten auf die Anzahl konfliktfrei konstruierbarer Fahrplantrassen zu vermeiden.

Zweitens liefert die Fahrplankonstruktion die maßgebenden Informationen zur Beschreibung des Soll-Betriebsablaufs für die Betriebsdurchführung. Zu diesem Zweck wurde eine Vielzahl unterschiedlicher Fahrplanunterlagen entwickelt. Die örtliche Betriebsführung nutzt dabei Darstellungsformen, die alle Zugfahrten auf einem bestimmten Teil der Infrastruktur (Teilstrecke, Knoten) abbilden. Für die Führung eines Zuges werden demgegenüber Fahrplanunterlagen aufgestellt, die alle Fahrplandaten eines Zuges über seinen gesamten Laufweg darstellen. Neben der unmittelbaren Betriebsdurchführung werden die im Fahrplan enthaltenen Informationen auch als Datenquelle für weitere Systeme der Betriebsplanung benötigt, insbesondere zur Planung der Fahrzeugumläufe und des Personaleinsatzes.

Und schließlich drittens dient der Fahrplan der Information der Kunden der Eisenbahnverkehrsunternehmen. An die dazu verwendeten Unterlagen werden besonders hohe Anforderungen hinsichtlich Verständlichkeit und Einfachheit der Handhabung gestellt. Ein enormer Qualitätssprung wurde durch den Übergang von gedruckten Fahrplänen wie dem traditionellen Kursbuch zu Online-Auskunftssystemen erreicht. Diese sehr benutzerfreundlich gestalteten Systeme sind oft mit Buchungsportalen für den Ticketkauf kombiniert und bieten zunehmend auch aktuelle Verkehrsinformationen.

6.2 Darstellungsformen des Fahrplans für das Trassenmanagement

Eine Fahrplantrasse beschreibt die im Fahrplan vorgesehene räumliche und zeitliche Inanspruchnahme der Infrastruktur durch eine Zugfahrt. Sie wird durch die auf den planmäßigen Laufweg bezogene Sperrzeitentreppe charakterisiert.

Für die Koordination der Trassenwünsche auf einer gegebenen Infrastruktur sind Darstellungsformen erforderlich, die sämtliche Zugfahrten auf einem bestimmten Teil der Infrastruktur abbilden. Wegen der hohen Komplexität dieser Aufgabe haben sich zu diesem Zweck bereits frühzeitig grafische Darstellungsformen durchgesetzt. Zur Darstellung des Betriebsablaufs auf einer Strecke dient der sogenannte Bildfahrplan (auch als grafischer Fahrplan bezeichnet). Der Bildfahrplan ist ein Liniennetz aus Ortslinien, die den Fahrzeitmesspunkten der einzelnen Betriebsstellen entsprechen, und orthogonal dazu angeordneten Zeitlinien. In dieses Liniennetz werden die Zugfahrten als Zeit-Weg-Linien eingetragen. Abb. 6.1 veranschaulicht dieses Darstellungsprinzip.

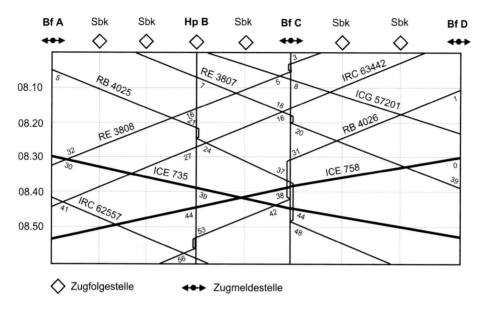

Abb. 6.1 Prinzip der Darstellung von Zugfahrten in einem Bildfahrplan (zweigleisige Strecke)

Im Bildfahrplan werden bei der Darstellung der Zeit-Weg-Linien üblicherweise die exakten Fahrtverläufe durch einen Polygonzug ersetzt, indem die Abfahr-, Ankunfts- und Durchfahrzeitpunkte auf den einzelnen Betriebsstellen durch Geraden verbunden werden. Die Schnittpunkte der Zeit-Weg-Linien mit den Ortslinien tragen zur Erleichterung des Ablesens eine Beschriftung mit den Minutenwerten der jeweiligen Zeitpunkte. Die Zeit-Weg-Linien beider Gleise einer zweigleisigen Strecke werden in der Regel zusammen auf einem Blatt dargestellt. Bei Parallelführung von mehr als zwei Streckengleisen wird die Darstellung auf mehrere Blätter aufgeteilt, um die eindeutige Zuordnung der Zeit-Weg-Linien zu den Streckengleisen zu gewährleisten. Anstelle eines Bildfahrplans mit liegender Wegachse verwenden einige Bahnunternehmen auch einen „stehenden" Bildfahrplan (Abb. 6.2). Beide Darstellungsformen sind in der Aussage gleichwertig, die Bevorzugung einer der beiden Formen hat meist traditionelle Gründe.

Die Darstellungsform des Bildfahrplans ermöglicht eine sehr übersichtliche Abbildung des Betriebsablaufs einer Strecke, erlaubt jedoch noch keine hinreichenden Rückschlüsse auf die tatsächliche betriebliche Inanspruchnahme der Infrastruktur durch die einzelnen Zugfahrten. Das ist nur durch die Ergänzung der reinen Zeit-Weg-Linien um eine Darstellung der Sperrzeiten (Sperrzeitentreppen) möglich. Moderne rechnergestützte Verfahren zur Fahrplankonstruktion verfügen daher über Funktionen zur Einblendung von Sperrzeiten, mit denen der Fahrplanbearbeiter die Zulässigkeit einer gewünschten Trassenlage eindeutig prüfen kann.

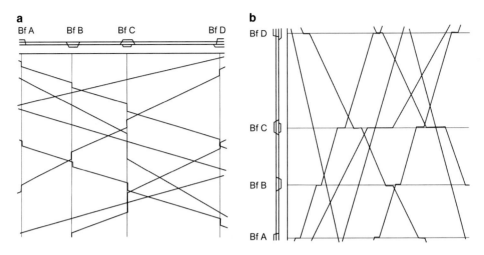

Abb. 6.2 Liegender und stehender Bildfahrplan. **a** Liegender Fahrplan, **b** stehender Fahrplan

Zur Darstellung des Betriebsablaufs innerhalb von Betriebsstellen mit mehreren Fahr-möglichkeiten je Richtung wird anstelle des Bildfahrplans ein sogenannter Fahrplan für Zugmeldestellen (ältere Bezeichnung: Bahnhofsfahrordnung) benutzt. Bei größeren Betriebsstellen ist für den Fahrplan für Zugmeldestellen eine bildliche Darstellung der Gleisbelegung üblich. Ein solcher Gleisbelegungsplan enthält für jedes Gleis eine senk-rechte Zeitachse, an der die Gleisbelegungen in Form von Streifen abgebildet werden (Abb. 6.3). Zur Unterscheidung mehrerer einmündender Strecken werden die Belegungs-streifen mitunter durch diverse Sonderzeichen ergänzt, die die Zuordnung der Gleis-belegungen zu Fahrtrichtungen und Strecken erleichtern sollen. Des Weiteren ermöglicht der Fahrplan für Zugmeldestellen bei Bedarf auch die Darstellung wichtiger, regelmäßig verkehrender Rangierfahrten, die bei der Planung des Zugbetriebes zu berücksichtigen sind. Wie der Bildfahrplan so ist auch die Darstellung des Fahrplans für Zugmeldestellen noch nicht ausreichend, um die Zulässigkeit einer bestimmten Zuglage eindeutig be-urteilen zu können. Eine Ergänzung der Darstellung der besetzten Gleise um die Sperr-zeiten der Ein- und Ausfahrstraßen könnte dazu zwar eine gewisse Hilfestellung geben, wäre allerdings auch noch nicht hinreichend, da die wirkenden Fahrstraßenausschlüsse aus dieser Darstellung noch nicht ersichtlich sind.

Eine Ergänzung des Fahrplans für Zugmeldestellen durch alle Fahrstraßenaus-schlüsse, wie es zu betriebswissenschaftlichen Untersuchungen in Form des Fahrten-abhängigkeitsplans üblich ist, hat sich wegen der äußerst komplexen und unübersicht-lichen Darstellung als Fahrplanunterlage nicht durchsetzen können. Bei der manuellen Erstellung eines Fahrplans für Zugmeldestellen kann daher die Zulässigkeit bestimmter Zugfahrten nur aus der betrieblichen Erfahrung heraus beurteilt werden, eine eindeutige

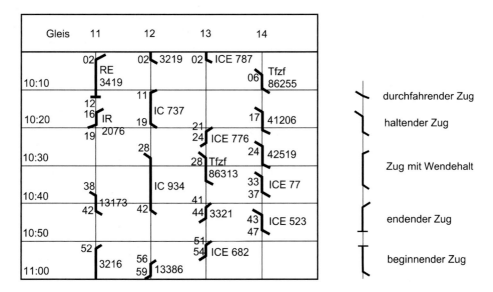

Abb. 6.3 Prinzip eines bildlichen Fahrplans für Zugmeldestellen

Entscheidung ist nur bei Anwendung rechnergestützter Verfahren zur Fahrplankonstruktion möglich, die eine vollständige interne Prüfung der Sperr- und Ausschlusszeiten der Fahrstraßen gewährleisten.

Bei einigen Bahnen sind auch bildliche Fahrpläne mit einer kombinierten Darstellung der Belegung der Strecken- und Bahnhofsgleise üblich (Abb. 6.4). Diese Darstellungsform ist insbesondere als Unterlage für die Fahrdienstleitung auf Fernsteuerstrecken mit einer Reihe von kleinen und mittleren Bahnhöfen vorteilhaft. Für größere Bahnhöfe wird die Darstellung jedoch unübersichtlich, sodass separate Gleisbelegungspläne sinnvoller sind.

6.3 Zeitanteile im Fahrplan

Die Reisezeit eines Fahrgastes zum Erreichen seines gewünschten Fahrtzieles setzt sich aus der Zugangszeit zum Abgangsbahnhof, der Beförderungszeit im System Bahn und der Abgangszeit vom Zielbahnhof zum endgültigen Fahrtziel zusammen. Die Zeitanteile des Fahrplans erfassen dabei nur die Beförderungszeit, während der sich der Fahrgast im System Bahn bewegt. Zu dieser Beförderungszeit gehören die Beförderungszeiten der benutzten Züge und die Übergangszeiten beim Umsteigen. Im Güterzugverkehr ergibt sich eine ähnliche Aufteilung der Beförderungszeit. Übergangszeiten fallen dabei in Form der Aufenthaltszeiten in den Rangierbahnhöfen zum Wagenübergang zwischen den Zügen an.

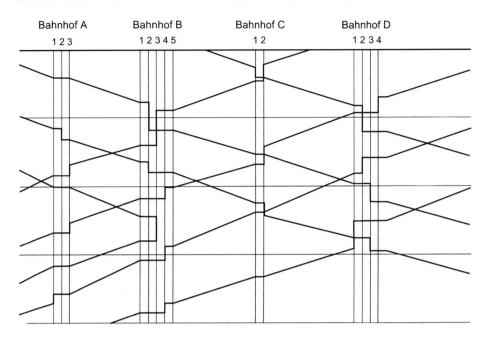

Abb. 6.4 Bildfahrplan mit kombinierter Darstellung der Strecken und Bahnhofsgleisbelegung

6.3.1 Bestandteile der Beförderungszeit eines Zuges

6.3.1.1 Fahrzeit

Die Beförderungszeit eines Zuges setzt sich aus Fahrzeiten und Haltezeiten zusammen.
Die der Aufstellung des Fahrplans zugrunde liegende Regelfahrzeit zwischen zwei Halten ergibt sich als Summe folgender Teilzeiten:

- reine Fahrzeit,
- Regelzuschlag,
- Bauzuschlag.

Die reine Fahrzeit ist die sich aus einer fahrdynamischen Rechnung ergebende Fahrzeit
eines Zuges. Die mit den fahrdynamischen Verfahren zur Fahrzeitermittlung rein rechnerisch mögliche sehr hohe Genauigkeit darf jedoch nicht darüber hinwegtäuschen,
dass es sich bei dem auf diese Weise ermittelten Wert für die Fahrzeit nur um den Erwartungswert einer Zufallsgröße handelt, die in der Praxis einer gewissen Streuung
unterliegt. Allein der die Anfahrzeit eines Zuges sehr maßgebend mitbestimmende
Haftreibungsbeiwert zwischen Rad und Schiene unterliegt in Abhängigkeit von den
Witterungsverhältnissen einer erheblichen Schwankungsbreite. Zum Ausgleich dieser

Schwankungen der Fahrzeit sowie sonstiger geringfügiger Unregelmäßigkeiten (z. B. Haltezeitverlängerung bei starkem Andrang von Fahrgästen) dient der Regelzuschlag. Er wird der reinen Fahrzeit als prozentualer Zuschlag (Größenordnung 3–7 %) gleichverteilt zugeschlagen.

Zusätzlich zum Regelzuschlag wird auf Streckenabschnitten, auf denen wegen Bauarbeiten oder vorübergehend eingerichteten Langsamfahrstellen bei Mängeln am Fahrweg mit Fahrzeitüberschreitungen gerechnet werden muss, ein Bauzuschlag (ältere Bezeichnung: Sonderzuschlag) berücksichtigt. Im Unterschied zum Regelzuschlag wird der Bauzuschlag nicht als prozentuale Erhöhung der Fahrzeit eingerechnet, sondern auf den betroffenen Abschnitten als absoluter Minutenwert der Fahrzeit zugeschlagen. Die Größe des Bauzuschlages wird in Abhängigkeit von den örtlichen Bedingungen im Einzelfall festgelegt.

Zu der sich auf diese Weise ergebenden Regelfahrzeit kann sich im Prozess der Fahrplankonstruktion die Notwendigkeit der Addition zusätzlicher Verzögerungszeiten ergeben. Dies sind zum einen die planmäßigen Synchronisationszeiten zum Herstellen von Anschlüssen und zur Anpassung der Trassenlage an einen gewünschten Takt. Zum anderen kann sich auch die Notwendigkeit der Einrechnung planmäßiger Wartezeiten in die Fahrzeit ergeben (z. B. Wartezeiten beim planmäßigen Kreuzen und Überholen). Diese Verlustzeiten, die sich sowohl in Form von verlängerten Fahrzeiten als auch von verlängerten Haltezeiten auswirken können, werden weiter unten näher erläutert.

Das Ergebnis der bisherigen Rechnung ist die planmäßige Fahrzeit, die im Fahrplan ausgewiesen wird. Die vom Fahrgast erlebte tatsächlich realisierte Fahrzeit kann allerdings beim Auftreten von Verspätungen von der planmäßigen Fahrzeit abweichen. Der Grad der Übereinstimmung der planmäßigen mit der realisierten Fahrzeit ist ein entscheidendes Kriterium für die Beurteilung der Qualität der Betriebsführung und beeinflusst in maßgebender Weise die Akzeptanz des Systems Bahn beim Kunden.

6.3.1.2 Haltezeit

Haltezeiten können für Verkehrshalte oder Betriebshalte anfallen. Verkehrshalte dienen unmittelbar den Nutzern der Bahn, also im Personenverkehr dem Fahrgastwechsel und im Güterverkehr dem Absetzen und Aufnehmen von Wagengruppen oder der Durchführung von Ladetätigkeiten am Zuge. Betriebshalte sind Halte, die aus innerbetrieblichen Gründen erforderlich werden. Dazu gehören beispielsweise Halte für Personal- und Lokwechsel sowie Halte zur Abwicklung betrieblich notwendiger Kreuzungen und Überholungen.

Nach Möglichkeit sollte ein erforderlicher Betriebshalt mit einem Verkehrshalt kombiniert werden, um Zeitverluste für die Kunden zu minimieren. In einem derartigen Fall bestimmt sich die Regelhaltezeit nach der Darstellung in Abb. 6.5.

Die Abfertigungszeit ist die Zeitspanne vom Einsteigeschluss bis zum Ingangsetzen des Zuges. Abb. 6.6 zeigt als Beispiel die Zeitanteile für einen Verkehrshalt im Personenverkehr mit Gegenüberstellung der Verkehrshalte- und Abfertigungszeit zu den

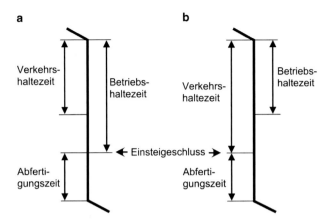

Abb. 6.5 Regelhaltezeit bei Kombination von Betriebs- und Verkehrshalt. **a** Betriebshaltezeit maßgebend, **b** Verkehrshaltezeit maßgebend

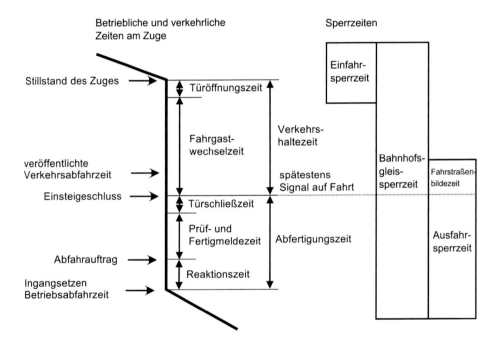

Abb. 6.6 Zeitanteile eines Verkehrshaltes im Personenverkehr

dabei betrieblich anfallenden Sperrzeiten. Zu erkennen ist auch der Unterschied zwischen der in den veröffentlichten Fahrplanunterlagen angegebenen Verkehrsabfahrzeit und der der Fahrplankonstruktion zugrunde liegenden Betriebsabfahrzeit.

In Analogie zu den Fahrzeiten kann sich auch bei der Festlegung der Haltezeiten die Notwendigkeit einer Verlängerung durch planmäßige Synchronisations- und Wartezeiten ergeben. Die daraus resultierende planmäßige Haltezeit kann im Verspätungsfall von der realisierten Haltezeit abweichen. Im Unterschied zur Fahrzeit kann sich die Verspätung eines ankommenden Zuges jedoch auch verkürzend auf die Haltezeit auswirken, indem durch eine besonders zügige Abfertigung eine Verkürzung der Haltezeit und damit ein Abbau der Verspätung angestrebt wird.

6.3.2   Zeitanteile zwischen den Zugfahrten

6.3.2.1 Zugfolgezeit
In der Fahrplankonstruktion werden Zugfolgezeiten im Unterschied zu dem bei analytischen Leistungsuntersuchungen üblichen Vorgehen nicht auf den Einfahrzeitpunkt in einen Streckenabschnitt (Abschn. 5.3.3), sondern auf das Passieren des Fahrzeitmesspunktes einer Betriebsstelle bezogen. Bei dieser Betrachtung unterscheidet man in Abhängigkeit vom vorliegenden Zugfolgefall die folgenden Zugfolgezeiten (Abb. 6.7):

- die Vorsprungszeit als Zugfolgezeit zwischen zwei nacheinander auf das gleiche Streckengleis ausfahrenden Zügen,
- die Nachfolgezeit als Zugfolgezeit zwischen zwei nacheinander vom gleichen Streckengleis einfahrenden Zügen,
- die Kreuzungszeit als Zugfolgezeit zwischen der Ankunft eines Gegenzuges und der Abfahrt eines Zuges auf das gleiche Streckengleis,

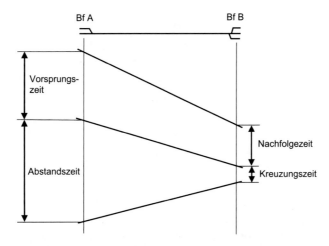

Abb. 6.7 Einteilung der auf die Fahrzeitmesspunkte der Betriebsstellen bezogenen Zugfolgezeiten

- die Abstandszeit als Zugfolgezeit zwischen der Abfahrt eines Zuges und der Ankunft eines Gegenzuges vom gleichen Streckengleis.

Die Mindestzugfolgezeit ist die sich aus der Sperrzeitenrechnung ergebende kleinstmögliche Zugfolgezeit. Sie liegt vor, wenn sich die Sperrzeitentreppen zweier Züge gerade in einem Fahrwegabschnitt (Blockabschnitt oder Teilfahrstraße) berühren. Bei einer Zugfolge im Abstand der Mindestzugfolgezeiten würde sich die Verspätung eines Zuges stets vollständig auf den folgenden Zug übertragen. Die bei der Fahrplankonstruktion anzuwendenden Zugfolgezeiten müssen daher neben der Mindestzugfolgezeit noch zusätzliche Reservezeiten in Form von Pufferzeiten enthalten.

6.3.2.2 Pufferzeit

Pufferzeiten (genauer gesagt Zugfolgepufferzeiten) sind freie, nicht durch Sperrzeiten belegte Zeitabschnitte zwischen den Sperrzeitentreppen zweier aufeinander folgender Züge. Sie beziehen sich stets auf den für den jeweiligen Zugfolgefall maßgebenden Fahrwegabschnitt (Abb. 6.8 und 6.9). Pufferzeiten wirken sich durch die Reduzierung der Übertragung von Folgeverspätungen positiv auf die Betriebsqualität aus. Andererseits schränken sie die Betriebsleistung durch Verringerung der Anzahl konstruierbarer Fahrplantrassen ein. Die Bemessung und Verteilung der Pufferzeiten ist daher eines der entscheidenden Werkzeuge des Betriebsplaners zur Beeinflussung von Leistung und Qualität.

Bei der Bemessung und Verteilung der Pufferzeiten sind zwei Teilaufgaben zu bearbeiten:

- die Ermittlung der Größe der erforderlichen Pufferzeiten,
- die Zuordnung der Pufferzeiten zu Fahrplantrassen bzw. Zugfolgefällen.

Die Größe der Pufferzeiten hängt maßgeblich von der Größenordnung der erwarteten Verspätungen ab. Je zuverlässiger das System arbeitet, d. h. je genauer die geplanten Trassen eingehalten werden, desto geringere Pufferzeiten sind erforderlich und desto größer ist die im System zu realisierende Betriebsleistung. Sind die zu erwartenden Verspätungen bekannt, z. B. aus einer statistischen Auswertung der letzten Fahrplanperiode, kann mithilfe von bedienungstheoretischen Modellen (z. B. mit der Wartezeitrechnung des rechnergestützten Verfahrens SLS [1]) der daraus resultierende Erwartungswert der Folgeverspätungen bestimmt werden. Daraus lässt sich dann in Abhängigkeit von der von den Kunden akzeptierten Betriebsqualität die Größe der erforderlichen Pufferzeit ableiten.

Nach den Erfahrungswerten typischer Mischbetriebsstrecken kann auch ohne vertiefte Rechnung als Richtwert für die Bemessung der Pufferzeiten empfohlen werden, dass der verkettete Belegungsgrad über einen längeren Zeitraum gemittelt den Wert von 0,5 nicht wesentlich überschreitet [2]. Das bedeutet, dass über einen längeren Zeitraum gerechnet die mittlere Pufferzeit in etwa der mittleren Mindestzugfolgezeit entsprechen sollte. In

Abb. 6.8 Pufferzeiten im Einrichtungsbetrieb

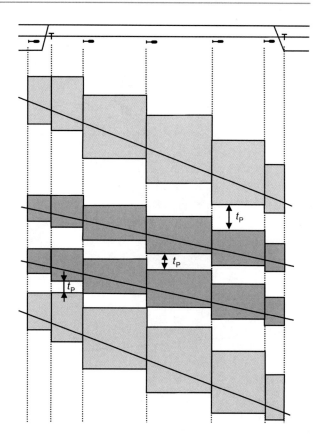

Spitzenzeiten kann dieser Wert deutlich unterschritten werden, wenn anschließend ausreichende Erholungsphasen vorgesehen werden. Des Weiteren kann u. U. auf hoch belasteten Streckenabschnitten mit reduzierten Pufferzeiten („Engpasspufferzeiten") gerechnet werden, wenn an einen solchen Abschnitt Strecken mit deutlich reduzierter Belastung anschließen, auf denen sich der Betrieb wieder entspannt. Das ist z. B. vielfach im Zulaufbereich großer Knoten der Fall, wo durch die Zusammenführung mehrerer mäßig belasteter Strecken auf begrenzten Abschnitten sehr hohe Belastungen auftreten können.

Nach Festlegung der Größe der erforderlichen Pufferzeiten steht die Aufgabe, die Pufferzeiten auf die einzelnen Zugfolgefälle zu verteilen. Grundsätzlich gibt es zwei Möglichkeiten der Zuordnung der Pufferzeiten:

a) Zuordnung fester Pufferzeiten zu bestimmten Zugfolgefällen oder Fahrplantrassen,
b) keine Zuordnung der Pufferzeiten zu bestimmten Zugfolgefällen, stattdessen lediglich Beachtung der Regel, dass in einem bestimmten Zeitraum eine festgelegte Pufferzeitsumme (in Form von Freitrassen) vorgesehen werden muss.

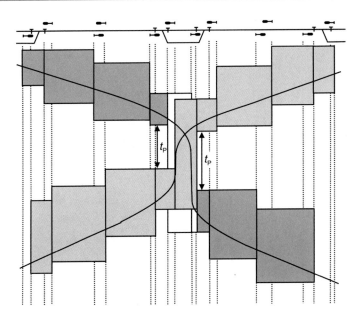

Abb. 6.9 Pufferzeiten im Zweirichtungsbetrieb

Die Zuordnung fester Pufferzeiten zu bestimmten Zugfolgefällen oder Fahrplantrassen ist nur sinnvoll, wenn die im Fahrplan vorgesehene Zugreihenfolge mit hoher Wahrscheinlichkeit eingehalten wird. Das ist im Personenverkehr und im hochwertigen Güterverkehr (Logistikzüge) der Fall. Für die Zuordnung der Pufferzeiten lassen sich folgende grundsätzliche Regeln formulieren:

a) große Pufferzeiten, wenn der 2. Zug durchfährt,
b) große Pufferzeiten, wenn der 2. Zug deutlich schneller fährt als der 1. Zug,
c) kleine oder keine Pufferzeiten, wenn der 2. Zug deutlich langsamer fährt als der 1. Zug,
d) kleine oder keine Pufferzeiten, wenn der 2. Zug anfährt.

Abb. 6.10, 6.11 und 6.12 veranschaulichen diese Regeln anhand von Sperrzeitendarstellungen beim Überholen und Kreuzen von Zügen. Auf eingleisigen Strecken mit mehreren verketteten Kreuzungsvorgängen sollten auch zwischen gleichrangigen Zügen einige größere Pufferzeiten vorgesehen werden, um ein „Aufschaukeln" der Folgeverspätungen zu vermeiden.

Eine für einen bestimmten Zugfolgefall vorgesehene Pufferzeit verliert ihre Wirkung, wenn dieser Zugfolgefall wegen einer Abweichung von der geplanten Zugreihenfolge in

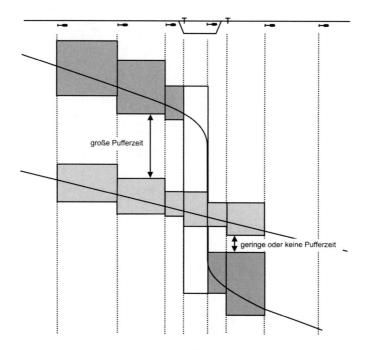

große Pufferzeit

geringe oder keine Pufferzeit

Abb. 6.10 Zuordnung von Pufferzeiten bei einer Überholung

der Betriebsabwicklung gar nicht auftritt. Das ist insbesondere im Güterverkehr der Fall, wo es vielfach zu starken Abweichungen von den geplanten Trassenlagen kommt. Daher ist es sinnvoll, in Güterzugbündeln auf einzeln zugeordnete Pufferzeiten zu verzichten und stattdessen die Trassen im Abstand der Mindestzugfolgezeiten zu planen und anschließend eine oder mehrere Freitrassen (so genannte Puffertrassen) zum Ausgleich von Folgeverspätungen vorzusehen (Abb. 6.13).

6.3.2.3 Übergangszeit
Die Übergangzeit ist die Zeit zum Umsteigen der Reisenden (Verkehrsübergangszeit) oder zum Übergang von Personal oder Fahrzeugen auf einen anderen Zug. Die Übergangszeit setzt sich zusammen aus der Mindestübergangszeit und einer Übergangspufferzeit (Abb. 6.14). Die Übergangspufferzeit soll ähnlich wie die Zugfolgepufferzeit eine Übertragung von Folgeverspätungen verhindern oder zumindest begrenzen. Im Unterschied zur Zugfolgepufferzeit richtet sich die Übergangspufferzeit bei einem Verkehrsübergang neben den zu erwartenden Verspätungen auch nach den Reisemöglichkeiten bei Anschlussverlust.

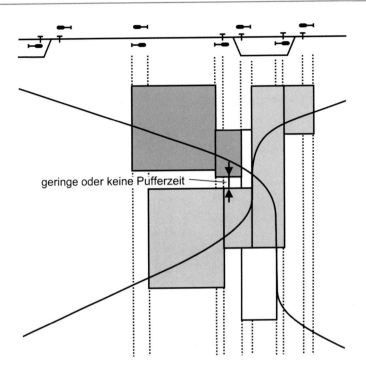

Abb. 6.11   Zuordnung von Pufferzeiten bei einer Kreuzung gleichrangiger Züge

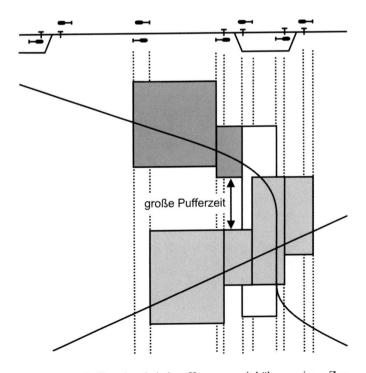

Abb. 6.12   Zuordnung von Pufferzeiten bei einer Kreuzung mit höherrangigem Zug

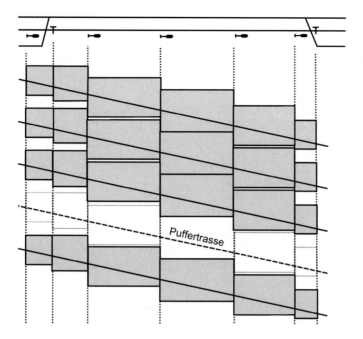

Abb. 6.13 Zugbündel mit Puffertrasse

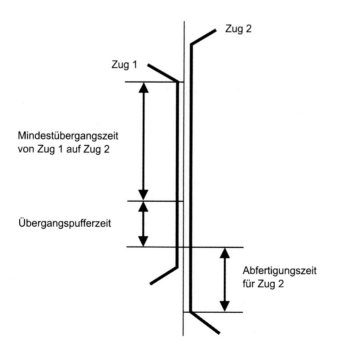

Abb. 6.14 Übergangszeit

6.3.2.4 Synchronisationszeit

Synchronisationszeiten dienen zur verkehrlichen Abstimmung mehrerer Zugfahrten untereinander. Sie ergeben sich in der Planung aus folgenden Gründen:

- Herstellung von Anschlüssen,
- Anpassung einer Abfahrzeit an eine gewünschte Taktlage.

Die Synchronisationszeit zum Herstellen eines Anschlusses zwischen zwei Zügen beginnt mit dem Ende der Verkehrshaltezeit eines Zuges und endet mit dem Ende der planmäßigen Übergangszeit zu diesem Zug (Abb. 6.15). In Abhängigkeit von der Differenz der Ankunftszeiten der Züge und der Größe der Übergangszeiten ist eine Synchronisationszeit bei beiden Zügen oder nur bei einem Zug erforderlich.

Synchronisationszeiten zur Anpassung an eine gewünschte Taktlage sind beispielsweise erforderlich bei alternierender Bedienung von Verkehrshalten an einer vertakteten Linie (Abb. 6.16) oder wenn zwei sich asymmetrisch überlagernde Takte in einen gleichförmigen Takt überführt werden sollen (z. B. bei Zusammenführung von zwei vertakteten Linien eines Zugsystems auf einer Gemeinschaftsstrecke).

6.3.3 Planmäßige Wartezeit

Planmäßige Wartezeiten sind durch die Zugfolge bedingte und in den Fahrplan eingearbeitete Verlängerungen der Beförderungszeit. Sie treten in folgenden Fällen auf:

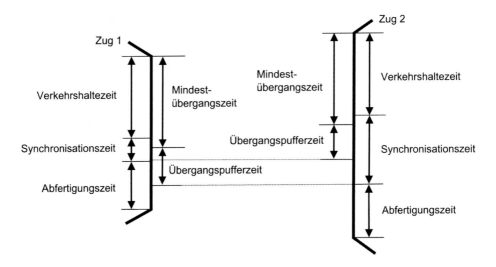

Abb. 6.15 Synchronisationszeiten zum Herstellen von Anschlüssen

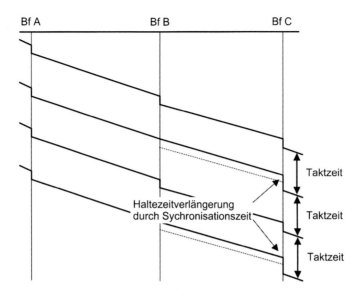

Abb. 6.16 Synchronisationszeit zur Takteinhaltung bei alternierender Bedienung eines Verkehrshaltes

- Wartezeiten vor Behinderungspunkten (Abb. 6.17),
- Wartezeiten zum Kreuzen von Zügen (Abb. 6.18),
- Wartezeiten zum Überholen von Zügen (Abb. 6.19).

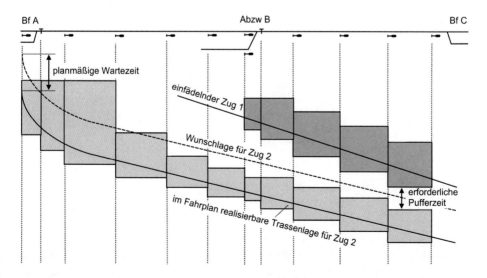

Abb. 6.17 Beispiel für planmäßige Wartezeit durch Behinderung beim Einfädeln

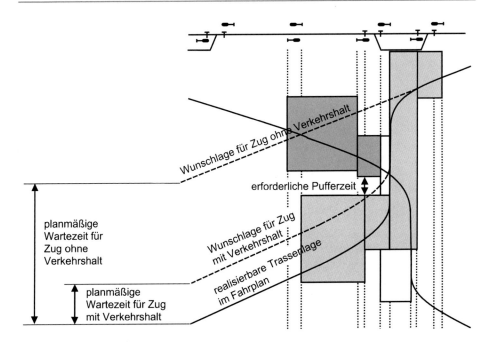

Abb. 6.18 Planmäßige Wartezeiten bei einer Kreuzung

Planmäßige Wartezeiten können auf folgende Weise im Fahrplan berücksichtigt werden:

- Verlängerung von Haltezeiten,
- Einplanung zusätzlicher Betriebshalte,
- Verlängerung der Fahrzeit.

Durch planmäßige Wartezeiten in Form verlängerter Fahrzeiten kann auf stark belasteten Abschnitten zur Verkürzung der Mindestzugfolgezeiten die Neigung der Zeit-Weg-Linien der Züge einander angeglichen werden (Abb. 6.20). Bei Leistungsuntersuchungen von Eisenbahnbetriebsanlagen werden im Gegensatz zur Fahrplankonstruktion in einem erweiterten Sinne auch die Synchronisationszeiten zu den planmäßigen Wartezeiten gezählt.

6.4   Verfahren zur Fahrplankonstruktion

Rechnergestützte Verfahren zur Fahrplankonstruktion sind erst relativ spät (ab Mitte der 1990er-Jahre) eingeführt worden, als sich IT-Systeme in anderen Bereichen des Eisenbahnverkehrs bereits durchgesetzt hatten. Die Ursache liegt in der außerordentlichen Komplexität der bei der Fahrplankonstruktion zu beachtenden Abhängigkeiten und

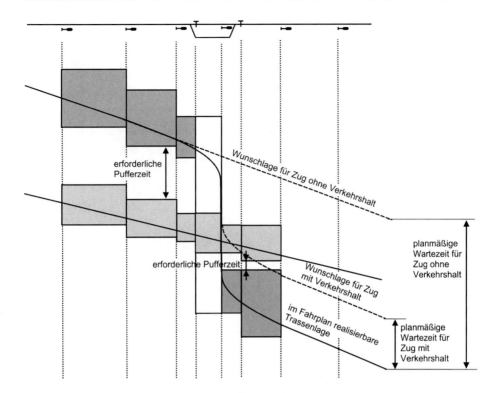

Abb. 6.19 Planmäßige Wartezeiten bei einer Überholung

Randbedingungen, deren Implementierung in eine praxisgerechte IT-Lösung trotz der scheinbaren mathematischen Einfachheit mit einem erheblichen Aufwand verbunden ist. In großen Bahnnetzen ist zudem die Vorhaltung und laufende Aktualisierung der großen Datenmengen (insbesondere der Infrastrukturdaten) eine sehr anspruchsvolle Aufgabe.

6.4.1   Manuelle Fahrplankonstruktion

Die manuelle Fahrplankonstruktion hat mehr als 150 Jahre das Fahrplanwesen der Eisenbahn bestimmt und wird von einigen Bahnunternehmen noch heute angewandt. Allerdings haben sich bei der Fahrzeitermittlung schon seit den 1960er-Jahren rechnergestützte Verfahren durchgesetzt. Die Fahrzeiten aller Züge werden seitdem zentral ermittelt und in Fahrzeitentafeln zusammengestellt. Eine Fahrzeitentafel enthält alle Daten zur Konstruktion der Zeit-Weg-Linie eines Zuges. Das sind für jeden Abschnitt des Laufweges folgende Angaben:

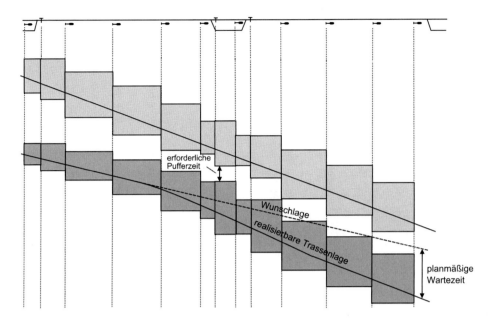

Abb. 6.20 Planmäßige Wartezeit als Fahrzeitverlängerung durch Angleichen der Trassenneigung

- maximal zulässige Geschwindigkeit,
- Soll-Geschwindigkeit laut Fahrzeitenrechnung,
- reine Fahrzeit,
- Anfahr- und Bremszuschlagzeiten,
- planmäßige Fahrzeit ohne Verkehrshalte (einschließlich Regelzuschlag),
- planmäßige Fahrzeit mit Verkehrshalten (einschließlich Regelzuschlag).

Mit diesen Angaben kann der Fahrplanbearbeiter für den betreffenden Zug einen Fahrt-verlauf für eine beliebige Haltfolge zusammenstellen.

Bei der Koordination der einzelnen Fahrplantrassen im Bildfahrplan müssen mög-lichst einfach zu handhabende Regeln zur Berücksichtigung der Sperr- und Pufferzeiten aufgestellt werden. Eine manuelle Durchrechnung der Sperrzeitentreppen wird zwar mitunter bei betriebswissenschaftlichen Untersuchungen praktiziert, für die praktische Durchführung der manuellen Fahrplankonstruktion ist dieser Aufwand jedoch nicht ver-tretbar. Stattdessen wird die Streckenbelegung in vereinfachter Weise durch Betrachtung fahrplantechnischer Zugfolgeabschnitte abgebildet, die durch die im Bildfahrplan als Ortslinien eingetragenen Fahrzeitmesspunkte der Betriebsstellen begrenzt werden.

Dieses Verfahren ist auch heute noch eine nähere Betrachtung wert, da vereinfachte rechnergestützte Verfahren zur Fahrplankonstruktion den gleichen Ansatz nutzen [3]. Durch den Bezug auf die fahrplantechnischen Zugfolgeabschnitte ergeben sich folgende Vereinfachungen:

- Durch „Komprimierung" der Betriebsstellen auf einen Punkt weichen die Fahrzeit-messpunkte von den Signalstandorten ab.
- In Bahnhöfen wird der Abschnitt zwischen Einfahr- und Ausfahrsignal nicht als eigenständiger Zugfolgeabschnitt betrachtet. Die Belegung dieses Gleisabschnitts wird nur durch über die am Fahrzeitmesspunkt angetragene Haltezeit erfasst.

Bei der Ermittlung der Mindestzugfolgezeiten wird auf die aus der Zeit-Weg-Linie direkt ablesbare Fahrzeit zwischen den Fahrzeitmesspunkten zweier Zugfolgestellen ein pauschaler Zuschlag von 1 min zur Berücksichtigung desjenigen Teils der Sperrzeit erhoben, der durch die Fahrzeit zwischen den Fahrzeitmesspunkten noch nicht abgedeckt ist. Der Umstand, dass in Bahnhöfen die Fahrstraßenbildezeiten meist deutlich größer sind als bei Blockstellen der freien Strecke, was scheinbar einen größeren Sperrzeitzuschlag erfordert, wird dadurch kompensiert, dass der Fahrzeitmesspunkt eines Bahnhofs von den Grenzen der anschließenden Blockabschnitte relativ weit entfernt ist. So werden durch die Fahrzeit zwischen dem Einfahrsignal und dem Fahrzeitmesspunkt bereits große Teile der Räumfahrzeit des am Einfahrsignal endenden Blockabschnitts erfasst (bei langen Einfahrten kann die am Fahrzeitmesspunkt erfasste Ankunfts- oder Durchfahrzeit sogar nach dem Ende der Sperrzeit des am Einfahrsignal endenden Blockabschnitts liegen, man spricht in solchen Fällen auch von einer „negativen Räumfahrzeit"). In ähnlicher Weise deckt die Fahrzeit zwischen dem Fahrzeitmesspunkt und dem Ausfahrsignal Teile der Annäherungsfahrzeit des am Ausfahrsignal beginnenden Blockabschnitts ab.

Lediglich bei größeren Knoten oder bei ungewöhnlichen Signalanordnungen ist es sinnvoll, durch eine Studie zu prüfen, ob der pauschale Sperrzeitzuschlag von 1 min die örtlichen Verhältnisse in hinreichend guter Näherung abbildet oder ob für die betreffenden Zugfolgestellen abweichende Sperrzeitzuschläge festgelegt werden müssen. Für große Knoten werden daher häufig tabellarische Zusammenstellungen mit den für die einzelnen Zugfolgefälle einzuhaltenden Mindestzugfolgezeiten aufgestellt. Diese sind dann vom Fahrplanbearbeiter bei der Aufstellung des Bildfahrplans bzw. des Fahrplans für Zugmeldestellen zu berücksichtigen. Zur Aufstellung solcher Unterlagen werden die Mindestzugfolgezeiten entweder im laufenden Betrieb vor Ort gemessen, um dann in der nächsten Fahrplanperiode berücksichtigt werden zu können, oder man nutzt empirische Werte aus der Betriebserfahrung des Stellwerkspersonals. Der erläuterte Effekt einer „negativen Räumfahrzeit" kann auf eingleisigen Strecken bei großer Entfernung des Fahrzeitmesspunktes vom Einfahrsignal dazu führen, dass die Ausfahrt eine Zuges bereits freigegeben werden kann, bevor ein vom gleichen Streckengleis einfahrender Zug den Fahrzeitmesspunkt erreicht hat. In diesem Fall ergibt sich an diesem Fahrzeitmesspunkt eine „negative Kreuzungszeit".

Obwohl die konkreten Signalstandorte nicht abgebildet werden, muss in den Fällen, in denen ein planmäßiger Halt des Zuges an der Grenze zwischen zwei Zugfolge-abschnitten stattfindet, für die richtige Zuordnung der planmäßigen Haltezeit zur Belegung der Zugfolgeabschnitte die Anordnung der Signale berücksichtigt werden. Dabei sind gemäß Abb. 6.21 folgende Fälle zu unterscheiden:

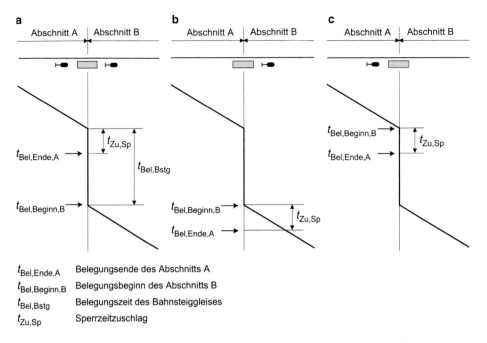

$t_{Bel,Ende,A}$ Belegungsende des Abschnitts A
$t_{Bel,Beginn,B}$ Belegungsbeginn des Abschnitts B
$t_{Bel,Bstg}$ Belegungszeit des Bahnsteiggleises
$t_{Zu,Sp}$ Sperrzeitzuschlag

Abb. 6.21 Zuscheidung der Haltezeit bei der Belegung fahrplantechnischer Zugfolgeabschnitte. **a** Halt im Bahnhof, **b** Haltepunkt mit Blocksignal nach dem Bahnsteig, **c** Haltepunkt mit Blocksignal vor dem Bahnsteig

- planmäßiger Halt in einem Bahnhofsgleis,
- planmäßiger Halt an einem Haltepunkt, wobei nach dem Bahnsteig ein Blocksignal angeordnet ist,
- planmäßiger Halt an einem Haltepunkt, wobei vor dem Bahnsteig ein Blocksignal angeordnet ist.

Beim Halt in einem Bahnhofsgleis wird der rückliegende Zugfolgeabschnitt mit der Ankunft des Zuges geräumt und der folgende Zugfolgeabschnitt mit der Abfahrt des Zuges belegt. Die Haltezeit am Bahnsteig fällt aus der Belegung der Zugfolgeabschnitte heraus. Der Fahrzeitmesspunkt im Bahnhof repräsentiert dadurch ein eigenständiges, von den angrenzenden Zugfolgabschnitten zu trennendes Belegungselement. Bei Halt an einem Haltepunkt mit einem Blocksignal nach dem Bahnsteig zählt die Haltezeit zur Belegung des rückliegenden Zugfolgeabschnitts. Mit der Abfahrt des Zuges wird der folgende Zugfolgeabschnitt belegt und der rückliegende Zugfolgeabschnitt freigegeben. Steht ein Blocksignal vor dem Bahnsteig eines Haltepunktes (ein bei der betrieblichen Infrastrukturplanung möglichst zu vermeidender, aber in der Praxis vorkommender Fall), so zählt die Haltezeit zur Belegung des folgenden Zugfolgeabschnitts. Hier wird dieser Zugfolgeabschnitt mit der Ankunft des Zuges belegt und der rückliegende Zugfolgeabschnitt freigegeben.

Zur Ermittlung der erforderlichen Zugfolgezeiten wird den auf diese Weise ermittelten Mindestzugfolgezeiten eine Pufferzeit zugeschlagen, für die bei deutschen Bahnen zu Zeiten der manuellen Fahrplankonstruktion folgende Mindestwerte galten:

- 1 min, wenn der nachfolgende Zug anfährt oder langsamer fährt als der erste Zug,
- 3 min, wenn der nachfolgende Zug durchfährt oder schneller fährt als der erste Zug,
- 2 min zwischen gleichrangigen durchfahrenden Zügen.

Abb. 6.22 veranschaulicht diese Regeln anhand beispielhafter Zugfolgefälle. In Engpassabschnitten können die Pufferzeiten jeweils um 1 min reduziert werden (Engpasspufferzeiten).

6.4.2   Rechnergestützte Fahrplankonstruktion

Kernstück anspruchsvoller Systeme zur rechnergestützten Fahrplankonstruktion ist die Berechnung einer Sperrzeitentreppe für jede einzulegende Fahrplantrasse. Beim Einlegen einer neuen Fahrplantrasse wird zunächst für die gewünschte Trassenlage die Zeit-

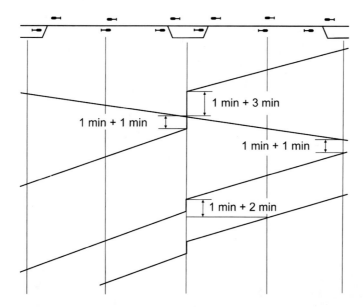

Abb. 6.22 Prinzip der manuellen Fahrplankonstruktion

Weg-Linie und die zugehörige Sperrzeitentreppe berechnet und auf dem Bildschirm des
Fahrplanbearbeiters visualisiert. Trassenkonflikte mit bereits geplanten Zügen offenbaren
sich dabei unmittelbar durch Sperrzeitüberschneidungen (Abb. 6.23).

Die Deutsche Bahn AG war das weltweit erste Eisenbahnunternehmen, das Ende der
1990er-Jahre seine Fahrplankonstruktion vollständig auf eine sperrzeitbasierte Rechner-

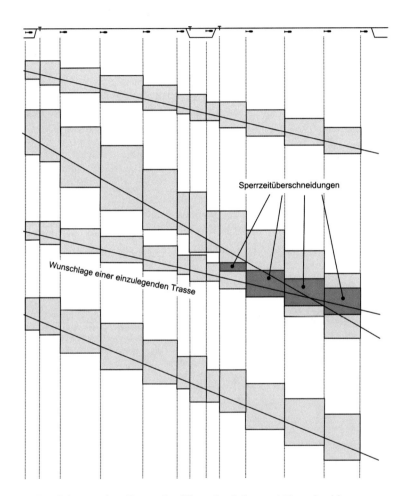

Abb. 6.23 Visualisierung eines Trassenkonfliktes durch Sperrzeitüberschneidung

lösung umgestellt hatte [4]. Mittlerweile wurde das Prinzip der sperrzeitbasierten Fahrplankonstruktion auch von anderen Bahnen übernommen, beispielsweise in Großbritannien [5].

Bei einigen Bahnen sind jedoch auch einfachere Systeme zur rechnergestützten Bearbeitung von Fahrplänen im Einsatz, die sich an den Grundzügen der manuellen Fahrplankonstruktion orientieren [3]. Solche Systeme stellen weit geringere Ansprüche an den Detaillierungsgrad des Infrastrukturmodells, andererseits ist die Prüfung der Konfliktfreiheit bei Weitem nicht mit der gleichen Schärfe wie bei Sperrzeitbetrachtungen möglich. Je höher die Komplexität der Infrastruktur, desto stärker ist im Bearbeitungsprozess die Mitwirkung des Bedieners gefordert, der die Konfliktfreiheit der Trassenlagen anhand seiner Ortskenntnis beurteilen muss. Den Ansprüchen kleinerer Bahnunternehmen mit einer überschaubaren Netzstruktur werden solche vereinfachten Systeme vielfach genügen, in großen Netzen mit komplex aufgebauten Knoten gelangen sie jedoch schnell an ihre Grenzen, sodass eine sperrzeitbasierte Lösung vorzuziehen ist. Alternativ verwenden einige Bahnen Systeme mit vereinfachter Konflikterkennung und überprüfen die Konfliktfreiheit der erstellten Fahrpläne durch Simulation.

Bei Betreibern von Stadtschnellbahnen sind zur rechnergestützten Fahrplankonstruktion auch Systeme im Einsatz, die mit vorgegebenen Mindestzugfolgezeiten arbeiten, für die das Signalsystem bei trassenparalleler Fahrweise ausgelegt ist. Dafür ist entsprechend den betrieblichen Bedürfnissen von Stadtschnellbahnen in die Systeme zur Fahrplanbearbeitung häufig auch die Planung der Gleisbelegung in Abstell- und Wendeanlagen integriert.

Wenn bei der rechnergestützten Fahrplankonstruktion Konflikte zwischen einzulegenden Fahrplantrassen offenbart werden, hat der Fahrplanbearbeiter die Möglichkeit, durch Verschieben der Trassenlagen, Einlegen zusätzlicher Kreuzungen und Überholungen oder Anpassen der Trassenneigung („Verbiegen" der Trasse) eine konfliktfreie Lage der einzulegenden Trasse zu finden. Denkbar wäre auch eine regel- oder wissensbasierte Unterstützung des Bearbeiters durch Vorgabe von Lösungsmöglichkeiten für Trassenkonflikte. In [3, 4, 6] sind dafür erste Ansätze enthalten. Ein Ziel der weiteren Entwicklung ist die Automatisierung der Trassensuche in einem bestehenden Fahrplangefüge, um eine kurzfristige Bearbeitung von Trassenwünschen zu ermöglichen [7].

Die Anwendung der rechnergestützten Fahrplankonstruktion ermöglicht nicht nur eine immense Rationalisierung der Fahrplanerstellung, sie ist bei Anwendung eines sperrzeitbasierten Modells auch ein effektives Mittel zur Qualitätssicherung bei der Fahrplankonstruktion, indem Qualitätsmängel durch die bei der manuellen Fahrplankonstruktion nie völlig auszuschließenden Sperrzeitenüberschneidungen sicher verhindert werden. Dadurch kann bei Anwendung eines sperrzeitbasierten Modells mit geringeren Pufferzeiten gearbeitet werden. So beträgt heute bei der Deutschen Bahn AG die Mindestpufferzeit je nach Zugfolgefall nur noch 1 bis 2 min.

Die Implementierung bedienungstheoretischer Verfahren zur Ermittlung des Erwartungswertes der Folgeverspätungen erlaubt darüber hinaus die Optimierung der Verteilung der Pufferzeiten. Statt der bei der manuellen Fahrplankonstruktion üblichen fes-

ten Zuordnung der Pufferzeiten zu bestimmten Zugfolgefällen kann die Verteilung der
Pufferzeiten bei der rechnergestützten Fahrplankonstruktion solange variiert werden, bis
sich ein Minimum des Erwartungswertes der Folgeverspätungen ergibt.

6.5   Fahrplanbewertung

Die Bewertung eines Fahrplans hat folgende Aspekte:

* Prüfung der Konfliktfreiheit
* Bewertung der Fahrplanqualität
* Bewertung des Kapazitätsverbrauchs

6.5.1   Prüfung der Konfliktfreiheit

Die Prüfung der Konfliktfreiheit dient dem Nachweis der theoretischen Fahrbarkeit des
Fahrplans. Dies ist eine grundlegende Anforderung für die Realisierbarkeit des durch den
Fahrplan beschriebenen Betriebsprogramms. Durch die Forderung nach Konfliktfreiheit
wird die Anzahl der in den Fahrplan einzulegenden Züge auf die Anzahl der konfliktfrei
konstruierbaren Fahrplantrassen begrenzt. Wenngleich dies noch keine Garantie für eine
akzeptable Betriebsqualität ist, ist zumindest sichergestellt, dass den Zügen im Planungsprozess keine Kapazitäten zugewiesen werden, die nicht zur Verfügung stehen.

Bei sperrzeitbasierter Fahrplankonstruktion werden Konflikte zwischen den Fahrplantrassen zuverlässig erkannt. Konflikte mit Rangierfahrten werden hingegen nicht erkannt,
da Rangierfahrten ohne Fahrplan verkehren. Die Berücksichtigung der Rangierfahrten
sowie auch von Abstellvorgängen ist daher den Fahrplanbearbeitern überlassen. Dies
setzt in größeren Anlagen ggf. sehr detaillierte Kenntnisse über die örtlichen Prozesse
voraus. In größeren Knoten mit vielen Rangierbewegungen kann es daher sinnvoll sein,
die Konfliktfreiheit des erstellten Fahrplans nachträglich mit einer Simulation zu prüfen,
die neben den Zugfahrten auch alle Rangierbewegungen und Abstellvorgänge umfasst.

Bei Fahrplankonstruktion ohne sperrzeitenscharfe Modellierung der Fahrplantrassen ist eine Konflikterkennung nur eingeschränkt möglich. Zugfolgekonflikte auf
den Streckenabschnitten werden meist noch mit hinreichender Zuverlässigkeit erkannt.
In Betriebsstellen mit Fahrstraßenknoten und Gleisgruppen stößt die Konflikterkennung
jedoch schon bei den Zugfahrten an Grenzen, sodass eine konfliktfreie Trassenkonstruktion nicht sichergestellt ist. Hier ist, abgesehen von überschaubaren Verhältnissen, eine Prüfung durch Simulation zu empfehlen.

Zur Prüfung der Konfliktfreiheit des Fahrplans wird ein einzelner Simulationslauf
ohne Einbruchsverspätungen durchgeführt. Die Konfliktfreiheit ist nachgewiesen, wenn
der zu prüfende Fahrplan ohne Verspätungen durchläuft. Diese Prüfung ist sowohl mit
einer synchronen als auch mit einer asynchronen Simulation möglich.

6.5.2 Bewertung der Fahrplanqualität

Die Fahrplanqualität wird durch drei Kenngrößen ausgedrückt:

- die Planungsqualität,
- die Stabilität des Fahrplans,
- die Betriebsqualität.

Die Planungsqualität ist der Grad der Übereinstimmung des konstruierten Fahrplans mit den Trassenwünschen der Kunden (Eisenbahnverkehrsunternehmen) hinsichtlich Zugzahl, zeitlicher Lage der Trassen und der im Fahrplan realisierten Beförderungszeit. Eine wichtige Kenngröße zur Bewertung der Planungsqualität ist die in der Beförderungszeit enthaltene planmäßige Wartezeit. Diese lässt sich durch den Beförderungszeitquotienten beschreiben, der das Verhältnis der im Fahrplan realisierten planmäßigen Beförderungszeit zu der ohne planmäßige Wartezeiten möglichen Beförderungszeit angibt. In den Richtlinien der Deutschen Bahn AG werden für den Beförderungszeitquotienten des Fahrplans Obergrenzen in Abhängigkeit von der Verkehrsart empfohlen. Die Grenzwerte liegen im Bereich von 1,05 (hochwertiger Personenfernverkehr) bis 1,4 (Güterverkehr) [8]. Die dem Kunden gebotene Planungsqualität bietet sich auch als Mittel zur Differenzierung der für die Nutzung der Infrastruktur erhobenen Trassenpreise an, indem in Abhängigkeit von der Höhe des Anteils der planmäßigen Wartezeiten an der Beförderungszeit Zuschläge oder Nachlässe auf den Preis einer Fahrplantrasse berechnet werden.

Bei der Planungsqualität handelt es sich allerdings nur um eine Bewertung der „reinen Konstruktion" des Fahrplans. Sie ermöglicht noch keine Aussage darüber, inwieweit das den Kunden in Form des konstruierten Fahrplans zugesagte Angebot in der Praxis tatsächlich realisiert werden kann. Diese Aussage liefert eine Untersuchung der Stabilität des Fahrplans.

Die Stabilität ist die „Störfestigkeit" eines Fahrplans, d. h. seine Fähigkeit, die aus Einbruchs- und Urverspätungen resultierenden Folgeverspätungen zeitlich und räumlich zu begrenzen oder abzubauen. Ein Fahrplan gilt als stabil, wenn unter stationären Bedingungen (längere Zeitdauer mit annähernd gleichem Betriebsprogramm) die folgende Bedingung eingehalten ist (Abb. 6.24):

$$t_{v,aus} + t_{v,an} \leq t_{v,ein} + t_{v,ur}$$

$t_{v,aus}$	Ausbruchsverspätungen
$t_{v,an}$	Ankunftsverspätungen endender Züge
$t_{v,ein}$	Einbruchsverspätungen
$t_{v,ur}$	Urverspätungen

Einbruchsverspätungen sind alle Verspätungen, die von außen in das System (Strecke oder Teilnetz) hineingetragen werden. Ankunftsverspätungen sind allgemein die bei der

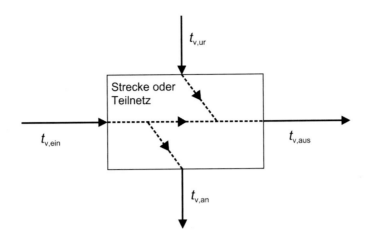

Abb. 6.24 Kriterium der Fahrplanstabilität

Ankunft auf einer Betriebsstelle gemessenen Verspätungen. Dabei werden nur die Ankunftsverspätungen von im System endenden Zügen ohne Zugübergang erfasst. Wendende Züge und andere Zugübergänge werden zu durchgehenden Zugläufen verbunden. Urverspätungen sind die im System neu entstehenden Verspätungen, die nicht als Folgeverspätungen von anderen Zügen übertragen werden. Ausbruchsverspätungen sind alle Verspätungen von Zügen, die das System verlassen.

Neben der Prüfung dieses grundsätzlichen Stabilitätskriteriums ist eine vergleichende Bewertung der Stabilität von Fahrplänen durch die Zeitdauer zum vollständigen Abbau einer vorgegebenen Einbruchsverspätung im Verhältnis zur Größe dieser Einbruchsverspätung möglich. Für einfache Verhältnisse, z. B. eine vertaktete Linie, lässt sich diese Zeitdauer ggf. noch konstruktiv durch Verschieben der Fahrplantrassen abschätzen. Bei komplexeren Fahrplanstrukturen ist dies nur durch Simulation möglich.

Die Betriebsqualität ist die im laufenden Betrieb festgestellte Qualität des Betriebsablaufs. Als Bewertungsgröße kann auch hier der Beförderungszeitquotient verwendet werden, allerdings in der Weise, dass er das Verhältnis der im Betrieb realisierten Beförderungszeit zur planmäßigen Beförderungszeit angibt.

Fahrplanstabilität ist eine wesentliche Voraussetzung für eine gute Betriebsqualität. Die erreichbare Fahrplanstabilität und damit auch die Betriebsqualität hängen in entscheidender Weise von der Größe der Pufferzeiten und Fahrzeitzuschläge ab. Die Erhöhung dieser Zeitanteile wirkt jedoch naturgemäß der Anzahl konstruierbarer Fahrplantrassen und der aus Kundensicht gewünschten Verkürzung der Beförderungszeit entgegen. Ein hochstabiler Fahrplan ist damit nicht automatisch ein kundengerechter Fahrplan. Andererseits schränkt eine geringe Stabilität des Fahrplans die Zahl marktfähiger Fahrplantrassen durch Abwanderung von mit der Betriebsqualität unzufriedenen Kunden ein. Das Trassenmanagement muss hier stets einen kommerziell tragfähigen

Kompromiss zwischen dem Wunsch nach hoher Fahrplanstabilität und dem Wunsch nach hoher Planungsqualität hinsichtlich der Trassenwünsche der Kunden suchen.

6.5.3   Bewertung des Kapazitätsverbrauchs

Der Kapazitätsverbrauch wird durch den fahrplanabhängig zu ermittelnden verketteten Belegungsgrad beschrieben. Durch Vergleich mit den empfohlenen Grenzwerten kann eingeschätzt werden, inwieweit noch Restkapazität für das Einlegen weiterer Züge verfügbar ist. Der verkettete Belegungsgrad hängt neben den Parametern der Infrastruktur in entscheidender Weise von der Fahrplanstruktur ab. Je stärker die Zugfolge harmonisiert ist, desto geringer sind die durch die Geschwindigkeitsschere bedingten nicht nutzbaren Zeitlücken. Ein Maß für die Fahrplanstruktur ist die Variation der Mindestzugfolgezeiten. Die Variation der Mindestzugfolgezeiten ist für einen gegebenen Fahrplan jedoch nur sehr aufwendig zu bestimmen. Ein praktikabler Weg zur Bewertung der Fahrplanstruktur ist die Betrachtung der Zugdichte in Relation zum verketteten Belegungsgrad. Die Zugdichte ist die Anzahl der Züge, die sich gleichzeitig auf der Teilstrecke befinden, für die der verkettete Belegungsgrad bestimmt wird.

Die Zugdichte kann aus einem gegebenen Fahrplan einfach bestimmt und in Form einer Tagesganglinie dem verketteten Belegungsgrad gegenübergestellt werden (Abb. 6.25). Dabei offenbaren sich Zeiten mit einer für den Kapazitätsverbrauch ungünstigen Zugfolgestruktur dadurch, dass eine relativ geringe Zugdichte zu einem hohen verketteten Belegungsgrad führt. Damit hat man zwar kein unmittelbares Maß für die

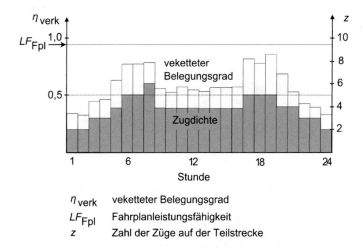

η_{verk}	veketteter Belegungsgrad
LF_{Fpl}	Fahrplanleistungsfähigkeit
z	Zahl der Züge auf der Teilstrecke

Abb. 6.25   Beispiel für den Verlauf von Zugdichte und verkettetem Belegungsgrad auf einer Teilstrecke

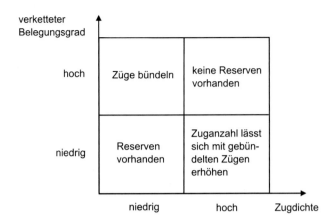

Abb. 6.26 Vierfeldertafel zur Bewertung der Fahrplanstruktur

Bewertung der Fahrplanstruktur, es ist aber eine pragmatische Einschätzung der Fahrplanstruktur nach der Vierfeldertafel in Abb. 6.26 möglich.

Der Unterschied zwischen den Aussagen „Züge bündeln" und „Zugzahl lässt sich mit gebündelten Zügen erhöhen", besteht darin, dass im ersten Fall die Trassenlagen der im Fahrplan vorhandenen Züge in Richtung stärkerer Bündelung geändert werden, sodass Raum für weitere Fahrplantrassen entsteht, und dass im zweiten Fall ohne Veränderung der im Fahrplan vorhandenen Trassenlagen weitere Züge derart eingelegt werden, dass sich die Bündelung erhöht. Dies wird erreicht, wenn die zusätzlichen Züge parallel zu vorhandenen Fahrplantrassen geplant werden.

Literatur

1. Schultze, K.: 30 Jahre „STRELE" – Rückblick und aktuelle Weiterentwicklungen in der analytischen Methode. Eisenbahntechn. Rundsch. **64**(5), 69–74 (2015)
2. Potthoff, G.: Die Zugfolge auf Strecken und in Bahnhöfen, 3. Aufl. Verkehrsströmungslehre, Bd. 1. transpress, Berlin (1980)
3. Weber, C., et al.: Fahrplanbearbeitungssystem FBS. Anleitung (2010). www.irfp.de (Erstellt: Juli 2010)
4. Sauer, W.: RUT – Rechnerunterstützte Trassenkonstruktion. Eisenbahntech. Rundsch. **48**(11), 720–725 (1999)
5. Stallybrass, M.: Proving and improving timetables. Railway Tech. Rev. **50**(2), 26–30 (2005)
6. Tomii, N., Tashiro, Y., Tanabe, N., Hirai, C., Muraki, K.: Quarterly Report of RTRI. Train Oper. Resched. Algo. Based Passeng. Satisfac. **46**(3), 167–172 (2005)
7. Brünger, O.: Fahrplanfeinkonstruktion mit Rechnerunterstützung – Grundlagen, Meilensteine und Visionen. Edition ETR. Informationstechnologie bei den Bahnen, S. 148–154 (2000)
8. Deutsche Bahn AG: Richtlinie Fahrwegkapazität (405). gültig ab 01.01.2008

Taktfahrplan

7

Im Taktfahrplan werden zwischen den Zügen einer Linie feste Zugfolgezeiten geplant. Im Personenverkehr sind Taktfahrpläne bei vielen Bahnen verbreitet. Gegenüber Fahrplänen mit frei geplanten Fahrplantrassen führen Taktfahrpläne zu zusätzlichen Anforderungen an Fahrplankonstruktion, Infrastruktur und Betriebsführung. Besondere Randbedingungen gelten für Integrale Taktfahrpläne, bei denen mehrere vertaktete Linien in Anschlussknoten miteinander verknüpft werden.

7.1 Bedeutung vertakteter Fahrplansysteme

Vertaktete Fahrplansysteme gehören bei vielen Bahnunternehmen seit Jahrzehnten zum Standard im Personenverkehr. Die Umsetzung eines Taktfahrplans ist kein reines Problem der Fahrplankonstruktion, sondern hat vielfältige Einflüsse auf die Gestaltung der Infrastruktur und die Betriebsabwicklung. Der Taktfahrplan wird daher hier in einem eigenständigen Hauptabschnitt behandelt. Das Grundprinzip des Taktfahrplans besteht darin, dass alle Züge einer vertakteten Linie im Abstand einer vorgegebenen Taktzeit in den Fahrplan eingelegt werden, sodass sich ein sehr systematisch aufgebautes Fahrplangefüge ergibt. Übliche Taktzeiten im Regional- und Fernverkehr sind 30, 60 und 120 min; bei Stadtschnellbahnen liegen die Taktzeiten meist zwischen 5 und 20 min. Mit der Festlegung der Lage einer Fahrplantrasse liegen sämtliche Fahrplantrassen einer Linie für diese Richtung fest. Durch die Überlagerung der mit der gleichen Taktzeit verkehrenden Züge der Gegenrichtung entspricht der zeitliche Abstand zwischen den Begegnungspunkten beider Richtungen der halben Taktzeit. Wenn die Lage der Begegnungspunkte nicht frei gewählt werden kann, z. B. durch Kreuzungen auf

© Der/die Autor(en), exklusiv lizenziert an Springer Fachmedien Wiesbaden GmbH, ein Teil von Springer Nature 2025
J. Pachl, *Systemtechnik des Schienenverkehrs*,
https://doi.org/10.1007/978-3-658-45732-7_7

eingleisigen Strecken oder Abhängigkeiten bei den Zugwendungen in den Endpunkten der Linie, liegt mit den Fahrplantrassen einer Richtung auch die Lage aller Fahrplantrassen der Gegenrichtung fest.

Neben rein linienbezogenen Taktsystemen, bei denen nur an wenigen Stellen abgestimmte Anschlüsse zwischen den einzelnen Linien bestehen, bestehen in einigen Netzen auch integrale Taktfahrpläne (ITF). Ein ITF besteht aus einem Liniennetz, dessen vertaktete Linien in sogenannten ITF-Knoten durch Anschlussbindungen miteinander verknüpft sind. Die Taktzeiten sind dabei derart aufeinander abgestimmt, dass während des Haltes in einem ITF-Knoten zwischen allen Linien gleichzeitig umgestiegen werden kann. Dieses sehr kundenfreundliche Konzept stellt zusätzliche Anforderungen an Infrastruktur und Fahrplankonstruktion. Für eine weiter führende Diskussion der Möglichkeiten und Grenzen des ITF im Vergleich zu vertakteten Systemen mit weniger starken Restriktionen siehe auch [1].

Während Taktfahrpläne bisher fast ausschließlich mit dem Personenverkehr assoziiert wurden, zielen neuere Konzepte auch auf eine Taktfahrplanung im Güterverkehr. Dies ist mit einer neuen Strategie der Trassenvergabe verbunden, die bei der Deutschen Bahn AG als „Industrialisierung des Fahrplans" bezeichnet wird. Die Grundidee besteht darin, zwischen den Trassen des Personenverkehrs vorkonstruierte, vertaktete Systemtrassen für Güterzüge zu planen, für die zu diesem Zeitpunkt noch kein Besteller existiert. Erst im Rahmen des Trassenvergabe können Eisenbahnverkehrsunternehmen diese Trassen mit Zugfahrten belegen. Damit findet die Konstruktion einer Fahrplantrasse nicht erst beim Bestellen einer konkreten Zugfahrt statt, es kommt sozusagen zu einer Entkopplung der Trasse von der diese Trasse nutzenden Zugfahrt. Dieser scheinbar einfache Ansatz ist in einem stärker vermaschten System nur schwierig umsetzbar, da die Zugläufe des Güterverkehrs im Vorfeld nicht bekannt sind. Dies erfordert eine Fahrplanstrategie, die das Problem sich überlagernder Laufwegschnitte beherrscht, die erst beim Belegen der Systemtrassen verbunden werden. Hierfür existieren Lösungseinsätze, die aber noch nicht praktisch umgesetzt wurden [2].

7.2   Anforderungen an Infrastruktur und Betrieb

Bei der Bemessung der Infrastruktur sind analytische Bemessungsmodelle wegen der starken Abhängigkeit vom Fahrplan nicht anwendbar. Die erforderliche Ausgestaltung der Infrastruktur kann daher nur durch Fahrplanstudien bestimmt werden. Die genannte wesentliche Randbedingung, dass der zeitliche Abstand zwischen den Begegnungspunkten beider Richtungen der halben Taktzeit entspricht, führt auf eingleisigen Strecken zu Zwangspunkten durch die Lage der Taktkreuzungen (Abb. 7.1).

Da zwischen zwei Zügen der gleichen Richtung immer ein Gegenzug eingelegt werden muss, fällt zwischen zwei Taktkreuzungen für jeden Zug ein Zeitverbrauch an, der der halben Taktzeit entspricht. Sollte zwischen zwei Taktkreuzungen fahrdynamisch eine kürzere Fahrzeit möglich sein, muss diese durch planmäßige Wartezeiten künstlich

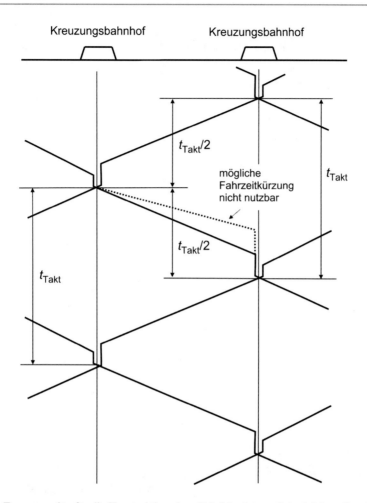

Abb. 7.1 Zwangspunkte für die Konstruktion eines Taktfahrplans auf eingleisigen Strecken

gestreckt werden. Somit kann es sein, dass sich durch Einführung der Vertaktung die planmäßigen Beförderungszeiten auf einer eingleisigen Strecke verlängern.

In einem einzelnen Kreuzungsbahnhof folgen die Zugkreuzungen im Abstand der Taktzeit und sind gegenüber den benachbarten Kreuzungsbahnhöfen jeweils um die halbe Taktzeit versetzt. Damit finden in jedem zweiten Kreuzungsbahnhof gleichzeitig Taktkreuzungen statt. Dies führt auf Strecken mit mehr als zwei Kreuzungsbahnhöfen bei zentralisierter Betriebsführung zu einer sehr ungleichmäßigen Belastung des Fahrdienstleiters. Der Zugleitbetrieb stößt hier besonders schnell an seine Grenzen, da der Zeitbedarf für die fernmündlichen Zuglaufmeldungen schon die zeitgerechte Abwicklung von nur zwei gleichzeitig stattfindenden Kreuzungen kaum zulässt. Aber auch auf ferngesteuerten Strecken kann es, da bei einer Kreuzung die Ausfahrstraßen erst nach der Auflösung der Einfahrstraßen der Gegenrichtung eingestellt werden können,

bei der gleichzeitigen Abwicklung mehrerer Kreuzungen zu Engpässen bei der zeit-
gerechten Eingabe aller Fahrstraßenstellaufträge kommen. Im Taktfahrplan setzt die effektive Betriebsführung auf längeren eingleisigen Strecken mit einer größeren Anzahl
an Kreuzungsbahnhöfen daher entweder die automatisierte Fahrstraßeneinstellung durch
eine Zuglenkung (Abschn. 8.3.2) oder zumindest die Möglichkeit voraus, Fahrstraßen
manuell einzuspeichern, sodass nach Auflösung der Einfahrstraße selbsttätig die vorab
eingespeicherte Ausfahrstraße der Gegenrichtung eingestellt wird.

7.2.1 Strecken-Infrastruktur für feste Taktlagen

Die sparsamste Ausgestaltung der Infrastruktur eingleisiger Strecken ergibt sich,
wenn die Infrastruktur nur für eine feste Taktlage ausgelegt wird. Die Anordnung der
Kreuzungsbahnhöfe für die Taktkreuzungen ergibt sich in diesem Fall unmittelbar aus
der bereits beschriebenen Regel, dass der Zeitverbrauch eines Zuges zwischen zwei
Taktkreuzungen immer der halben Taktzeit entsprechen muss. Damit kann die Zahl der
auf einer Strecke erforderlichen Kreuzungsbahnhöfe mit folgender Beziehung bestimmt
werden:

$$n_{\text{Kbf}} \geq \frac{2 \cdot t_{\text{bef}}}{t_{\text{Takt}}} - 1$$

n_{Kbf}	Zahl der Kreuzungsbahnhöfe
t_{bef}	Beförderungszeit
t_{Takt}	Taktzeit

Bei Überlagerung mehrerer fester Takte werden die Fahrpläne der Linien einzeln konstruiert und entsprechend den geforderten Anschlussbedingungen übereinander gelegt.
Dabei ergibt sich, inwieweit einzelne Kreuzungsbahnhöfe von mehreren Linien genutzt
werden können. Die Gesamtzahl der erforderlichen Kreuzungsbahnhöfe ist damit in der
Regel kleiner als die Summe der erforderlichen Kreuzungsbahnhöfe der einzelnen Linien.

Die Infrastruktur der Kreuzungsbahnhöfe ist möglichst so auszugestalten, dass die
planmäßige Wartezeit bei Abwicklung einer Taktkreuzung gleich Null wird. Dazu müssen zwei Bedingungen eingehalten werden:

- Gleichzeitige Einfahrten aus beiden Richtungen müssen technisch möglich sein.
- In jedem Bahnhofskopf muss der Auflösezeitpunkt der Einfahrstraße hinreichend früh
  liegen, um die Fahrstraßenbildung für die planmäßige Ausfahrt des Gegenzuges nicht
  zu behindern.

Die Ermöglichung gleichzeitiger Einfahrten kann entweder durch hinreichend lange Bahnhofsgleise erreicht werden, die eine Anordnung der Ausfahrsignale ermöglichen, bei der die Durchrutschwege vor dem Grenzzeichen der Einfahrweichen enden, oder durch Anordnung besonderer Stumpfgleise zur Aufnahme der Durchrutschwege (Abb. 7.2).

Eine Taktkreuzung sollte zur Vermeidung zusätzlicher planmäßiger Wartezeiten grundsätzlich mit einem Verkehrshalt kombiniert werden. Wenn das nicht möglich ist, sollte anstelle eines Kreuzungsbahnhofes ein zweigleisiger Begegnungsabschnitt vorgesehen werden, der eine „fliegende Kreuzung" ohne Halt ermöglicht. Zur Ermittlung der dazu erforderlichen Länge des Kreuzungsgleises dient die in Abb. 7.3 dargestellte Beziehung.

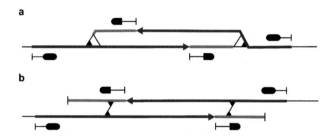

Abb. 7.2 Ermöglichung gleichzeitiger Einfahrten in Kreuzungsbahnhöfe. **a** Durchrutschweg endet bei ausreichenden Gleislängen vor dem Grenzzeichen der Einfahrweiche, **b** Anordnung von Stumpfgleisen zur Aufnahme des Durchrutschweges

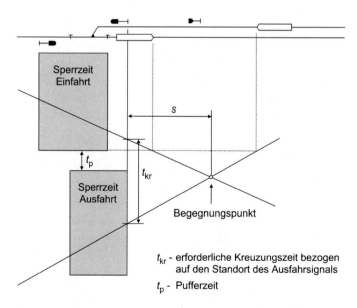

Abb. 7.3 Zugfolge bei „fliegender Kreuzung"

Zunächst wird auf einem Bahnhofskopf über die Sperrzeiten die erforderliche Zug-folgezeit zwischen einem einfahrenden Zug und einem ausfahrenden Zug der Gegen-richtung (Kreuzungszeit) unter der Bedingung, dass beide Züge ohne Halt durchfahren, ermittelt. Als örtlicher Bezugspunkt wird dabei zweckmäßigerweise der Standort des Ausfahrsignals verwendet, es kann aber auch ein anderer Bezugspunkt gewählt werden. Dann lässt sich nach folgender Beziehung die Lage des Begegnungspunktes beider Züge bestimmen:

$$t_{kr} = \frac{s}{v_1} + \frac{s}{v_2}$$

$$s = \frac{t_{kr}}{1/v_1 + 1/v_2}$$

t_{kr}	Kreuzungszeit für fliegende Kreuzung
v_1	Geschwindigkeit des ersten Zuges
v_2	Geschwindigkeit des zweiten Zuges
s	Entfernung vom Standort des Ausfahrsignals bis zum Begegnungspunkt beider Züge

Bei der Ermittlung der Kreuzungszeit ist neben den Sperrzeiten auch eine angemessene Pufferzeit zu berücksichtigen. Die gleiche Betrachtung wird nun auf der anderen Seite des Kreuzungsgleises durchgeführt. Die Addition der beiden Längenwerte ergibt dann die erforderliche Länge des Kreuzungsgleises, gemessen zwischen den Ausfahrsignalen.

Beispiel 7.1

Auf einer eingleisigen Regionalstrecke soll ein Betriebsbahnhof zur Durchführung einer „fliegenden Kreuzung" eingerichtet werden. Gesucht ist die erforderliche Länge des Kreuzungsgleises. Dazu werden folgende Annahmen getroffen:
Die Geschwindigkeit im durchgehenden Hauptgleis beträgt $v_1 = 120$ km/h $= 33,3$ m/s, im Kreuzungsgleis sollen Durchfahrten mit $v_2 = 80$ km/h $= 22,2$ m/s zugelassen sein. Der Abstand zwischen den Einfahrsignalen und den Ausfahrsignalen der Gegen-richtung beträgt 400 m, die Fahrstraßenzugschlussstelle der Einfahrstraßen liegt 200 m hinter dem Einfahrsignal. Als Fahrstraßenbildezeit und Signalsichtzeit werden jeweils 0,2 min $=12$ s angesetzt, die Fahrstraßenauflösezeit ist wegen zugbewirkter Auflösung ver-nachlässigbar klein und wird gleich Null gesetzt. Der Vorsignalabstand beträgt 1000 m, die Zuglänge ist mit 150 m recht kurz (Nahverkehrzug mit fünf Reisezugwagen). Es ist eine fahrplantechnische Kreuzungspufferzeit von 1 min zu berücksichtigen.
Zum Zeitpunkt der Fahrstraßenauflösung der Einfahrstraße befindet sich der ein-fahrende Zug noch 50 m vom Ausfahrsignal der Gegenrichtung entfernt. Da zu diesem Zeitpunkt bereits die Fahrstraßenbildung für die Ausfahrt des kreuzenden

Gegenzuges beginnen kann, muss die auf den Standort des Ausfahrsignals bezogene Kreuzungszeit um die Fahrzeit für diesen Weg reduziert werden. Damit ergeben sich in Höhe der Ausfahrsignale in beiden Bahnhofsköpfen die folgenden erforderlichen Kreuzungszeiten und Entfernungen zwischen Ausfahrsignal und dem Begegnungspunkt der Züge.

- linker Bahnhofskopf (Einfahrt ins durchgehende Hauptgleis):

$$t_{kr,l} = 2 \cdot 12\,\text{s} + \frac{1000\,\text{m} \cdot \text{s}}{22,2\,\text{m}} + 60\,\text{s} - \frac{50\,\text{m} \cdot \text{s}}{33,3\,\text{m}} = 128\,\text{s} = 2,1\,\text{min}$$

$$s_l = \frac{128\,\text{s}}{1/\left(33,3\frac{\text{m}}{\text{s}}\right) + 1/\left(22,2\frac{\text{m}}{\text{s}}\right)} = 1705\,\text{m}$$

- rechter Bahnhofskopf (Einfahrt ins Kreuzungsgleis):

$$t_{kr,r} = 2 \cdot 12\,\text{s} + \frac{1000\,\text{m} \cdot \text{s}}{33,3\,\text{m}} + 60\,\text{s} - \frac{50\,\text{m} \cdot \text{s}}{22,2\,\text{m}} = 112\,\text{s} = 1,9\,\text{min}$$

$$s_r = \frac{112\,\text{s}}{1/\left(33,3\frac{\text{m}}{\text{s}}\right) + 1/\left(22,2\frac{\text{m}}{\text{s}}\right)} = 1492\,\text{m}$$

Damit ergibt sich die erforderliche Länge des Kreuzungsgleises zwischen den Ausfahrsignalen zu:

$$s = s_l + s_r = 1705\,\text{m} + 1492\,\text{m} = 3197\,\text{m} \approx 3200\,\text{m}$$

Jede zusätzliche Minute Pufferzeit (in beiden Bahnhofsköpfen) würde eine Verlängerung des Kreuzungsgleises um folgenden Wert erfordern:

$$s_{zus,1\,min} = \frac{2 \cdot 60\,\text{s}}{1/\left(33,3\frac{\text{m}}{\text{s}}\right) + 1/\left(22,2\frac{\text{m}}{\text{s}}\right)} = 1598\,\text{m} \approx 1600\,\text{m}$$

Bei einer Verlängerung der Kreuzungspufferzeit um 2 min wäre also bereits eine Länge des Kreuzungsgleises von 3200 m + 2 · 1600 m = 6400 m erforderlich. ◄

Sofern die auf diese Weise ermittelte Länge des Kreuzungsgleises in der Praxis nicht realisierbar ist (die erforderliche Länge wird auch von Praktikern oft unterschätzt), sollte aber zumindest eine Gleislänge vorgesehen werden, die eine „fliegende Kreuzung" mit herabgesetzter Geschwindigkeit ermöglicht. In einem solchen Fall passieren die Züge die Ausfahrvorsignale in der Stellung „Halt erwarten" und leiten eine Bremsung ein. Die Ausfahrsignale werden jedoch noch so rechtzeitig freigegeben, dass die Züge nicht zum Halten kommen. Dazu müssen sich die Züge zu diesem Zeitpunkt noch vor den 500 Hz-Gleismagneten der PZB 90 bzw. den Aufwertebalisengruppen auf Strecken mit ETCS-Level 1 LS befinden.

7.2.2 Strecken-Infrastruktur für wechselnde Taktlagen

Die nach dem bisher beschriebenen Verfahren bemessene Infrastruktur ist auf einen konkreten Fahrplan ausgerichtet und lässt damit kaum Freiheitsgrade für eine Änderung der Angebotskonzeption der diese Infrastruktur nutzenden Eisenbahnverkehrsunternehmen. Soll eine höhere Flexibilität erreicht werden, muss die Infrastruktur auf wechselnde Taktlagen ausgerichtet werden. Dazu wird für jede Fahrtrichtung die Bandbreite festgelegt, innerhalb derer mit wechselnden Trassenlagen gerechnet werden muss. Die diese Bandbreite begrenzenden Zeit-Weg-Linien werden konstruiert und übereinander in ein Bildblatt eingetragen. Aus den Schnittpunkten der Zeit-Weg-Linien dieser Fahrpläne ergeben sich die Bereiche, in denen die Taktkreuzungen bei wechselnden Taktlagen liegen können. In diesen Bereichen sind zweigleisige Begegnungsabschnitte vorzusehen (Abb. 7.4), sodass auch bei Ausnutzung der Randlagen der Bandbreiten eine „fliegende Kreuzung" möglich ist. Sollte sich ein zweigleisiger Begegnungsabschnitt nicht realisieren lassen, sind ggf. mehrere, nahe beieinander liegende Kreuzungsbahnhöfe vorzusehen.

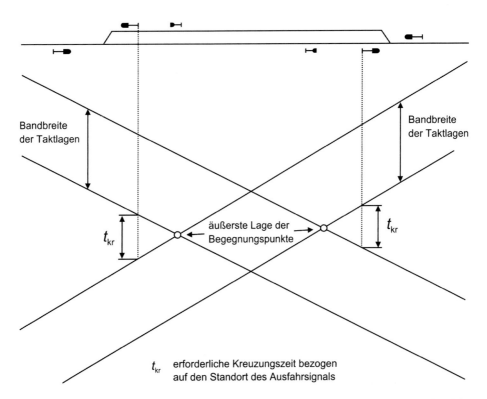

Abb. 7.4 Ermittlung der Lage eines zweigleisigen Begegnungsabschnitts bei wechselnden Taktlagen

7.3   Integraler Taktfahrplan

Die Grundidee des integralen Taktfahrplans (ITF) besteht darin, mehrere vertaktete Linien derart zu verknüpfen, dass sie in bestimmten Umsteigeknoten, den sogenannten ITF-Knoten, kurz vor der sogenannten Symmetriezeit ankommen, so lange im Knoten verweilen, dass zwischen allen Zügen eine ausreichende Übergangszeit besteht, und unmittelbar darauf den Knoten wieder verlassen (Abb. 7.5). Als Symmetriezeit wird üblicherweise die volle oder halbe Stunde gewählt. Zur zentralen Rolle der Symmetriezeit bei der Konstruktion von Taktfahrplänen siehe [3]. Da eine gleichzeitige Ankunft bzw. Abfahrt aller Züge nur selten realisierbar ist, sind zum Herstellen der Anschlüsse meist nicht unerhebliche Synchronisationszeiten erforderlich.

ITF-Netze bestehen überwiegend im Regionalverkehr und vereinzelt auch im Fernverkehr (z. B. in der Schweiz). Auf Stadtschnellbahnen ist die Einführung eines ITF kaum sinnvoll, da aufgrund der sehr kleinen Taktzeiten auch ohne Anschlussverknüpfung immer akzeptable Übergangszeiten bestehen.

7.3.1   Anforderungen an die Strecken

Durch die Regel, dass sich beim Verkehrshalt in einem ITF-Knoten die Züge der betreffenden Linien gleichzeitig im Knoten befinden müssen, finden auch die Verkehrs-

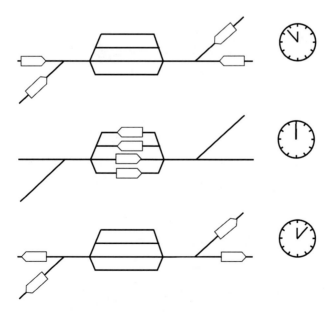

Abb. 7.5 Grundprinzip des ITF

halte beider Richtungen einer Linie immer gleichzeitig statt. Damit wirkt der Verkehrshalt im ITF-Knoten durch den Zwang zum Abwarten des Zuges der Gegenrichtung wie
ein Kreuzungshalt auf eingleisiger Strecke. Zwischen zwei ITF-Knoten muss daher auch
auf zweigleisigen Strecken immer eine Beförderungszeit (so genannte Kantenzeit) eingehalten werden, die einem ganzzahligen Vielfachen der halben Taktzeit entspricht [4].

Besondere Zwangspunkte für die Fahrplankonstruktion ergeben sich, wenn mehrere ITF-Knoten in einer geschlossenen Masche liegen (Abb. 7.6). Hier muss neben der
Regel, dass die Beförderungszeiten zwischen den einzelnen ITF-Knoten einem ganzzahligen Vielfachen der halben Taktzeit entsprechen, zusätzlich die Randbedingung eingehalten sein, dass die gesamte Beförderungszeit innerhalb einer geschlossenen Masche
(„Fahrt im Kreis") einem ganzzahligen Vielfachen der Taktzeit entspricht.

Das Angleichen der Beförderungszeiten ist eines der entscheidenden Probleme bei
der Einführung eines ITF auf einer vorhandenen Infrastruktur. Ggf. sind auf einigen Abschnitten Ausbaumaßnahmen zur Verkürzung der Fahrzeit erforderlich, während auf anderen Abschnitten die Beförderungszeit durch Einfügen planmäßiger Wartezeiten (ITF-
Synchronisationszeiten) künstlich gestreckt werden muss. Diese Synchronisationszeiten
sind bevorzugt den ITF-Knoten zuzuteilen, da sie dort gleichzeitig als Pufferzeit zur Vermeidung von Verspätungsübertragung durch Anschlussbindungen wirken können.

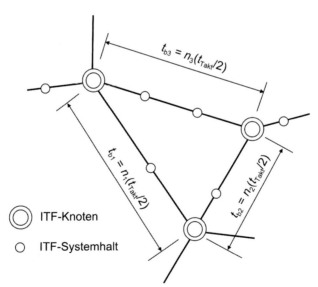

$t_{b1,2,3}$ Beförderungszeiten zwischen den ITF-Knoten
t_{Takt} Taktzeit
$n, n_{1,2,3}$ ganzzahlige Faktoren

Bedingung: $t_{b1} + t_{b2} + t_{b3} = n \cdot t_{Takt}$

Abb. 7.6 Zwangspunkte für die Fahrplankonstruktion im ITF

7.3.2   Anforderungen an die Knoten

Die Anzahl der erforderlichen Gleise eines ITF-Knotens ergibt sich unmittelbar aus der Zahl der Linien, zwischen denen Anschlussbindungen hergestellt werden sollen. Eine Untersuchung der bedienungstheoretischen Auslastung der Gleisgruppe ist daher nicht erforderlich. Bei ausreichenden Gleislängen ist bei entsprechender sicherungstechnischer Ausstattung auch eine Doppelbelegung von Bahnsteiggleisen möglich. Dies bietet sich vor allem für im ITF-Knoten wendende Züge an, da die Einfahrreihenfolge trotz Doppelbelegung frei gewählt werden kann. Unbenommen dessen lässt sich die Infrastruktur eines ITF-Knotens aber nur sehr unzureichend auslasten, da sich die Nutzung der Anlagen auf die relativ kurzen Zeiträume zur Abwicklung der Systemhalte konzentriert.

Die Gestaltung der Knoten als Verknüpfungspunkte mehrerer Linien ist von erheblichem Einfluss auf die Stabilität des ITF. Die Einbruchsverspätung eines Zuges kann sich sowohl auf Züge der Gegenrichtung derselben Linie als auch auf Züge anderer Linien übertragen. Der Gewährleistung ausreichender Pufferzeiten in den Knoten ist daher im ITF eine sehr hohe Priorität einzuräumen. Die Pufferzeiten fallen im ITF in Form der bereits genannten ITF-Synchronisationszeiten an. Falls dadurch in den Knoten ausreichende Pufferzeiten nicht realisierbar sind, besteht eine Alternative darin, auf den Strecken größere Fahrzeitzuschläge vorzusehen, um in den Knoten übertragene Folgeverspätungen wieder abbauen zu können. Die realisierbaren ITF-Synchronisationszeiten hängen in entscheidender Weise von der Größe der Behinderungszeiten im Knoten und damit von der Gestaltung der Infrastruktur ab. Für die Gestaltung einer taktfreundlichen Infrastruktur im Knoten lassen sich folgende grundlegende Zielstellungen formulieren:

- Die im Knoten anfallenden Wartezeiten durch gegenseitige Behinderung von Fahrstraßen (Einmündungen und Kreuzungen) sollten minimiert werden.
- Durch gegenseitige Behinderung von Fahrstraßen erforderliche Wartezeiten sollten dann anfallen, wenn der betroffene Zug am Bahnsteig hält, sodass sich die Wartezeit dem Kunden als eine verlängerte Verkehrshaltezeit offenbart, die ggf. als zusätzliche Übergangszeit auch noch praktisch genutzt werden kann.

Die Sperrzeit einer Einfahrstraße ist wegen der Annäherungsfahrzeit zwischen Einfahrsignal und Einfahrvorsignal wesentlich größer als die Sperrzeit der Ausfahrstraße eines Zuges mit Verkehrshalt, bei dem die Annäherungsstrecke entfällt. Dieser Effekt wird noch dadurch verstärkt, dass – abgesehen von selbsttätigen Zuglenkanlagen – Einfahrsignale wegen des nicht exakt bekannten Standortes des Zuges meist deutlich früher freigegeben werden, als es eine behinderungsfreie Einfahrt theoretisch erfordern würde. Um eine Minimierung der Behinderung im Knoten zu erreichen, sollten daher alle Kreuzungen und Einmündungen von Fahrstraßen nur im Bereich der Ausfahrten liegen. Diese Bedingung ist erfüllt, wenn die Einfahrwege aller in den Knoten einmündenden Strecken vollständig getrennt voneinander verlaufen (Abb. 7.7).

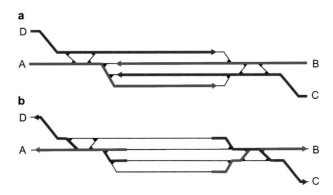

Abb. 7.7 Beispiel für die sperrzeitoptimale Gestaltung eines kleinen ITF-Knotens. **a** Einfahrten, **b** Ausfahrten

Damit genügt ein ITF-Knoten prinzipiell der gleichen Bedingung, die, wie bei den Erläuterungen zur Strecken-Infrastruktur beschrieben, durch Ermöglichung gleichzeitiger Einfahrten auch jeder Kreuzungsbahnhof erfüllt. Auch die Zielstellung, dass Wartezeiten nur beim Halt am Bahnsteig anfallen, wird auf diese Weise erreicht.

7.4   Prüfung der Stabilität von Taktfahrplänen

Grundsätzlich gilt auch hier das bereits bei der Fahrplankonstruktion genannte Stabilitätskriterium. Maßgebend für die Stabilität ist hier ebenfalls die Fähigkeit des Fahrplans, eingetretene Verspätungen wieder abzubauen. Das starre Konzept des Taktfahrplans erlaubt jedoch, ein vereinfachtes Verfahren mit hinreichender Aussageschärfe anzuwenden. Das Prinzip besteht darin, die aus einer angenommenen Einbruchsverspätung resultierenden Folgeverspätungen durch Konstruktion eines entsprechenden Betriebsbeispiels zu ermitteln. Im Ergebnis erhält man den Verlauf der Verspätungsfortpflanzung auf der untersuchten Teilstrecke. Daran lässt sich beurteilen, ob der erreichte Verspätungsabbau den geforderten Stabilitätsrichtlinien gerecht wird.

Die Stabilität eines Taktfahrplans lässt sich durch den Stabilitätsquotienten beschreiben. Der Stabilitätsquotient gibt an, nach wie vielen Taktzyklen eine vorgegebene Einbruchsverspätung vollständig abgebaut werden kann. Für einen einzelnen Kreuzungsabschnitt ergibt sich der Stabilitätsquotient nach folgender Gleichung:

$$q_{\text{Stab}} = \frac{t_{\text{v, ein}}}{\sum t_{\text{p, Takt}} + \sum t_{\text{res}}}$$

$t_{\text{v, ein}}$	Einbruchverspätung
$\sum t_{\text{p, Takt}}$	Summe der Pufferzeiten eines Taktes zwischen zwei Taktkreuzungen
$\sum t_{\text{res}}$	Summe der sonstigen Reservezeiten eines Taktes zum Abbau von Verspätungen

Der Zähler des Stabilitätsquotienten gibt die Einbruchsverspätung am Anfang des betrachteten Kreuzungsabschnitts an. Der Nenner enthält die Summe der Zeiten, um die sich die Verspätung innerhalb eines Taktes (je ein Zug in beiden Richtungen) reduziert. Dazu gehören sowohl die Pufferzeiten zur Reduktion der Übertragung von Folgeverspätungen als auch sonstige Reserven in den Fahr- und Haltezeiten, die innerhalb des Kreuzungsabschnitts zum Abbau erlittener Verspätungen genutzt werden können.

Der Kreuzungsabschnitt mit den kleinsten Puffer- und Reservezeiten innerhalb eines Taktes ist maßgebend für die Verspätungsfortpflanzung auf einer Strecke. Der sich in diesem Abschnitt ergebende Stabilitätsquotient gilt zugleich für den gesamten Streckenabschnitt zwischen zwei Knoten. Bei der Bestimmung des Stabilitätsquotienten im maßgebenden Abschnitt ist der bis dahin unterwegs schon mögliche Verspätungsabbau (durch Ausnutzung von Fahrzeitzuschlägen und Haltezeitreserven) zu berücksichtigen. Feste Grenzwerte für den Stabilitätsquotienten existieren bisher nicht. Als ein in der Praxis bewährter Richtwert sollte der Stabilitätsquotient auf typischen Regionalstrecken bei Ansatz einer Einbruchsverspätung von 10 min den Wert 2 möglichst nicht überschreiten.

Beispiel 7.2

Auf einem eingleisigen Streckenabschnitt zwischen den Knoten A und C mit einem zwischenliegendem Kreuzungsbahnhof B soll die Stabilität eines gegebenen Fahrplans überprüft werden (Abb. 7.8). Die Kreuzungspufferzeit beträgt im Knoten A 5 min und im Knoten C 4 min. Im Kreuzungsbahnhof B ist auf beiden Seiten eine Kreuzungspufferzeit von 1 min vorhanden. Die planmäßige Haltezeit im Kreuzungsbahnhof beträgt 2 min, sie kann durch eine Reservezeit von 1 min im Verspätungsfall auf die Mindesthaltezeit von 1 min gekürzt werden.

Betrachtet wird im Beispiel eine Einbruchsverspätung von 10 min für einen im Knoten A abfahrenden Zug. Im Kreuzungsabschnitt A–B kann durch die Kreuzungspufferzeiten die Verspätungsübertragung je Takt um 6 min reduziert werden. Die Haltezeitreserve im Kreuzungsbahnhof B geht da nicht mit ein, da sie nur die Einbruchsverspätung für den nächsten Kreuzungsabschnitt reduziert.

Im Kreuzungsabschnitt B–C kann die Einbruchsverspätung je Takt um 5 min reduziert werden. Damit ist dieser Abschnitt maßgebend für die Verspätungsübertragung der Strecke zwischen den Knoten A und C. Die für die Bestimmung des Stabilitätsquotienten anzusetzende Einbruchsverspätung des im Kreuzungsbahnhof B abfahrenden Zuges beträgt durch Ausnutzung der Haltezeitreserve nur noch 9 min. Der Stabilitätsquotient ergibt sich somit zu $9/5 = 1{,}8$. Damit kann die Einbruchsverspätung in weniger als zwei Takten abgebaut werden. ◄

Der Stabilitätsquotient ist durch die rein deterministische Betrachtung nur ein Näherungswert, der auf sehr einfache, aber in der Praxis vielfach ausreichende Weise eine Abschätzung der Fahrplanstabilität ermöglicht. Detailliertere Aussagen zur Verspätungsfortpflanzung können bei Bedarf durch Fahrplanstudien und ergänzende Simu-

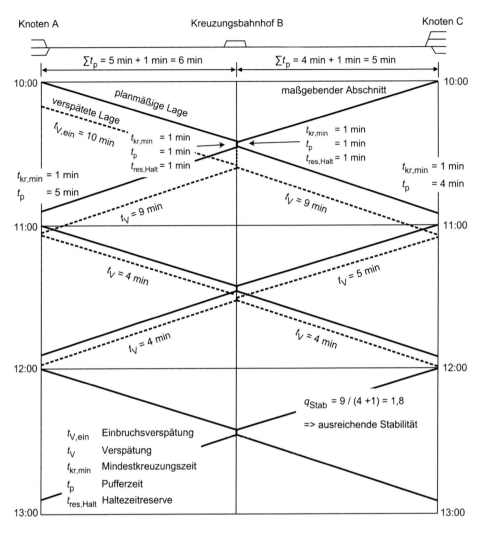

Abb. 7.8 Beispiel für die Ermittlung des Stabilitätsquotienten

lationen gewonnen werden. Dies ist insbesondere dann sinnvoll, wenn auf einer Strecke nicht nur zeitliche, sondern auch infrastrukturelle Reserven vorhanden sind, die zum Abbau erlittener Verspätungen oder zur Begrenzung der Verspätungsfortpflanzung genutzt werden. Ein charakteristisches Beispiel sind eingleisige Strecken, auf denen im Verspätungsfall die Möglichkeit besteht, planmäßige Kreuzungen auf einen anderen Kreuzungsbahnhof zu verlegen. Solche Effekte sind durch die rein rechnerische Bestimmung des Stabilitätsquotienten nicht zu erfassen.

Wird keine hinreichende Fahrplanstabilität erreicht, sollte zunächst versucht werden, durch Variation der Synchronisationszeiten die Pufferzeiten an den für die Verspätungsübertragung maßgebenden Stellen zu erhöhen. Sollte sich dieser Weg nicht als zielführend erweisen, sind Anpassungen an der Infrastruktur erforderlich. Die wirkungsvollste Lösung besteht in der Anordnung eines zweigleisigen Begegnungsabschnitts, vorzugsweise durch zweigleisigen Ausbau zwischen zwei vorhandenen Kreuzungsbahnhöfen. Wenn ein solcher Ausbau nicht zu realisieren ist, kann ersatzweise ein zusätzlicher Kreuzungsbahnhof vorgesehen werden, auf den im Verspätungsfall die planmäßige Kreuzung verlegt werden kann. Die optimale Lage dieses zusätzlichen Kreuzungsbahnhofs lässt sich durch eine Fahrplanstudie bestimmen.

Literatur

1. Liebchen, C.: Fahrplanoptimierung im Personenverkehr – Potenzial mathematischer Optimierung. Eisenbahntechn. Rundsch. **55**(7/8), 504–510 (2006)
2. Nachtigall, K., Noll, O., Pöhle, D.: Ein innovatives Belegungsverfahren für den zukünftigen industrialisierten Fahrplanprozess. Eisenbahntechn. Rundsch. **63**(12), 28–33 (2014)
3. Rey, G., Stohler, W.: Schweizer Taktfahrplan und Netzgrafik 2014. Eisenbahn-Revue Int. **10**(1), 24–26 (2014)
4. Lichtenegger, M.: Der Integrierte Taktfahrplan. Eisenbahntechn. Rundsch **40**(3), 171–175 (1991)

Betriebssteuerung

8

Die traditionelle Betriebssteuerung mit örtlich besetzten Betriebsstellen wird zunehmend durch eine zentralisierte Betriebssteuerung abgelöst. Dies erfordert die Entlastung der Fahrdienstleiter durch Anlagen zur automatischen Zuglaufverfolgung und Zuglenkung, Systeme zur Unterstützung der Disponenten bei der Konflikterkennung und -lösung sowie Rückfallebenen bei Ausfall der zentralen Steuerung.

8.1 Traditionelle Organisation der Fahrdienstleitung

Die konventionelle Betriebssteuerung der europäischen Eisenbahnen ist durch eine dezentrale Fahrdienstleitung gekennzeichnet. Die einzelnen Betriebsstellen sind dabei mit einem örtlichen Fahrdienstleiter besetzt, der den Betriebsablauf in dem ihm zugeordneten Steuerbereich eigenverantwortlich regelt. Das heißt, dass er einerseits unmittelbar die Bedienungshandlungen zum Einstellen der Fahrstraßen übernimmt, aber andererseits auch für die Disposition des Betriebsablaufs in seinem Steuerbereich verantwortlich ist. Die Fahrdienstleiter benachbarter Betriebsstellen korrespondieren untereinander durch Austausch von Zugmeldungen, die entweder fernmündlich oder durch Zugnummernmeldeanlagen übermittelt werden (Abb. 8.1).

Bei Relaisstellwerken und elektronischen Stellwerken kann der Steuerbereich eines Fahrdienstleiters durch Einsatz von Fernsteuertechnik auch mehrere Betriebsstellen umfassen. Auf ferngesteuerten Strecken werden Zugmeldungen nur noch an den Grenzen der Steuerbereiche gegeben. Wegen der weitgehend auf seinen eigenen Steuerbereich begrenzten Sicht des einzelnen Fahrdienstleiters ist auf höher belasteten Strecken sowie in größeren Knoten eine über die örtliche Fahrdienstleitung hinausgehende Disposition

© Der/die Autor(en), exklusiv lizenziert an Springer Fachmedien Wiesbaden GmbH, ein Teil von Springer Nature 2025
J. Pachl, *Systemtechnik des Schienenverkehrs*,
https://doi.org/10.1007/978-3-658-45732-7_8

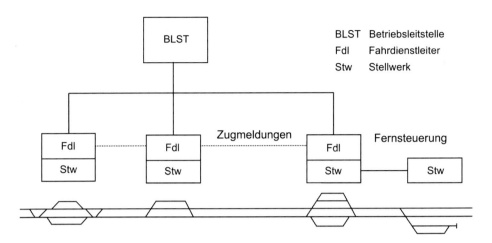

Abb. 8.1 Struktur der konventionellen Betriebssteuerung

erforderlich. Zu diesem Zweck haben die Bahnen Betriebsleitstellen eingerichtet, in denen Disponenten den Betriebsablauf in größeren Bereichen übergreifend disponieren.

Dazu geben die örtlichen Fahrdienstleiter an die Disponenten Zuglaufmeldungen (fernmündlich oder durch technische Meldeeinrichtungen). Die entsprechenden Anweisungen zur Regelung der Zugfolge (z. B. Verlegen von Kreuzungen und Überholungen) werden vom Disponenten auf fernmündlichem Wege an die Fahrdienstleiter der örtlichen Betriebsstellen übermittelt.

Bei der Deutschen Bahn AG ist zur Überwachung der Zugläufe des hochwertigen Fernverkehrs (vertakteter Personenfernverkehr und wichtige Güterzüge) zusätzlich eine Netzleitzentrale für das Gesamtnetz eingerichtet. Die Netzleitzentrale trifft Entscheidungen bei Ereignissen mit netzweiten Auswirkungen.

8.2 Arbeitshilfen bei manueller Betriebssteuerung

Die technische Unterstützung beschränkt sich bei rein manueller Betriebssteuerung auf Telekommunikationsanlagen für die Sprachkommunikation zwischen den Betriebsstellen untereinander sowie zwischen den Betriebsstellen und den Disponenten der Betriebsleitstellen.

Die Betriebssteuerung wird beim manuellen Verfahren durch handschriftlich geführte Unterlagen unterstützt. Die wichtigste Unterlage der örtlichen Fahrdienstleitung ist das Zugmeldebuch, in das alle Zugmeldungen und sonstigen betrieblich relevanten Ereignisse (z. B. Gleissperrungen) eingetragen werden [1]. Das Zugmeldebuch erfüllt eine Doppelfunktion; einerseits dient es dem Fahrdienstleiter zur Veranschaulichung des Ist-Zustandes der Betriebslage, andererseits dient das Zugmeldebuch aber auch der

Dokumentation des Betriebsablaufs für nachträgliche Auswertungen (z. B. Klärung von Unregelmäßigkeiten, Verspätungsstatistiken). Der Disponent in der Betriebsleitstelle verwendet anstelle des Zugmeldebuchs ein grafisches Belegblatt, in das die Zugläufe entsprechend den fernmündlichen Zuglaufmeldungen der Betriebsstellen eingetragen werden. Dieses Belegblatt hat prinzipiell den gleichen Aufbau wie ein Bildfahrplan. Durch Vergleich mit den Zeit-Weg-Linien des Soll-Fahrplans, die im Belegblatt meist als Mattdruck enthalten sind, versucht der Disponent Konflikte rechtzeitig zu erkennen und regulierend in den Betriebsablauf einzugreifen. Wie das Zugmeldebuch vereint auch das Belegblatt die Funktion der Darstellung der Betriebslage mit einer Dokumentation des Betriebsablaufs. Eine ähnliche Unterlage wurde bis zur Einführung moderner Betriebsleittechnik auch in der Netzleitzentrale geführt, wobei nur die Zugläufe der hochwertigen Reisezüge in die Belegblätter eingetragen wurden.

Diese einfache Form der Betriebssteuerung ist durch den hohen Aufwand an fernmündlich zu übermittelnden Meldungen sowie handschriftlich zu führenden Aufzeichnungen über den Betriebsablauf arbeitsintensiv und in der Disposition wenig flexibel. Daher sind schon seit Jahren technische Hilfsmittel zur Unterstützung der Betriebsführung im Einsatz.

8.3   Betriebsleittechnik zur Unterstützung der Betriebssteuerung

8.3.1   Zuglaufverfolgung

Zuglaufverfolgungsanlagen haben die Aufgabe, die Standorte der einzelnen Züge mit ihren Zugnummern im Netz zu verfolgen und diese Informationen für verschiedene Darstellungen und Auswertungen zur Verfügung zu stellen. Für die technische Realisierung der Zuglaufverfolgung gibt es folgende grundsätzliche Lösungsmöglichkeiten:

- einmalige manuelle Einwahl jedes Zuges und Gewinnung der Weiterschaltinformationen durch Abgriff aus der örtlichen Sicherungstechnik oder durch von der Sicherungstechnik getrennte Impulsgeber,
- Ausrüstung der Züge mit Kennungsgebern, die von ortsfesten Einrichtungen gelesen werden können,
- fahrzeuggestützte Ortungsverfahren mit Übertragung der Ortungsergebnisse an eine Zentrale.

Besonders vorteilhaft ist stets die Anwendung von Verfahren, die unabhängig von der örtlichen Sicherungstechnik arbeiten. Bei Abgriff der Weiterschaltinformationen aus der Sicherungstechnik fällt bei einer Störung der Sicherungsanlage auch die Zuglaufverfolgung im gestörten Bereich aus. Dieser Umstand ist betrieblich negativ, da die durch die Zuglaufverfolgung bereitgestellte Übersicht über die Betriebslage im Störungsfall besonders wichtig ist.

Die wichtigsten Anwendungen der Zuglaufverfolgung sind Zugnummernmeldeanlagen und rechnergestützte Disponentenarbeitsplätze.

Zugnummernmeldeanlagen erfüllen folgende Aufgaben:

- Darstellung der Betriebslage für den Fahrdienstleiter durch Zugnummernanzeige im Gleisbild,
- Ersatz der fernmündlichen Zugmeldungen,
- Ersatz des handschriftlich geführten Zugmeldebuches durch einen Zugnummerndrucker oder eine elektronische Dokumentation des Betriebsablaufs.

Die Zugnummernanzeige im Gleisbild kann je nach Präferenz des Betreibers mit oder ohne Vorlauf ausgeführt sein. Bei der Deutschen Bahn AG ist die Zugnummernanzeige ohne Vorlauf üblich. Dabei wird die Zugnummer nur in dem Abschnitt angezeigt, den der Zug aktuell besetzt und beim Passieren des Signals weitergeschaltet. Bei Anzeige mit Vorlauf wird die Zugnummer in dem Abschnitt, den der Zug besetzt sowie allen folgenden Abschnitten angezeigt, für die bereits die Zugfahrt zugelassen ist. Die Zugnummernanzeige mit Vorlauf wird z. B. in einigen deutschen Nahverkehrssystemen im Geltungsbereich der Verordnung über den Bau und Betrieb der Straßenbahnen verwendet.

Zugnummernmeldeanlagen sind die Voraussetzung zur Bildung größerer Steuerbereiche. Im Gegensatz zur manuellen Erfassung des Betriebsablaufs ist die Anzeige der aktuellen Betriebslage von der Dokumentation des Betriebsablaufs funktionell getrennt. Bei rechnergestützten Disponentenarbeitsplätzen werden die von den örtlichen Zugnummernmeldeanlagen bereitgestellten Informationen zu einer Betriebsleitstelle übertragen und zur übersichtlichen Darstellung der Betriebslage auf Monitoren ausgewertet. Der Disponent ist von der manuellen Informationsaufnahme entlastet und kann sich vollständig der Beobachtung des Betriebsablaufs in seinem Überwachungsbereich widmen. Die Weisungen des Disponenten an die Fahrdienstleiter der Betriebsstellen werden aber auch hier noch auf fernmündlichem Wege vorgenommen. Zur Darstellung der Betriebslage werden sowohl Zeit-Weg-Linien-Bilder als auch Streckenspiegel verwendet. Die Zeit-Weg-Linien-Bilder ähneln im Aufbau den handschriftlich geführten Belegblättern. Durch eine Projektion der Zeit-Weg-Linien über den Ist-Zustand hinaus wird eine vorausschauende Konflikterkennung ermöglicht (Abb. 8.2).

Neben den Zeit-Weg-Linien-Bildern werden die Zugfahrten auf Streckenspiegeln in einem topologischen Gleisbild dargestellt (ähnlich der Bereichsübersicht eines Stellwerks). Für die Disposition in großen Knoten wurden darüber hinaus Darstellungen von Anschlussleisten und Knotenübersichten entwickelt [2, 3].

Die aktuelle Entwicklung geht dahin, in die rechnergestützten Disponentenarbeitsplätze Funktionen zur Fahrplankonstruktion mit sperrzeitenscharfer Abbildung der Fahrplantrassen zu integrieren. Dies ermöglicht es den Disponenten, bei kurzfristig einzulegenden

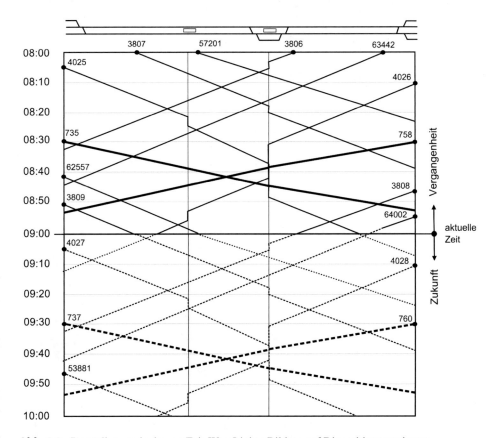

Abb. 8.2 Darstellungsprinzip von Zeit-Weg-Linien-Bildern auf Dispositionsmonitoren

Sonderzügen die Fahrplantrassen unmittelbar mit den Dispositionssystemen zu konstruieren und die an die Zugpersonale zu übermittelnden Fahrplanangaben zu erzeugen [4].

8.3.2 Zuglenkung

Die Zuglenkung dient der Automatisierung der Fahrstraßeneinstellung in den örtlichen Betriebsstellen. Eine Zuglenkanlage erfüllt folgende Funktionen:

- selbsttätige Durchführung der Fahrstraßenwahl vor Fahrtverzweigungen,
- zeitgerechte Ausgabe der Stellbefehle an die Signalanlage,
- Reihenfolgeregelung bei örtlichen Belegungskonflikten (optional).

Die bisher realisierten Zuglenkanlagen lassen sich nach dem ihnen zugrunde liegenden systemtechnischen Prinzip der Fahrstraßenwahl in zwei Gruppen einteilen:

- Anlagen mit Programmselbststellbetrieb,
- Anlagen mit Fahrstraßenwahl durch den Zug.

Beim Programmselbststellbetrieb gibt es für jedes Signal einen Fahrstraßenspeicher, in dem in einer vorausbestimmten Reihenfolge alle Fahrstraßen abgespeichert sind, die an diesem Signal eingestellt werden sollen. Wenn sich ein Zug diesem Signal nähert, wird über einen Einstellanstoß der Fahrstraßenspeicher auf die nächste Position geschaltet und für die dort abgespeicherte Fahrstraße ein Stellbefehl ausgegeben (Abb. 8.3).

Der Programmselbststellbetrieb setzt ein Fahrplanregime voraus, bei dem die Reihenfolge der Züge mit hoher Wahrscheinlichkeit eingehalten wird. Da keine logische Beziehung zwischen dem Zug und seinem Fahrweg hergestellt werden kann, führt eine Abweichung von der Reihenfolge vor Fahrtverzweigungen zur Fehlleitung von Zügen.

Betriebstechnische Voraussetzungen für die Anwendung des Programmselbststellbetriebes liegen insbesondere auf Stadt- und Vorortbahnen mit starrem Fahrplan vor. Eine der ersten derartigen Anlagen wurde in den 1950er-Jahren bei der Londoner U-Bahn in Betrieb genommen, wobei ein Lochstreifen als Fahrstraßenspeicher diente [5]. Inzwischen ist eine Vielzahl solcher Anlagen in Betrieb, wobei moderne Anlagen auf Rechnerbasis arbeiten, sodass der Fahrdienstleiter bei Abweichungen von der Reihenfolge der Züge im Voraus den Inhalt des Fahrstraßenspeichers durch Dialogeingabe ändern kann.

Zuglenkanlagen mit Fahrstraßenwahl durch den Zug arbeiten mit Ausnahme der ersten Anlagen aus den 1950er und 1960er-Jahren generell rechnergesteuert. Wenn sich ein Zug einem Signal nähert, wird hier nicht nur die Annäherung des Zuges erfasst, sondern der Zug anhand einer zugbegleitenden Information identifiziert. Im Voraus werden Zuglenkpläne aufgestellt, die für jeden Zug eine Fahrstraßenfolge enthalten, mit der dieser Zug durch den Steuerbezirk zu leiten ist. Nach Identifizierung des Zuges ermittelt der

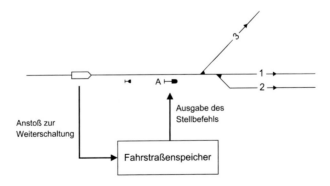

Abb. 8.3 Zuglenkung mit Programmselbststellbetrieb

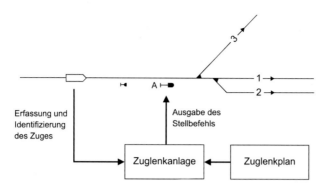

Abb. 8.4 Zuglenkung mit Fahrstraßenwahl durch den Zug

Zuglenkrechner mit Hilfe des für diesen Zug abgespeicherten Zuglenkplanes die Fahrstraße, die am betreffenden Signal eingestellt werden soll (Abb. 8.4).

Dieses Verfahren ist unempfindlich gegenüber einer Änderung der Reihenfolge der
Züge und gestattet so eine höhere Flexibilität der Betriebsführung. Voraussetzung für
die Anwendung ist das Vorhandensein einer Zugnummernmeldeanlage, die die zugbegleitenden Informationen bereitstellt. Zugnummernmeldeanlagen gehören bei modernen Stellwerken zur Standardausrüstung. Als zugbegleitende Information wird entweder
unmittelbar die Zugnummer oder eine das Fahrtziel innerhalb des Steuerbereichs codie-
rende Zuglenkziffer verwendet. Bei Verwendung von Zuglenkziffern existiert noch kein
editierbarer Zuglenkplan. Stattdessen wird für jedes Zuglenksignal die Zuordnung der
Zuglenkziffern zu den an diesem Signal einzustellenden Fahrstraßen fest projektiert. Bei
Anlagen mit Auswertung der Zugnummer liegt der Zuglenkplan in Form einer editier-
baren Gleisbenutzungstabelle vor. Der optimale Zeitpunkt der Signalfreigabe ist gegeben, wenn sich der Zug am maßgebenden Signalsichtpunkt des Vorsignals befindet.
Aus dieser Bedingung ist sofort die Lage des Einstellanstoßpunktes ableitbar (Abb. 8.5).
Da die Fahrstraßenbildezeit in Abhängigkeit von der Anzahl der umzustellenden Weichen in einem gewissen Toleranzbereich schwankt, muss zur Festlegung der Lage des
Einstellanstoßpunktes der ungünstigste Fall, also die größtmögliche Fahrstraßenbildezeit
angesetzt werden. Bei Mehrabschnittssignalisierung ist es oft zweckmäßig, die Einfahrt
in den Blockabschnitt vor dem vorsignalisierenden Hauptsignal als Einstellanstoß auszuwerten.

Bei Anwendung einer Zuglenkung mit Fahrstraßenwahl durch den Zug sind zwei Zu-
glenkstrategien zu unterscheiden:

- fahrplanbasierte Zuglenkung,
- fahrtzielbasierte Zuglenkung.

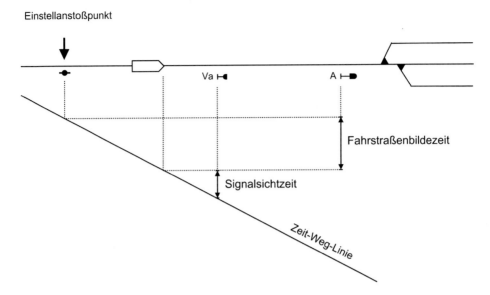

Abb. 8.5 Lage des Einstellanstoßpunktes

Die fahrplanbasierte Zuglenkung setzt eine Fahrstraßenwahl durch den Zug mit Auswertung der durch die Zuglaufverfolgung bereitgestellten Zugnummer voraus. In den
Zuglenkplänen kann zusätzlich zur Gleisbenutzung auch die im Fahrplan vorgesehene
Zugreihenfolge in Form von Wartebedingungen hinterlegt werden [6–8]. Diese Zugreihenfolge wird durch die Zuglenkung auch bei Verspätungen zwingend eingehalten.
Eine solche Zuglenkstrategie erfordert für eine effektive Betriebsführung die Anbindung
der Zuglenkanlage an ein Dispositionssystem, das die Konflikterkennung und -lösung
übernimmt und einen ständig an die aktuelle Betriebslage angepassten Dispositionsfahrplan bereitstellt. Ohne ein solches Dispositionssystem wären die Zuglenkpläne vom
Fahrdienstleiter bei Bedarf durch manuelle Eingabe zu aktualisieren, was bei kurzfristig
auftretenden größeren Fahrplanabweichungen durch den erheblichen Eingabeaufwand
ggf. den vorübergehenden Übergang zur manuellen Fahrstraßeneinstellung erforderlich
machen kann.

Bei fahrtzielbasierter Zuglenkung (bei Stadtschnellbahnen auch als linienbasierte
Zuglenkung) wird bei Annäherung des Zuges die dem Fahrtziel entsprechende Fahrstraße ohne Rücksicht auf die im Fahrplan festgelegte Zugreihenfolge eingestellt. Örtliche Belegungskonflikte werden durch die Steuerlogik der Zuglenkanlage gelöst. Die
Anwendung dieser Zuglenkstrategie lohnt sich vor allem bei autark arbeitenden Zuglenkanlagen, die nicht an ein übergeordnetes Dispositionssystem angebunden sind. Aber
auch bei Vorhandensein eines solchen Dispositionssystems bietet die Konflikterkennung
und -lösung auf der örtlichen Ebene Vorteile für die Weiterführung des Betriebes beim
Ausfall übergeordneter Leitstellen. Auch eignet sich eine solche Zuglenkstrategie ins-

besondere für Bahnen, die nicht nach Fahrplan betrieben werden und sich durch eine weitgehend stochastische Betriebsführung auszeichnen (z. B. einige Werkbahnen).

Wenn sich bei fahrtzielbasierter Zuglenkung mehrere Züge einem Behinderungspunkt (Einmündung, höhengleiche Kreuzung) auf unterschiedlichen Gleisen nähern und der Ankunftsabstand geringer ist als die für eine behinderungsfreie Durchführung erforderliche Zugfolgezeit, so muss durch die Steuerlogik entschieden werden, welchem Zug Vorrang gewährt wird. Die einfachste Lösung besteht darin, immer dem Zug Vorrang zu gewähren, der zuerst den Einstellanstoßpunkt befährt. Dabei besteht die Möglichkeit, von vorneherein bestimmte Fahrstraßen durch Vorverlegen ihres Einstellanstoßpunktes zu bevorzugen oder absolut zu bevorrechten (so genannter „unbedingter Streckenvorrang") [9]. Allerdings kann der Fahrdienstleiter beim Erkennen eines Konfliktes durch manuelle Fahrstraßeneinstellung oder signalselektive Ausschaltung der Zuglenkung in den Betrieb eingreifen. Bei den Zuglenkanlagen der Deutschen Bahn AG hat der Fahrdienstleiter zusätzlich die Möglichkeit, in schwierigen Betriebssituationen an ausgewählten Signalen einen sogenannten „Dispo-Status" zu aktivieren, durch den bei Annäherung eines Zuges die automatische Fahrstraßeneinstellung zunächst unterdrückt und von einer Mitwirkungshandlung des Fahrdienstleiters abhängig gemacht wird [10, 11]. Diese noch recht einfache Steuerlogik beschränkt die Anwendung auf Einsatzfälle mit geringem Komplexitätsgrad. Bei allen bisher realisierten Anwendungen einer Zuglenkanlage dieser Form handelt es sich dementsprechend auch nur um vergleichsweise einfache Abzweig- und Einfädelungsfälle mit reinem Einrichtungsbetrieb.

Bei Zuglenkanlagen mit Auswertung der Zugnummer ist eine Berücksichtigung individueller Vorrangkriterien für die einzelnen Züge möglich. Dazu ist die Annäherung der Züge an einen Behinderungspunkt so rechtzeitig zu erfassen, dass die Fahrstraße des Zuges mit niedrigerer Priorität vor dem Befahren des Einstellanstoßpunktes gesperrt werden kann. Das kann erreicht werden, wenn der Sperrzeit jedes Zuges eine Reservierungszeit bzw. eine geschwindigkeitsabhängige Reservierungsstrecke vorausläuft. Wenn sich auf einem Behinderungspunkt mehrere Reservierungsstrecken überlagern, wird der Zug mit der höchsten Priorität ermittelt und für alle anderen Züge die Fahrstraßeneinstellung gesperrt (Abb. 8.6). In [12] wird vorgeschlagen, örtliche Konflikte auch durch selbsttätige Wahl alternativer Fahrwege zu lösen, wofür jedoch noch keine ausgereiften Lösungen existieren.

Neben der Vorrangregelung an Behinderungspunkten muss die Steuerlogik einer Zuglenkanlage auch in der Lage sein, Selbstblockierungen (so genannte „Deadlocks") zu verhindern, die entstehen können, wenn durch Reihenfolgeänderungen der Züge ungewollt Betriebssituationen auftreten, in denen der Betrieb durch zyklische Verkettung von Belegungswünschen zum Stillstand kommt. Abb. 8.7 zeigt einfache Beispiele für solche Betriebssituationen.

Bei der Deadlock-Vermeidung handelt es sich um ein reines Ereignisfolgeproblem. Geschwindigkeiten und Sperrzeiten der Züge sind für das rechtzeitige (d. h. vorausschauende) Erkennen einer Deadlock-Situation ohne Belang. Durch eine logische

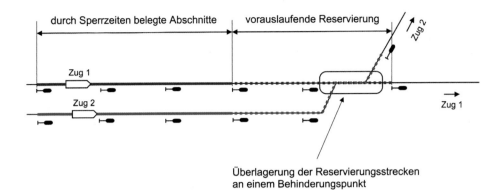

Abb. 8.6 Vorrangregelung durch vorauslaufende Reservierungsstrecken

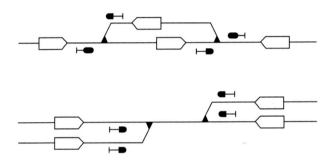

Abb. 8.7 Einfache Deadlockbeispiele

Analyse der zwischen den Zugfahrten zwangsläufig wirkenden Reihenfolgeabhängig-keiten können sich aufbauende Warteketten erkannt werden. Somit lässt sich vor jeder Zulassung einer Signalzugfahrt prüfen, ob die daraus resultierende Belegungsänderung zum Schließen einer Wartekette und damit zu einem Deadlock führt [13–15]. Besonders deadlockanfällig sind Spurpläne mit einer hohen Zahl von Einmündungen in im Zwei-richtungsbetrieb befahrene Abschnitte. Den Extremfall stellt eine eingleisige Strecke mit einer Reihe von Kreuzungsbahnhöfen bzw. Begegnungsabschnitten dar, aber auch in größeren Fahrstraßenknoten können deadlockanfällige Konstellationen auftreten. Die größte Deadlocksicherheit bietet demgegenüber die zweigleisige Strecke, die im reinen Einrichtungsbetrieb befahren wird.

Bei fahrplanbasierter Zuglenkung mit vollständiger Hinterlegung aller Warte-bedingungen ist automatisch ein deadlockfreier Betrieb gewährleistet, da die durch den Dispositionsfahrplan vorgegebene Zugreihenfolge durch die Zuglenkanlage nicht ge-ändert wird.

8.4 Zentralisierung der Betriebssteuerung

Die konventionelle Betriebsführung erfordert durch die örtliche Besetzung der Stellwerke trotz aller unterstützenden Techniken einen sehr hohen Personalaufwand. Mit dem Aufkommen der durchgehenden technischen Gleisfreimeldung war die Notwendigkeit entfallen, Betriebsstellen zur Durchführung der Fahrwegprüfung und Zugschlussbeobachtung örtlich zu besetzen. Damit war die betriebliche Voraussetzung für den Übergang zu einer zentralisierten Betriebssteuerung gegeben. Die Zentralisierung der Betriebssteuerung setzt eine räumliche Entkopplung der Leit- und Bedienebene von der Stellwerksebene voraus. Bei elektronischen Stellwerken ist das problemlos möglich, aber auch bereits für Relaisstellwerke wurden Fernsteuerungen entwickelt. Bei vielen Bahnen lassen sich sowohl elektronische Stellwerke als auch Relaisstellwerke von einem einheitlichen Leit- und Bediensystem steuern. Damit sind der Zentralisierung der Betriebssteuerung keine technischen Grenzen mehr gesetzt. Der sinnvolle Zentralisierungsgrad hängt jedoch von betrieblichen und wirtschaftlichen Randbedingungen ab. Am weitesten fortgeschritten ist die Zentralisierung heute bei den nordamerikanischen Bahnen, die jedoch aufgrund andersartiger Randbedingungen nur bedingt mit europäischen Verhältnissen vergleichbar sind [16].

8.4.1 Der optimale Zentralisierungsgrad

Ein wirtschaftlicher Effekt der Zentralisierung ist die Reduktion der Anzahl der Bediener. Dieser Effekt ist vor allem in frühen Phasen der Zentralisierung ausgeprägt, wenn man von einer dezentral strukturierten Betriebssteuerung zu kleineren Steuerzentralen übergeht. Auf kleinen, örtlich besetzten Betriebsstellen ist der Fahrdienstleiter oft nicht ausgelastet, insbesondere in Schwachlastzeiten. Durch Automatisierung sind auf Betriebsstellen mit nur einem Fahrdienstleiter auf der örtlichen Ebene auch keine Einsparungen zu erzielen. Durch Bildung von Steuerzentralen mit mehreren Bedienplätzen lassen sich die Bediener durch anforderungsgerechten Zuschnitt der Bedienbezirke optimal auslasten. Zudem lässt sich bei schwankendem Verkehrsaufkommen die Anzahl der Bediener an den tatsächlichen Bedienaufwand anpassen. Eine weitere Optimierung ist durch Automatisierungstechnik möglich, die die Fahrdienstleiter im Regelbetrieb von einem Großteil der Bedienungshandlungen entlastet. Ab einer bestimmten Größe der Steuerzentrale sind diese Effekte allerdings ausgereizt, eine weitere Vergrößerung bringt im Personalbereich keine weiteren Einsparungen.

Beim Übergang von einer dezentralen zu einer zentralisierten Betriebssteuerung sinken zunächst auch die Kosten pro Bedienplatz, da technische Einrichtungen, die von den Bedienplätzen gemeinsam genutzt werden (z. B. Kommunikationsserver) nur noch an einem Ort vorgehalten werden müssen. Mit steigender Zentralisierung kommen jedoch aus folgenden Gründen neue Kosten hinzu:

- Vorhaltung von Kommunikationssystemen zur verlässlichen Steuerung großer Netze,
- Vorhaltung von aufwendigen Rückfallebenen zur Weiterführung des Betriebes bei Ausfall der zentralen Steuerung,
- Aufwand zur Abwehr von Security-Angriffen, deren Auswirkungen mit steigender Zentralisierung zunehmen.

Als Folge dieser Effekte nehmen ab einem bestimmten Zentralisierungsgrad die Kosten pro Bedienplatz wieder zu. Letztlich ergibt sich daraus eine wirtschaftlich und betrieblich optimale Größe einer Steuerzentrale. Wo dieses Optimum liegt, hängt von der Charakteristik eines Bahnsystems ab, insbesondere von der Struktur des Netzes und der Betriebsdichte. Je höher die Komplexität der Netzstruktur und je höher die Zugdichte, desto kleiner ist der optimale Zentralisierungsgrad. Auch die Siedlungsstruktur hat wegen der Verfügbarkeit des Bedienpersonals Einfluss auf den optimalen Zentralisierungsgrad. Bahnen in dünn besiedelten Ländern mit geringer Netz- und Betriebsdichte haben die Zentralisierung daher häufig weit vorangetrieben. Das charakteristische Beispiel ist Nordamerika, wo teilweise über 10.000 km Strecke aus einer Zentrale gesteuert werden. Bei europäischen Bahnen stellt sich die Situation wegen der wesentlich höheren Netz- und Betriebsdichte deutlich anders dar. Bei der Deutschen Bahn AG wird nach aktuellem Erkenntnisstand eingeschätzt, dass die optimale Größe einer Steuerzentrale bei sechs bis zwanzig Bedienplätzen liegt [17].

Vom Zentralisierungsgrad hängt auch ab, ob die Betriebssteuerung mit der Disposition in einer Betriebszentrale zusammengefasst werden kann. Die Einrichtung von Betriebszentralen ist charakteristisch für Bahnen mit hochgradiger Zentralisierung der Betriebssteuerung. Neben Betriebssteuerung und Disposition werden meist auch weitere Funktionen in die Betriebszentrale integriert, wie die Fahrplanerstellung für Sonderzüge, das Notfallmanagement und das Instandhaltungsmanagement (Abb. 8.8).

Bei einem geringeren Grad der Zentralisierung der Betriebssteuerung sind für die Disposition Bereichsgrößen erforderlich, die die Bereiche der Steuerzentralen übersteigen. Das engmaschige Netz der Steuerzentralen wird dann von einem grobmaschigeren Netz an Dispositionszentralen überlagert.

Die Deutsche Bahn AG begann in den 1990er Jahren mit der Einrichtung von sieben Betriebszentralen für das Kernnetz. Die Disposition ist bereits an diesen Standorten konzentriert. Die Bezeichnung Betriebszentralen rührt daher, dass ursprünglich vorgesehen war, auch die Betriebssteuerung für die Strecken des Kernnetzes in diese Zentralen zu integrieren [18]. Eine Neubewertung ergab, dass die hochgradige Zentralisierung der Betriebssteuerung des Kernnetzes bei gleichzeitiger Beibehaltung einer weitgehend dezentralen Steuerung des sonstigen Netzes wirtschaftlich nicht optimal ist. Die Betriebssteuerungsstrategie wurde daher dahingehend modifiziert, neue Fahrdienstleiterarbeitsplätze nicht mehr in die Betriebszentralen zu integrieren, sondern in kleineren Steuerzentralen von wirtschaftlich optimaler Größe zusammenzufassen [17].

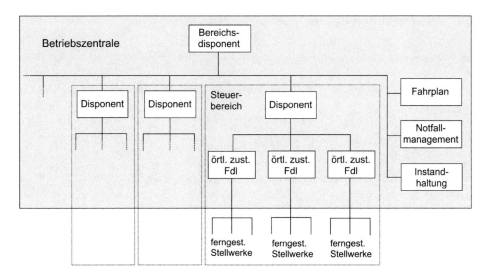

Abb. 8.8   Aufteilung der betrieblichen Zuständigkeiten in einer Betriebszentrale

8.4.2   Rückfallebenen bei Ausfall der zentralen Steuerung

Neben der Behandlung von Störungen der Fahrweg- und Zugfolgesicherung müssen bei zentralisierter Betriebssteuerung auch Rückfallebenen für den Ausfall der Verbindung zur Zentrale vorgesehen werden. Wenn in einem örtlich unbesetzten Stellwerk eine fahrplanbasierte Zuglenkung vorhanden ist, können kurze Verbindungsausfälle durch Weiterlauf der Zuglenkung überbrückt werden [19]. Längerfristige Ausfälle der zentralen Steuerung lassen sich nur durch Bedienmöglichkeiten vor Ort beherrschen. Zu diesem Zweck werden auf der örtlichen Ebene Notbedienplätze eingerichtet, die bei Ausfall der Steuerung aus der Zentrale durch Mitarbeiter des Instandhaltungspersonals besetzt werden, die im Auftrag des Fahrdienstleiters Fahrstraßen einstellen, jedoch keine sicherheitsrelevanten Hilfshandlungen vornehmen können. Bei lang dauernden Störungen lassen sich die Notbedienplätze zu vollwertigen Stellwerksbedienplätzen hochrüsten, sodass der Betrieb durch einen vor Ort tätigen Fahrdienstleiter weitergeführt werden kann. Die Notbedienplätze können vom Instandhaltungspersonal auch zur Unterstützung bei der Entstörung verwendet werden, da sich damit Stellwerksfunktionen lokal testen lassen.

Auf Strecken mit geringer Betriebsdichte und topologisch einfach strukturierten Betriebsstellen besteht eine wirtschaftliche Alternative zu Notbedienplätzen darin, örtliche Bedieneinrichtungen vorzusehen, mit denen das Zugpersonal auf Weisung des Fahrdienstleiters Weichen umstellen oder auch Fahrstraßen einstellen kann.

8.5   Grundlagen der rechnergestützten Disposition

Ein rechnergestütztes Dispositionssystem erfüllt folgende Funktionen:

- zeitliche Vorausschau auf den sich entwickelnden Betriebsablauf ausgehend vom Ist-Zustand,
- Erkennung von Konflikten,
- Ableitung und Bewertung von Lösungsvorschlägen.

Die bei den heutigen rechnergestützten Disponentenarbeitsplätzen übliche einfache Projektion der planmäßigen Fahrtverläufe in die Zukunft liefert eine einfache Konflikterkennung durch Lokalisierung der Stellen, wo sich Zeit-Weg-Linien unzulässig überschneiden. Bei Systemen, die die Einblendung von Sperrzeitentreppen ermöglichen, ist sogar eine sehr genaue Konflikterkennung mit vergleichbarer Schärfe wie bei der Fahrplankonstruktion gegeben. Anhand solcher Darstellungen ist bereits eine einfache Konfliktlösung durch manuelles Verschieben von Fahrplantrassen möglich. Zur Unterstützung bieten sich Verfahren der asynchronen Fahrplansimulation an, die eine weitgehend automatisierte Lösung von Fahrplankonflikten ermöglichen [20]. Das Ergebnis wäre ein durch Modifikation des Soll-Fahrplans gewonnener Dispositionsfahrplan. Allerdings werden bei umfangreicheren Betriebsstörungen (insbesondere bei Rückstaueffekten) die Grenzen einer rein asynchronen Betrachtungsweise erreicht, da diese durch die Nichtabbildung der Angleichung der Trassenneigung im Verspätungsfall keine realistische Vorschau auf den zu erwartenden Betriebsablauf liefert. Nur eine solche Vorschau bietet dem Disponenten ein realistisches Bild von den tatsächlichen Folgen und damit der „Lösungswürdigkeit" eines erkannten Konfliktes und ermöglicht eine detaillierte Bewertung von Lösungsvarianten.

Eine realistische Vorschau auf den zu erwartenden Betriebsablauf ist mit folgenden Verfahren möglich:

- synchrone Simulationsmodelle,
- vereinfachte Simulation durch dynamisierte Sperrzeitbetrachtung.

Synchrone Simulationsmodelle können ausgehend von der aktuellen Betriebslage ein exaktes Bild der zu erwartenden Betriebssituation liefern. Damit lassen sich auch Vorschläge zur Konfliktlösung in ihren Auswirkungen detailliert bewerten. Zur Reduktion des bei der synchronen Simulation doch recht erheblichen Rechenaufwandes, insbesondere zur zeitnahen Bewertung einer Vielzahl von Lösungsvarianten, besteht die Alternative einer vereinfachten Simulation durch eine dynamisierte Sperrzeitbetrachtung. Das Prinzip besteht darin, die Fahrtverläufe der Züge ausgehend von der aktuellen Betriebslage zunächst entsprechend den planmäßigen Fahrzeiten anzusetzen und an den Stellen, an denen sich Behinderungen durch Sperrzeitüberschneidung offenbaren,

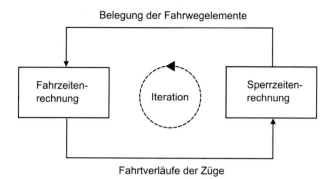

Abb. 8.9 Iteration zwischen Fahr- und Sperrzeitenrechnung bei der Prognose des Betriebsablaufs

den Fahrtverlauf des behinderten Zuges durch Einfügen von Wartezeiten sowie Einrechnung von Anfahr- und Bremsvorgängen zu korrigieren (entweder durch exakte fahrdynamische Rechnung oder durch Ansatz näherungsweiser Anfahr- und Bremszuschlagzeiten). Da sich durch jede Anpassung der Fahrtverläufe auch die Belegungssituation
der Fahrwegabschnitte ändert, ist eine schrittweise Betrachtung der sich entwickelnden
Betriebslage erforderlich, bei der sich die Prognose des Betriebsgeschehens in einer Iteration zwischen einer Fahrzeitenrechnung zur Bestimmung der Fahrtverläufe und einer
parallel dazu ablaufenden Sperrzeitenrechnung zur Bestimmung der Belegung der Fahrwegelemente vollzieht (Abb. 8.9).

Sowohl bei der Fahr- als auch bei der Sperrzeitenrechnung sind Störungen – soweit
bekannt – zu berücksichtigen. Damit ist auch diese Methode grundsätzlich den synchronen Verfahren zuzuordnen. Der Unterschied zu den bekannten synchronen Simulationsverfahren besteht lediglich darin, dass die Betriebslage anhand eines Sperrzeitenmodells
beschrieben wird und nicht alle zeitsynchron ablaufenden Prozesse im Detail simuliert
werden. Bei der Vorschau des Betriebsablaufs sollte zunächst die im Fahrplan vorgesehene Zugreihenfolge unverändert beibehalten werden, die auch der fahrplanbasierten
Zuglenkung zugrunde liegt. Man erhält damit ein Bild auf die Betriebslage, die sich ohne
konfliktlösende Eingriffe ergäbe. Diese Betriebslage kann dann die Basis für eine Optimierung bilden, indem mögliche Varianten zur Konfliktlösung auf ihre Wirksamkeit
überprüft werden. Diese Optimierung kann wegen der erheblichen Komplexität nur als
Interaktion zwischen Mensch und Maschine erfolgen. Voraussetzung ist zunächst die
Festlegung einer Zielfunktion, anhand derer einzelne Lösungsvarianten verglichen werden können. Beispiele für solche Zielfunktionen können sein:

- die Summe der Verspätungen,
- die Zahl der verspäteten Züge, deren Verspätung einen bestimmten Wert übersteigt,
- die Verspätungssumme ausgewählter Zuggattungen,
- der Grad der Anschlusssicherung.

Wenn das Simulationssystem diese (oder weitere) Zielfunktionen liefert, kann der Disponent mögliche Entscheidungen zur Regelung der Zugfolge sofort durch Simulation der sich daraus ergebenden Betriebslage auf ihre Wirksamkeit überprüfen lassen und auf diese Weise eine schrittweise Optimierung vornehmen. Eine Unterstützung des Disponenten bei der Suche nach Lösungsvarianten ist durch Implementierung von Regeln möglich, die aus bestimmten Betriebssituationen selbsttätig Lösungsvorschläge ableiten. Da ein solches Regelwerk nicht alle denkbaren Konfliktfälle abdecken kann, bleibt der Mensch trotzdem in den Konfliktlösungsprozess eingebunden.

Eine weiter gehende Automatisierung der Konfliktlösung setzt ein System voraus, das nicht nur mit festen Regeln auf vorgegebene Konfliktfälle reagiert, sondern in der Lage ist, durch Variation von Ereignisfolgen selbsttätig alle in einem Konfliktfall möglichen Lösungsvarianten zu erzeugen und anhand der Zielfunktion zu bewerten. Ein möglicher Ansatz besteht darin, ausgehend von der aktuellen Betriebssituation zunächst einen Ereignisfolgegraphen zu generieren, der sowohl die zwangsläufig wirkenden Ereignisfolgen, die in einer bestehenden Betriebssituation nicht mehr umgangen werden können, als auch diejenigen Ereignisfolgen enthält, bei denen noch eine Änderung der Zugreihenfolge möglich ist. In dem Betriebsbeispiel von Abb. 8.10 soll der Zug 1 im Bahnhof C von Zug 2 planmäßig überholt werden. Durch einen verspäteten Einbruch des Zuges 1 entsteht ein Trassenkonflikt, der ggf. durch das Verlegen einer Überholung zu lösen wäre. Abb. 8.11 zeigt dazu den zugehörigen Ereignisfolgegraphen mit den gerichteten Kanten des planmäßigen Betriebsablaufs. Weiterhin sind alle Stellen markiert, an denen Reihenfolgeänderungen möglich sind.

Aus dem Ereignisfolgegraphen lassen sich ausgehend von einer konkreten Betriebslage sämtliche Möglichkeiten für die Fortsetzung des Betriebsablaufs ableiten. Jeder möglichen Lösungsvariante entspricht ein Ereignisfolgegraph, der nur gerichtete Kanten enthält. Indem jeder Kante des Graphen der Erwartungswert des für die jeweilige Ereignisfolge erforderlichen Zeitwertes zugeordnet wird, lassen sich für jede Lösungsvariante

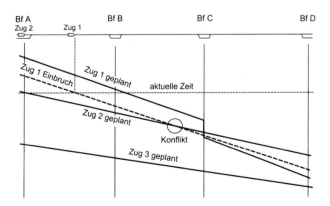

Abb. 8.10 Betriebsbeispiel mit Zugfolgekonflikt

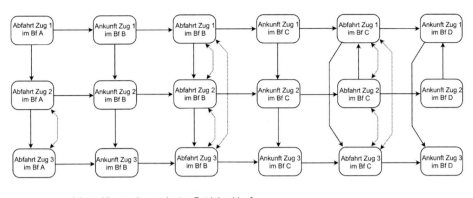

→ gerichtete Kanten des geplanten Betriebsablaufs

◄┄┄┄► Eingriffsmöglichkeiten zur Änderung der Zugreihenfolge

Abb. 8.11 Ereignisfolgegraph für das Beispiel aus Abb. 8.10

durch Anwendung der Methode des kritischen Weges die Zeitpunkte aller Ereignisse bestimmen. Daraus ist der Wert der Zielfunktion bestimmbar, an Hand dessen die Entscheidung für die günstigste Lösungsvariante getroffen wird.

Die mathematischen Grundlagen für ein automatisches Rescheduling sind inzwischen weit entwickelt [21]. Trotzdem steckt die Entwicklung praxistauglicher, automatisierter Dispositionssysteme derzeit noch in den Anfängen [22, 23]. Grund sind die oft sehr komplexen Randbedingungen des realen Bahnbetriebes. Auch wird die betriebliche Erfahrung eines hochgradig zentralisierten Betriebes erst zeigen müssen, wo die Grenze der Aufgabenteilung zwischen Mensch und Dispositionssystem sinnvoll anzusetzen ist. Eine vollständige Befreiung des Menschen von konfliktlösenden Entscheidungen kommt auf absehbare Zeit sicher nicht als realistische Zielstellung in Betracht.

Literatur

1. Deutsche Bahn AG: Fahrdienstvorschrift; Richtlinie 408.01–06. gültig ab 13.12.2015 (2015)
2. Petersen, K.: Systemkonfiguration der RZÜ Nürnberg. Signal Draht **82**(7/8), 134–141 (1990)
3. LeiDis-N: Netzdisposition in der Netzleitzentrale der DB AG in Frankfurt. Signal Draht **95**(6), 14–19 (2003)
4. Kant, M., Bleser, L.: Innovative Produktionsplanung durch Online-Trassenkonstruktion. Signal Draht **97**(7/8), 35–39 (2005)
5. Transport Railway Signalling, L.: Papers on the life and work of Robert Dell 1900–1992. Nebulous Books, Alton (1999)
6. Bormet, J.: Funktion der fahrplanbasierten Zuglenkung für Betriebszentralen. Eisenbahningenieur **53**(6), 36–43 (2002)
7. Mücke, W.: Betriebsleittechnik im öffentlichen Verkehr. Tetzlaff, Hamburg (2001)
8. Peckmann, P.: Zugnummernmeldesystem und Zuglenksystem für Betriebszentralen. Signal Draht **92**(12), 42–45 (2000)

9. Kuemmell, K.-F.: Selbsttätige Zuglenkung. Signal Draht **50**(11/12), 236–248 (1958)
10. Zellhöfer, D.: Das Zuglenksystem (ZLS 800). Deine Bahn **22**(7), 416–419 (1994)
11. Peckmann, P.: Das Zuglenksystem ZLS 901 – ein Automatisierungssystem. Signal Draht **89**(10), 12–16 (1997)
12. Parádi, F., Szilva, E.: Konflikterkennung und -lösung durch dynamische Zuglenkung. Signal Draht **90**(3), 26–27 (1998)
13. Pachl, J.: Steuerlogik für Zuglenkanlagen zum Einsatz unter stochastischen Betriebsbedingungen (Diss.) Schriftenreihe des Instituts für Verkehr, Eisenbahnwesen und Verkehrssicherung der TU Braunschweig, Bd. 49. TU Braunschweig, Braunschweig (1993)
14. Pachl, J.: Zum Deadlock-Problem bei der automatischen Betriebssteuerung. Signal Draht **89**(1/2), 22–25 (1997)
15. Pachl, J.: Entwicklung, Vervollkommnung und Erprobung deadlockvermeidender Strategien in der synchronen Eisenbahnbetriebssimulation. ZEVrail **137**(10), 402–409 (2013)
16. Pachl, J.: Übertragbarkeit US-amerikanischer Betriebsverfahren auf europäische Verhältnisse. Eisenbahntechnische Rundsch. **50**(7/8), 452–462 (2001)
17. Bormet, J., Rausch, R.: Weichen stellen für die Zukunft der Betriebssteuerung. Deine Bahn **45**(7), 7–9 (2017)
18. Oser, U.: Züge automatisch sicher leiten, lenken und steuern – ein Erfordernis zentralisierter Betriebsführung. Edition ETR: Bahn Report '95., S. 59–72 (1995)
19. Waibel, M.: Der Ausfall der Bedienoberfläche. Deine Bahn **28**(12), 740–742 (2000)
20. Gröger, T.: Simulation der Fahrplanerstellung auf der Basis eines hierarchischen Trassenmanagements und Nachweis der Stabilität der Betriebsabwicklung (Diss.) Veröffentlichungen des Verkehrswissenschaftlichen Instituts der Rheinisch-Westfälischen Technischen Hochschule Aachen, Bd. 60. RWTH Aachen, Aachen (2002)
21. Hansen, I.A., Pachl, J. (Hrsg.): Railway Timetabling & Operations, 2. Aufl. Eurailpress, Hamburg (2013)
22. Hille, P.: Konfliktlösungsmodelle. Signal Draht **91**(3), 15–18 (1999)
23. Tomii, N., Ikeda, H.: A hybrid train traffic rescheduling simulator. Q. Rep. Rtri **36**(4), 192–197 (1995)

Betriebstechnik der Rangierbahnhöfe

9

Rangierbahnhöfe sind die Sortieranlagen des Einzelwagenverkehrs. Durch das beim Auflösen und Bilden der Züge angewandte Rangieren durch Schwerkraft im Ablaufbetrieb unterscheiden sich die Prozesse in einem Rangierbahnhof grundlegend von den sonst für Zug- und Rangierfahrten angewandten Verfahren. Weichen werden unter Aufgabe des Fahrstraßenprinzips einzeln zwischen den ablaufenden Wagen umgestellt. Die Geschwindigkeit der ablaufenden Wagen wird fahrwegseitig durch Gleisbremsen gesteuert.

9.1 Die Rolle des Rangierens im modernen Bahnbetrieb

Im Gesamtsystem des Eisenbahnverkehrs stellt das Rangieren gegenüber dem Fahren der Züge nur einen Hilfsprozess dar (Abschn. 1.3.3). Durch den Übergang zum Wendezugbetrieb und das in Mitteleuropa abgesehen von einigen internationalen Verbindungen kaum noch übliche Verkehren von Kurswagen beschränken sich Rangierfahrten im Personenverkehr heute weitgehend auf das Bereitstellen und Abräumen der Zugeinheiten am Beginn und Ende des Zuglaufs, den Wechsel von Triebfahrzeugen und das Umsetzen von Fahrzeugen in den Nebengleisanlagen der Betriebswerke. Ähnlich ist die Situation im Güterverkehr in den Geschäftsfeldern des Ganzzugverkehrs und des kombinierten Ladungsverkehrs. Rangierfahrten finden fast nur im Bereich der Ladestellen in den Anschlussbahnen und Umschlagbahnhöfen sowie beim Triebfahrzeugwechsel statt.

Völlig anders ist die Situation im Einzelwagenverkehr als einem traditionellen, aber noch immer bedeutenden Geschäftsfeld des Güterverkehrs. Dort werden einzelne Güterwagen vom Versender zum Empfänger durch das Netz geleitet, was den mehrfachen Übergang der Wagen auf andere Züge und damit ein Auflösen und Neubilden der Zugverbände erfordert. Diese Sortierfunktion findet abseits des eigentlichen Transportprozesses in den Rangierbahnhöfen statt, die wegen ihres besonderen Charakters inner-

© Der/die Autor(en), exklusiv lizenziert an Springer Fachmedien Wiesbaden GmbH, ein Teil von Springer Nature 2025

J. Pachl, *Systemtechnik des Schienenverkehrs*, https://doi.org/10.1007/978-3-658-45732-7_9

halb des Systems Bahn über eine eigenständige Betriebssteuerung verfügen. Neben der Funktion als Zugbildungsanlagen im öffentlichen Eisenbahnnetz gibt es Rangierbahnhöfe auch in großen Anschluss- und Hafenbahnen, wo die aus dem öffentlichen Eisenbahnnetz eingehenden Güterwagen auf die Ladestellen verteilt werden und in der Gegenrichtung die Zugbildung für ins öffentliche Netz übergehende Züge vorgenommen wird.

Rangierbahnhöfe sind mit teilweise über 100 parallelen Gleisen nicht nur die größten Zugbildungsanlagen, sondern die in der flächenmäßigen Ausdehnung größten Bahnanlagen überhaupt und befinden sich wegen des enormen Flächenbedarfs meist etwas außerhalb der großen Eisenbahnknoten. Durch den Umstand, dass innerhalb eines Rangierbahnhofs das Rangieren den Hauptprozess darstellt und die kleinste, für die Betriebssteuerung relevante Betrachtungseinheit nicht der Zug, sondern der einzelne Wagen ist, weist die Betriebssteuerung in den Rangierbahnhöfen gegenüber dem sonstigen Eisenbahnnetz eine Reihe von Besonderheiten auf, die nachfolgend behandelt werden. Auch der in fast allen Rangierbahnhöfen übliche Ablaufbetrieb erfordert eine besondere Form der fahrwegseitigen Betriebssteuerung und die Anwendung spezieller fahrdynamischer Berechnungsverfahren zur Dimensionierung der Anlagen.

9.2   Produktionstechnik des Einzelwagenverkehrs

9.2.1   Rangierverfahren

Bei der Zugbildung im Güterverkehr kommen folgende Rangierverfahren zur Anwendung:

- Umsetzverfahren,
- Abstoßverfahren,
- Ablaufverfahren.

Im Umsetzverfahren werden die Güterwagen mit einem Triebfahrzeug gekuppelt als Rangierfahrt bewegt. Da für jede einzelne Fahrzeugbewegung eine Rangierfahrt erforderlich ist, ist die Leistungsfähigkeit zum Ordnen der Wagen bei der Zugbildung relativ gering. Das Abstoßverfahren ist ein Rangierverfahren, bei dem Wagen durch ein schiebendes Triebfahrzeug, mit dem sie nicht gekuppelt sind, beschleunigt werden, sodass sie allein weiterfahren, nachdem das Triebfahrzeug angehalten hat. Bei ausreichender Gleislänge kann ein Triebfahrzeug nacheinander mehrere Wagen oder Wagengruppen abstoßen, ohne zwischendurch zurückziehen zu müssen. Zwischen den einzelnen Abstoßvorgängen werden die Weichen vom Rangierpersonal umgestellt, sodass die Wagen in die gewünschten Zielgleise laufen. Die abgestoßenen Wagen werden im Zielgleis von Rangierern mit Hemmschuhen aufgehalten (Abschn. 9.4.3.4). Die Leistungsfähigkeit ist deutlich höher als beim Umsetzen, das Abstoßverfahren erfordert jedoch einen hohen Personalbedarf durch die nicht mehr zeitgemäße Benutzung von

Hemmschuhen. Im Ablaufverfahren laufen vorentkuppelte Wagen durch Schwerkraft die geneigte Ebene eines Ablaufberges hinunter und werden durch Umstellen der Weichen zwischen den aufeinander folgenden Wagen oder Wagengruppen in verschiedene Zielgleise einsortiert. Das Ablaufverfahren ermöglicht durch automatische Weichenstellung und Beeinflussung des Wagenlaufs durch Gleisbremsen sowohl einen hohen Automatisierungsgrad als auch kurze Wagenfolgezeiten und damit eine sehr hohe Leistungsfähigkeit. Es ist daher das Standardverfahren in Rangierbahnhöfen. Das Umsetz- oder Abstoßverfahren wird in Rangierbahnhöfen allerdings gelegentlich als Nebenprozess in untergeordneten Gleisgruppen praktiziert, wo keine hohe Leistungsfähigkeit erforderlich ist. In Nordamerika existieren auch kleinere Rangierbahnhöfe, die vollständig im Umsetzverfahren arbeiten. Dabei handelt es sich allerdings oft um Anlagen, in denen nur Wagengruppen zwischen Güterzügen ausgetauscht werden, ohne dass die Züge komplett zerlegt werden müssen.

9.2.2 Leitung der Güterwagen im Netz

Im Einzelwagenverkehr entspricht die Sendungsgröße einer Wagenladung. Dabei ist der Güterwagen die kleinste vom Versender bis zum Empfänger durchlaufende Einheit. Durch den individuellen Lauf der Güterwagen ergibt sich die Notwendigkeit, die Wagen zwischen unterschiedlichen Zügen umzustellen.

Die Abfertigung der Wagen erfolgt dabei in Güterverkehrsstellen, wobei es sich sowohl um öffentliche Ladestellen (heute selten) als auch um Übergabebahnhöfe zu Anschlussbahnen handeln kann. Die in den Güterverkehrsstellen aufkommenden Wagen werden mit Übergabefahrten zu einem regionalen Rangierbahnhof befördert. Dort werden die Wagen zu Nahgüterzügen zusammengestellt, mit denen sie dem nächsten überregionalen Rangierbahnhof zugeführt werden. Dort erfolgt dann die Fernzugbildung, d. h. die aus den verschiedenen regionalen Rangierbahnhöfen eintreffenden Nahgüterzüge werden wieder zerlegt, die Wagen nach Zugbildungsrichtungen sortiert und zu Ferngüterzügen zusammengestellt, die eine weite Strecke bis zu einen Ziel-Rangierbahnhof zurücklegen. Nach Ankunft auf diesem überregionalen Rangierbahnhof wird ein Ferngüterzug wieder zerlegt, die Wagen nach den regionalen Rangierbahnhöfen des Empfangsgebietes sortiert und zu Nahgüterzügen zusammengestellt. Mit diesen Nahgüterzügen werden sie dann den regionalen Rangierbahnhöfen zugeführt und von dort mittels Übergabefahrten auf die Güterverkehrsstellen verteilt.

Bei diesem Verfahren wird jeder Wagen mindestens viermal umgestellt. In Einzelfällen können weitere Umstellungen durch Wechsel von Wagen zwischen verschiedenen Ferngüterzügen erforderlich werden. In großen, überregionalen Rangierbahnhöfen werden täglich mehrere tausend Wagen umgestellt. Um die Zahl der Zeit raubenden Aufenthalte in Rangierbahnhöfen zu reduzieren, werden bei entsprechend starkem Wagenaufkommen auch Direktverbindungen unter Umgehung einzelner Rangierbahnhöfe eingerichtet. So gibt es z. B. Direktverbindungen zwischen regionalen Rangierbahnhöfen sowie auch Fernzugbildung in regionalen Rangierbahnhöfen unter Umgehung eines überregionalen Rangierbahnhofs. Mit den Betreibern großer Anschlussbahnen kann zudem vereinbart werden, die Wagen vor dem Übergang ins öffentliche Netz bereits in einem nichtöffentlichen Rangierbahnhof der Anschlussbahn nach Zugbildungsrichtungen vorzusortieren, um Wagenumstellungen im öffentlichen Netz einzusparen.

9.2.3 Aufbau eines Rangierbahnhofs

Ein Rangierbahnhof besteht prinzipiell aus drei aufeinander folgenden Gleisgruppen, der Einfahrgruppe, der Richtungsgruppe und der Ausfahrgruppe (Abb. 9.1). In Rangierbahnhöfen, von denen aus Güterverkehrsstellen bedient werden, ist oft zusätzlich noch eine Nachordnungsgruppe zur Bildung von Mehrgruppenzügen (Abschn. 9.2.5) vorhanden. Zwischen der Einfahr- und der Richtungsgruppe erfolgt die Zugzerlegung mithilfe eines Ablaufberges. Dabei werden die Wagen beim Durchlaufen der Weichen in der Verteilzone in die Richtungsgleise einsortiert. Ein Rangierbahnhof hat somit eine vorgegebene Arbeitsrichtung, in der die Wagen das System durchlaufen. Damit der Rangierbahnhof trotzdem Züge beider Fahrtrichtungen bedienen kann, werden zu den Umfahrungsgleisen Gleisverbindungen für Gegeneinfahrten und Gegenausfahrten eingerichtet. Neben der Darstellung in Abb. 9.1 können die Umfahrungsgleise auch einseitig angeordnet sein.

Von dieser Grundform eines Rangierbahnhofs gibt es eine Reihe abgeleiteter Varianten. So gibt es Anlagen ohne Ausfahrgruppe, bei denen die Zugfertigstellung in den Richtungsgleisen vorgenommen wird. Die Einsparung der Ausfahrgruppe führt dabei zu einer längeren Belegung der Richtungsgleise. Bei kurzen Zügen besteht ggf. die Möglichkeit, während in einem Richtungsgleis die Fertigstellung eines Zuges läuft, einen Teil dieses Richtungsgleises bereits wieder für einen folgenden Ablauf freizugeben. Gelegentlich wird auch eine reduzierte Ausfahrgruppe mit wenigen Gleisen vorgesehen. Die Zugfertigstellung findet dann regulär im Richtungsgleis statt; falls das betreffende Richtungsgleis jedoch schon wieder in voller Länge für einen folgenden Ablauf

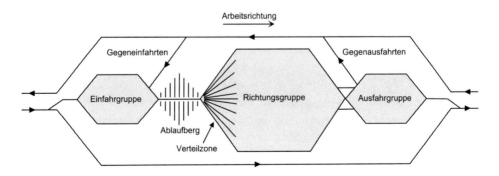

Abb. 9.1 Schematischer Aufbau eines Rangierbahnhofs

benötigt wird, kann man die darin gesammelten Wagen auch in ein Ausfahrgleis über-
führen. Die Richtungsgruppe kann auch als Stumpfgleisgruppe ausgeführt sein. Die in
einem Richtungsgleis gesammelten Wagen werden dann wieder in die Einfahrgruppe ge-
zogen, die in einem solchen Fall als kombinierte Ein- und Ausfahrgruppe fungiert.

In Nordamerika sind in Rangierbahnhöfen wegen der gegenüber europäischen Bahnen wesentlich größeren Zuglängen (2 bis 3 km) die Gleisgruppen häufig nicht seriell,
sondern parallel angeordnet. Nur die Ein- und Ausfahrgleise können komplette Züge
aufnehmen und umschließen dabei die wesentlich kürzeren Richtungsgleise. Ein ein-
gehender Zug wird in mehrere Gruppen zerlegt, die nacheinander über den Ablaufberg
gehen. Bei der Zugbildung wird dann der Inhalt mehrerer Richtungsgleise in die Ausfahrgleise überführt und dort im Umsetzverfahren zu einem Ausgangszug zusammengestellt.

Sehr große Rangierbahnhöfe werden mitunter auch als zweiseitige Rangierbahnhöfe
ausgeführt. In einem zweiseitigen Rangierbahnhof ist für beide Richtungen ein eigenes
Rangiersystem vorhanden (Abb. 9.2). Eine solche Anordnung lohnt sich allerdings nur,
wenn sich die Güterwagenströme weitgehend in zwei Hauptrichtungen trennen lassen.
Leistungshemmend ist in einem zweiseitigen Rangierbahnhof der sogenannte Eckverkehr. Das sind Wagen, die einem Richtungsgleis zugeführt werden müssen, das sich
nicht in dem Rangiersystem befindet, in dessen Einfahrgruppe die Wagen ankommen.
Der Eckverkehr muss daher beide Rangiersysteme durchlaufen. Die Eckverkehrswagen
werden innerhalb der Richtungsgruppe in besonders dafür vorgesehenen Gleisen gesammelt und mit Rangierfahrten in die Einfahrgruppe der Gegenrichtung überführt. Die
Betriebsplanung sollte stets darauf ausgerichtet werden, den Eckverkehr zu minimieren.
Gleisverbindungen für Gegenausfahrten sind in zweiseitigen Rangierbahnhöfen in der
Regel entbehrlich, da die Ausgangszüge in der jeweils seitenrichtig liegenden Ausfahrgruppe gebildet werden.

Hinsichtlich der Gestaltung des Ablaufberges werden Rangierbahnhöfe in Flachbahnhöfe und Gefällebahnhöfe eingeteilt. In einem Flachbahnhof ist nur der Ablaufberg

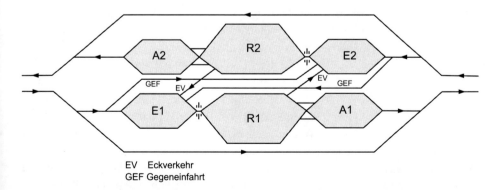

EV   Eckverkehr
GEF Gegeneinfahrt

Abb. 9.2 Schema eines zweiseitigen Rangierbahnhofs

als kurze, aber steile Rampe (40–70 ‰) ausgeführt. In der Verteilzone besteht nur noch
eine Neigung von 10–15 ‰. Im Sammelbereich der Richtungsgleise kann eine leichte
Neigung vorhanden sein, um ein Rücklaufen von Wagen zu verhindern. Die Einfahrgruppe liegt in der Ebene, allerdings weist das Zuführungsgleis zum Ablaufberg meist
eine kurze Gegensteigung von mindestens 20 ‰ auf. In älteren Anlagen kann die Einfahrgruppe auch ein (heute nachteiliges) wannenförmiges Profil aufweisen. Beim Ablauf
werden die Wagen mit einem Triebfahrzeug über den Ablaufberg abgedrückt.

In einem Gefällebahnhof liegen alle Gleisgruppen in einem durchgehenden Gefälle.
Der Ablauf erfolgt allein durch Schwerkraft, er kann jedoch durch eine Abdrücklok beschleunigt werden. Die technische Ausrüstung eines Gefällebahnhofs ist durch die Notwendigkeit besonderer Festhaltevorrichtungen für die Wagengruppen sehr aufwendig.
Die Leistungsfähigkeit ist durch die geringere Geschwindigkeit in der Verteilzone niedriger als in einem Flachbahnhof. Neue Rangierbahnhöfe werden daher seit längerer Zeit
nur noch als Flachbahnhöfe ausgeführt.

9.2.4   Betriebliche Abläufe in Rangierbahnhöfen

Nach Einfahrt eines Zuges in die Einfahrgruppe wird der Zug auf den Ablauf vorbereitet.
Dazu ist zunächst eine wagentechnische Untersuchung (Eingangsuntersuchung) erforderlich. Bei Gewährleistung einer ausreichenden Qualitätssicherung bei der Zugbildung in anderen Bahnhöfen kann auf die Eingangsuntersuchung ggf. verzichtet werden. Wagen, die keine Ablaufberge befahren dürfen, werden ausgesetzt. Die Hauptluftleitung wird entlüftet, und die Kupplungen werden an den durch die Zerlegeliste
vorgegebenen Stellen getrennt. Es existieren allerdings noch ältere Anlagen, in denen
nicht mit vorentkuppelten Wagen abgedrückt werden darf, da die Einfahrgruppe, wie früher häufig üblich, mit einem Zwischengefälle zum Ablaufberg ausgeführt ist. In solchen
Altanlagen werden die Kupplungen an den Trennstellen zunächst nur durch Aufdrehen
der Spindel der Schraubenkupplung „lang gemacht". Die lang gemachten Kupplungen
werden dann erst unmittelbar am Ablaufberg durch einen Mitarbeiter mit einer als Hebel
über die Puffer gelegten Entkupplungsstange ausgeworfen. Dieses Verfahren ist nur in
Anlagen mit geringer Bergleistung anwendbar. Abdrückgeschwindigkeiten über 1,7 m/s
erfordern immer ein Abdrücken mit vorentkuppelten Wagen.

Soll der Zug zerlegt werden, setzt die Abdrücklokomotive an und schiebt den Zug
mit der zulässigen Abdrückgeschwindigkeit über den Ablaufberg. In modernen Anlagen
werden die Abdrücklokomotiven vom Ablaufstellwerk per Funk ferngesteuert, sodass
die Abdrückgeschwindigkeit stets optimal eingestellt werden kann. Beim Passieren des
Ablaufberges trennen sich die Wagen an den vorgegebenen Stellen und laufen durch
Schwerkraft in die Richtungsgleise. Die Kuppe des Ablaufberges ist mit einem Radius
von ca. 300 m ausgeführt, der bewirkt, dass sich die einzelnen Abläufe zügig trennen.
Zwischen den ablaufenden Wagen werden in der Verteilzone durch die in der Regel automatische Ablaufsteuerung die Weichen umgestellt. Ist ein Richtungsgleis gefüllt, wird

der weitere Ablauf von Wagen in dieses Gleis unterbunden. Die angesammelten Wagen werden beigedrückt, gekuppelt und in die Ausfahrgruppe abgezogen. Das Richtungsgleis steht jetzt für eine neue Zugbildung zur Verfügung.

In der Ausfahrgruppe erfolgt die wagentechnische Ausgangsuntersuchung zur Feststellung von im Ablaufbetrieb verursachten Schäden. Der Zug wird gekuppelt, die Hauptluftleitung wird gefüllt und eine vollständige Bremsprobe durchgeführt. Zu diesem Zweck sind in den Ausfahrgleisen häufig besondere Bremsprobeanlagen installiert. Nach Durchführung der Bremsberechnung und Fertigstellung der Zugpapiere kann der neu gebildete Zug den Rangierbahnhof verlassen.

9.2.5 Bildung von Mehrgruppenzügen

Teilweise werden Wagen nicht nur nach Richtungen, sondern auch noch einmal nach Gruppen innerhalb der zu bildenden Züge sortiert. Diese Gruppen entsprechen den Feinzielen der Wagen. Mehrgruppenzüge werden insbesondere zu zwei Zwecken gebildet:

- um für Bedienungsfahrten, die mehrere Güterverkehrsstellen bedienen, durch Vorsortierung der Wagen für die einzelnen Kunden den Rangieraufwand auf den Zwischenstationen zu begrenzen,
- um an ausgewählten Verknüpfungspunkten der Güterzugfernnetze durch Gruppenaustausch zwischen Fernzügen den Rangieraufwand im Netz durch Reduktion der Anzahl der Zugbildungen in Rangierbahnhöfen zu minimieren.

Die Sortierverfahren zur Bildung von Mehrgruppenzügen lassen sich in zwei grundsätzliche Klassen einteilen, und zwar

- die Ordnungsgruppenverfahren,
- die Simultanverfahren.

Bei den Ordnungsgruppenverfahren (auch als Staffelverfahren bezeichnet) werden die Wagen zunächst nur nach Richtungen sortiert. Nachdem ein Richtungsgleis gefüllt ist, werden die Wagen in einem zweiten Schritt innerhalb des zu bildenden Zuges nach Gruppen sortiert. Dieses sogenannte Nachordnen geschieht entweder in einer separaten Nachordnungsgruppe, die oft in Form eines kleinen Ablaufberges ausgeführt ist (Nebenablaufberg), oder im Umsetzverfahren in den Spitzen der Richtungsgleise.

Bei den Simultanverfahren erfolgt die Zugbildung in zwei Stufen auf dem Hauptablaufberg, wobei jeder Wagen zweimal über den Ablaufberg läuft. Beim ersten Ablauf werden die Wagen nach ihrer Stellung im Zuge sortiert. Das heißt, dass die Wagen, die in unterschiedlichen Zügen in der gleichen Gruppe laufen, alle in ein gemeinsames Gleis laufen. Anschließend werden alle Wagen wieder in die Einfahrgruppe abgezogen. In einem zweiten Ablauf wird jetzt nach Richtungen sortiert. Dabei werden die Wagen in der Reihenfolge der vorsortierten Stellung im Zuge abgedrückt. Durch die Vorsortierung des ersten Ablaufes sind damit nach dem zweiten Ablauf die Wagen nicht nur nach Richtungen, sondern auch innerhalb der Züge nach Gruppen sortiert. Das Simultanverfahren führt nur dann zu einer höheren Effektivität, wenn möglichst alle zu bildenden Züge Mehrgruppenzüge sind. Das ist z. B. bei vielen Industrie- und Hafenbahnen in der Eingangsrichtung gegeben, wo die aus dem öffentlichen Netz eingehenden Wagen auf eine Vielzahl von Ladestellen zu verteilen sind. Aber auch im öffentlichen Eisenbahnnetz gibt es einige regionale Rangierbahnhöfe, die im Simultanverfahren arbeiten.

Sowohl bei den Ordnungsgruppenverfahren als auch bei den Simultanverfahren gibt es mehrere Unterverfahren, die sich in der Sortierstrategie unterscheiden. Auch sind in einer Zugbildungsanlage Kombinationen von Ordnungsgruppen- und Simultanverfahren möglich. Die Ergebnisse einer experimentellen Untersuchung verschiedener Verfahren zur Mehrgruppenzugbildung wird in [1] vorgestellt.

Bei nordamerikanischen Bahnen wird der Umstand, dass ein zu bildender Zug aus den in mehreren Richtungsgleisen gesammelten Wagen zusammengestellt werden muss, auch gleich zur Gruppenbildung ausgenutzt. Dabei werden in jedem der Richtungsgleise, die einer Zugbildungsrichtung zugeordnet sind, jeweils die Wagen einer Gruppe dieser Zugbildungsrichtung gesammelt. In Nordamerika verkehren im Einzelwagenverkehr auch Fernzüge standardmäßig als Mehrgruppenzüge, die unterwegs auf kleineren Rangierbahnhöfen untereinander Gruppen austauschen. Erst dadurch wird durch Bündelung der Verkehrsströme die Bildung sehr langer Züge möglich, die als Eingruppenzüge nicht auszulasten wären.

9.2.6 Leistungsverhalten von Rangierbahnhöfen

Das Leistungsverhalten eines Rangierbahnhofs hat zwei charakteristische Parameter: den Durchsatz in Wagen pro Zeiteinheit und die mittlere Durchlaufzeit der Wagen durch den Rangierbahnhof. Das Produkt aus dem Durchsatz und der mittleren Durchlaufzeit ergibt die mittlere Anzahl Wagen, die sich gleichzeitig im Rangierbahnhof befinden und beeinflusst damit die räumliche Ausdehnung der Gleisanlagen. Der Durchsatz wird maßgeblich durch die Bergleistung, d. h. die Leistungsfähigkeit bei der Zugzerlegung bestimmt. Große Rangierbahnhöfe haben einen Durchsatz von mehreren tausend Wagen pro Tag. Eine Erhöhung des Durchsatzes durch Beschleunigung der Zugzerlegung führt jedoch allein noch nicht zu einer Verkürzung der Durchlaufzeit der Wagen im Rangierbahnhof. Die Durchlaufzeit hängt in erster Linie von der sogenannten Sammelzeit ab. Die Sammelzeit beginnt für einen Wagen mit der Ankunft im Richtungsgleis und endet, wenn sich im Richtungsgleis eine ausreichende Anzahl von Wagen angesammelt hat, um den Ablauf für diese Zugbildung zu stoppen und mit der Zugfertigstellung zu beginnen. Die Sammelzeit ist somit eine Wartezeit, deren Summe für eine Zugbildungsrichtung von der zeitlichen Verteilung der Eingangswagen und der Abfuhrhäufigkeit abhängt, also von Dingen, die man im Rangierbahnhof selbst nicht beeinflussen kann. Eine Erhöhung des

Durchsatzes durch Steigerung der Bergleistung hat daher zur Folge, dass die Summe der Sammelzeiten im System anwächst. Bei gleichbleibender mittlerer Sammelzeit je Wagen führt ein höherer Durchsatz zu einer größeren Anzahl von Wagen, die sich gleichzeitig im Rangierbahnhof befinden. Mit steigender Bergleistung müssen daher mehr Richtungsgleise zum Abwarten der Sammelzeiten vorgehalten werden. Es ist somit auch nicht möglich, die Leistung eines Rangierbahnhofs allein durch Automatisierung der Zugzerlegung zu steigern, es ist immer auch eine bauliche Erweiterung der Gleisanlagen erforderlich. Daraus erklärt sich die enorme räumliche Ausdehnung von Hochleistungsrangierbahnhöfen.

9.3   Grundlagen der Ablaufdynamik

Bei ablaufdynamischen Berechnungen hat es sich bewährt, im sogenannten „System der Energiehöhen" zu rechnen. Der Grundgedanke besteht darin, die Energie eines ablaufenden Wagens mittels Division durch das Gewicht als eine Energiehöhe auszudrücken. Die Energiehöhe der potenziellen Energie entspricht damit unmittelbar der geodätischen Höhendifferenz, die der Wagen beim Ablauf zurücklegt. Die kinetische Energie des Wagens kann durch Gleichsetzung mit einer potenziellen Energie ebenfalls in eine Energiehöhe umgerechnet werden. Die Höhe der kinetischen Energie ergibt sich dabei unmittelbar als Funktion der Geschwindigkeit. Sie wird daher auch als Geschwindigkeitshöhe bezeichnet.

$$\frac{m \cdot v^2}{2} = m \cdot \frac{g}{\rho} \cdot h$$

$$h = \frac{v^2}{2 \cdot \frac{g}{\rho}}$$

h	Energiehöhe (= „Geschwindigkeitshöhe")
ρ	Massenfaktor

Da beim Ablauf auch Trägheitskräfte wirken, ist der Massenfaktor zu berücksichtigen (Abschn. 2.5). Im Ablaufbetrieb wird meist pauschal mit einem Massenfaktor von 1,06 gerechnet.

Auch die während des Ablaufs wirkenden Widerstandskräfte lassen sich durch Höhen, die sogenannten Widerstandshöhen, ausdrücken. Analog zur Energiehöhe ist die Widerstandshöhe der Quotient aus der durch den Widerstand geleisteten Arbeit (= Produkt aus Widerstandskraft und Wirklänge des Widerstandes) und dem Gewicht. Da der Quotient aus Widerstandskraft und Gewicht der spezifischen Widerstandskraft entspricht (Abschn. 2.3.1), ergibt sich die Widerstandshöhe als Produkt aus spezifischer Widerstandskraft und Wirklänge des Widerstandes.

$$h_{\mathrm{w}} = f_{\mathrm{w}} \cdot l$$

h_{w}	Widerstandshöhe
f_{w}	spezifische Widerstandskraft
l	Wirklänge des Widerstandes

Wenn man alle während des Ablaufs wirkenden Widerstandskräfte zu einem mittleren spezifischen Widerstand zusammenfasst, lässt sich der Ablauf eines Wagens über eine geneigte Ebene im System der Energiehöhen gemäß Abb. 9.3 darstellen.

Die wichtigste Anwendung der Energiehöhenrechnung ist die Bestimmung der erforderlichen Höhe des Ablaufberges. Bedingung ist, dass ein schlecht laufender Wagen sicher sein Laufziel erreicht. Messungen der früheren Deutschen Bundesbahn ergaben für den spezifischen Wagenwiderstand die in Tab. 9.1 angegeben Werte.

Neben dem Wagenwiderstand muss ein ablaufender Wagen auch die Bogen- und Weichenwiderstände überwinden. Zur Berücksichtigung des Bogenwiderstandes ist es ausreichend, aus dem mittleren Bogenanteil einen mittleren spezifischen Bogenwiderstand über den gesamten Laufweg anzusetzen, ohne die Bogenwiderstände für jedes einzelne Bogenstück auszurechnen.

Der spezifische Weichenwiderstand beträgt ca. 0,75 ‰. Damit ergibt sich für eine Weiche der Grundform EW 190-1:9 (Länge 27 m) eine Widerstandshöhe von 20 mm. Bei der Gestaltung der Verteilzone sollten die Weichen möglichst so angeordnet werden, dass auf allen Laufwegen die gleiche Anzahl Weichen durchfahren wird (vollständiges Gleisbündel, Abb. 9.4). Damit ist der Weichenwiderstand auf allen Laufwegen gleich und kann pauschal berücksichtigt werden.

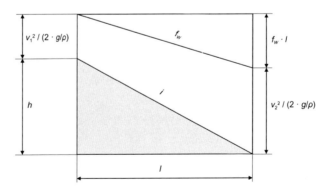

Abb. 9.3 Prinzip der Energiehöhenrechnung

Tab. 9.1 Charakteristische Wagenwiderstände in ‰ [2]

	Normale Temperatur	Tiefe Temperatur ($-10°C$)
Gutläufer	1,8	3,7
Schlechtläufer	4,2	6,5

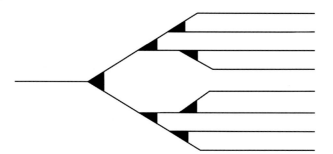

Abb. 9.4 Vollständiges Gleisbündel

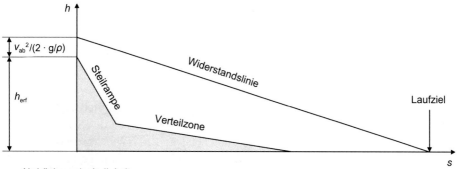

v_{ab} Abdrückgeschwindigkeit
h_{erf} erforderliche Höhe des Ablaufberges

Abb. 9.5 Bestimmung der erforderlichen Höhe des Ablaufberges

Bei der Berechnung der erforderlichen Höhe des Ablaufberges werden nun alle Teilwiderstände zu einem mittleren spezifischen Widerstand zusammengefasst, wobei ein Grenzschlechtläufer (Wagen mit dem höchsten, theoretisch anzunehmenden Laufwiderstand; angesetzt werden heute meist 6,2 ‰ [3]) zugrunde gelegt wird. Aus der Widerstandslinie ist unmittelbar abzuleiten, welche Energiehöhe der Wagen am Beginn des Ablaufs haben muss, um das vorgesehene Ende des Laufweges sicher zu erreichen. Diese Energiehöhe am Beginn des Ablaufs setzt sich aus der Höhe des Ablaufberges und der Geschwindigkeitshöhe der Abdrückgeschwindigkeit zusammen (Abb. 9.5).

9.4 Ablaufsteuerung

9.4.1 Fahrwegsteuerung in der Verteilzone

Die sonst im Eisenbahnbetrieb übliche Fahrwegsteuerung durch Bildung von Fahrstraßen, die vor Beginn der Fahrt eingestellt und gesichert und exklusiv einer Fahrt

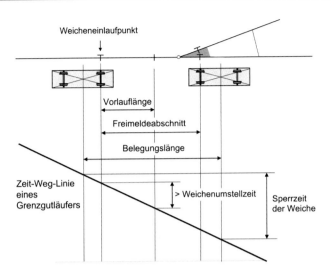

Abb. 9.6   Belegung einer Weiche in der Verteilzone

zur Nutzung zugewiesen werden (Abschn. 4.1), ist im Ablaufbetrieb nicht anwendbar, da dies zu unvertretbar hohen Wagenfolgezeiten führen würde. Stattdessen wird
eine Einzelstellung der Weichen zwischen den ablaufenden Wagen vorgenommen. Mit
den Laufzielen der Wagen steht für jede Weiche die Umstellreihenfolge fest, sodass die
Weichenstellung einfach zu automatisieren ist.

Der Punkt, bei dessen Befahren der Umstellvorgang der Weichen spätestens angestoßen sein muss (Weicheneinlaufpunkt), muss sich in einer Entfernung vor der
Weichenspitze befinden (der sogenannten Vorlauflänge), die der von einem Grenzgut-
läufer (Wagen mit dem geringsten, theoretisch anzunehmenden Laufwiderstand; angesetzt werden heute meist 0,5 ‰) während der Weichenumstellzeit durchfahrenden
Strecke entspricht (Abb. 9.6). Damit ist sichergestellt, dass ein Wagen nicht in die noch
umlaufenden Weichenzungen hineinläuft. Der Freimeldeabschnitt der Weiche ist so gestaltet, dass die Weiche bereits wieder umgestellt werden kann, wenn der Wagen den
Zungenbereich verlassen hat. Eine Fahrwegsicherung existiert nicht. Falls eine Weiche
aufgrund einer Störung nicht vollständig in die Endlage kommt, ist nicht auszuschließen,
dass es zu einer Entgleisung kommt. Dies wird hingenommen, da Personen nicht gefährdet sind. Wagen mit gefährlichen Gütern können aber aus Sicherheitsgründen vom
Ablaufbetrieb ausgeschlossen werden. Solche Wagen müssen im Umsetzverfahren als
Rangierfahrt von der Einfahrgruppe in das Richtungsgleis überführt werden.

9.4.2   Variation der Abdrückgeschwindigkeit

Die Variation der Abdrückgeschwindigkeit war in Altanlagen nur sehr grobstufig möglich. Zum Einsatz kamen zunächst Abdrücksignale in Form- und Lichtsignalausführung,

später war durch Sprechfunkverbindung zwischen Ablaufstellwerk und Abdrücklok eine etwas feinere Regelung der Abdrückgeschwindigkeit möglich. In Altanlagen dient die Variation der Abdrückgeschwindigkeit vordergründig der Anpassung an wechselnde Witterungsverhältnisse (vor allem Stärke und Richtung des Windes) oder an eine besondere Häufung schlecht oder gut laufender Wagen. In modernen Anlagen wird die Abdrücklok während des Abdrückens vom Ablaufstellwerk per Funk ferngesteuert. Dabei wird die Abdrücklok automatisch durch den Ablaufrechner geführt. Dies ermöglicht eine ständig variierende Abdrückgeschwindigkeit zur individuellen Anpassung an die Laufziele der einzelnen Abläufe und damit die Erzielung einer möglichst hohen mittleren Abdrückgeschwindigkeit. Mit solchen Anlagen sind Abdrückgeschwindigkeiten von bis zu 3,00 m/s möglich.

9.4.3 Aufgabe und Anordnung der Gleisbremsen

Im Fahrweg installierte Gleisbremsen dienen folgenden Zwecken:

- Erzielung kurzer Wagenfolgezeiten durch Angleichung der Laufcharakteristik von Gut- und Schlechtläufern,
- Vermeidung von zu starken Auflaufstößen in den Richtungsgleisen,
- Gefälleausgleich in den Richtungsgleisen bestehender Anlagen.

9.4.3.1 Beeinflussung der Wagenfolgezeit in der Verteilzone

Während des Ablaufbetriebes sind die Abstände der ablaufenden Wagen so zu regeln, dass an den Stellen, an denen sich die Laufwege zweier aufeinander folgender Wagen trennen, die Verzweigungsweiche umgestellt werden kann und es nicht zu einem Eckstoß am Grenzzeichen kommt. Dieser Zusammenhang wird durch die Ablaufgleichung beschrieben.

Bei den in Ablaufanlagen üblichen, schnell laufenden Weichen (Umstellzeit ca. 0,5–0,8 s, kein Weichenverschluss) und automatischer Ablaufsteuerung kann die Umstellzeit der Weichen praktisch vernachlässigt werden. Abb. 9.7 verdeutlicht diese Bedingung. In Altanlagen mit manueller Weichenstellung ist jedoch statt des Eckstoßes häufig die Umstellzeit der Weiche für die Wagenfolge maßgebend.

Damit ergibt sich die Ablaufgleichung zu:

$$t_{\mathrm{Wf}} + t_{\mathrm{N}} = t_{\mathrm{V}} + t_{\mathrm{p}}$$

t_{Wf}	Wagenfolgezeit am Ablaufpunkt
t_{N}	Laufzeit des Nachläufers
t_{V}	Laufzeit des Vorläufers
t_{p}	Pufferzeit

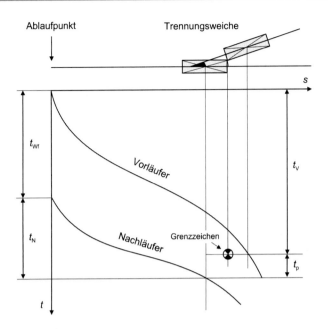

Abb. 9.7 Veranschaulichung der Ablaufgleichung

Um die sich aus der Ablaufgleichung ergebenden Abstände in der Wagenfolge bei einer
betrieblich akzeptablen Wagenfolgezeit zu gewährleisten, ist es erforderlich, die Ablauf-
charakteristik der gut laufenden Wagen durch gezielte Verzögerung an die der schlecht
laufenden Wagen anzugleichen (Abb. 9.8). Dies geschieht durch in der Rampe des Ablaufberges und in der Verteilzone angeordnete Gleisbremsen.

Bei der Anordnung von Gleisbremsen werden zwei grundsätzliche Formen unterschieden. Beim sogenannten freien Ablauf werden die Bremsen in zwei oder drei Bremsstaffeln angeordnet. In der Steilrampe des Ablaufberges liegt als erste Bremsstaffel die
Bergbremse (auch als Rampenbremse bezeichnet), in der Verteilzone sind als zweite
Bremsstaffel die Talbremsen angeordnet und in den meisten Rangierbahnhöfen am Anfang der Richtungsgleise noch die Richtungsgleisbremsen als dritte Bremsstaffel. Vereinzelt sind noch Altanlagen ohne Richtungsgleisbremsen anzutreffen, bei denen die Wagen
in den Richtungsgleisen durch Hemmschuhe aufgehalten werden (Abschn. 9.4.3.4). Ein
ablaufender Wagen kann nur beim Durchfahren einer Bremsstaffel, also nur an wenigen
Punkten seines Laufweges, von außen beeinflusst werden. In Anlagen mit variabler Abdrückgeschwindigkeit durch Funksteuerung der Abdrücklokomotive wird neuerdings
häufiger auf die Bergbremse verzichtet, Bergbremsen werden bei Modernisierung und
Neubauten nur noch in großen Anlagen mit deutlich mehr als 40 Richtungsgleisen vorgesehen [4]. Durch die heute mögliche Genauigkeit bei der automatischen Steuerung
der Gleisbremsen in Verbindung mit einer variablen Abdrückgeschwindigkeit können leistungsstarke Talbremsen die Aufgabe der Bergbremse mit übernehmen. Hohe

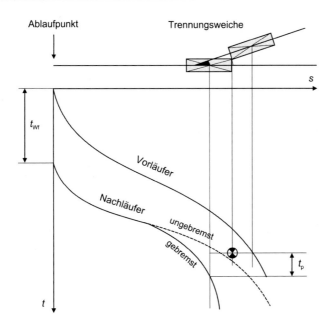

Abb. 9.8 Reduktion der Wagenfolgezeit durch Gleisbremsen

Bergleistungen von 200 Wagen/h und mehr erfordern immer eine variable Abdrückgeschwindigkeit. Der freie Ablauf erfordert sehr leistungsstarke Gleisbremsen, die durch
ihre Baulänge auch die kleinstmögliche Wagenfolgezeit beeinflussen. Bei der Steuerung
des Wagenlaufs ist sicherzustellen, dass die erste Achse eines Wagens bzw. einer gekuppelt ablaufenden Wagengruppe erst dann in eine Gleisbremse einläuft, wenn der voraus laufende Wagen bzw. die voraus laufende Wagengruppe diese mit der letzten Achse
verlassen hat. Die Automatisierung der Bremsensteuerung im freien Ablauf erfordert
eine sehr aufwendige Regelungstechnik, da die Bremsleistung wegen der fehlenden
Möglichkeit einer Beeinflussung des Wagenlaufs zwischen den Bremsstaffeln sehr genau
an die Laufeigenschaften der Wagen angepasst werden muss. Vor der Einführung automatischer Bremsensteuerungen wurden die Gleisbremsen durch Bremsenwärter manuell
bedient, die die Laufeigenschaften der Wagen in der Verteilzone visuell abschätzten.

Im Gegensatz dazu werden beim geführten Ablauf die Gleisbremsen nicht in wenigen
Staffeln konzentriert, sondern in kurzen Abständen über den gesamten Laufweg verteilt
angeordnet. Somit ist eine kontinuierliche Beeinflussung der ablaufenden Wagen möglich. Sowohl für den freien als auch für den geführten Ablauf gilt für die Bemessung der
Bremsleistung die Bedingung, dass eine Bremse in der Lage sein muss, den zwischen
zwei aufeinander folgenden Bremsen anfallenden Überschuss der Energiehöhe des Gutläufers auszugleichen (Abb. 9.9).

Der geführte Ablauf ist regelungstechnisch einfacher zu realisieren, da man durch
die Möglichkeit einer ständigen Korrektur der Geschwindigkeit mit relativ großen Tole-

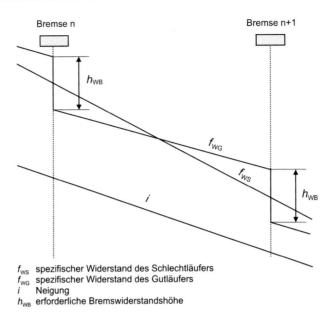

f_{WS} spezifischer Widerstand des Schlechtläufers
f_{WG} spezifischer Widerstand des Gutläufers
i Neigung
h_{WB} erforderliche Bremswiderstandshöhe

Abb. 9.9 Bemessung der Gleisbremsen

ranzen arbeiten kann. Beim freien Ablauf ist im Gegensatz dazu zur Realisierung eines automatischen Ablaufbetriebes ein erheblicher Aufwand an Mess- und Regelungstechnik erforderlich. Die Laufeigenschaften der Wagen müssen messtechnisch relativ genau erfasst werden, um für jede Bremsstaffel die erforderliche Bremsauslaufgeschwindigkeit mit der notwendigen Genauigkeit zu bestimmen. Dem erhöhten Aufwand an Mess- und Regelungstechnik stehen allerdings Einsparungen bei der Wartung und Instandhaltung der Gleisbremsen gegenüber.

Es besteht bis heute in der Fachwelt keine einhellige Meinung, welche der beiden Formen der Anordnung der Gleisbremsen letztlich die vorteilhaftere ist, sodass auch in Neuanlagen beide Varianten zur Anwendung kommen. In einigen Rangierbahnhöfen wurden auch Kombinationen aus freiem und geführtem Ablauf realisiert, indem der freie Ablauf im hinteren Bereich der Verteilzone in einen geführten Ablauf übergeht.

9.4.3.2 Zielbremsung im Richtungsgleis

Bei der durch Gleisbremsen bewirkten Ablaufsteuerung wird hinsichtlich der Zielbremsung zwischen Laufzielbremsung und Räumzielbremsung unterschieden. Bei der Laufzielbremsung werden die Wagen so gesteuert, dass die Wagen das Ende der sich im Richtungsgleis sammelnden Wagengruppe erreichen. Die Auflaufgeschwindigkeit soll dabei zur Vermeidung von Schäden an Wagen und Ladegut einen Wert von 1,25 m/s (früher 1,50 m/s) nicht überschreiten. Dies erfordert in den Richtungsgleisen eine Füllstandsmeldung über Gleisschaltmittel. Beim freien Ablauf ist heute bei der in Europa vorhandenen Vielfalt der Güterwagenbauarten die Laufzielbremsung bis zu einem

Laufzielbereich von 180–200 m nach der Richtungsgleisbremse in guter Rangierqualität möglich. Bei Bahnen mit stärker harmonisiertem Wagenpark (z. B. USA, Russland, China) sind größere Laufzielbereiche realisierbar. Die weitere Verbesserung der Ablaufsteuerung wird künftig auch bei europäischen Bahnen eine Vergrößerung der Laufzielbereiche ermöglichen.

Bei der Räumzielbremsung werden die Wagen so gesteuert, dass sie den Anfang der Richtungsgleise erreichen. Dort werden sie von Fördereinrichtungen weitertransportiert. Diese Fördereinrichtungen bestehen meist aus Räumförderern und Beidrückförderern. Der nur über eine kurze Gleislänge arbeitende Räumförderer arbeitet mit sehr kurzen Förderzyklen und hat die Aufgabe, die im Richtungsgleis ankommenden Wagen zügig aus der Räumzone zu entfernen, um nachfolgende Abläufe in das gleiche Richtungsgleis nicht zu behindern. Die aus der Räumzone entfernten Wagen werden dann vom Beidrückförderer übernommen, der die Wagen kuppelreif an die sich im Richtungsgleis sammelnde Wagengruppe heranführt.

9.4.3.3 Gefälleausgleich im Richtungsgleis

In Flachbahnhöfen soll die Neigung der Richtungsgleise so gewählt werden, dass rollende Wagen nicht beschleunigen und stehende Wagen nicht anrollen. Die Neigung sollte dazu bei Neuanlagen einen Wert von 0,5 ‰ nicht überschreiten. Ältere Anlagen haben häufig Neigungen, die für moderne, leicht laufende Wagen zu groß sind (1,5–2,2 ‰). Eine Alternative zu einem kostspieligen Umbau ist der Einsatz von Gefälleausgleichsbremsen in den Richtungsgleisen.

9.4.3.4 Bauarten von Gleisbremsen

Balkengleisbremse
Bei Balkengleisbremsen wird die Bremswirkung durch mechanisches Anpressen von Bremsbalken an die Radscheiben erzeugt (Abb. 9.10a). Balkengleisbremsen können einschienig oder zweischienig angeordnet sein. Man unterscheidet gewichtsunabhängig wirkende Zweikraftbremsen und gewichtsabhängig wirkende Dreikraftbremsen, bei denen das Wagengewicht zur Erhöhung der Bremskraft ausgenutzt wird. Obwohl die Dreikraftbremse als Weiterentwicklung der Zweikraftbremse entstand, wird in neueren Anlagen wieder die Zweikraftbremse bevorzugt. Bei der heute verfügbaren Automatisierungstechnik zur Bremsensteuerung bringt der Selbstregelungseffekt der Dreikraftbremse keine Vorteile mehr, sondern ist für die exakte Steuerung der Bremskraft eher hinderlich.

Balkengleisbremsen werden vorzugsweise für den freien Ablauf eingesetzt. Kleine Ausführungen eignen sich aber auch für den geführten Ablauf sowie als Gefälleausgleichsbremse. Die Bremsleistung einer Balkengleisbremse hängt neben der Anpresskraft der Bremsbalken maßgebend von der Wirklänge der Bremse ab, bei deren Durchfahren Bremskraft ausgeübt werden kann. Die Wirklängen der beim freien Ablauf verwendeten Balkengleisbremsen liegen im Bereich von 6 bis 20 m. Die meisten Bremsbauarten haben bezogen auf eine Achse mit einer Achsfahrmasse von 22,5 t eine

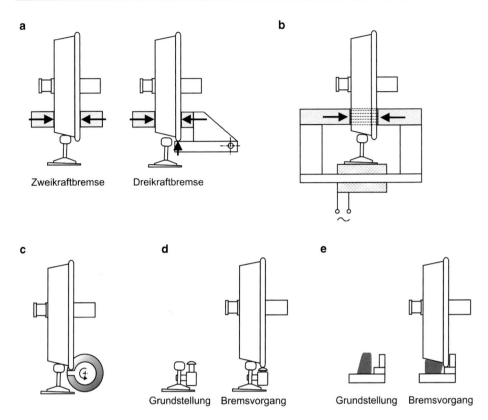

Abb. 9.10 Wirkprinzipien von Gleisbremsen. **a** Balkengleisbremse, **b** elektrodynamische Gleisbremse, **c** Schraubenbremse, **d** Kolbenkleinbremse, **e** Gummigleisbremse

Bremsleistungsdichte von 20 bis 50 kJ/m. Schwere Hochleistungsbremsen erreichen
über 70 kJ/m. Große Balkengleisbremsen kommen damit auf Bremswiderstandshöhen
von über 3000 mm, besonders schwere Bauarten auch über 5000 mm. Die für den geführten Ablauf und den Einsatz als Gefälleausgleichsbremse entwickelten Kleingleisbremsen haben extrem kurze Wirklängen von weniger als 2 m. Die Bremswiderstandshöhen liegen bei diesen Bremsen nur im Bereich von 45 bis 120 mm.

Elektrodynamische Gleisbremse

In einer elektrodynamischen Gleisbremse (auch als Wirbelstromgleisbremse bezeichnet) läuft
das Rad zwischen den Polschuhen eines starken Elektromagneten (Abb. 9.10b). Die Bremswirkung entsteht dabei sowohl durch den Wirbelstromeffekt als auch durch das elektromagnetische Anpressen der beweglich gelagerten Polschuhe an den Radkörper. Elektrodynamische Gleisbremsen werden als leistungsstarke Bremsen für den freien Ablauf verwendet. Die Bremsleistungsdichte ist kleiner als bei Balkengleisbremsen. Bei den üblichen
Wirklängen von 10 bis 20 m werden Bremswiderstandshöhen von 700 bis 1500 mm erreicht.

Schraubenbremse

Bei einer Schraubenbremse versetzt das Rad einen neben der Schiene angebrachten, hydraulisch abgebremsten, walzenförmigen Bremskörper in Drehung. Der Bremskörper ist bis 1,5 m lang und hat einen Durchmesser von etwa 15 cm. Auf seiner Oberfläche ist eine spiralförmig umlaufende Führungswulst angebracht, die durch den Spurkranz nach unten gedrückt wird, sodass beim Passieren eines Rades eine Drehbewegung des Bremskörpers um 360° bewirkt wird (Abb. 9.10c). Innerhalb des Bremskörpers befindet sich eine hydraulische Verzögerungseinrichtung. Die Hydraulik arbeitet geschwindigkeitsabhängig, d. h. die Bremswirkung steigt mit zunehmender Geschwindigkeit. Schraubenbremsen benötigen daher keinerlei Steuerung oder Energiezufuhr von außen. Lediglich die Ansprechgeschwindigkeit der Bremse wird einmalig fest eingestellt. Bei der üblichen Bauform kann dazu die Ansprechgeschwindigkeit zwischen 0,6 und 4,0 m/s in mehreren Stufen eingestellt werden. Zur Vermeidung von Schäden soll die Einlaufgeschwindigkeit nicht mehr als 5 m/s über der Ansprechgeschwindigkeit liegen. Bei einer vollständigen Drehung des Bremskörpers wird eine Bremsarbeit von ca. 10 kJ verrichtet, was bei einer Achsfahrmasse von 22,5 t einer Bremswiderstandshöhe von 45 mm entspricht. Unterhalb der Ansprechgeschwindigkeit wird im Leerlauf eine Arbeit von bis zu 0,5 kJ geleistet. Schraubenbremsen sind Kleingleisbremsen und eignen sich vorzugsweise für den geführten Ablauf sowie als Gefälleausgleichsbremse. Es gibt aber auch Rangierbahnhöfe mit freiem Ablauf, bei denen am Anfang der Richtungsgleise eine Staffel aus unmittelbar aufeinander folgenden Schraubenbremsen als Richtungsgleisbremse verwendet wird. Für die Durchfahrt von Triebfahrzeugen ist der Bremskörper hydraulisch abklappbar.

Kolbenkleinbremse (Dowty Retarder)

Die Kolbenkleinbremsen (nach ihrem Erfinder *Dowty* auch unter der Bezeichnung Dowty-Retarder bekannt) sind kleine, hydraulisch wirkende Stoßdämpfer, bei denen der Spurkranz des Rades einen Bremsstempel niederdrückt (Abb. 9.10d). Kolbenkleinbremsen wurden speziell für den geführten Ablauf entwickelt und müssen dazu in sehr kurzen Abständen (<1 m) über den gesamten Laufweg verteilt werden. Die Bremsarbeit eines einzelnen Bremsstempels beträgt nur 1,25 kJ, was bei einer Achsfahrmasse von 22,5 t einer Bremswiderstandshöhe von etwa 6 mm entspricht. Für einen mittleren Rangierbahnhof sind daher bereits mehrere zehntausend Bremsstempel erforderlich. Kolbenkleinbremsen arbeiten durch das hydraulische Wirkprinzip ähnlich wie die Schraubenbremsen geschwindigkeitsabhängig und benötigen keine externe Steuerung oder Energiezufuhr. Die Ansprechgeschwindigkeit kann ebenfalls individuell eingestellt werden. Um Beschädigungen zu vermeiden, dürfen Kolbenkleinbremsen nur mit einer Geschwindigkeit von maximal 10 km/h befahren werden. Kolbenkleinbremsen werden auch in Rangierbahnhöfen mit freiem Ablauf als Gefälleausgleichsbremsen eingesetzt. Für die Anwendung als Gefälleausgleichsbremse können Kolbenkleinbremsen steuerbar ausgeführt sein. Dazu werden die Bremsstempel nicht in gleichmäßigen Abständen angeordnet, sondern zu Gruppen zusammengefasst, die an einem profilfrei abklappbaren Balken befestigt sind [5]. Damit ist die Bremswirkung für schlecht laufende Wagen sowie für Rangierfahrten zum Abziehen der Wagen aus dem Richtungsgleis vollständig abschaltbar.

Neben den Bremsstempeln entwickelte *Dowty* auch eine Version als sogenannte „Dowty-Booster", die durch eine aktive hydraulische Steuerung von außen auch ein Beschleunigen von ablaufenden Wagen ermöglichen, indem sich unmittelbar nach dem Passieren eines Rades der Stempel hydraulisch hebt und dabei das wegrollende Rad von hinten anschiebt. Durch die Möglichkeit, Schlechtläufer unterwegs etwas zu beschleunigen, kann der Ablaufberg niedriger ausgeführt werden. Diese Technik wird im Ausland vereinzelt genutzt, z. B. in China, setzte sich jedoch im Gegensatz zu den Dowty-Retardern nicht in größerem Umfang durch.

Gummigleisbremse

Bei der Gummigleisbremse ist die Fahrschiene im Bereich der Bremse durch einen Gummibalken ersetzt. Die Bremswirkung beruht auf der Walkarbeit, die das über den Gummibalken laufende Rad verrichtet (Abb. 9.10e). Der Spurkranz wird im Bereich der Bremse durch eine Notlaufeinrichtung geführt. Die Bremswirkung ist nicht regulierbar, sie ist jedoch durch Absenkung des Gummibalkens abschaltbar. Gummigleisbremsen werden vorzugsweise als Richtungsgleisbremsen eingesetzt.

Bremsung mit Hemmschuhen

Hemmschuhe sind ein traditionelles Rangiermittel, das keine Gleisbremse im eigentlichen Sinn darstellt, aber in Altanlagen ohne Richtungsgleisbremse noch immer vereinzelt zum Aufhalten der Wagen in den Richtungsgleisen verwendet wird. Der Hemmschuh ist ein durch einen Rangierer lose auf die Schiene zu legendes Rangiermittel zum Abbremsen frei laufender Wagen im Ablauf- und Abstoßverfahren. Das auf den Hemmschuh auflaufende Rad dreht sich durch die starre Verbindung über die Radsatzwelle mit dem auf der anderen Schiene laufenden Rad weiter und wird durch Gleitreibung mit der Hemmschuhkappe gebremst, während der Hemmschuh mit seiner Sohle über die Schiene gleitet. Der Rangierer reguliert die Bremswirkung nach visueller Einschätzung von Masse und Geschwindigkeit eines aufzuhaltenden Wagens durch Wahl eines geeigneten Auflagepunktes und damit durch Variation der Bremsstrecke. Der spezifische Bremswiderstand eines Hemmschuhs beträgt etwa 150 ‰ [6]. Spezielle Hemmschuhbauarten können auch in Weichen verwendet werden. Früher kamen in der Verteilzone auch Hemmschuhgleisbremsen (sogenannte „Büssing-Bremsen") zum Einsatz, bei denen die Wagen im Gegensatz zur Hemmschuhbremsung im Richtungsgleis nicht bis zum Stillstand abgebremst wurden. Dabei werden die aufgelegten Hemmschuhe an einer aus einer spitzwinkligen Schienenlücke mit einer Führungsschiene und einem Auffangbehälter bestehenden Auswurfvorrichtung seitlich aus dem Gleis ausgeworfen. Als Ergänzung zu der Auswurfvorrichtung gab es teilweise auch Vorrichtungen zum mechanisierten Auflegen der Hemmschuhe.

Wegen des hohen Personalbedarfs und der harten Arbeitsbedingungen mit hoher Unfallgefahr sind die Bahnen bestrebt, das nur noch in wenigen Altanlagen praktizierte

Rangieren mit Hemmschuhen durch Modernisierung entbehrlich zu machen. Auch in modernen Rangierbahnhöfen werden beim Ablauf von Wagen, die eine besondere Vorsicht erfordern, zur Sicherheit Hemmschuhe in Bereitschaft gehalten, um bei Bedarf einen unzulässig hohen Auflaufstoß zu verhindern.

Literatur

1. Marton, P.: Experimentelle Untersuchung ausgewählter Verfahren für die Mehrgruppenzugbildung. 20. Verkehrswissenschaftliche Tage, 19. und 20. September 2005 in Dresden, Tagungsberichte auf CD-ROM
2. Potthoff, G.: Betriebstechnik des Rangierens Verkehrsströmungslehre, Bd. 2. transpress, Berlin (1963)
3. Scheuch, M.: Zum Stand der Laufzielbremsung in Ablaufanlagen und ihr Beitrag zur Industrie 4.0. Signal+Draht (112) 3/2020, S. 17–22
4. Holtz, R., Wolfert, K.: Varianten bei der Modernisierung von Zugbildungsanlagen. Eisenbahntechnische Rundschau **55**(4), 213–220 (2006)
5. Wolfert, K.: Modernisierungsprogramm Zugbildungsanlagen. Eisenbahningenieur **56**(7), 42–48 (2005)
6. Schünemann, R.: Rangierdienst A–Z, 2. Aufl. transpress, Berlin (1980). Leiter des Autorenkollektivs

Symbole in grafischen Darstellungen

Hauptsignal (Einabschnittssignal)		Gleis mit Zugstraße	
Vorsignal		Freimeldegrenze, Zugschlussstelle	
Hauptsignal mit Vorsignalfunktion (Mehrabschnittssignal)		ferngestellte Weiche mit Angabe der Grundstellung und des Grenzzeichens	
Lichtsperrsignal		ortsgestellte Weiche	
Blockkennzeichen (LZB)		Kreuzung	
Blockkennzeichen (ETCS)			
ETCS-Halttafel		Stellwerk	
Rangierhalttafel			

Symbole in Lageplänen

© Der/die Herausgeber bzw. der/die Autor(en), exklusiv lizenziert an Springer Fachmedien Wiesbaden GmbH, ein Teil von Springer Nature 2025
J. Pachl, *Systemtechnik des Schienenverkehrs,* https://doi.org/10.1007/978-3-658-45732-7

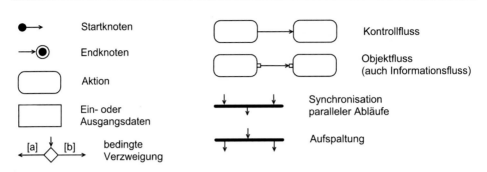

Symbole zur Darstellung von Prozessabläufen

Glossar

Abfahrtsverspätung Bei der Abfahrt auf einer Betriebsstelle gemessene Verspätung eines Zuges.

Ablaufberg In Rangierbahnhöfen mit Ablaufbetrieb zwischen der Einfahrgruppe und der Richtungsgruppe angeordnete Rangieranlage, in der die zu sortierenden Wagen über eine kurze Steilrampe durch Schwerkraft in die Richtungsgleise laufen.

Ablaufverfahren Rangierverfahren, bei dem die zu sortierenden Wagen über einen Ablaufberg durch Schwerkraft in die Richtungsgleise laufen.

Abmeldung Zugmeldung, mit der die Abfahrt eines Zuges an die nächste Zugmeldestelle und alle zwischenliegenden örtlich besetzten Betriebsstellen gemeldet wird.

Abstandszeit Zugfolgezeit zwischen der Abfahrt eines Zuges und der Ankunft eines Gegenzuges vom gleichen Streckengleis.

Abstoßverfahren Rangierverfahren, bei dem Wagen durch ein schiebendes Triebfahrzeug, mit dem sie nicht gekuppelt sind, beschleunigt werden, sodass sie allein weiterfahren, nachdem das Triebfahrzeug angehalten hat.

Abzweigstelle Blockstelle der freien Strecke, wo Züge auf eine andere Strecke übergehen können.

Achszähler Gleisfreimeldeanlage, bei der an den Grenzen eines Freimeldeabschnitts Achszählkontakte installiert sind und das Freisein des Gleises durch Vergleich der ein- und ausgezählten Achsen festgestellt wird.

Anbieten und Annehmen Zugmeldungen zum Vereinbaren einer Zugfahrt zwischen zwei Zugmeldestellen, die ein im Zweirichtungsbetrieb befahrenes Streckengleis begrenzen.

Anfahrgrenzmasse Maximale Zugmasse, die von einem Triebfahrzeug in einer gegebenen Steigung noch sicher angefahren werden kann.

Anfahrwiderstand Fahrdynamischer Fahrzeugwiderstand, der unmittelbar am Bewegungsbeginn wirkt.

Anfahrzuschlagzeit Zusätzlicher Zeitverbrauch eines Anfahrvorganges gegenüber einem durchfahrenden Zug.

Ankunftsverspätung Bei der Ankunft auf einer Betriebsstelle gemessene Verspätung eines Zuges.

Annäherungsfahrzeit Fahrzeit zwischen Vor- und Hauptsignal bzw. Fahrzeit innerhalb des über die Führerraumanzeige signalisierten Bremsweges bei anzeigegeführtem Betrieb. Die Annäherungsfahrzeit ist Bestandteil der Sperrzeit.

© Der/die Herausgeber bzw. der/die Autor(en), exklusiv lizenziert an Springer Fachmedien Wiesbaden GmbH, ein Teil von Springer Nature 2025
J. Pachl, *Systemtechnik des Schienenverkehrs,* https://doi.org/10.1007/978-3-658-45732-7

Anschlussbahn Eisenbahn des nichtöffentlichen Verkehrs mit Fahrzeugübergang zu einer Eisenbahn des öffentlichen Verkehrs.

Anschlussstelle Bahnanlage der freien Strecke, wo Züge ein angeschlossenes Gleis als Rangierfahrt befahren können, ohne dass die Blockstrecke für einen anderen Zug freigegeben wird (siehe auch: Ausweichanschlussstelle).

Anzeigegeführter Betrieb Betriebsweise, bei der die Züge durch Führerraumanzeigen geführt werden.

Ausbruchsverspätung An der Grenze eines untersuchten Systems (Teilstrecke, Knoten, Teilnetz) gemessene Verspätung der das System verlassenden Züge.

Ausfahrgruppe Gleisgruppe eines Rangierbahnhofs zur Fertigstellung der im Rangierbahnhof neu gebildeten Züge.

Ausfahrsignal Hauptsignal, das die Ausfahrten aus einem Bahnhof auf die freie Strecke sichert.

Außerplanmäßige Wartezeiten Wartezeiten, die sich durch Unregelmäßigkeiten in der Betriebsabwicklung ergeben (Verspätungen).

Ausweichanschlussstelle Anschlussstelle, bei der die Blockstrecke nach Einfahrt der Bedienungsfahrt in die Anschlussstelle für einen anderen Zug freigegeben werden kann.

Bahnanlagen Alle Grundstücke, Bauwerke und sonstigen Einrichtungen einer Eisenbahn, die unter Berücksichtigung der örtlichen Verhältnisse zur Abwicklung oder Sicherung des Reise- oder Güterverkehrs auf der Schiene erforderlich sind.

Bahnhof Bahnanlage mit mindestens einer Weiche, wo Züge beginnen, enden, ausweichen oder wenden dürfen.

Bahnhofsblock Blockanlage zum Herstellen von Abhängigkeiten zwischen verschiedenen Stellwerken innerhalb eines Bahnhofs.

Beförderungsenergie Produkt aus der in Zügen je Zeiteinheit gemessenen Belastung und der mittleren Beförderungsgeschwindigkeit einer Teilstrecke.

Beförderungszeit Summe der Fahr- und Haltezeiten eines Zuges.

Beförderungszeitquotient Allgemein das Verhältnis der realisierten Beförderungszeit zu einem vorgegebenen Wert; bei der Fahrplanbewertung der Quotient aus der planmäßigen Beförderungszeit und der ohne planmäßige Wartezeiten möglichen Beförderungszeit.

Begegnung Vorbeifahrt eines Zuges an einem Zug der Gegenrichtung auf zweigleisiger Strecke.

Belegungsgrad Grad der zeitlichen Auslastung eines Fahrwegabschnitts durch Sperrzeiten (siehe auch: verketteter Belegungsgrad).

Bergbremse In Ablaufanlagen mit freiem Ablauf in der Steilrampe des Ablaufberges angeordnete Gleisbremse.

Bergleistung In Wagen pro Zeiteinheit angegebene Leistungsfähigkeit eines Ablaufberges.

Besonderer Fahrstraßenausschluss Fahrstraßenausschluss, der sich nicht durch das Wirken der Signalabhängigkeit ergibt und deshalb im Stellwerk mit besonderen Maßnahmen bewirkt werden muss.

Betriebsstellen Stellen in Bahnhöfen und auf der freien Strecke, die der unmittelbaren Regelung und Sicherung der Zug- und Rangierfahrten dienen.

Betriebszentrale Leitzentrale, in der Disposition und Fahrdienstleitung eines größeren Netzbereiches zusammengefasst sind.

Bildfahrplan Grafische Darstellung des geplanten Betriebsablaufes einer Strecke in Form eines Zeit-Weg-Linien-Bildes.

Blockabschnitt Andere Bezeichnung für Blockstrecke. Diese Bezeichnung ist vor allem in der Leit- und Sicherungstechnik üblich.

Blockanlage Sicherungsanlage, bei der in einer Betriebsstelle Verschlüsse eintreten, die nur von einer anderen Betriebsstelle oder durch Mitwirkung des Zuges wieder aufgehoben werden können (siehe auch: Bahnhofsblock, Streckenblock).

Blockfeld In älteren Sicherungsanlagen übliche elektromechanische Verschlusseinrichtung zur Herstellung von Blockabhängigkeiten.

Blockkennzeichen Signaltafel, durch die auf Strecken mit Führung der Züge durch Führerraumanzeigen Blockstellen ohne ortsfesten Gefahrpunkt gekennzeichnet werden, wenn auf ortsfeste Signalisierung verzichtet wird.

Blocklogik Funktionslogik einer Streckenblockanlage zur Realisierung des Folge- und Gegenfahrschutzes.

Blocksignal Hauptsignal, das auf der freien Strecke die Einfahrt in einen Blockabschnitt sichert.

Blockstelle Bahnanlage, die eine Blockstrecke begrenzt. Eine Blockstelle kann zugleich als Bahnhof, Abzweigstelle, Überleitstelle, Anschlussstelle, Haltepunkt, Haltestelle oder Deckungsstelle eingerichtet sein.

Blockstrecke Gleisabschnitt, in den ein Zug beim Fahren im festen Raumabstand nur einfahren darf, wenn er frei von Fahrzeugen ist. In der Leit- und Sicherungstechnik werden Blockstrecken meist als Blockabschnitte, in betrieblichen Regelwerken auch als Zugfolgeabschnitte bezeichnet.

Bremszuschlagzeit Zusätzlicher Zeitverbrauch eines Bremsvorganges gegenüber einem durchfahrenden Zug.

Buchfahrplan Fahrplanunterlage für das Zugpersonal. Enthält Fahrzeiten, zulässige Geschwindigkeiten sowie betriebliche Besonderheiten für den Laufweg eines Zuges.

Deckungssignal Hauptsignal zum Sichern eines Gefahrpunktes an einer Deckungsstelle.

Deckungsstelle Bahnanlage der freien Strecke, die den Bahnbetrieb insbesondere an beweglichen Brücken, Kreuzungen von Bahnen, Gleisverschlingungen und Baustellen sichert.

Durchgehende Hauptgleise Hauptgleise der freien Strecke und ihre Fortsetzung in den Bahnhöfen.

Durchrutschweg Gleisabschnitt, der hinter einem Hauptsignal freigehalten werden muss, solange eine Zugfahrt auf dieses Signal hin zugelassen ist.

Eckstoß In Ablaufrangieranlagen (Ablaufberg) durch zu kleinen Wagenfolgeabstand verursachte, unzulässige Berührung der Ecken zweier aufeinander folgender Wagen am Grenzzeichen der Weiche, an der sich die Laufwege beider Wagen trennen.

Eckverkehr Wagen, die in einem zweiseitigen Rangierbahnhof einem Richtungsgleis zugeführt werden müssen, das sich nicht in dem Rangiersystem befindet, in dessen Einfahrgruppe die Wagen ankommen. Der Eckverkehr muss daher einen Sortiervorgang in beiden Rangiersystemen durchlaufen.

Eigenzwieschutzweiche Zwieschutzweiche, die ein und derselben Fahrstraße gleichzeitig in unterschiedlicher Lage Flankenschutz bieten müsste. Eine Eigenzwieschutzweiche ist daher in einer Lage immer zugleich Verzichtweiche.

Einabschnittssignalisierung Signalisierungsverfahren, bei dem ein Hauptsignal nur Informationen über das Freisein des unmittelbar folgenden Blockabschnitts anzeigen kann (siehe auch: Mehrabschnittssignalisierung).

Einbruchsverspätung An der Grenze eines untersuchten Systems (Teilstrecke, Knoten, Teilnetz) gemessene Verspätung der in das System einbrechenden Züge.

Einfacher Fahrstraßenausschluss Fahrstraßenausschluss, der sich durch das Wirken der Signalabhängigkeit von selbst ergibt.

Einfahrgruppe Gleisgruppe eines Rangierbahnhofs zur Aufnahme der im Rangierbahnhof endenden Züge.

Einfahrsignal Hauptsignal, das die Einfahrten in einen Bahnhof sichert.

Einzelerlaubnis Form der Blocklogik des Gegenfahrschutzes, bei der für jede einzelne Zugfahrt von der korrespondierenden Zugmeldestelle eine blockelektrische Erlaubnis abgegeben werden muss (siehe auch: Richtungserlaubnis).

Eisenbahn-Bau- und Betriebsordnung (EBO) Rechtsverordnung des Bundesministers für Verkehr über den Bau und Betrieb von regelspurigen Eisenbahnen des öffentlichen Verkehrs in der Bundesrepublik Deutschland.

Eisenbahn-Bau- und Betriebsordnung für Anschlussbahnen (EBOA/BOA) Rechtsverordnung der Landesverkehrsbehörden über den Bau und Betrieb von Anschlussbahnen in der Bundesrepublik Deutschland.

Elektromechanisches Stellwerk Stellwerk, bei dem die Außenanlagen elektrisch gestellt und überwacht und die Abhängigkeiten zwischen den Hebeln durch ein mechanisches Verschlussregister bewirkt werden.

Elektronisches Stellwerk (ESTW) Rechnergesteuertes Stellwerk, dessen Funktions- und Sicherungslogik durch Software realisiert ist.

Elektropneumatisches Stellwerk Stellwerk, bei dem die Außenanlagen durch Druckluftantriebe mit elektrischer Steuerung und Überwachung gestellt und die Abhängigkeiten zwischen den Hebeln durch ein mechanisches Verschlussregister bewirkt werden.

Erlaubniswechsel Bedienungshandlung zum Wechsel der blocktechnisch erlaubten Fahrtrichtung eines im Zweirichtungsbetrieb befahrenen Streckengleises.

ETCS-Halttafel Signaltafel, die auf Strecken mit ETCS-Level 2 ohne ortsfeste Signale zur Deckung von Gefahrpunkten aufgestellt wird. Züge ohne ETCS-Fahrerlaubnis müssen vor der ETCS-Halttafel anhalten.

Fahrdienstleiter Mitarbeiter, dem auf den ihm zugeordneten Betriebsstellen eigenverantwortlich die Zulassung der Zugfahrten obliegt.

Fahren im absoluten Bremswegabstand Verfahren zur Zugfolgesicherung, bei dem zwischen zwei Zügen mindestens ein Abstand freigehalten wird, der dem geschwindigkeitsabhängigen Bremsweg des zweiten Zuges entspricht.

Fahren im festen Raumabstand Verfahren zur Zugfolgesicherung, bei dem die Strecke hinter dem Zug im Abstand ortsfester Blockabschnitte freigegeben wird, in die ein folgender Zug nur einfahren darf, wenn ein vorausfahrender Zug den Blockabschnitt und den folgenden Durchrutschweg vollständig freigefahren hat und durch ein Halt zeigendes Signal gedeckt wird.

Fahren im Raumabstand Verfahren zur Zugfolgesicherung, bei dem zwischen zwei Zügen ein räumlicher Abstand (im Unterschied zum Fahren im Zeitabstand) freigehalten wird, der mindestens dem Bremsweg entsprechen muss. Wird heute meist als Synonym für das Fahren im festen Raumabstand benutzt.

Fahren im relativen Bremswegabstand Verfahren zur Zugfolgesicherung, bei dem zwischen zwei Zügen mindestens ein Abstand freigehalten wird, der der Differenz der Bremswege beider Züge unter Ansatz der gleichen Bremsverzögerung entspricht.

Fahren im Sichtabstand Verfahren zur Zugfolgesicherung, bei dem der Triebfahrzeugführer eine Geschwindigkeit nicht überschreitet, aus der er den Zug hinter einem vorausfahrenden Zug sicher zum Halten bringen kann.

Fahren im virtuellen Block Anwendung des Fahrens im festen Raumabstand bei funkbasierter Zugfolgesicherung ohne ortsfeste Gleisfreimeldeanlagen, wobei die Blockabschnitte nur virtuell im Leitrechner gebildet und die eingehenden Ortungsmeldungen in besetzte und freie Blockabschnitte umgesetzt werden.

Fahren im wandernden Raumabstand Anwendung des Fahrens im Raumabstand, wobei die Strecke hinter dem Zug kontinuierlich freigegeben wird. Wird heute allgemein als Synonym für das Fahren im absoluten Bremswegabstand benutzt.

Fahren im Zeitabstand Verfahren zur Zugfolgesicherung, bei dem Züge nur in einem vorgeschriebenen Mindestzeitabstand einander folgen dürfen.

Fahrordnung auf der freien Strecke Festlegung der Gleisbenutzung auf zweigleisigen Strecken. Im Geltungsbereich der Eisenbahn-Bau- und Betriebsordnung ist als gewöhnliche Fahrtrichtung die Benutzung des rechten Streckengleises vorgeschrieben.

Fahrordnung im Bahnhof Im Fahrplan für Zugmeldestellen getroffene Festlegung der Gleisbenutzung im Bahnhof.

Fahrplan Vorausschauende Festlegung des Fahrtverlaufs der Züge hinsichtlich Verkehrstage, Fahrzeiten, Geschwindigkeiten und zu benutzender Fahrwege.

Fahrplan für Zugmeldestellen Fahrplanunterlage für Zugmeldestellen mit mehreren Fahrmöglichkeiten je Richtung, in der neben den Ankunfts-, Abfahrts- und Durchfahrtszeiten auch die Gleisbenutzung dargestellt ist.

Fahrplanleistungsfähigkeit Maximale Anzahl konstruierbarer Fahrplantrassen unter vorgegebenen betrieblichen Randbedingungen.

Fahrplanstabilität Fähigkeit des Fahrplans, die aus Einbruchs- und Urverspätungen resultierenden Folgeverspätungen zeitlich und räumlich zu begrenzen und abzubauen.

Fahrplantrasse Im Fahrplan vorgesehene Inanspruchnahme der Infrastruktur durch eine Zugfahrt. Dazu ist im Fahrplangefüge die Sperrzeitentreppe zuzüglich der erforderlichen Pufferzeiten für diese Zugfahrt zu reservieren.

Fahrstraße Sicherungstechnisch freigegebener Fahrweg eines Zuges oder einer Rangierfahrt. Hinsichtlich des Sicherungsniveaus wird zwischen Zugstraßen und Rangierstraßen unterschieden.

Fahrstraßenauflösezeit Im engeren Sinne Zeitverbrauch für die Fahrstraßenauflösung nach dem Freifahren der Fahrstraßenzugschlussstelle. Wird im weiteren Sinne bei betrieblichen Leistungsuntersuchungen auch allgemein zur Bezeichnung des Zeitverbrauchs für das Aufheben des gesicherten Status eines Fahrwegabschnitts (auch eines Blockabschnitts) verwendet. Die Fahrstraßenauflösezeit ist Bestandteil der Sperrzeit.

Fahrstraßenauflösung Rücknahme von Fahrstraßenfestlegung und Fahrstraßenverschluss nach dem Freifahren der Fahrstraßenzugschlussstelle.

Fahrstraßenausschluss Verhinderung der gleichzeitigen Einstellbarkeit zweier sich gefährdender Fahrstraßen (siehe auch: einfacher Fahrstraßenausschluss, besonderer Fahrstraßenausschluss).

Fahrstraßenbildezeit Im engeren Sinne Zeitverbrauch von der Ausgabe des Stellauftrages einer Fahrstraße bis zur Fahrtstellung des Startsignals. Wird im weiteren Sinne bei betrieblichen Leistungsuntersuchungen auch allgemein zur Bezeichnung des Zeitverbrauchs für das Herstellen des gesicherten Status eines Fahrwegabschnitts (auch eines Blockabschnitts) verwendet. Die Fahrstraßenbildezeit ist Bestandteil der Sperrzeit.

Fahrstraßenfestlegung Funktion, die die Rücknahme des Fahrstraßenverschlusses verhindert, bis der Zug die Fahrstraßenzugschlussstelle freigefahren hat oder am vorgeschriebenen Halteplatz zum Halten gekommen ist.

Fahrstraßenknoten Durch Hauptsignale begrenzter Gleisbereich, in dem mehrere Fahrwege von Zügen durch Weichen miteinander verbunden sind und der keine Wartepositionen für Züge enthält.

Fahrstraßenlogik Art und Weise der Realisierung der Abhängigkeiten zur Fahrstraßensicherung in einem Stellwerk.

Fahrstraßenverschluss Verschluss der Stelleinrichtungen aller zu einer Fahrstraße gehörenden Weichen und Flankenschutzeinrichtungen.

Fahrstraßenzugschlussstelle Stelle, die ein Zug mit der letzten Achse freigefahren haben muss, bevor eine Fahrstraße oder Teile einer Fahrstraße aufgelöst werden dürfen.

Fahrwegprüfung Feststellung, dass der Fahrweg eines Zuges frei ist und die Weichen und Flankenschutzeinrichtungen für die Zugfahrt richtig liegen.

Fahrwegsignalisierung Signalisierungsverfahren, bei dem durch die Signalbegriffe Informationen über den Verlauf der auf das Signal folgenden Fahrstraßen ausgedrückt werden.

Fahrzeitmesspunkt Für jede Betriebsstelle festgelegte Ortsmarke, auf die die im Fahrplan angegebenen Ankunfts-, Abfahr- und Durchfahrzeiten bezogen sind. In größeren Betriebsstellen können mehrere Fahrzeitmesspunkte vorgesehen werden.

Fahrzeitzuschlag Zum Ausgleich geringfügiger Verspätungen in den Fahrplan eingearbeiteter Zuschlag zur reinen Fahrzeit.

Felderblock Bauform des nichtselbsttätigen Streckenblocks, bei der die Blockabhängigkeiten durch Blockfelder hergestellt werden.

Fernschutz Flankenschutz, der nicht durch ein dem zu schützenden Fahrweg unmittelbar benachbartes, sondern ein weiter entfernt liegendes Fahrwegelement bewirkt wird.

Flachbahnhof Rangierbahnhof, bei dem die Gleisgruppen nur eine geringe Längsneigung aufweisen und der Ablaufberg als kurze Steilrampe ausgeführt ist (siehe auch: Gefällebahnhof).

Flankenschutz Maßnahme, die verhindern soll, dass Fahrzeuge über einen einmündenden oder kreuzenden Fahrweg in eine sicherungstechnisch freigegebene Fahrstraße gelangen können. Es wird zwischen unmittelbarem und mittelbarem Flankenschutz unterschieden.

Flankenschutzraum Gleisabschnitt zwischen einem Flankenschutz bietendem Fahrwegelement und dem zu schützenden Fahrwegelement.

Folgeverspätung Durch Verspätungsübertragung erlittene Verspätung eines Zuges.

Freie Strecke Durchgehende Hauptgleise außerhalb von Bahnhöfen.

Freier Ablauf Ablaufverfahren, bei dem die Beeinflussung des Wagenlaufs nur an wenigen Punkten durch leistungsstarke Gleisbremsen erfolgt (siehe auch: geführter Ablauf).

Freimeldeabschnitt Gleisabschnitt, der durch eine Gleisfreimeldeanlage freigemeldet wird.

Ganzblockmodus, Vollblockmodus Ausrüstungsvariante einer Strecke mit linienförmiger Zugbeeinflussung, bei der die durch ortsfeste Signale begrenzten Blockabschnitte mit den LZB-Blockabschnitten identisch sind (siehe auch: Teilblockmodus).

Gefahrpunkt Die erste auf ein Hauptsignal folgende Stelle im Gleis, an der beim Durchrutschen eines Zuges eine Gefährdung eintreten kann.

Gefälleausgleichsbremse In Ablaufanlagen mit freiem Ablauf in Richtungsgleisen mit zu hoher Längsneigung angeordnete Gleisbremse.

Gefällebahnhof Rangierbahnhof, bei dem alle Gleisgruppen in einer durchgehenden, stärkeren Längsneigung liegen (siehe auch: Flachbahnhof).

Geführter Ablauf Ablaufverfahren, bei dem eine quasikontinuierliche Beeinflussung des Wagenlaufs durch eine dichte Folge von Kleingleisbremsen erfolgt (siehe auch: freier Ablauf).

Gegengleis Streckengleis einer zweigleisigen Strecke, das entgegen der gewöhnlichen Fahrtrichtung befahren wird (siehe auch: Regelgleis).

Geografische Fahrstraßenlogik Fahrstraßenlogik, bei der die Fahrwegelemente als eigenständige Objekte abgebildet werden, die in Form des Spurplans miteinander verknüpft sind. Bei der Fahrstraßenbildung wird nach vorgegebenen Regeln ein Weg vom Start zum Ziel gesucht.

Geschwindigkeitssignalisierung Signalisierungsverfahren, bei dem durch die Signalbegriffe Geschwindigkeitsinformationen ausgedrückt werden.

Gewöhnliche Fahrtrichtung Fahrtrichtung, die der Fahrordnung auf der freien Strecke entspricht (siehe auch: Regelgleis, Gegengleis).

Gleisbildstellwerk Stellwerk, dessen Anzeige- und oft auch Bedieneinrichtungen in Form eines schematischen Gleisbildes angeordnet sind.

Gleisbremse Gleisseitige Einrichtung mit der die von einem Ablaufberg ablaufenden Wagen zur Einhaltung eines ausreichenden Wagenfolgeabstandes in der Verteilzone und zur Vermeidung unzulässiger Auflaufstöße in den Richtungsgleisen abgebremst werden.

Gleisfreimeldeanlage Sicherungsanlage, mit der das Freisein eines Gleisabschnitts von Fahrzeugen festgestellt werden kann.

Gleissperre Flankenschutzeinrichtung, die eine unzulässige Fahrzeugbewegung kontrolliert zur Entgleisung bringt, bevor sie in den zu schützenden Fahrweg gelangen kann.

Gleisstromkreis Gleisfreimeldeanlage, bei der die Schienen eines Freimeldeabschnitts sowohl gegeneinander als auch gegen die Schienen benachbarter Abschnitte elektrisch isoliert sind und auf einer Seite des Abschnitts ein Freimeldestrom eingespeist wird, der auf der anderen Seite eine Empfangseinrichtung zum Ansprechen bringt. Bei besetztem Gleis wird die Empfangseinrichtung durch Achsnebenschluss stromlos.

Grenzzeichen Zeichen, das bei zusammenlaufenden Gleisen die Grenze markiert, bis zu der ein Gleis besetzt sein darf, ohne dass Fahrten auf dem anderen Gleis behindert werden.

Gruppenausfahrsignal Ausfahrsignal, das als Gruppensignal ausgeführt ist.

Gruppensignal Nach dem Zusammenlauf der Fahrwege einer Gleisgruppe angeordnetes Hauptsignal, das für alle Gleise dieser Gleisgruppe gültig ist.

Gruppenzwischensignal Zwischensignal, das als Gruppensignal ausgeführt ist.

Güterverkehrsstelle Örtliche Gleisanlage, von der aus die Bedienung der Gleisanschlüsse (Anschlussbahnen) der Güterverkehrskunden erfolgt.

Halbautomatischer Streckenblock Form des nichtselbsttätigen Streckenblocks, bei der mit Ausnahme der Zugschlussfeststellung keine weiteren Mitwirkungshandlungen des Bedieners erforderlich sind.

Halbregelabstand Verfahren zur Signalisierung verkürzter Blockabschnitte, bei dem die Hauptsignale im Abstand des halben Regelbremsweges aufgestellt werden und die Vorsignalisierung eines Halt zeigenden Signals über zwei Blockabschnitte erfolgt.

Haltepunkt Bahnanlage ohne Weichen, wo Züge planmäßig halten, beginnen oder enden dürfen. Ein Haltepunkt kann zugleich als Blockstelle eingerichtet sein.

Haltestelle Abzweigstelle, Überleitstelle oder Anschlussstelle, die mit einem Haltepunkt örtlich verbunden ist.

Hauptbahn Strecke von hoher (meist überregionaler) verkehrlicher Bedeutung. Für Hauptbahnen sind eine hohe Streckenbelastung sowie das Verkehren von Zügen mit hohen Zugmassen und Geschwindigkeiten charakteristisch (siehe auch: Nebenbahn).

Hauptgleis Gleis, das planmäßig von Zügen befahren werden darf.

Hauptsignal Signal, durch das im Regelbetrieb die Einfahrt eines Zuges in den auf das Signal folgenden Gleisabschnitt zugelassen wird.

Herzstückverschluss Weichenverschluss zum formschlüssigen Festhalten von beweglichen Herzstückspitzen.

Hochleistungsblock Verfahren zur Signalisierung stark verkürzter (unterzuglanger) Blockabschnitte mittels linienförmiger Zugbeeinflussung.

Integraler Taktfahrplan (ITF) Taktfahrplan, bei dem in den Umsteigeknoten die Taktzeiten der miteinander verknüpften Linien derart aufeinander abgestimmt sind, dass zwischen allen Linien gleichzeitig umgestiegen werden kann.

Isolierstoß Schienenstoß, bei dem die miteinander verbundenen Schienenenden gegeneinander elektrisch isoliert sind.

Isolierte Schiene Aus einem kurzen Gleisstromkreis, einem Schienenkontakt und einer Auswerteschaltung bestehende Einrichtung zur Zugmitwirkung. Die isolierte Schiene wird verwendet, wenn Schaltvorgänge durch die letzte Achse eines Zuges ausgelöst werden sollen.

Kompressionsmethode Verfahren zur Bestimmung des verketteten Belegungsgrades für einen gegebenen Fahrplan durch virtuelles Zusammenschieben der Sperrzeitentreppen.

Kreuzung, Kreuzen Ausweichen zweier in entgegengesetzter Richtung fahrender Züge auf eingleisiger Strecke.

Kreuzungszeit Zugfolgezeit zwischen der Ankunft eines Gegenzuges und der Abfahrt eines auf das gleiche Streckengleis ausfahrenden Zuges.

Laufzielbremsung Form der Ablaufsteuerung in Rangierbahnhöfen, bei der die Gleisbremsen so gesteuert werden, dass die Wagen das Ende der sich im Richtungsgleis sammelnden Wagengruppe erreichen (siehe auch: Räumzielbremsung).

Leistungsfähigkeit Maximal möglicher Durchsatz einer Betriebsanlage bei einer bestimmten Struktur des Betriebsprogramms.

Leistungsverhalten Beschreibung des Zusammenhangs zwischen Betriebsqualität und Belastung einer Betriebsanlage.

Linienförmige Zugbeeinflussung Form der Zugbeeinflussung, bei der kontinuierlich Daten zum Zug übertragen werden.

Massenfaktor Faktor zur Berücksichtigung der Trägheit rotierender Massen bei fahrdynamischen Berechnungen.

Mechanisches Stellwerk Stellwerk, bei dem die Außenanlagen über Drahtzug- oder Gestängeleitungen durch Muskelkraft gestellt und die Abhängigkeiten zwischen den Hebeln durch ein mechanisches Verschlussregister bewirkt werden.

Mehrabschnittssignalisierung Signalisierungsverfahren, bei dem ein Hauptsignal Informationen über das Freisein von mehreren vorausliegenden Blockabschnitten anzeigen kann (siehe auch: Einabschnittssignalisierung).

Mehrgruppenzug Güterzug, dessen Wagen in nach Feinzielen geordneten Gruppen vorsortiert sind, um auf Unterwegsbahnhöfen den Rangieraufwand zu reduzieren.

Mindestzugfolgezeit Kleinste technisch mögliche Zugfolgezeit zur behinderungsfreien Durchführung zweier Zugfahrten. Sie ergibt sich, wenn sich die Sperrzeitentreppen zweier Züge an einer beliebigen Stelle ohne Toleranz berühren.

Mittelbarer Flankenschutz Flankenschutz, der ausschließlich durch betriebliche Anordnungen (Rangier- und Abstellverbote) gewährleistet wird (siehe auch: unmittelbarer Flankenschutz).

Mittelverschluss Als Ergänzung zum Spitzenverschluss bei langen Weichen im Bereich der Zungen vorhandener, zusätzlicher Weichenverschluss.

Nachfolgezeit Zugfolgezeit zwischen zwei nacheinander vom selben Streckengleis einfahrenden Zügen.

Nachordnungsgruppe Meist kleinere Gleisgruppe eines Rangierbahnhofs, in der bei Mehrgruppenzügen die Gruppenbildung vorgenommen wird.

Nachrücksignal Auf Stadtschnellbahnen zwischen dem Einfahrsignal und dem Bahnsteiganfang angeordnetes Zwischensignal, das bei der Ausfahrt eines am Bahnsteig haltenden Zuges eine zügigere Einfahrt des folgenden Zuges und damit eine Verkürzung der Zugwechselzeit am Bahnsteig ermöglicht.

Nahstellbereich Aus einem Stellwerk gesteuerter Gleisbereich, der vorübergehend auf örtliche Bedienung durch das Rangierpersonal umgeschaltet werden kann.

Nebenbahn Strecke von untergeordneter (meist nur regionaler) verkehrlicher Bedeutung. Auf Nebenbahnen sind gegenüber Hauptbahnen Vereinfachungen in der baulichen und sicherungstechnischen Ausstattung zugelassen.

Nebenfahrzeug Eisenbahnfahrzeug für Sonderzwecke, das den Vorschriften der Eisenbahn-Bau- und Betriebsordnung nur insofern entsprechen muss, wie es sein besonderer Einsatzzweck erfordert.

Nebengleis Gleis, das nicht planmäßig von Zügen befahren werden darf.

Nennleistung, Nennleistungsfähigkeit Belastungsgrenzwert einer Teilstrecke, der zur Gewährleistung einer befriedigenden Betriebsqualität möglichst nicht überschritten werden sollte. Der Nennleistung entspricht erfahrungsgemäß ein verketteter Belegungsgrad von ca. 0,5 als Mittelwert über 24 h.

Nichtselbsttätiger Streckenblock Form des Streckenblocks, bei der Mitwirkungshandlungen des Bedieners zur Zugschlussfeststellung erforderlich sind.

Ordnungsgruppenverfahren Verfahren zur Bildung von Mehrgruppenzügen, bei dem die im Richtungsgleis gesammelten Wagen einer Zugbildungsrichtung anschließend in der Nachordnungsgruppe nach Gruppen sortiert werden (siehe auch: Simultanverfahren).

Permissives Fahren Betriebsverfahren auf Strecken mit selbsttätigem Streckenblock, bei dem Züge an Hauptsignalen, die nur der Zugfolgeregelung dienen, bei Haltstellung ohne besonderen Auftrag des Fahrdienstleiters vorsichtig auf Sicht weiterfahren dürfen. Das permissive Fahren ist derzeit im Geltungsbereich der Eisenbahn-Bau- und Betriebsordnung nicht zugelassen.

Planmäßige Wartezeiten Wartezeiten, die bereits in den Fahrplan eingearbeitet werden. Dazu gehören Synchronisationszeiten und Wartezeiten beim planmäßigen Kreuzen und Überholen.

Pufferzeit Bei der Fahrplankonstruktion zu berücksichtigender Zuschlag auf die Mindestzugfolgezeit zur Verminderung der Verspätungsübertragung bei Unregelmäßigkeiten.

Punktförmige Zugbeeinflussung Form der Zugbeeinflussung, bei der nur an diskreten Punkten Daten zum Zug übertragen werden.

Rangierbahnhof Große Zugbildungsanlage des Einzelwagenverkehrs, in der die eingehenden Güterwagen neu nach Zugbildungsrichtungen sortiert werden.

Rangierfahrten Fahrten mit Eisenbahnfahrzeugen unter vereinfachten Bedingungen innerhalb von Bahnhöfen und Anschlussstellen zum Bilden und Zerlegen von Zügen, Umsetzen von Fahrzeugen, Bedienen von Ladestellen und ähnlichen Zwecken. Rangierfahrten werden auf Sicht mit stark reduzierter Geschwindigkeit durchgeführt.

Rangierhaltsignal Signal zur Erteilung der Zustimmung zu Rangierfahrten, dessen Haltbegriff nicht für Züge gilt.

Rangierhalttafel Signaltafel, über die nur mit schriftlichem Befehl des Fahrdienstleiters rangiert werden darf.

Rangierstraße Fahrstraße zur Sicherung des Fahrwegs einer Rangierfahrt. Im Gegensatz zu einer Zugstraße wird auf eine Freiprüfung des Fahrwegs, auf einen Durchrutschweg und in der Regel auf Flankenschutz verzichtet.

Räumfahrzeit An die Fahrzeit in einem Fahrwegabschnitt (Blockabschnitt, Fahrstraße) anschließende Zeit zum vollständigen Freifahren der für die Freigabe dieses Fahrwegabschnitts maßgebenden Zugschlussstelle. Die Räumfahrzeit ist Bestandteil der Sperrzeit.

Räumungsprüfung Feststellung, dass ein Zug vollständig an der Signalzugschlussstelle vorbeigefahren ist und durch ein Halt zeigendes Signal gedeckt wird.

Räumzielbremsung Form der Ablaufsteuerung in Rangierbahnhöfen, bei der die Gleisbremsen so gesteuert werden, dass die Wagen den Beginn der Richtungsgleise erreichen und von dort durch gleisseitige Fördereinrichtungen (Räumförderer, Beidrückförderer) weitertransportiert werden (siehe auch: Laufzielbremsung).

Regelbremsweg Für eine Strecke festgesetzter Bremsweg, auf den sowohl die fahrwegseitigen Sicherungsanlagen als auch das Bremsvermögen der Züge ausgelegt sein müssen.

Regelfahrzeug Eisenbahnfahrzeug, das ohne Einschränkung den Regeln der Eisenbahn-Bau- und Betriebsordnung entspricht.

Regelgleis Streckengleis einer zweigleisigen Strecke, das entsprechend der gewöhnlichen Fahrtrichtung befahren wird (siehe auch: Gegengleis).

Regelstellungsweiche Stumpf befahrene unverschlossene Weiche im Durchrutschweg einer Fahrstraße.

Reine Fahrzeit Die als Ergebnis der fahrdynamischen Rechnung vorliegende kürzestmögliche Fahrzeit.

Relaisblock Bauform des nichtselbsttätigen Streckenblocks, bei dem die Blockabhängigkeiten durch Relaisschaltungen realisiert sind. Der Relaisblock arbeitet meist als halbautomatischer Streckenblock.

Relaisstellwerk Stellwerk, bei dem alle Abhängigkeiten durch Relaisschaltungen bewirkt werden.

Richtungserlaubnis Form der Blocklogik des Gegenfahrschutzes, bei der auf einem Streckengleis zwischen zwei Zugmeldestellen eine blocktechnisch erlaubte Fahrtrichtung („Erlaubnisrichtung") eingestellt ist, in der mehrere, aufeinander folgende Züge verkehren können (siehe auch: Einzelerlaubnis).

Richtungsgleis Gleis in der Richtungsgruppe eines Rangierbahnhofs.

Richtungsgleisbremse In Ablaufanlagen (Ablaufberg) mit freiem Ablauf am Anfang der Richtungsgleise angeordnete Gleisbremse.

Richtungsgruppe Gleisgruppe eines Rangierbahnhofs, in der die Wagen nach Zugbildungsrichtungen sortiert werden.

Rückblockung Vorgang, durch den nach dem Freifahren eines Blockabschnitts und des folgenden Durchrutschweges und dem Haltfall des Signals am Ende des Blockabschnitts der Signalverschluss für die in diesen Blockabschnitt weisenden Hauptsignale aufgehoben wird (siehe auch: Vorblockung).

Rückmeldung Zugmeldung zum Bestätigen der Räumungsprüfung an eine rückliegende Zugfolgestelle.

Sammelzeit Verweilzeit eines Wagens im Richtungsgleis eines Rangierbahnhofs.

Schlusssignal Zeichen am letzten Fahrzeug eines Zuges, durch dessen Beobachtung das örtliche Betriebspersonal feststellen kann, dass der Zug einen Fahrwegabschnitt vollständig geräumt hat.

Schutztransportweiche Im Flankenschutzraum liegende Weiche, die den Flankenschutz „transportiert", aber selbst keine Schutzweiche ist.

Schutzweiche Weiche, die in abweisender Stellung verschlossen wird, um einer Fahrstraße Flankenschutz zu bieten.

Selbstblock Form des selbsttätigen Streckenblocks, bei der die Blockeinrichtungen in dezentralen Schaltschränken entlang der Strecke untergebracht sind, zwischen denen zur Realisierung der Blocklogik Blockinformationen übertragen werden.

Selbsttätiger Streckenblock Form des Streckenblocks, bei der keine Mitwirkung des Bedieners zur Zugschlussfeststellung erforderlich ist. Voraussetzung ist die Ausrüstung der Strecke mit einer Gleisfreimeldeanlage (siehe auch: Selbstblock, Zentral-block).

Signalabhängigkeit Sicherungstechnische Abhängigkeit, die bewirkt, dass ein Signal nur auf Fahrt gestellt werden kann, wenn alle zur Fahrstraße gehörenden Weichen und Flankenschutzeinrichtungen richtig liegen und verschlossen sind.

Signalgeführter Betrieb Betriebsweise, bei der die Züge durch ortsfeste Signale geführt werden.

Signalisierter Zugleitbetrieb Form des Zugleitbetriebes, bei der die Strecke mit einem vereinfachten Signalsystem ausgerüstet ist.

Signalsichtzeit Reaktionszeit des Triebfahrzeugführers zur sicheren Aufnahme eines Signalbildwechsels. Die Signalsichtzeit ist Bestandteil der Sperrzeit.

Signalzugschlussstelle Am Ende des Durchrutschwegs gelegene Stelle, die ein Zug vollständig freigefahren haben muss, bevor der rückliegende Blockabschnitt für einen folgenden Zug freigegeben werden darf.

Simultanverfahren Verfahren zur Bildung von Mehrgruppenzügen, bei dem die Wagen in einem ersten Ablauf nach ihrer Stellung im Zuge und, nach erneutem Abziehen in die Einfahrgruppe, in einem zweiten Ablauf nach Zugbildungsrichtungen sortiert werden (siehe auch: Ordnungsgruppenverfahren).

Sperrsignal Signal, das ein Fahrverbot für Züge und Rangierfahrten signalisieren kann, durch das jedoch keine Zugfahrten zugelassen werden.

Sperrzeit Zeitspanne, in der ein Fahrwegabschnitt (Blockabschnitt, Fahrstraße) durch eine Fahrt betrieblich beansprucht und somit für andere Fahrten gesperrt ist. Die Sperrzeit beginnt mit der Fahrstraßenbildung und endet, wenn nach dem Freifahren der Zugschlussstelle der Fahrwegabschnitt wieder für eine folgende Fahrt freigegeben werden kann.

Sperrzeitentreppe Grafische Darstellung der Sperrzeiten einer von einem Zug durch-fahrenen Folge von Blockabschnitten.

Spitzenverschluss Im Bereich der Zungenspitzen angeordneter Weichenverschluss.

Spurplanstellwerk Stellwerk mit geografischer Fahrstraßenlogik.

Stadtschnellbahn Leistungsfähiges Bahnsystem zur Abwicklung des Personennahver-kehrs in Großstädten und Ballungsräumen. Für Stadtschnellbahnen sind dichte Zug-folgen und hohe Beförderungsgeschwindigkeiten charakteristisch.

Startsignal Haupt- oder Sperrsignal am Anfang einer Fahrstraße (siehe auch: Ziel-signal).

Stellwerk Sicherungsanlage zum zentralisierten Einstellen und Sichern der Fahrwege für Zug- und Rangierfahrten. Ein Stellwerk enthält in der Regel auch eine zentrali-sierte Sicherungslogik zum Herstellen der dazu erforderlichen Abhängigkeiten (siehe auch: mechanisches Stellwerk, elektromechanisches Stellwerk, elektropneumatisches Stellwerk, Relaisstellwerk, elektronisches Stellwerk).

Strecke Ein- oder mehrgleisige Verbindung zweier Punkte (End- oder Knotenbahnhöfe) mit eigener Kilometrierung, auf der planmäßig Züge verkehren.

Streckenblock Sicherungsanlage, die das Fahren im Raumabstand technisch erzwingt. Der Streckenblock kann als selbsttätiger oder nichtselbsttätiger Streckenblock ausgeführt sein.

Streckenwiderstand Fahrdynamische Widerstandskraft, die die bauliche Infrastruktur einer Strecke der Zugfahrt entgegensetzt. Der Streckenwiderstand setzt sich aus dem Neigungswiderstand und dem Bogenwiderstand zusammen.

Synchronisationszeit Planmäßige Wartezeit zum Herstellen von Anschlüssen und/oder Anpassen der Abfahrzeit an eine gewünschte Taktlage.

Taktfahrplan Fahrplan mit konstanten Zugfolgezeiten zwischen den Zügen einer Linie.

Talbremse In Ablaufanlagen mit freiem Ablauf in der Verteilzone des Ablaufberges angeordnete Gleisbremse.

Teilblockmodus Ausrüstungsvariante einer Strecke mit linienförmiger Zugbeeinflussung, bei der die durch ortsfeste Signale begrenzten Blockabschnitte durch kürzere LZB-Blockabschnitte unterteilt sind (siehe auch: Ganzblockmodus).

Teilstrecke Abschnitt einer Strecke, auf dem sich das Betriebsprogramm nicht wesentlich ändert, sodass eine geschlossene Betrachtung des Leistungsverhaltens möglich ist.

Token-Block, tokenbasierter Block Streckenblock, dessen Blocklogik auf der Verwendung physischer oder logischer Informationsträger (engl. „Token") basiert, die zur Erteilung der Zustimmung zur Einfahrt in einen Blockabschnitt an den Zug übergeben und nach dem Räumen des Blockabschnitts wieder zurückgegeben werden.

Trassenmanagement Planungsprozess zur Koordination der von den Zugbetreibern gewünschten Lagen der Fahrplantrassen auf einer gegebenen Infrastruktur.

Triebfahrzeugcharakteristik Darstellung der Zugkraft eines Triebfahrzeugs in Abhängigkeit von der Geschwindigkeit.

Übergangsgeschwindigkeit Punkt innerhalb der Triebfahrzeugcharakteristik, bis zu dem die Zugkraft durch die zwischen Rad und Schiene durch Kraftschluss übertragbare Kraft begrenzt wird. Oberhalb der Übergangsgeschwindigkeit wird die Zugkraft durch die Leistung des Triebfahrzeugs begrenzt.

Überholung, Überholen Ausweichen zweier in gleicher Fahrtrichtung mit unterschiedlicher Geschwindigkeit fahrender Züge.

Überleitstelle Blockstelle der freien Strecke, an der Züge auf ein anderes Streckengleis derselben Strecke übergehen können.

Überwachungslänge eines Signals Der nordamerikanischen Begriffswelt entlehnte Bezeichnung („control length of a signal") für die auf ein Signal folgenden Fahrwegabschnitte, die frei und gesichert sein müssen, solange das Signal einen Fahrtbegriff zeigt. Diese Bezeichnung ist in Deutschland nicht allgemein eingeführt.

Unmittelbarer Flankenschutz Flankenschutz, der durch technische Flankenschutzeinrichtungen (Schutzweichen, Gleissperren, Signale) bewirkt wird (siehe auch: mittelbarer Flankenschutz).

Urverspätung Verspätung eines Zuges, die nicht von anderen Zügen übertragen wurde.

Verketteter Belegungsgrad Grad der zeitlichen Auslastung einer Teilstrecke durch Sperrzeitentreppen unter Berücksichtigung der sich durch die Verkettung der Zugfolge ergebenden nicht nutzbaren Zeitlücken (siehe auch: Belegungsgrad).

Verkettung der Zugfolge Eigenschaft der Zugfolgestruktur, dass die Sperrzeitentreppen in Abhängigkeit von der Homogenität der Zugfolge in einer maßgebenden Kette liegen, wodurch nicht nutzbare und damit leistungshemmende Zeitlücken entstehen.

Verordnung über den Bau und Betrieb der Straßenbahnen (BOStrab) Rechtverordnung des Bundesministers für Verkehr über den Bau und Betrieb von Straßenbahnen, straßenbahnähnlichen Bahnen sowie Hoch- und Untergrundbahnen.

Verschlussplan, Verschlusstabelle Tabellarische Darstellung der Fahrstraßenlogik eines Stellwerks.

Verteilzone Vor den Richtungsgleisen gelegene Weichenzone, in der die Sortierung der vom Ablaufberg ablaufenden Wagen erfolgt.

Verzichtweiche Zwieschutzweiche, auf deren Verschluss in abweisender Stellung zugunsten einer höherwertigen Fahrt verzichtet werden darf.

Virtueller Blockabschnitt Blockabschnitt, der ohne Installationen am Gleis nur in der Leitebene gebildet wird.

Vorblockung Vorgang, der nach der Einfahrt eines Zuges in einen Blockabschnitt zum Verschluss aller in diesen Blockabschnitt weisenden Hauptsignale durch den Streckenblock führt (siehe auch: Rückblockung).

Vorsignal Im Bremswegabstand vor einem Hauptsignal aufgestelltes Signal, das den Signalbegriff dieses Hauptsignals ankündigt.

Vorsignalwiederholer Signal, das bei eingeschränkter Sichtbarkeit eines Hauptsignals die Vorsignalinformation innerhalb des Vorsignalabstandes wiederholt.

Vorsprungszeit Zugfolgezeit zwischen den zwei nacheinander auf das gleiche Streckengleis ausfahrenden Zügen.

Warteschlangentheorie Teilgebiet der Wahrscheinlichkeitsrechnung, das sich mit der Modellierung und Analyse von Bedienungssystemen befasst.

Weichenverschluss Einrichtung, durch die Weichenzungen und bewegliche Herzstückspitzen formschlüssig festgehalten werden, wenn sich die Weiche in einer ordnungsgemäßen Endlage befindet (siehe auch: Spitzenverschluss, Mittelverschluss, Herzstückverschluss).

Zentralblock Form des selbsttätigen Streckenblocks, bei der die Blockeinrichtungen einer Strecke an einem Ort zentralisiert sind. Die Blocklogik des Zentralblocks basiert auf dem Fahrstraßenprinzip.

Zielsignal Haupt- oder Sperrsignal am Ende einer Fahrstraße (siehe auch: Startsignal).

Zugbeeinflussung Sicherungsanlage, durch die Daten über die zulässige Fahrweise vom Fahrweg zum Fahrzeug übertragen werden, um dort beim Abweichen von der erlaubten Fahrweise Schutzreaktionen (Zwangsbremsungen) auszulösen.

Züge, Zugfahrten Auf die freie Strecke übergehende oder innerhalb eines Bahnhofs nach einem Fahrplan verkehrende, aus Regelfahrzeugen bestehende, durch Maschinenkraft bewegte Einheiten oder einzeln fahrende Triebfahrzeuge. Geeignete

Nebenfahrzeuge dürfen wie Züge behandelt oder in Züge eingestellt werden. Für Züge gilt die im Fahrplan festgelegte zulässige Geschwindigkeit.

Zugfolgeabschnitt Andere Bezeichnung für Blockstrecke. Diese Bezeichnung wird hauptsächlich in betrieblichen Regelwerken benutzt.

Zugfolgestelle Betriebsstelle, durch die die Zugfolge auf der freien Strecke geregelt wird. Einer Zugfolgestelle entspricht anlagenseitig die Einrichtung einer Blockstelle.

Zugfolgezeit Der auf das Passieren eines Fahrzeitmesspunktes oder auf die Einfahrt in einen Streckenabschnitt bezogene Zeitabstand zwischen zwei unmittelbar aufeinander folgenden Zügen.

Zuglaufmeldestelle Betriebsstelle, durch die die Zugfolge auf Strecken mit Zugleitbetrieb geregelt wird.

Zuglaufverfolgung Automatisierungsanlage zur Ortung und Identifizierung der Züge im Netz.

Zugleitbetrieb Betriebsverfahren für Strecken mit einfachen Verhältnissen, bei dem die Zugfolge einer Strecke durch einen Zugleiter mittels fernmündlicher Meldungen geregelt wird (siehe auch: signalisierter Zugleitbetrieb).

Zugleiter Mitarbeiter, dem im Zugleitbetrieb die Fahrdienstleitung einer Zugleitstrecke obliegt.

Zugleitstrecke Strecke, die im Zugleitbetrieb einem Zugleiter zugeordnet ist.

Zuglenkung Automatisierungsanlage zur selbsttätigen Ausgabe von Fahrstraßenstellaufträgen an ein Stellwerk.

Zugmeldestelle Betriebsstelle, durch die die Reihenfolge der Züge auf der freien Strecke geregelt wird.

Zugmeldungen Meldungen, mit denen sich die Fahrdienstleiter benachbarter Betriebsstellen über die Zugfolge verständigen. Zugmeldungen werden fernmündlich oder mit Zugnummernmeldeanlagen übertragen.

Zugmitwirkung Auslösung von Schaltvorgängen durch den fahrenden Zug mittels im Gleis installierter Kontaktvorrichtungen.

Zugnummer Kennung zur eindeutigen betrieblichen Kennzeichnung eines Zuges und seines Fahrplans.

Zugnummernmeldeanlage Anwendung der Zuglaufverfolgung zur Anzeige der Zugnummern in einer Gleisbilddarstellung am Arbeitsplatz des Fahrdienstleiters. Die Zugnummernanzeige ist in der Regel in die Bedienoberfläche des Stellwerks integriert.

Zugschlussstelle Stelle, die ein Zug vollständig freigefahren haben muss, bevor der bestehende Sicherungsstatus eines Fahrwegabschnitts (Blockabschnitt, Fahrstraße) wieder aufgehoben werden darf (siehe auch: Signalzugschlussstelle, Fahrstraßenzugschlussstelle).

Zugstraße Fahrstraße zur Sicherung der von Zügen im Regelbetrieb benutzten Fahrwege.

Zugwiderstand Fahrdynamische Widerstandskraft, die der Zug der Bewegung bzw. Bewegungsänderung entgegensetzt.

Zungenriegel Mit eigenem Antrieb ausgerüstete Verschlusseinrichtung, die beide Zungen einer Weiche in der Endlage formschlüssig festhält.

Zwangsbremsung Durch Sicherungseinrichtungen ausgelöste Schnellbremsung eines Zuges.

Zweiseitiger Rangierbahnhof Großer Rangierbahnhof mit zwei nebeneinander in entgegengesetzter Arbeitsrichtung angeordneten, jeweils aus Einfahrgruppe, Richtungsgruppe und Ausfahrgruppe bestehenden Rangiersystemen.

Zwieschutzweiche Schutzweiche, die gleichzeitig in unterschiedlicher Lage als Flankenschutz angefordert werden kann (siehe auch Eigenzwieschutzweiche).

Zwischensignal Hauptsignal innerhalb eines Bahnhofs, das kein Einfahr- oder Ausfahrsignal ist.

Stichwortverzeichnis

A

Abdrückgeschwindigkeit, 272, 278
Abfertigungszeit, 209
Ablaufberg, 270, 272
Ablaufdynamik, 275
Ablauf
   freier, 280
   geführter, 281
Ablaufgleichung, 279
Ablaufsteuerung, 277
Ablaufverfahren, 269
Abmeldung, 62
Abstandshalteverfahren, 39, 42
Abstandszeit, 212
Abstellverbot, 119
Abstoßverfahren, 268
Abzweigstelle, 7
Achszähler, 76
Anbieten und Annehmen, 63
Anfahrgrenzmasse, 30
Anfahrwiderstand, 30
Anfahrzuschlagzeit, 36
Anfangsfeld, 71
Ankunftsverspätung, 229
Annäherungsabschnitt, 112
Annäherungsfahrzeit, 52
Annäherungsschaltung, 112
Annäherungsverschluss, 112
Anschlussbahn, 4, 269
Anschlussstelle, 8
Auflaufgeschwindigkeit, 282
Aufstandsradius, 26
Aufwertebalise, 96
Ausbruchsverspätung, 230

Ausfahrgruppe, 270, 273
Ausfahrsignal, 128
Ausgangsuntersuchung, 273
Ausschlussgrad, 186
Ausweichanschlussstelle, 8

B

Bahnanlage, 6
Bahnhof, 6
Bahnhofsbetriebsplan, 191
Bahnhofsblock, 138
Bahnhofsfahrordnung, 206
Bahnhofsteil, 129
Bahnsteigwechselzeit, 60
Balkengleisbremse, 283
Bauzuschlag, 209
Bedienungssystem, 195
Befehl, schriftlicher, 13
Beförderungsenergie, 160
Beförderungszeit, 208
Beförderungszeitquotient, 229
Begegnung, 16
Begegnungsabschnitt, 237
Behinderungspunkt, 183, 219, 257
Behinderungstheorie, 182
Behinderungswahrscheinlichkeit, 183
Beidrückförderer, 283
Belegblatt, 251
Belegungsgrad, 174
Bergbremse, 280
Bergleistung, 274
Betrieb, 13
   anzeigegeführter, 13, 43, 45, 96

© Der/die Herausgeber bzw. der/die Autor(en), exklusiv lizenziert an Springer
Fachmedien Wiesbaden GmbH, ein Teil von Springer Nature 2025
J. Pachl, *Systemtechnik des Schienenverkehrs*, https://doi.org/10.1007/978-3-658-45732-7

signalgeführter, 13, 45
Betriebsabfahrzeit, 210
Betriebshalt, 209
Betriebsleitstelle, 250
Betriebsleittechnik, 251
Betriebsqualität, 212, 230
  befriedigende, 174
Betriebsstelle, 6
Betriebssteuerung, 249
  manuelle, 250
Bildfahrplan, 204
  liegender, 205
  stehender, 205
Block
  geschlossener, 66
  offener, 66
  virtueller, 98
Blockabschnitt, 6, 42, 44, 62, 98
  verkürzter, 57
  virtueller, 43, 98
Blockabschnittslänge, 57, 200
Blockabschnittssperrzeit, 52
Blockanlage, 65
Blockfeld, 71
Blockinformationen, 76
Blockkennzeichen, 92
Blocklogik, 66
Blocksignal, 130
Blockstelle, 7, 15
Blockstrecke, 6
Blockteilung, 11
Blockzwischenstelle, 72
Bremsgewicht, 2
Bremshundertstel, 2
Bremsstaffel, 280
Bremsweg, 2
Bremswegabstand, 39
  absoluter, 41
  relativer, 39
Bremswegüberwachung, 88
Bremszuschlagzeit, 36
Büssing-Bremse, 286

C
Conzen-Ott-Gerät, 36

D
Dark territory, 104
Deadlock, 257
Deckungssignal, 130
Deckungsstelle, 9
Dispatcher, 64
Disponent, 250
Disposition, 249
  rechnergestützte, 262
Dowty-Booster, 286
Dowty Retarder, 285
Dreiabschnittssignal, 50
Dreiabschnittssignalisierung, 50, 57
Dreikraftbremse, 283
Durchrutschweg, 44, 118, 133
  verkürzter, 134

E
Eckstoß, 279
Eckverkehr, 271
Eigen-Zwieschutzweiche, 122
Einabschnittssignal, 50
Einabschnittssignalisierung, 50
Einbruchsverspätung, 229
Einfahrgruppe, 270, 272
Einfahrsignal, 128
Einfahrweiche, 15
Eingangsuntersuchung, 272
Einrichtungsbetrieb, 10, 62
Einzelauflösung, 114
Einzelerlaubnis, 68
Einzelwagenverkehr, 267, 269
Eisenbahn, 3
  des nichtöffentlichen Verkehrs, 4
  des öffentlichen Verkehrs, 4
Eisenbahn-Bau- und Betriebsordnung, 5
Eisenbahninfrastrukturunternehmen, 4
Eisenbahnverkehrsunternehmen, 4
Elementverbindungsplan, 143
Empfindlichkeit, 160
  relative, 160
Endfeld, 71
Energiehöhe, 275
Engpasspufferzeit, 213
Ereignisfolgegraph, 266

Printed in the United States
by Baker & Taylor Publisher Services